"十三五"江苏省高等学校重点教材(修订教材)(编号:2016-1-091)

中国矿业大学"十三五"品牌专业建设工程资助项目

大气污染控制工程

主　编　王丽萍　赵晓亮　田立江

副主编　何士龙　蒋家超

U0323955

中国矿业大学出版社

·徐州·

内 容 提 要

本书系统地阐述了大气污染控制工程的基本理论、设备工艺与设计,以大气污染控制技术的基础知识、基本方法和设计为主体,注重理论与工程实际相结合。主要内容涉及大气污染的现状及特征、综合防治的基本思想与方法、大气环境质量标准;燃烧计算与燃烧污染物的生成控制;气溶胶力学基础、微粒凝并、除尘器性能等除尘技术基础;机械式除尘器、湿式除尘器、电除尘器、过滤除尘器等传统除尘工艺与设备,新增开放源抑尘、电袋除尘器和低温电除尘器等新型除尘工艺与设备;吸收法、吸附法和催化转化法等气态污染物控制理论与方法,新增生物法、等离子体、高级氧化等新方法;大气污染控制工艺系统设计及应用、燃煤烟气净化技术挥发性有机物和机动车尾气等净化技术;集气罩、管道系统设计;大气扩散的基本理论及工程应用。

本书可作为高等院校本科环境工程、环境科学专业的教材,也可供环境科学与工程相关专业研究生的教材和参考书,还可供从事环境规划、环境设计和环境管理的科技人员参考。

图书在版编目(CIP)数据

大气污染控制工程/王丽萍,赵晓亮,田立江主编
. —徐州:中国矿业大学出版社,2018.9(2020.7重印)
ISBN 978 - 7 - 5646 - 4170 -2

Ⅰ. ①大… Ⅱ. ①王… ②赵… ③田… Ⅲ. ①空气污染控制—高等学校—教材 Ⅳ. ①X510.6

中国版本图书馆 CIP 数据核字(2018)第 232528 号

书　　名	大气污染控制工程
主　　编	王丽萍　赵晓亮　田立江
责任编辑	周　红
出版发行	中国矿业大学出版社有限责任公司
	（江苏省徐州市解放南路　邮编 221008）
营销热线	(0516)83884103　83885105
出版服务	(0516)83995789　83884920
网　　址	http://www.cumtp.com　E-mail:cumtpvip@cumtp.com
印　　刷	江苏淮阴新华印务有限公司
开　　本	787 mm×1092 mm　1/16　印张 24.5　字数 612 千字
版次印次	2018 年 9 月第 1 版　2020 年 7 月第 2 次印刷
定　　价	38.00 元

（图书出现印装质量问题,本社负责调换）

前　言

　　大气污染是我国面临的迫切需要解决的重大环境问题之一。"大气污染控制工程"是高等学校环境工程专业的一门重要专业课程。该课程内容涵盖大气污染气象学、气溶胶力学、化学工程三个学科，综合性和理论性极强，而且对工程实践要求较高。

　　本教材由中国矿业大学王丽萍教授主编，作为煤炭教育协会规划教材《大气污染控制工程》(第一版)于2002年出版，于2005年遴选为江苏省高等教育精品教材。在此基础上《大气污染控制工程》(第二版)于2012年再版。《大气污染控制工程》(第三版)是根据原国家教委高等工科院校环境工程专业教材委员会制定的教学基本要求与煤炭教育协会环境类专业教材委员会的规划要求，在第二版基础上修订而成。本教材在体系、结构和内容诸多方面进行了优化和完善，在编写过程中不断汲取前两版的教学反馈，对内容进行了合理的选择、更新和整合，突出了重点内容，充实与巩固了基础知识点，结合专业适当引进新理论、新知识和新技术，以使学生了解学科前沿和专业发展动态，拓宽学生知识面。

　　在修订过程中，对教材的体系结构和教材内容进行了相应的调整。教材结构体系以"污染源发生—源头控制—净化控制技术—排放控制(大气扩散)"为主线，按照理论、技术方法和设计篇依次编排，具体控制技术的章节结构按照"净化原理—净化设备设计—净化工艺流程配置或应用"方式组织。同时，本书根据我国煤烟型与汽车尾气型的混合污染特征，在传统大气污染控制理论与技术工艺的基础上组织教材内容，围绕当前国内外大气污染热点问题、前沿研究领域，把相关控制理论、技术方法和工艺系统地组织起来，具体体现在：绪论阐述了我国大气污染的现状及特征、大气综合防治的基本思想与方法、大气污染控制理论和大气环境质量标准。第二章增加了"机动车尾气的排放与控制"，第三章除尘技术基础增加了"微粒的凝并",第五章湿式除尘器增加了"开放源抑尘",第六章电除尘器增加了"湿式电除尘器超低排放"等内容。在气态污染物净化理论与技术方面,第十章催化转化法净化气态污染物增加了"催化剂及其再生"等内容,同时充实了燃煤烟气脱硫脱硝新技术、有机废气污染控制技术等相关内容。教材的每一章都介绍了工程应用案例,章后附有习题和思考题,引导学生结合大气污染控制问题进行自主学习、独立思考,培养学生解决实际问题的能力,以实现课程的教学目标。

　　本书具体编写分工如下:中国矿业大学王丽萍编写第一、三、十(第一、二、三节)、十三章,辽宁工程技术大学赵晓亮编写第四、七、十(第四、五节)章,中国矿业大学田立江编写第八、九、十二章,中国矿业大学何士龙编写第二(第五节)、六、十一章,中国矿业大学蒋家超编写第二(第一、二、三、四节)、五章。全书由王丽萍统一定稿。

　　本书在编写过程中参考了许多相关教材和资料,在此一并向作者表示谢意。限于编者学识水平,书中难免存在错误和不足之处,热忱希望读者指正。

编　者

2018 年 5 月

目　录

第一章　绪论 ………………………………………………………………… 1

　　第一节　大气污染 ……………………………………………………… 1

　　第二节　全球性大气污染问题 ………………………………………… 5

　　第三节　我国大气污染的现状及特征 ………………………………… 9

　　第四节　大气污染综合防治 …………………………………………… 13

　　第五节　大气环境标准 ………………………………………………… 16

第二章　燃烧与大气污染 ………………………………………………… 22

　　第一节　燃料 …………………………………………………………… 22

　　第二节　燃料的燃烧 …………………………………………………… 26

　　第三节　燃烧过程计算 ………………………………………………… 28

　　第四节　燃烧过程中污染物的生成与控制 …………………………… 33

　　第五节　机动车污染与控制 …………………………………………… 41

第三章　除尘技术基础 …………………………………………………… 54

　　第一节　粉尘粒径及粒径分布 ………………………………………… 54

　　第二节　粉尘的物理性质 ……………………………………………… 60

　　第三节　尘粒的流体阻力与沉降分离机理 …………………………… 65

　　第四节　微粒的凝并 …………………………………………………… 74

　　第五节　除尘器的分类与性能 ………………………………………… 82

第四章　机械式除尘器 …………………………………………………… 88

　　第一节　重力沉降室与惯性除尘器 …………………………………… 88

　　第二节　旋风除尘器 …………………………………………………… 98

第五章　电除尘器 ………………………………………………………… 115

　　第一节　电除尘器的工作原理 ………………………………………… 115

　　第二节　影响电除尘效率的因素 ……………………………………… 127

第三节 电除尘器的类型与构造 ……………………………………………… 132
第四节 电除尘器的设计计算与应用 ………………………………………… 139

第六章 袋式除尘器 ………………………………………………………… 143
第一节 袋式除尘器的工作原理 ……………………………………………… 143
第二节 袋式除尘器的性能分析 ……………………………………………… 146
第三节 袋式除尘器的结构型式 ……………………………………………… 148
第五节 电袋复合式除尘器 …………………………………………………… 159

第七章 湿式除尘器 ………………………………………………………… 163
第一节 湿式除尘器的除尘机理及分类 ……………………………………… 163
第二节 喷淋塔除尘器与旋风水膜除尘器 …………………………………… 167
第三节 自激式除尘器 ………………………………………………………… 173
第四节 文丘里除尘器(脱水装置) ………………………………………… 175
第五节 开放源抑尘 …………………………………………………………… 182

第八章 吸收法净化气态污染物 …………………………………………… 187
第一节 吸收过程中的气液平衡 ……………………………………………… 187
第二节 伴有化学反应的吸收动力学 ………………………………………… 193
第三节 吸收物料衡算与操作线方程 ………………………………………… 200
第四节 吸收塔的设计计算 …………………………………………………… 204
第四节 吸收法净化气态污染物的应用 ……………………………………… 208

第九章 吸附法净化气态污染物 …………………………………………… 222
第一节 气体吸附原理与吸附剂 ……………………………………………… 222
第二节 吸附理论 ……………………………………………………………… 230
第三节 吸附反应器及其计算方法 …………………………………………… 236
第四节 吸附法净化气态污染物的应用 ……………………………………… 245

第十章 催化转化法净化气态污染物 ……………………………………… 255
第一节 概述 …………………………………………………………………… 255
第二节 催化转化反应动力学 ………………………………………………… 257
第三节 催化剂及其再生 ……………………………………………………… 262
第四节 固定床催化反应器 …………………………………………………… 270
第五节 催化转化法净化气态污染物的应用 ………………………………… 279

第十一章 气态污染物的其他净化方法 …………………………………… 285
第一节 燃烧净化 ……………………………………………………………… 285
第二节 冷凝净化 ……………………………………………………………… 290

第三节　生物净化 …………………………………………………………… 293

第四节　膜分离法 …………………………………………………………… 296

第五节　电子束照射法 ……………………………………………………… 301

第六节　低温等离子体技术 ………………………………………………… 303

第七节　光催化技术 ………………………………………………………… 304

第十二章　集气罩及管道设计 …………………………………………… 306

第一节　净化系统的组成与设计内容 ……………………………………… 306

第二节　集气罩的捕集机理 ………………………………………………… 308

第三节　集气罩的结构型式及主要性能 …………………………………… 313

第四节　集气罩的设计 ……………………………………………………… 318

第五节　管道系统的设计计算 ……………………………………………… 328

第十三章　大气扩散 ……………………………………………………… 344

第一节　影响大气污染物散布的主要因子 ………………………………… 344

第二节　大气扩散的基本理论简介 ………………………………………… 352

第三节　点源扩散的高斯模式 ……………………………………………… 353

第四节　烟流抬升高度 ……………………………………………………… 357

第五节　扩散参数的选择确定 ……………………………………………… 359

第六节　特殊情况下的扩散模式 …………………………………………… 367

第七节　烟囱高度的设计 …………………………………………………… 370

第八节　厂址选择 …………………………………………………………… 374

参考文献 …………………………………………………………………… 380

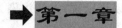

绪　论

第一节　大气污染

一、大气与大气污染

（一）大气的组成

大气是人类和一切生物生存必不可少的环境要素之一，其重要性仅次于或近似等同于阳光对生命的意义。空气的质量直接影响我们接收到的阳光的量和类型，从而直接或间接地影响人类生活。

大气是由多种气体混合组成的，按其成分可以概括为干洁空气、水汽和悬浮微粒三部分。干洁空气的组成如表1-1所列。干洁空气的组成比例在与地表垂直方向上0～90 km范围内基本保持不变，大气中的水汽含量变化较大，其变化范围可达0.02%，许多天气现象都与水汽含量有关。

大气中的悬浮微粒主要是大气尘埃和悬浮杂质。人类的活动或自然的作用，会使某些物质进入大气，这些物质以微粒或有害气体的形式存在，是大气污染的物质基础。

表 1-1　　　　　　　　　　　　干洁空气的组成

成　分	相对分子质量	体积分数/%	成　分	相对分子质量	体积分数/%
氮（N_2）	28.01	78.08	氖（Ne）	20.18	1.8×10^{-4}
氧（O_2）	32.00	20.95	氦（He）	4.003	5.3×10^{-4}
氩（Ar）	39.94	0.93	氪（Kr）	83.80	1.0×10^{-4}
二氧化碳（CO_2）	44.01	0.03	氢（H_2）	2.016	0.5×10^{-4}
甲烷（CH_4）	16.04	1.5×10^{-4}	氙（Xe）	131.30	0.08×10^{-4}
			臭氧（O_3）	48.00	$(0.01 \sim 0.04) \times 10^{-4}$

（二）大气污染

大气污染通常指由人类活动和自然过程引起某些物质进入大气后，呈现出足够的浓度，达到足够的时间，并因此对人体的舒适、健康和福利或环境造成危害。

所谓对人体的舒适、健康的危害，包括对人体正常的生活环境和生理机能的影响，引起急性病、慢性病以至死亡等；而所谓福利，则包括与人类协调并共存的生物、自然资源以及财产、器物等。人类活动包括生活活动和生产活动,但造成大气污染的主要因素首先是工业生产活动。但交通和取暖、空调等生活方式对大气污染也起至关重要的作用。所谓自然过程,是指火山活动、山林火灾、海啸、土壤和岩石风化及大气圈的空气运动等。但是,一般说来,由于自然环境所具有的物理、化学和生物机能,即自然环境的自净作用,会使自然过程造成的大气污染,经过一段时间后自动消除,从而使生态平衡自动恢复。所以可以说,大气污染主要是由人类活动造成的。

(三) 大气污染物含量

清洁空气与被污染空气中的污染物的含量如表 1-2 所列。

表 1-2　　　　　　　　　　　**清洁空气与被污染空气中污染物的含量**

污染物	清洁空气中的含量/10^{-6}	污染空气中的含量/10^{-6}
二氧化硫	$0.001 \sim 0.01$	$0.02 \sim 2$
氮氧化物	$0.001 \sim 0.01$	$0.01 \sim 0.5$
碳氢化物	1	$1 \sim 20$
一氧化碳	<1	$5 \sim 200$
二氧化碳	$310 \sim 330$	$350 \sim 370$
颗粒物	$10 \sim 20 \ \mu g/m^3$	$70 \sim 700 \ \mu g/m^3$

(四) 大气污染的类型

按大气污染的范围来说,大致可分为四类:① 局限性和局部地区大气污染,如受某个工厂烟囱排气的直接影响;② 涉及一个地区的区域性大气污染,如工矿区域及其附近地区或整个城市大气受到污染;③ 涉及更广域的大气污染,在大城市、大工业地带可以看到的广域污染;④ 从全球范围考虑的全球性大气污染,如大气中硫氧化物、氮氧化物、二氧化碳和飘尘的不断增加,造成跨国界的酸性降雨和温室气体效应。全球性大气污染受到世界各国的关注,需要国际合作加以解决。

二、大气污染物

大气污染物是指由于人类活动或自然过程排放到大气,并对人或环境产生有害影响的物质。

(一) 污染物的种类

大气污染物的种类很多,按其存在状态可概括为两大类:颗粒污染物和气态污染物。

1. 颗粒污染物

颗粒污染物也称为气溶胶状态污染物,是指固体粒子、液体粒子或它们在气体介质中的悬浮体。根据气溶胶的来源和物理性质,可将其分为如下几种:

① 粉尘(dust)系指悬浮于气体介质中的细小固体粒子。通常是由固体物质的破碎、分级、研磨等机械过程或土壤、岩石风化等自然过程形成。粉尘粒径一般在 $1 \sim 200 \ \mu m$。

② 烟(fume)通常系指由冶金过程形成的固体粒子的气溶胶。它是由熔融物质挥发后生成的气态物质的冷凝物,在生产过程中总是伴有诸如氧化之类的化学反应。烟是很细的微粒,粒径范围一般为 $0.01 \sim 1 \ \mu m$。

③ 飞灰(fly ash)系指由燃料燃烧产生的烟气带走的灰分中分散得较细的粒子。灰分(ash)系含碳物质燃烧后残留的固体渣,尽管其中可能含有未完全燃尽的燃料,作为分析目

的而总是假定它是完全燃烧的。

④ 黑烟(smoke)通常系指由燃烧产生的能见气溶胶。黑烟的粒度范围为 $0.05 \sim 1 \mu m$。

⑤ 液滴(droplet)系指在静止条件下能沉降、在紊流条件下能保持悬浮的这样一种尺寸和密度的小液体粒子,主要粒径范围在 $200 \mu m$ 以下。

此外,在大气污染控制中,还根据大气中尘颗粒的大小进行分类,可分为总悬浮颗粒物和可吸入颗粒物。总悬浮颗粒物(TSP):指能悬浮在空气中,空气动力学当量直径≤$100 \mu m$ 的颗粒物。可吸入颗粒物(PM_{10}):指悬浮在空气中,空气动力学当量直径≤$10 \mu m$ 的颗粒物。

2. 气态污染物

气体状态污染物种类极多,常见的有五大类:以二氧化硫为主的含硫化合物、以一氧化氮和二氧化氮为主的含氮化合物、碳的氧化物、碳氢化合物及卤素化合物等,如表 1-3 所列。

表 1-3　　　　　　　　　　气体状态大气污染物的种类

污　染　物	一 次 污 染 物	二 次 污 染 物
含硫化合物	SO_2, H_2S	SO_2, H_2SO_4, MSO_4
碳的氧化物	CO, CO_2	无
含氮化合物	NO, NH_3	NO_2, HNO_3, MNO_3
碳氢化合物	C_mH_n	醛,酮,过氧乙酰硝酸酯,O_3
卤素化合物	HF, HCl	无

注:M 代表金属离子。

气态污染物可分为一次污染物和二次污染物。若大气污染物是从污染源直接排出的原始物质,则称为一次污染物。若是由一次污染物与大气中原有成分或几种一次污染物之间经过一系列化学或光化学反应而生成的与一次污染物性质不同的新污染物,称为二次污染物。在大气污染中,受到普遍重视的二次污染物主要有硫酸烟雾(sulfurous smog)和光化学烟雾(photochemical smog)。硫酸烟雾是由大气中的二氧化硫等硫化物,在含有水雾、重金属的飘尘或氮氧化物存在时,发生一系列化学或光化学反应而生成的硫酸雾或硫酸盐气溶胶。光化学烟雾是由大气中的氮氧化物、碳氢化合物与氧化剂之间在阳光照射下发生一系列光化学反应所生成的蓝色烟雾(有时带紫色或黄褐色),其主要成分有臭氧、过氧乙酰基硝酸酯(PAN)、酮类及醛类等。

受到世界各国普遍关注的传统大气污染物有二氧化硫(SO_2)、总悬浮微粒(TSP)、氮氧化物(NO_x)、一氧化碳(CO)以及光化学氧化剂。据测算,前三种污染物(SO_2、TSP、NO_x)中只有 TSP 排放量目前全球有所降低,其余均有所增加。目前我们关心的大气污染物名单加入了许多新化学物质,包括铅、石棉、汞、砷、酸类(H_2SO_4、HCl、HF)、卤素类、呋喃、聚氯联苯(PCB_s)等。

(二) 大气污染物的来源和发生量

根据对主要大气污染物的分类统计表明,其主要来源有三大方面:① 燃料燃烧;② 工业生产过程;③ 交通运输。前两类污染源通称为固定源,交通运输工具(机动车、火车、飞机等)则称为流动源。

自 20 世纪 70 年代的能源危机以来,为了节约能源,多国普遍开始建造密闭型房屋,以增加保暖效果。室内空调的普遍采用和室内装潢的流行,都影响着室内空气质量(Indoor Air Quality,IAQ)使 IAQ 问题日趋严重。国外学者调查表明室内空气污染物种类已高达 900 多种,主要包括甲醛等挥发性有机物、臭氧、一氧化碳、二氧化碳、氡及其子体等。按照室内污染物的性质,可将室内空气污染分为三类:化学污染、物理污染以及生物污染。室内空气主要污染物及其来源综合列在表 1-4 中。

表 1-4　　　　　　　　室内空气主要污染物及其来源

污染种类	污染物	污染源
化学污染	甲醛	建筑材料:各种含脲醛树脂的建筑材料,绝缘材料等 装饰材料:木制家具,墙壁涂料,油漆,黏合剂,化纤地毯等 生活用品:液化石油气的燃烧,化妆品,清洗剂,消毒剂,香烟烟雾,书刊杂志(油墨印刷)等
	颗粒物	石棉,燃料燃烧,吸烟,发烟蚊香,室内清扫,日化用品(如空气清新剂,臭氧剂,化妆品)等
	挥发性有机物	涂料,化妆品,油漆,清洁剂,杀虫剂,鞋油,指甲油,摩丝等
	臭氧	室外光化反应进入,复印机高压产生
	一氧化碳	燃料燃烧,吸烟,燃气热水器使用不当
	二氧化碳	燃料燃烧,吸烟,人类呼吸代谢,植物呼吸作用
	氮氧化物	燃料燃烧,吸烟,使用电炉
	有机氯化物	纺织物,杀虫剂,集成电路半导体元件使用的有机氯清洗剂
物理污染	放射性污染	氡及其子体,建筑材料中的放射性物质,建材(水泥、砖、地板等),地壳本体,地下坑道中的冷气及放射线
	电磁辐射污染	各种家电如电视机、电脑、微波炉、空调、冰箱、手机等
	光污染	采光不合理
生物污染	过敏反应物	植物花粉,孢子,家畜(猫、狗等),螨类
	菌类微生物	人体,空调器,湿度器,家畜,不清洁的毛毯

我国最主要的大气污染物是二氧化硫和颗粒物,其排放量很大。1995 年我国二氧化硫排放总量达 2 369.6 万 t,超过美国,成为世界二氧化硫排放第一大国。近年来,我国采取一系列措施,使我国主要大气污染物的排放量有所降低,但总体上仍保持在很高的水平上(表 1-5)。

表 1-5　　　　　　　我国 2011～2015 年主要大气污染物总排放量　　　　　　　　　　万 t

项目 年度	二氧化硫排放量			烟尘排放量		
	合计	工业	生活	合计	工业	生活
2011	2 217.9	2 017.2	200.4	1 278.8	1 100.9	114.8
2012	2 117.6	1 911.7	205.7	1 234.3	1 029.3	142.7
2013	2 043.9	1 835.2	208.5	1 278.1	1 094.6	123.9
2014	1 974.4	1 740.4	233.9	1 740.8	1 456.1	227.1
2015	1 859.1	1 556.7	296.9	1 538.0	1 232.6	249.7

三、大气污染的影响

1. 对人体健康的影响

大气污染物影响人体健康主要有三条途径：表面接触、食用含有大气污染物的食物和水、吸入被污染的空气,其中以第三条途径最为重要。大气污染对人体健康危害的主要表现是引起呼吸道疾病。通常长期接触低浓度大气污染物会引起慢性呼吸道疾病,而急性危害一般出现在污染物浓度较高的工业区及其附近。

2. 对农林水产的影响

大气污染对农业生产也造成很大危害。酸雨可以直接影响植物的正常生长,又可以通过渗入土壤及进入水体,引起土壤和水体酸化、有毒成分溶出,从而对动植物和水生生物产生毒害。严重的酸雨会使森林衰亡和鱼类绝迹,导致农业减产、林木衰败。

3. 对器物和材料的影响

大气污染对建筑物和金属制品、油漆涂料、皮革制品、纸制品、纺织制品、橡胶制品等材料的损害也是严重的。这种损害包括玷污性损害和化学性损害两个方面。玷污性损害主要是粉尘、烟等颗粒物落在器物表面或材料中造成的,有的可以通过清扫冲洗除去,如煤油中的焦油等。化学性损害是指由于污染物的化学作用,使器物和材料腐蚀或损坏。

排入空气中的二氧化硫、氮氧化物、各种有机物等不仅直接腐蚀建筑物、桥梁、机器和设备,而衍生的二次污染物光化学烟雾、酸雨等会造成更大危害。例如光化学烟雾会腐蚀建筑材料,酸雨能使非金属建筑材料(混凝土、砂浆和灰砂砖)表面硬化水泥溶解,出现空洞和裂缝,导致强度降低等。

4. 影响全球大气环境

大气污染物不仅污染低层大气,而且能对上层大气产生影响,形成酸雨、臭氧层破坏、温室效应等全球性环境问题,给人体健康及全球环境带来更严重的危害。

第二节 全球性大气污染问题

一、温室效应与气候变化

(一)温室效应与温室气体

地球的温度是由太阳辐射照到地球表面的速率和吸热后的地球将红外辐射线散发到空间的速率决定的。长期来看,地球从太阳吸收的能量必须同地球及大气层向外散发的辐射能相平衡。大气中的二氧化碳和其他微量气体如甲烷、一氧化二氮、臭氧、氟氯烃(CFCs)、水蒸气等,可以使太阳的短波辐射几乎无衰减地通过,同时强烈吸收地面及空气放出的长波辐射,吸收的长波辐射部分反射回地球,从而减少了地球向外层空间散发的能量,使空气和地球表面变暖,这种暖化效应称为"温室效应"。

二氧化碳和上述那些微量气体,则称为"温室气体"。几种主要温室气体及其特征列于表1-6中。在已知的30多种温室气体中,CO_2对温室效应的贡献最大。甲烷-氧化二氮、氟利昂和臭氧也起到重要作用,氟利昂在大气中的体积分数虽显著低于其他温室气体,但对暖化效应的贡献率达12%~20%,仅次于CO_2,氟利昂是效应极强的温室气体。

表 1-6　　　　　　　　　　　　　　　　　主要温室气体及其特征

气体	大气中体积分数/%	年增长率/%	生存期	温室效应（$CO_2=1$）	现有贡献率/%	主要来源
CO_2	$3.55×10^{-4}$	0.4	50～200 a	1	50～60	煤、石油天然气、森林砍伐
CFC	$0.85×10^{-8}$	2.2	50～102 a	3 400～15 000	12～20	发泡剂、气溶胶、制冷、清洗剂
CH_4	$1.7×10^{-6}$	0.8	12～17 a	11	15	湿地、稻田、化石燃料、牲畜
N_2O	$3.1×10^{-7}$	0.25	120 a	270	6	化石燃料、化肥、森林砍伐
O_3	$(0.01～0.05)×10^{-6}$	0.5	数周	4	8	光化学反应

如果没有温室气体的存在,地球将是十分寒冷的。据计算,如果大气层仅有 O_2 和 N_2,则地表平均温度为 -6 ℃才能平衡来自太阳的入射辐射,低于现在的 15 ℃。如果没有大气层,地表温度将是 -18 ℃。

（二）温室气体与气候变化

1. 人类活动与气候变化

自然界本身产生各种温室气体,同时自然界也在吸收或分解它们。在地球的长期演化过程中,大气中温室气体的变化是很缓慢的,处于基本平衡的循环状态。

工业革命以来,大量森林植被被迅速砍伐,发达国家消耗了全世界大部分化石燃料,CO_2 累积排放量惊人。人为排放的 CO_2 不断增加和森林植被的大量破坏,破坏了 CO_2 产生和吸收的自然平衡,大气中 CO_2 已从 1750 年的 $280×10^{-6}$ 增加到目前的 $360×10^{-6}$ 左右。预计到 21 世纪中叶,大气中 CO_2 的体积分数将达到 $(540～970)×10^{-6}$。二氧化碳含量的增加已成为全球变暖的主要原因。

除 CO_2 外,大气中其他温室气体的含量也在不断增加。200 多年前,大气中 CH_4 的体积分数为 $800×10^{-9}$,1992 年增加到 $1\ 720×10^{-9}$。工业革命前,大气中 N_2O 的体积分数为 $285×10^{-9}$,现在已升至 $310×10^{-9}$,每年以 $0.2\%～0.3\%$ 的比例增加。

大气中温室气体的增加,导致吸收来自地表的长波辐射增多,地球及大气向外层空间散发的能量减少,长期形成的能量平衡被破坏,造成地表及大气温度升高,全球气候变暖。

2. 对气候变化的影响

温室效应使得冰雪覆盖和冰川面积减少。卫星数据显示,雪盖面积自 20 世纪 60 年代末以来,很可能已减少了 10% 左右;另外还会导致海平面上升,并且改变全球降水格局,预计在 1990 年～2100 年间,全球海平面将上升 8～9 cm。全世界有 1/3 的人口生活在沿海岸线 60 km 以内,海平面上升使一些岛屿消失,人口稠密、经济发达的河口和沿海低地可能被淹没,迫使大量人口内迁陆地。北半球中纬度地区和南半球降雨量增加,北半球亚热带地区降雨量下降。过多的降雨、大范围的干旱和持续的高温等,进而造成大规模的灾害损失。与过去的 100 年相比,自 20 世纪 70 年代以来厄尔尼诺事件更频繁、更持久,且强度更大。

温室效应影响人类健康。高温热浪给人群带来心脏病发作、中风或其他疾病的风险,引起死亡率增加。在气候变暖时,一些疾病(如疟疾、登革热引起的脑炎等)的发病率有可能增加。

（三）应对措施

1. 改变能源结构、控制温室气体排放

控制温室气体排放的主要途径有改变能源结构,控制化石燃料使用量,大力发展清洁型能源(核能、水能、太阳能、风能等);提高能源转换率和利用率;降低单位产品的能耗,控制污染型能源(煤、石油、天然气)的使用量;减少森林植被的破坏,控制水田和垃圾填埋场排放甲烷等。

根据我国的煤炭开采能力和 CO_2 排放的要求,未来煤炭供给应控制在 30 亿 t 标准煤以下,这是我国能源结构调整的主要方向。国家规划到 2020 年核电的装机容量将达到 0.8 亿 kW,核电在总能中所占比例将从 2006 年的 0.8% 分别增长为 2020 年 2%、2035 年 6%、2050 年 4%;国家规划到 2020 年可再生能源在总能中的比例要达到 16%,而且随着技术的发展其比例将不断增加。

2. 增加温室气体吸收

增加温室气体吸收主要通过植树造林和采用固碳技术等方法。植树造林是吸收温室气体最有效的途径。固碳技术是指将燃烧气体中的二氧化碳分离、回收,然后注入深海或地下,或者通过化学、物理以及生物方法固定。

二、臭氧层破坏

距离地球表面 $10 \sim 20$ km 高处的平流层,稀薄空气内含有 $(300 \sim 500) \times 10^{-9}$ 的臭氧层。臭氧层具有较强的吸收紫外线的功能,可以吸收太阳光紫外线中对生物有害的部分 UV-B。因此,臭氧层有效地阻挡了来自太阳紫外线的侵袭,使得地球上各种生命能够存在、繁衍和发展。20 世纪 70 年代中期,美国科学家发现南极洲上空的臭氧层有变薄现象。近年来臭氧层损耗现象日益严重。

(一)臭氧层破坏的机理

臭氧层破坏的机理主要包括两个反应:

$$Cl + O_3 \longrightarrow ClO + O_2 \quad ClO + O_3 \longrightarrow Cl + 2O_2$$

减缓并与这两个反应竞争的其他反应在平流层也在进行,但是如果忽略其他反应,合并这两个反应并消去同类项,可知总的反应如下:

$$2O_3 \longrightarrow 3O_2$$

其中没有氯原子的净消耗。这样,一个氯原子可将许多臭氧分子转化为普通的氧气分子。估计一个氯原子可以破坏 $10^4 \sim 10^6$ 个臭氧分子。(这个机理通常称为臭氧的催化破坏,因为氯原子对这个反应表现为不消耗的催化剂)

除了原子氯外,其他对臭氧层产生破坏的气体还包括奇氢类 HO_x(H、OH、HO_2),奇氮类 NO_x(NO、NO_2),以及其他奇卤类化合物 XO_x(ClO、Br、BrO)等。

(二)臭氧层破坏的危害

臭氧层破坏已导致全球范围内地面紫外线照射加强。据报道,北半球中纬度地区冬、春季紫外线辐射增加了 7%,夏、秋季增加了 4%;南半球中纬度地区全年平均增加了 6%;南、北极春季分别增加了 130% 和 22%。地面紫外线照射的加强,将带来如下危害:

① 对人体健康带来危害,如导致人类白内障和皮肤癌发病率增加,降低对传染病和肿瘤的抵抗能力,降低疫苗的反应能力等。

② 影响陆生及水生生态系统。UV-B 辐射增强将破坏植物和微生物组织,并减少浮游生物的产量,进而影响生物链和整个生态系统。

③ 影响城市空气质量,加速建筑材料的降解和老化变质。

④ 改变地球大气的结构,破坏地球的能量收支平衡,影响全球的气候变化。

（三）应对措施

开发消耗臭氧层物质的替代技术和物质是减少臭氧层破坏的主要措施。在现代经济中,氟利昂等物质应用非常广泛,目前许多国家都在开发氟利昂类物质的替代物质和方法,如水清洗技术、氨制冷技术等。发达国家已经比预期更快的速度和更低的成本,停止了 CFCs 的使用。泡沫行业使用水、二氧化碳、碳氢和 HCFC,制冷和空调行业大都使用 CFC 作为替代品。

制定淘汰消耗臭氧层物质的措施也是减少臭氧层破坏的途径之一。许多国家采取了一系列政策措施,一类是传统的环境管制措施,如禁用、限制、配额和技术标准,并对违反规定者实施严厉处罚。欧盟国家和一些经济转轨国家广泛采用这类措施。一类是经济手段,如征收税费,资助替代物质和技术开发。美国对生产和使用消耗臭氧层物质实行了征税和交易许可证措施。另外,许多国家的政府、企业和民间团体还发起了自愿行动。

保护臭氧层受到了国际社会的关注。针对臭氧层,继 1985 年通过的《保护臭氧层维也纳公约》以及 1987 年签署的《关于消耗臭氧层物质的蒙特利尔议定书》之后,1990 年、1992 年和 1995 年的三次议定书缔约国国际会议扩大了受控物质的范围,现包括氟利昂（CFCs）、哈龙（CFCB）、四氯化碳（CCl_4）、甲基氯仿（CH_3CCl_3）、氟氯烃（HCFCl）和甲基溴（CH_3Br）等,并提前了停止使用的时间。修改后的议定书规定,发达国家 1994 年 1 月停止使用哈龙,1996 年 1 月停止使用氟利昂、四氯化碳、甲基氯仿。发展中国家 2010 年全部停止使用这四种 ODSs。但是由于氟利昂相当稳定,即使《蒙特利尔议定书》得到完全履行,预计臭氧层的破坏要在 2050 年之后才有可能完全复原。

三、酸雨问题

酸雨是指 pH 值小于 5.6 的酸性降水,但现在泛指以湿沉降或干沉降形式从大气转移到地面的酸性物质。湿沉降是指酸性物质以雨、雪形式降落到地面;干沉降是指酸性颗粒物以重力沉降、微粒碰撞和气体吸附等形式由大气转移到地面。酸雨形成的机制非常复杂,是一种复杂的大气物理过程。

（一）酸雨的形成机理

降水在形成和降落过程中,会吸收大气中的各种物质。如果吸收的酸性物质多于碱性物质,就会形成酸雨。

SO_4^{2-} 和 NO_3^- 是酸雨的主要成分,它们主要是由 SO_2 和 NO_x 转化而来的。其中,SO_2 可以通过催化氧化作用、光氧化作用以及与光化学作用形成的自由基结合,形成三氧化硫。NO_x 转化为硝酸的机理与 SO_2 类同。大气中形成的硫酸和硝酸可与漂浮在大气中的颗粒物形成硫酸盐和硝酸盐气溶胶,粒径很小,有更长的生命周期作远距离迁移。

酸雨的形成过程如下,水蒸气凝结在硫酸盐、硝酸盐等微粒组成的凝结核上,形成液滴,液滴吸收 SO_2、NO_x 和气溶胶粒子,并相互碰撞、絮凝而组合在一起形成云和雨滴,而云下的酸性物质则会被雨滴从大气中捕获、吸收、冲刷带走。

（二）酸雨的危害

酸雨的危害包括以下几个方面:① 危害人体健康。酸雨或酸雾会明显刺激人体眼角膜和呼吸道黏膜,导致红眼病和支气管炎发病率升高。② 腐蚀建筑物及金属结构,破坏历史建筑物和艺术品等。③ 损害森林生长。酸雨损害植物的新生叶芽,从而影响其生长发育,导致森林生态系统的退化。④ 影响土壤特性。酸雨可使土壤释放出有害的化学成分（如 Al^{3+}），危害植物根系的生长；酸雨抑制土壤中有机物的分解和氮的固定，淋洗土壤中的 Ca、Mg、K 等营养元素，使土壤贫瘠化。⑤ 影响农作物生长，导致农作物大幅度减产。如酸雨可使小麦减产 13%～34%，大豆、蔬菜也容易受酸雨危害，使蛋白质含量和产量下降。⑥ 使淡水湖泊、河流酸化，鱼类和其他水生生物减少。

（三）应对措施

针对酸雨问题的应对措施首先要控制二氧化硫和氮氧化物的排放。其途径：① 对原煤进行洗选加工，减少煤炭中的硫含量。② 优先开发和使用各种低硫燃料，如低硫煤和天然气；③ 改进燃烧技术，减少燃烧过程中二氧化硫和氮氧化物的产生量。④ 采用烟气脱硫装置，脱除烟气中的二氧化硫和氮氧化物。

控制酸雨污染是大气污染防治法律和政策的一个重要领域，它包括两方面措施：一种是政策手段，即通过制定法律和空气质量标准、实行排放许可制度等途径，要求采用"最佳可用技术"进行治理，以降低污染物的排放量；另一种手段是经济手段，即通过排污收费、征收污染税、发放排污许可证和排污权交易等多种途径，刺激和鼓励削减二氧化硫排放量。

在国际方面，1972 年以来，欧洲、美国、加拿大等国家针对酸雨控制，召开了一系列国际会议，商议并提出了削减 SO_2 和 NO_x 排放的协议。20 世纪 80 年代以后，我国组织了较大规模的研究和监测，其后制定了 SO_2 排放标准和 SO_2 排污收费等一系列政策法规，1998 年国务院批复了原国家环保局上报的酸雨控制区和 SO_2 污染控制区（两控区）方案。目前，我国正在大规模开展包括燃料脱硫、燃烧过程脱硫和烟气脱硫在内的各种减排 SO_2 工作。为了控制 NO_x 对酸雨的贡献，我国从 2004 年开始实行了 NO_x 排污收费制度，并将制定其他减排 NO_x 的措施。

第三节　我国大气污染的现状及特征

一、我国能源结构与煤烟型污染

中国的大气环境污染仍以煤烟型为主，主要污染物为颗粒物和 SO_2，这主要是能源结构所决定的（表 1-7），我国现阶段以及今后相当长时期内，一次能源以煤炭为主的结构不会改变。总体上我国大气污染是以颗粒物和 SO_2 为特征污染物的煤烟型污染类型。

表 1-7 　　　　　　　　　　能源消费总量及构成

年份	能源消费总量（标准煤）/万 t	占能源消费总量的比重/%			
		煤炭	石油	天然气	水电、核电、风电
2004	213 456	69.5	21.3	2.5	6.7
2005	235 997	70.8	19.8	2.6	6.8
2006	258 676	71.1	19.3	2.9	6.7
2007	280 508	71.1	18.8	3.3	6.8
2008	291 448	70.3	18.3	3.7	7.7
2009	306 647	70.4	17.9	3.9	7.8

年份	能源消费总量 (标准煤)/万 t	占能源消费总量的比重/%			
		煤炭	石油	天然气	水电、核电、风电
2010	324 939	68.0	19.0	4.4	8.6
2011	387 043	70.2	16.8	4.6	8.4
2012	402 138	68.5	17.0	4.8	9.7
2013	416 913	67.4	17.1	5.3	10.2
2014	425 806	65.6	17.4	5.7	11.3
2015	429 905	63.7	18.3	5.9	12.1
2016	436 000	62.0	18.3	6.4	13.3

数据来源：2017 年中国统计年鉴。

"十二五"期间，我国 SO_2 烟尘等煤烟型特征污染物排放总量大幅度下降，据统计 2016 年全国 SO_2 排放总量 1 102.86 万 t，氮氧化物排放总量 1 394.31 万 t，烟尘排放总量 1 010.66万 t，分别较 2011 年下降 50.27%、42.01% 和 20.97%，但大气污染形势仍然严峻，排放负荷仍然巨大。我国已成为世界上大气污染排放总量最大的国家之一。此外，我国 SO_2、NO_x 和大气汞排放量高居全球首位，远远超出大气环境容量。尽管我国城市环境的空气质量得到持续的改善，但仍不容乐观。以 74 个环保重点城市为例，由图 1-1 可知，与 2011 年相比，2016 年 SO_2 浓度下降 48.78%，NO_2 浓度上升 11.43%，与 2013 年相比，2016 年 PM_{10} 浓度下降 27.97%，$PM_{2.5}$ 浓度下降 30.56%。2016 年，全国 338 个地级及以上城市中，有 84 个城市环境空气质量达标，占全部城市数的 24.9%；254 个城市环境空气质量超标，占 75.1%。其中，可吸入颗粒物是城市空气污染的首要污染物，仍有相当数量的城市二氧化硫浓度超标。

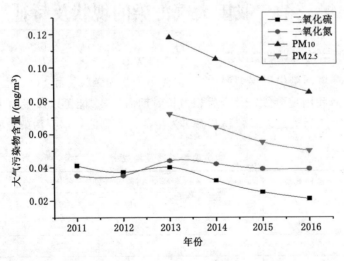

图 1-1　"十二五"期间主要大气污染物年度变化情况

2016 年全国酸雨面积较 2011 年下降 5.7%，重酸雨面积保持稳定。但污染形势依然严峻，酸雨面积约为 69 万 km^2，占国土面积的 7.2%，重酸雨污染面积约 0.29 万 km^2，占酸雨总面积的 0.42%，其中酸雨程度较为严重的地区（pH 值低于 5.0）主要集中在长江、珠江流域,华中、西南地区酸雨污染呈上升趋势。自 2011 年以来,在导致酸雨的污染物中,氮氧化物的贡献逐年加大。全国降水中硝酸根与硫酸根离子当量浓度比值,由 2011 年的 0.263 升高到 2016 年的 0.387,呈明显升高趋势。

二、NO_2 污染呈现加重态势、城市机动车尾气污染加剧

《中国机动车污染防治年报(2016 年度)》显示,随着机动车保有量的快速增长,我国机动车污染日益严重,机动车尾气排放已成为我国大中城市空气污染的主要来源之一。汽车是机动车污染物总量的主要贡献者,其排放的一氧化碳和碳氢化合物超过 80%,氮氧化物和颗粒物超过 90%,NO_2 污染呈现加重态势。卫星数据表明,我国东部和珠江三角洲存在大面积的 NO_2 污染,且大气 NO_2 总负荷仍呈快速增长的趋势。城市机动车尾气污染也是造成我国近年来雾霾污染严重的重要原因之一。

三、VOCs、重金属等有毒废气污染日趋严重

挥发性有机化合物(Volatile Organic Compounds,VOCs)是一大类有机污染物,通常是指在常温下饱和蒸气压大于 70 Pa,常压下沸点小于 260 ℃ 的有机化合物。从环境监测的角度来讲,它是以氢火焰离子检测器测出的非甲烷烃类检出物的总称,主要包括氧烃类、烃类、氮烃、卤代烃类及硫烃类化合物等。除此之外,VOCs 还有以下几种定义:① 指任何能参加气相光化学反应的有机化合物;② 一般压力条件下,沸点(或初馏点)低于或等于 250 ℃ 的任何有机化合物;③ 世界卫生组织(WHO,1989)对总挥发性有机化合物(TVOC)的定义是:熔点低于室温,沸点范围在 50～260 ℃ 之间的挥发性有机化合物的总称。随着我国经济的迅速发展,挥发性有机气体污染严重,成为仅次于颗粒污染物的又一大类空气污染物。

石化、家具、涂装、印刷行业是 VOCs 的主要排放源,2015 年发布的《挥发性有机物排污收费试点办法》将石化和印刷行业列为首批试点行业。2005 年中国人为源 VOCs 排放量约 19 406 kt,化学物种以烷烃(20.0%)、烃(20.6%)、苯系物(30.1%)为主,其次是醇类(5.0%)、醛类(5.0%)和酮类(6.2%)化合物。其中,烷烃化合物以直链烷烃居多,苯系物主要为苯、甲苯和二甲苯 3 种化合物。我国学者 2011 年统计的 VOCs 排放情况如图 1-2 所

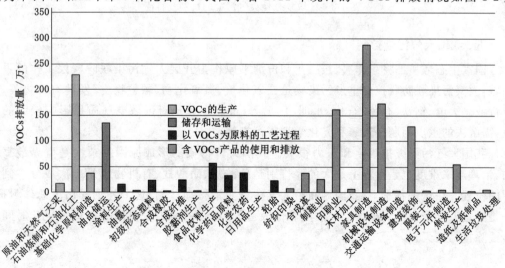

图 1-2 中国 VOCs 排放源情况

示。据清华大学专家研究预测:在我国现有的法规条例控制下,VOCs 排放量将呈上升趋势,2020 年的排放水平将上升到 265 万 t。

四、区域性复合型污染日益突出,雾霾频繁爆发

大气复合型污染特征是指多种污染物间的交互作用,典型现象为同时出现高浓度的臭氧和细颗粒物等二次污染物,雾霾频繁爆发。图 1-3 展示了区域复合性大气污染的机制及特征。

目前,我国已经形成区域复合性污染格局:我国东部沿海形成 O_3 高污染带,以长三角地区和珠三角地区的 O_3 污染最为严重;长三角地区属于我国气溶胶光学厚度高值区,且与华南、华中、华北、环渤海区域连成一片,构成东部 $PM_{2.5}$ 高污染区,污染程度在"十二五"期间明显加重,并明显高于欧美等发达国家和地区。由于我国污染分布较为集中,城市间污染传输影响严重;区域重污染天气集中出现,长三角城市群的空气污染指数(Air Pollution Index,API)常年处于二级标准。

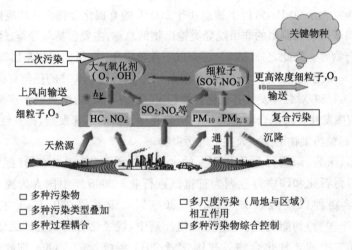

图 1-3　区域复合性大气污染的机制及特征

五、我国大气污染控制目标

国家生态环境部将京津冀、长三角和汾渭平原作为开展大气污染联防联控工作的重点区域,大气污染联防联控的重点污染物是二氧化硫、氮氧化物、颗粒物、挥发性有机物等,重点行业是火电、钢铁、有色、石化、水泥、化工等,重点企业是对区域空气质量影响较大的企业,需解决的重点问题是灰霾和光化学烟雾污染等。

我国大气污染减排难度和压力很大。我国大气污染的形成原因复杂性是世界最复杂的,治理起来难度也是世界上最大的。特别是硫酸盐、硝酸盐、有机物都是二次成分占到主导的位置。在这种背景下,我国颁布了大气污染防治行动计划,这个计划提出了总体目标,一是经过五年努力达到全国空气质量总体改善的目标;二是力争再用五年或者更长时间逐步消除重污染天气。

第四节 大气污染综合防治

一、大气综合防治的基本思想

大气污染控制需要采取综合措施,需要从立法管理、环境规划和污染控制技术几个方面进行。

所谓立法管理,就是通过制定技术经济政策和法规,来限制或禁止污染物的排放与扩散。这就需要明确哪些物质应受限制,控制到什么程度;研究有害物质对人体健康的影响,对财产的损害,及在美学上造成的不良影响;研究不同污染物质在大气中的相互作用,污染物在大气中的迁移、变化规律,等等。近几年来,这种污染控制的研究范围还在扩大。

环境规划是体现环境污染综合防治以预防为主的最重要和最高层次的手段。环境规划是经济可持续发展规划的重要组成部分。做好城市和工业区的环境规划设计工作,正确选择厂址考虑区域综合性治理措施,是控制污染的一个重要途径。

从各国大气污染控制的实践来看,国家及地方的立法管理对大气环境的改善起着至关重要的作用。各发达国家都有一套严格的环境管理方法和制度。这套体制是由环境立法、环境监测机构、环境法的执行机构构成的,三者构成完整的环境管理体制。

二、大气污染综合防治的规划与管理

(一)全面规划,合理布局

影响环境空气质量的因素有很多,包括社会经济和环境保护两方面,如城市的发展规划、城市功能区划分、污染物的类型以及排放特性等。因此,为了控制城市和工业区的大气污染控制,必须在进行区域和社会发展规划的同时,根据该区域的大气环境容量,做好全面环境规划,采取区域性综合防治措施。

环境规划是经济、社会发展规划的重要组成部分,是体现环境污染防治以区域为主的最重要、最高层次的手段。具体而言,环境规划主要进行以下两个方面的工作:① 综合区域经济发展将给环境带来的影响和环境质量的变化趋势,提出区域经济可持续发展和区域环境质量不断得以改善的最佳规划方案;② 对已有的环境污染和环境问题,提出改善和控制环境污染具有指令性的最佳实施方案。我国明确规定,新建和改、扩建的工程项目,要先作环境影响评价,论证该项目的建设可能会产生的环境影响和采取的环境保护措施等。

产业政策是合理布局的依据。国家发展和改革委员会同国务院有关部门依据国家有关法律法规制定,经国务院批准后公布的《产业结构调整指导目录》,由鼓励、限制和淘汰三类目标组成:对有利于节约资源、保护环境,并对经济社会发展有促进作用的政策措施予以鼓励和支持;对工艺技术落后,不符合行业准入条件和有关规定,不利于产业结构优化的行业和措施予以限制和监督改造;对不符合有关法律法规规定,严重浪费资源、污染环境、不具备安全生产条件的落后工艺及产品予以淘汰。总之,通过淘汰污染严重的生产工艺技术、设备及产品,限制工艺技术落后和不符合行业准入条件项目的建设,来逐步改善环境质量。

（二）产业能源与交通结构

1. 改善产业能源结构，构建清洁低碳高效能源体系

为加快改善环境空气质量，我国制定了《打赢蓝天保卫战三年行动计划》，计划中将产业结构优化调整作为推动我国高质量发展的重要突破口，将加快调整能源结构、构建清洁低碳高效能源体系作为重要举措，主要的措施包括：

① 优化产业布局，加大区域产业布局调整力度与落后产能淘汰和过剩产能压减力度；深化工业污染治理，推进重点行业污染治理升级改造和各类园区循环化改造、规范发展和提质增效，大力推进企业清洁生产；培育绿色环保产业，壮大绿色产业规模，发展节能环保产业、清洁生产产业、清洁能源产业，培育发展新动能。

② 推进工业、交通和建筑节能，提高能源利用效率，加大天然气、液化石油气、煤制气、太阳能等清洁能源的推广力度，逐步提高清洁能源使用比重。有效推进北方地区清洁取暖，抓好天然气产供储销体系建设，力争 2020 年天然气占能源消费总量比重达到 10%；重点区域继续实施煤炭消费总量控制，按照煤炭集中使用、清洁利用的原则，重点削减非电力用煤，提高电力用煤比例，2020 年全国电力用煤占煤炭消费总量比重达到 55% 以上。

2. 优化运输结构，发展绿色交通体系

交通结构的调整对于抑制机动车尾气排放对我国大气污染的贡献，提高和释放大气污染的消减潜力，其作用是至关重要的。创新运输组织，优化"铁路-公路-水运"相结合的运输结构。调整货物运输结构，推动铁路货运重点项目建设；大力发展多式联运，依托铁路物流基地、公路港、沿海和内河港口等，推进多式联运型和干支衔接型货运枢纽（物流园区）建设，加快推广集装箱多式联运；加快车船结构升级，推广使用新能源汽车，淘汰老旧车辆。优化交通运输结构，是长期的系统工程，需要国家和地方政府共同和持续的努力。大力发展公共交通，完善城市交通基础设施，落实公交优先发展战略，鼓励居民选择绿色出行方式。

（三）严格环境管理

1. 依法严格环境管理

我国的环境管理法律体系已经逐步建立和完善。近 30 年来，我国相继制定（或修订）并公布了一系列法律，如《中华人民共和国环境保护法》《中华人民共和国大气污染防治法》等。2015 年 8 月 29 日，第十二届全国人民代表大会常务委员会第十六次会议表决通过了新修订的《中华人民共和国大气污染防治法》，主要是以改善大气环境质量为目标，将近年来联防联控、源头治理、科技治霾、重典治霾等大气污染治理经验法制化。2013 年颁布的"大气污染防治行动计划"，是我国第一个国家层次上控制大气污染的行动计划，也是第一个针对 $PM_{2.5}$ 的行动计划，是第一个以改善空气质量为目标的一个行动计划，以说明大气空气污染控制的目标性和提出任务的国家意志。自计划颁布以来，空气质量改善情况明显。从京津冀、长三角、珠三角、北京几个重点地区来看，这些地区圆满完成了大气污染提出的十条任务。全国 PM_{10} 下降了 22.7%，超过 PM_{10} 下降 10% 的预期要求。全国重污染天数显著减少，长三角、珠三角基本消除了重污染天气，京津冀重污染天数明显减少。

2. 控制大气污染的经济政策

为切实做好环境管理，必须保证必要的环境保护投资，并随着经济的发展逐年增加，完善环境经济政策。我国已实行的经济政策包括排污收费制度、SO_2 排污收费、排污许可制度等，"十二五"期间，我国将继续实施高耗能、高污染行业差别电价政策。严格火电、钢铁、水

泥、电解铝等行业上市公司环保核查。积极推进主要大气污染物排放指标有偿使用和排污权交易工作。完善区域生态补偿政策,研究对空气质量改善明显地区的激励机制。

3. 完善重点行业清洁生产

推进技术进步和结构调整,完善重点行业清洁生产标准和评价指标,加强对重点企业的清洁生产审核和评估验收。加大清洁生产技术推广力度,鼓励企业使用清洁生产先进技术。加快产业结构调整步伐,淘汰电力、煤炭、钢铁、水泥、有色金属、焦炭、造纸、制革、印染等行业落后产能任务。

4. 强化区域联防联控

城市间大气污染是相互影响的,形成 $PM_{2.5}$ 的污染物可以跨越城市甚至省际的行政边界远距离输送,所以仅从行政区划的角度考虑单个城市大气污染防治已难以解决大气污染问题。因此,开展城市之间甚至省际区域大气污染联防联控是解决区域大气污染问题的有效手段。新修订的《大气污染防治法》明确规定由国家建立重点区域大气污染联防联控机制,统筹协调区域内大气污染防治工作,对大气污染防治工作实施统一规划、统一标准,协同控制目标。

三、大气污染综合防治的技术措施

1. 改进生产工艺

污染是生产工艺中资源的不充分利用引起的,从本质上讲,空气污染物是未被利用的原材料或产品。改进生产工艺,是减少污染物产生的最经济而有效的措施。生产中要尽量采用无害或少害的原材料;采用闭路循环工艺,提高原材料的利用率。容易扬尘的生产过程要尽量采用湿式作业、密闭运转。粉状物料的加工,应尽量减少振动、高差跌落、气流扰动。液体和粉体物料要采用管道输送。再者,气体、液体和粉体的输送管道要防止泄漏。

此外,广泛开展综合利用,建立综合性工业基地,建立工业生态系统工程,一个工厂产生的废气、废水、废渣成为另外一个厂家的原材料使其资源化,在共生企业层次上组织物质和能源的流动,减少污染物的总排放量。

2. 加强烟气净化

当采取了各种大气污染防治措施之后,大气污染物的排放浓度(或排放量)仍达不到排放标准时,就必须安装废气净化装置,这是控制环境空气质量的基础,也是实行环境规划与管理等综合防治措施的前提。本书在以后的章节中将详细介绍各种净化装置的结构原理、性能特点、设计计算和工艺应用等。

3. 加强机动车污染防治

采取多种能够降低汽车排放的控制技术,从源头上控制汽车尾气污染,严格控制机动车尾气排放,建立统一、规范、先进的在用车排放检查、维修体系,通过对在用车的排放进行定期检查和随机抽查促进车辆进行严格的维修与保养,使车辆不仅达标排放,而且整车技术状况得到改善,在使用周期内始终保持良好的技术状态。实施在用车的检查/维护(I/M)制度是最经济、合理、科学、有效控制在用车排放的措施。另外,还应大力开发使用清洁能源的新型汽车,包括地铁、各种类型的电车等。加快车辆的淘汰速度,提高车用燃料质量。运用燃油清洁添加剂技术,使燃油成为在发动机燃油系统和燃烧系统中不产生胶质和积碳的清洁型燃油,也可以经济而有效地降低尾气排放。

4. 城市绿化工程,加强建筑施工管理

有规划地加快种植能高效吸附、吸收粉尘和有害气体的树种,增强对空气的净化功能。加强城市绿化工程,减少市区裸露地面和地面尘土,提高人均占有绿地面积,不仅对所有类型的大气污染有一定程度的控制,而且具有降噪、杀菌、调节城市气候的作用。

建筑施工是城市扬尘的重要来源,因此在城市市区进行建筑施工或者从事其他产生扬尘污染活动的单位,必须采取防治扬尘污染措施。除了加强施工管理外,还需采取控制渣土堆放和清洁运输等措施,以控制城市的扬尘污染。

5. 高烟囱扩散稀释

采用高烟囱扩散稀释的方法,可以使大气污染物在更广的范围和空间内扩散,减轻局部污染。因为从技术和经济两方面看,完全不排放污染物很难实现,也没有必要。合理利用大气的自净能力,设计合理的烟囱高度有控制地排放污染物是一项可行的环境工程措施。

第五节　大气环境标准

在大气污染控制中,根据什么是相对清洁的环境、为获得这样的环境的合理花费是多少以及污染制造者应按何种比例承担污染治理费用,制定了大气污染控制理论,这些理念构成了大气污染防治法律和法规的基础。起源于美国的大气污染控制理论指出:一个完备的大气污染控制理论应是有较好的费用效益、简单、容易实施、灵活并不断革新的,即:① 能够清晰划分各个相关部分所应承担的责任;② 处理特殊困难;③ 在利用新信息和污染控制新技术的同时,不必大规模审查以前的法律框架或者改建现有的工业企业。

大气污染控制理论主要包括:排放标准、大气质量标准、排放税以及费用-效益标准。

一、大气环境质量标准

大气环境质量标准是以保障人体健康和生态系统为目标,对大气环境中多种污染物所规定的含量限度。它是进行大气质量管理和评价,制定大气污染防治规划和污染物排放标准的依据,同时也是环境管理部门的工作指南和监督依据之一。

(一)制定大气质量标准的依据

目前世界上一些主要国家在判断大气环境质量时,多依照世界卫生组织(WHO)1963年提出的四级标准作为基本依据。

第一级——对人和动植物看不到有什么直接或间接影响的浓度和接触时间。

第二级——开始对人体感觉器官有刺激、对植物有害、对人的视距有影响时的浓度和接触时间。

第三级——开始对人能引起慢性疾病,使人的生理机能发生障碍或衰退而导致寿命缩短时的浓度和接触时间。

第四级——开始对污染敏感的人能起急性症状或导致死亡时的浓度和接触时间。

我国的大气质量标准在此一、二级之间。制定大气质量标准时还应考虑:① 标准应低于为保障人类福利健康而制定的多种大气标准阈值;② 要合理地协调与平衡实现标准所需的代价和效益之间的关系。

我国是一个地域广大、各地经济发展不平衡的大国,在有了全国统一的大气环境质量标准之外,在具体实施时,还应该因地制宜,经过适当的审批手续,制定出符合当地情况的标准或分阶段达到国家标准的实施规划。

(二)我国的环境空气质量标准

《中华人民共和国环境空气质量标准》(以下简称《环境空气质量标准》)首次发布于1982年,1996年第一次修订,2000年第二次修订,2012年第三次修订。该标准根据国家经济社会发展状况和环境保护要求适时修订。为了确保按期实施新修订的《环境空气质量标准》,提出了分期实施新标准的时间要求:2012年,京津冀、长三角、珠三角等重点区域以及直辖市和省会城市;2013年,113个环境保护重点城市和国家环保模范城市;2015年,所有地级以上城市;2016年1月1日,全国实施新标准,并鼓励适时提前实施新标准,经济技术基础较好且复合型大气污染比较突出的地区率先实施新标准。

2012年《环境空气质量标准》修订的主要内容包括:调整了污染物项目及限值,增设了$PM_{2.5}$平均浓度限值和臭氧8小时平均浓度限值;收紧了PM_{10}等污染物的浓度限值,收严了监测数据统计的有效性规定,将有效数据要求由原来的50%~75%提高至75%~90%;更新了二氧化硫、二氧化氮、臭氧、颗粒物等污染物项目的分析方法,增加了自由监测分析方法;明确了标准分期实施的规定。

《环境空气质量标准》(GB 3095—2012)中,将环境空气功能区分为两类:一类区为自然保护区、风景名胜区和其他需要特殊保护的区域;二类区为居民区、商业交通居民混合区、文化区、工业区和农村地区。一类区适用一级浓度限值、二类区适用二级浓度限值。

环境空气功能区质量要求见表1-8和表1-9。一类区适用一级浓度限值,二类区适用二级浓度限值。

表1-8　　　　　　　　　　　环境空气污染物基本项目浓度限值

序号	污染物项目	平均时间	浓度限值		单位
			一级	二级	
1	二氧化硫(SO_2)	年平均	20	60	$\mu g/m^3$
		24小时平均	50	150	
		1小时平均	150	500	
2	二氧化氮(NO_2)	年平均	40	40	
		24小时平均	80	80	
		1小时平均	200	200	
3	一氧化碳(CO)	24小时平均	4	4	mg/m^3
		1小时平均	10	10	
4	臭氧(O_3)	日最大8小时平均	100	100	
		1小时平均	160	200	
5	颗粒物(粒径小于等于10 μm)	年平均	40	70	$\mu g/m^3$
		24小时平均	50	150	
6	颗粒物(粒径小于等于2.5 μm)	年平均	15	35	
		24小时平均	35	75	

表 1-9　　　　　　　　　　　环境空气污染物其他项目浓度限值

序号	污染物项目	平均时间	浓度限值		单位
			一级	二级	
1	总悬浮颗粒物(TSP)	年平均	80	200	
		24 小时平均	120	300	
2	氮氧化物(NO_x)	年平均	50	50	
		24 小时平均	100	100	
		1 小时平均	250	250	$\mu g/m^3$
3	铅(Pb)	年平均	0.5	0.5	
		季平均	1	1	
4	苯并[α]芘(B[a]P)	年平均	0.001	0.001	
		24 小时平均	0.002 5	0.002 5	

（三）工业企业设计卫生标准

由于现行制定的大气环境质量标准中所指定的污染物种类较少，在实际工作中会遇到更多的污染物。为贯彻执行"预防为主"的卫生工作方针和宪法中有关国家保护环境和自然资源，防治污染和其他公害以及改善劳动条件，加强劳动保护的规定，保障人民身体健康，促进工农业生产发展，1979 年重新修订公布了《工业企业设计卫生标准》（TJ 36—79），规定了"居住区大气中有害物质的最高容许浓度"和"车间空气中有害物质的最高容许浓度"。2010 年重新修订公布了《工业企业设计卫生标准》（GBZ 1—2010），新增加了对事业单位和其他经济组织建设项目的卫生设计及职业病危害评价、建设项目施工期持续数年或施工规模较大、因特殊原因需要的临时性工业企业设计，以及工业园区总体布局等的规定。

居住区大气中有害物质的最高容许浓度标准，是以居民区大气卫生学调查资料及动物实验研究资料为依据制定的。由于居民区中有老、弱、幼、病，昼夜接触有害物质时间长等特点，所以采用了较严格的指标。该标准类似于大气环境质量标准的二级标准。在中国的大气环境质量标准制定之前，这一标准基本上起着大气环境质量标准的作用。至今，大气环境质量标准未规定的污染物，仍参考此标准执行。

"车间空气中有害物质最高容许浓度标准"是以工矿企业现场卫生学调查、工人健康状况的观察以及动物实验研究资料为主要依据制定的。最高允许浓度是指工人在该浓度下进行长期劳动，不致引起急性或慢性职业性危害的数值。鉴于在车间工作的都是健康的成年人、接触时间短等原因，污染物浓度值较居住区大气中有害物质的最高允许浓度值高得多。

二、大气污染物排放标准

（一）制定原则和方法

制定大气污染物排放标准要以环境空气质量标准为依据，综合考虑治理技术的可行性、经济的合理性及地区的差异性，并尽量做到简明易行和适用。制定排放标准的方法，大体上有两种：按最佳适用技术确定法和按污染物在大气中的扩散规律推算法。

最佳适用技术是指现阶段实施效果最好、经济合理的污染治理技术。按最佳适用技术确定污染物排放标准，就是根据污染现状和最佳治理技术，并对已有治理得较好的污染源进行损益分析来确定排放标准。这样确定的排放标准便于实施和管理，但有时不能满足大气环境质量标准的规定，有时也可能显得过于严格。这类排放标准有浓度标准、林格曼黑度标准及单位产品允许排放量标准等。

按污染物在大气中的扩散规律推算排放标准是以环境空气质量标准为依据，应用大气扩散模式推算出不同烟囱高度污染物的允许排放量或排放浓度，或根据污染物排放量推算出最低排放高度。这样确定的排放标准，由于模式的准确性和可靠性受地理环境、气象条件及污染源密集程度等影响较大，对有的地区可能偏严，对另一些地区可能偏宽。

（二）制定地方大气污染物排放标准的技术方法

1983 年我国制定了《制定地方大气污染物排放标准的技术原则和方法》(GB 3840—1983)。这是我国吸取了日本 K 值法的优点，又根据我国的情况作了一些改进后制定的。1991 年根据执行情况作了不少修订，《制定地方大气污染物排放标准的技术方法》(GB/T 3840—1991)代替 GB 3840—1983。

本标准以大气环境质量标准为控制目标，在大气污染物扩散稀释规律的基础上，使用控制区排放总量允许限值和点源排放允许限值控制大气污染的方法制定地方大气污染物排放标准。气态大气污染物分为总量控制区和非总量控制区。总量控制区是当地人民政府根据城镇规划、经济发展与环境保护要求而决定对大气污染物实行总量控制的区域。总量控制区外的区域称为非总量控制区，例如广大农村以及工业化水平较低的边远荒僻地区。但对大面积酸雨危害地区应尽量设置 SO_2 和 NO_x 排放总量控制区。

（三）行业标准

随着大气环境形势日趋严峻，目前国家大气污染物排放标准渐趋严格，《火电厂大气污染物排放标准》(GB 13223—2011)已经由原国家环境保护部和原国家质量监督检验检疫局发布，以代替 GB 13223—2003 版，调整了大气污染物排放浓度限值；规定了现有火电锅炉达到更加严格的排放浓度限值的时限；取消了全厂二氧化硫最高允许排放速率的规定；增设了燃气锅炉大气污染物排放浓度限值；增设了大气污染物特别排放限值。"超低排放"是指火电厂燃煤锅炉在发电运行、末端治理等过程中，采用多种污染物高效协同脱除集成系统技术，使其大气污染物排放浓度基本符合燃气机组排放限值，即烟尘、二氧化硫、氮氧化物排放浓度（基准含氧量 6％）分别不超过 5 mg/m³、35 mg/m³、50 mg/m³，比《火电厂大气污染物排放标准》(GB 13223—2011)中规定的燃煤锅炉重点地区特别排放限值分别下降 75％、30％和 50％，是燃煤发电机组清洁生产水平的新标杆。

《锅炉大气污染物排放标准》(GB 13271)1983 年首次发布，1991 年第一次修订，1999 年、2001 年、2014 年又分别进行了修订。最新修订的主要内容包括：增加了燃煤锅炉氮氧化物和汞及其化合物的排放限值；规定了大气污染物特别排放值；取消了按功能区和锅炉容量执行不同排放限值的规定；取消了燃煤锅炉烟尘初始排放限值；提高了各项污染物排放控制要求。除《锅炉大气污染排放标准》，我国还制定了工业炉窑大气污染物排放标准，如《炼焦化学工业污染物排放标准》(GB 16171—2012)，该标准对现有的机械化焦炉与非机械化焦炉大气污染物排放作了规定，并对新建机械化焦炉大气污染排放作了规定。污染物包括颗粒物、苯可溶物(BSV)、苯并[a]芘(B[a]P)等。

我国各产业部门陆续制定了一系列各部门的废气排放标准,如《重有色金属工业污染物排放标准》(GB 4913—1985)、《轻金属工业污染物排放标准》(GB 4912—1985)、《炼钢工业大气污染物排放标准》(GB 28664—2016)、《水泥工业大气污染物排放标准》(GB 4915—2013)、《硫酸工业污染物排放标准》(GB 26132—2010),等等。2006 年发布了《煤炭工业污染物排放标准》(GB 20426—2006)。可根据工作需要查阅有关标准。

除上述大气污染物排放标准外,我国还制定了《汽车排放污染物限值及测试方法》(GB 14761—1999)、《恶臭污染物排放标准》(GB 14554—1993)等。各种大气污染物排放标准的制定和完善,对减少污染物排放,防治大气污染,改善大气环境质量起到了积极作用,是各级环保部门进行环境管理的重要依据。

本 章 习 题

1.1　计算干洁空气中 N_2、O_2、Ar 和 CO_2 气体的体积分数和质量分数。

1.2　根据我国的《环境空气质量标准》,求 O_2、NO_2、CO 三种污染物二级标准日平均质量浓度限值的体积。

1.3　控制大气污染最根本的途径是采用综合防治,请就一种污染类型,阐述其综合防治时,应采取一些什么措施。

1.4　我国大气环境质量标准体系是由哪些标准构成的? 每个标准的适用范围是什么?

1.5　由表 1-7 的数据,结合我国国情,请展开分析我国大气污染的主要类型及其排放规律。

1.6　根据表 1-10 回答以下问题。

表 1-10　　　　　　　　　　　1997 年全美污染排放总量估算($\times 10^6$ t/a)

污染源种类	PM_{10}	SO_2	CO	NO_x	VOC_s	Pb
交通源	0.7	1.4	67.0	11.6	7.7	0.000 52
燃料燃烧	1.1	17.3	4.8	10.7	0.9	0.000 50
工业过程	1.3	1.7	6.1	0.9	9.8	0.002 9
其 他	—	0.0	9.6	0.3	0.8	—
总 计	3.1	20.4	87.5	23.5	19.2	0.003 9
占 1970 年的百分比	—	65%	78%	116%	70%	1.7%

注:① PM_{10} 为粒径小于或等于 10 μm 的颗粒物;SO_2 表示所有硫氧化物,大部分为 SO_2;CO 为一氧化碳;NO_x 为氮氧化物,大部分为 NO 和 NO_2;表中所显示的排放量是将所有 NO 转换为 NO_2,这可表达为"以 NO_2 表示 NO_x";VOC_s 为挥发性有机物;Pb 为铅。

② 表中没有 PM_{10} 占 1970 的排放量的比例的值,是因为无法得到 1970 年 PM_{10} 排放量的可靠估计。对大多数污染物,森林火灾是最重要的"其他"源。表中没有列出 O_3,虽然臭氧也是很重要的污染物。但是它主要是由二次污染引起的,O_3 的污染无法简单地归结于某种源。表中列出的 VOC_s,不只是因为它对人体有害,而且还因为它是造成 O_3 污染的一个重要前提。

（1）在表中可以看到所列出的 67% 的污染物是 CO。是否可以依此推论美国 57% 的大气污染问题是 CO 问题？

（2）同一个表也看出所列的污染物中 67% 来自交通源（大部分来自机动车）。是否可以依此推论美国 57% 的大气污染问题是机动车问题？

（3）如果上述问题的答案是否定的,请解释你的答案。

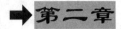

燃烧与大气污染

燃料是人类生产、生活的必需品,但燃料燃烧时排放的大量有害物质,如烟尘、SO_2、NO_x、CO_2、CO 和一些碳氢化合物等,危害了大气环境,已成为主要的大气污染物。本章主要介绍燃料种类,燃烧过程及相关计算,燃烧过程中污染物的生成控制,机动车污染控制等。

第一节 燃 料

一、燃料的分类

目前,广泛使用的燃料是煤、石油、天然气等化石燃料,称为常规燃料。非常规燃料种类也很多,如生活垃圾、污水厂污泥、农林废物、有机工业固废、衍生燃料等。通常,根据物态可将燃料分为固体燃料、液体燃料和气体燃料三类。

(一)固体燃料

固体燃料的燃烧一般比液体、气体燃料困难,且容易发生不完全燃烧,产生的污染物量大。固体燃料中使用最多的是煤,另外还有垃圾衍生燃料、生物质燃料等。

煤是由古代植物在地层内经过长期炭化而形成的。煤中主要可燃成分是由碳、氢及少量氧、氮、硫等共同构成的有机聚合物。此外,煤中还含有一些不可燃的矿物杂质和水分等。煤中有机、无机成分的含量,随煤种类和产地不同而有很大差异。根据植物在地层内炭化程度的不同,可将煤分为四大类,即泥煤、褐煤、烟煤及无烟煤。煤的种类和性质见表 2-1。

表 2-1   **煤的种类和性质**

煤的种类	主要性质
泥煤	形成时间最短,炭化程度最低,质地疏松,吸水性强,含水量高达 40% 以上,风干后密度只有 $300 \sim 450$ kg/m^3。含碳量和含硫量低,含氧量高达 28%～38%。挥发分高,可燃性好,机械强度差,易粉碎,用途广泛
褐煤	形成时间较短,呈黑色、褐色或泥土色。褐煤的挥发物含量较高(大于 40%),且析出温度较低。干燥无灰的褐煤含碳量 60%～75%,含氧量 20%～25%,褐煤的含水量和含灰量较高,发热量较低,不能用于炼焦
烟煤	形成时间较长,呈黑色,含碳量 75%～90%,含挥发物量 20%～45%。烟煤的含氧量低,含水量和含灰量一般不高,成焦性强
无烟煤	形成时间最长,呈黑色,有光泽,机械强度高。含碳量＞93%,含挥发物量＜10%,着火困难,储存稳定性好,成焦性很差

（二）液体燃料

液体燃料属于比较清洁的燃料,发热量大且稳定,燃烧产生的污染物相对较少。液体燃料中使用最多的是石油类,另外还有人工合成液体燃料及煤液化燃料等。

石油(原油)是天然存在的,由链烷烃、环烷烃和芳香烃等碳氢化合物组成的混合液体,含碳、氢和少量的氧、氮、硫等元素,还含有微量金属元素,如钒、镍、砷、铅等。原油经蒸馏、裂化和重整等生产出各种规格的液体燃料油、溶剂和化工产品。燃料油主要有汽油、煤油、柴油和重油,其性质见表 2-2。

表 2-2 石油类燃料油的性质

种类	主要性质
汽油	原油中最轻质的馏分,主要分航空汽油和车用汽油两类。航空汽油的沸点约 40～150 ℃,相对密度 0.71～0.74;车用汽油的沸点约 50～200 ℃,相对密度 0.73～0.76
煤油	馏分的沸点约 180～310 ℃,相对密度 0.78～0.82,主要分动力煤油和照明煤油两类。动力煤油主要指用于小型发动机和煤油炉,照明煤油主要指用于点灯照明
柴油	轻质石油产品,主要分轻柴油和重柴油两类。轻柴油的沸点约 180～370 ℃,重柴油的沸点约 350～410℃。主要用于车辆、船舶的柴油发动机
重油	原油加工的残留物,以重馏分为主,密度大,黏度大,含硫量高,热值低,燃烧性能差。冶金、建材、石油化工等工业部门所用的加热炉多以重油作为燃料

（三）气体燃料

气体燃料容易燃烧,燃烧效率高,产生的污染物量很少。气体燃料中使用最多的是天然气,另外还有液化石油气、煤气、高炉煤气等。

天然气从油气地质构造层采出,主要由甲烷(约 85％)、乙烷(约 10％)、丙烷等碳氢化合物组成,还可能含有水蒸气、二氧化碳、氮、氦和硫化氢等气体。天然气燃料在民用、工业、交通等方面均有大量应用,此外还可制造化工原料。

天然气中的硫化氢具有腐蚀性,它的燃烧产物为硫的氧化物,因此许多国家都规定了天然气中硫和硫化氢含量的最大允许值。多数情况下,天然气中的惰性组分可忽略不计,但当其比例增加时,将降低燃料热值,并增加运输成本。惰性组分也会影响天然气的其他燃烧特性,故当其影响严重时,必须除去惰性组分或用其他气体混合稀释。

二、燃料的成分分析

燃料不同其成分也不同,且相差很大。燃料的成分分析主要包括工业分析和元素分析两种。对于煤而言,工业分析主要测定煤中水分、灰分、挥发分和固定碳,估测硫含量和发热量,是评价工业用煤的主要指标;元素分析主要是用化学分析的方法测定去掉外部水分后煤中 C、H、O、N、S 的含量,不仅可作为锅炉设计计算的依据,也是燃烧过程中各种污染物生成量的计算依据。各种分析测试煤成分的方法见表 2-3。

表 2-3　　　　　　　　　　　　　　　煤的成分分析方法

项目	煤的成分		分析方法
工业分析	水分(M)	外部水	一定重量 13 mm 以下粒度的煤样,在干燥箱内 45～50 ℃温度下干燥 8 h,取出冷却,称重
		内部水	将失去外部水分的煤样保持在 102～107 ℃下,约 2 h 后,称重
	挥发分(V)		风干煤样密封在坩埚内,放在 927 ℃的马弗炉中加热 7 min,放入干燥箱冷却至常温,再称重
	固定碳(FC)		失去水分和挥发分的剩余部分(焦炭)放在 800±20 ℃的环境中灼烧到重量不再变化时,取出冷却,称重
	灰分(A)		从煤中扣除水分、灰分、固定碳后剩余的部分即为灰分
	发热量(Q)		一定量的试样在充有过量氧气的氧弹内燃烧,根据试样燃烧前后量热系统产生的温升,并对点火热等附加热进行校正,即可求得高位发热量(热量计的热容量通过相近条件下燃烧一定量的基准量热物苯甲酸来确定)
元素分析	C		通过分析燃烧后尾气中 CO_2 的生成量测定
	H		通过分析燃烧后尾气中 H_2O 的生成量测定
	O		常通过其他元素测定结果间接计算 O 含量
	N		在催化剂作用下使煤中的氮转化为氨,碱液吸收,滴定
	S		与 MgO、Na_2CO_3 混合燃烧,使 S 全部转化为可溶 SO_4^{2-},再加入氯化钡溶液转化为硫酸钡沉淀,过滤后灼烧、称重

　　需要指出,煤中硫主要以四类形态存在,即有机硫、硫化铁硫、元素硫和硫酸盐硫(图 2-1)。元素硫、有机硫和硫化铁硫都能参与燃烧反应,因而总称为可燃硫;而硫酸盐硫不参与燃烧反应,常称为不可燃硫,是灰分的一部分。根据全硫的多少,可将煤划分为特低硫煤(≤0.50%)、低硫煤(0.51%～0.90%)、中硫煤(0.91%～1.50%)、中高硫煤(1.51%～3.00%)和高硫煤(>3.00%)等五个级别。我国煤中硫含量的变化范围为 0.02%～10.48%,其中以特低硫煤和低硫煤为主,其保有储量分别占全国保有储量的40.56%和31.84%;其次为中硫煤,占全国保有储量的 17.71%;硫分>2.00%的中高硫煤和高硫煤的保有储量仅占全国保有储量的9.90%。

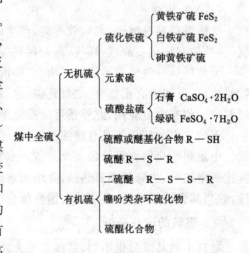

图 2-1　煤中硫的形态

　　由于煤中水分和灰分常随开采、运输和贮存条件不同而有较大的变化,为了更准确地说明煤的性质,比较和评价各种煤,通常将煤的分析结果分别用收到基、空气干燥基、干燥基和干燥无灰基来表示。所谓"基",就是计算基准的意思。煤中各种成分均以质量分数来表示。

（1）收到基：以包括全部水分和灰分的燃料作为100％的成分，即以准备进入锅炉燃烧的煤作为基准，用下角标"ar"可表示为：

$$C_{ar}+H_{ar}+O_{ar}+N_{ar}+S_{ar}+A_{ar}+M_{ar}=100\% \tag{2-1}$$

在进行燃料计算和热效应试验时，都以收到基为准。但由于煤中外部水分是不稳定的，收到基的百分组成也随之波动，因此不宜利用收到基来评价煤的性质。

（2）空气干燥基：以去掉外部水分的燃料作为100％成分，用下角标"ad"可表示为：

$$C_{ad}+H_{ad}+O_{ad}+N_{ad}+S_{ad}+A_{ad}+M_{ad}=100\% \tag{2-2}$$

空气干燥基，也是炉前使用的煤经风干后所得的各组分的质量分数。

（3）干燥基：以去掉全部水分的燃料作为100％的成分，以下角标"d"可表示为：

$$C_d+H_d+O_d+N_d+S_d+A_d=100\% \tag{2-3}$$

灰分含量常用干燥基成分表示，因为排除了水分影响，干燥基能准确反映出灰分的多少。

（4）干燥无灰基：以去掉全部水分和灰分的燃料作为100％成分，以下角标"daf"可表示为：

$$C_{daf}+H_{daf}+O_{daf}+N_{daf}+S_{daf}=100\% \tag{2-4}$$

由于干燥无灰基避免了水分和灰分的影响，因此比较稳定，煤矿企业提供的煤质资料通常就是干燥无灰基成分。

煤的组成（工业分析、元素分析）与四种基准的关系可用图2-2表示。

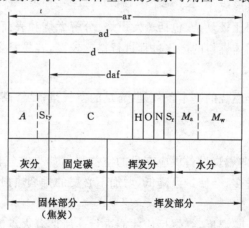

图 2-2 煤的组成与四种基准的关系

三、燃料的发热量

燃料的燃烧过程就是释放燃料能量的过程，燃烧是放热反应。燃料的发热量，又称热值，是指单位量的燃料完全燃烧时所放出的热量，即在反应物开始状态和反应产物终了状态相同情况下的热量变化值，单位是 kJ/kg（固体、液体燃料）或 kJ/m³（气体燃料）。

燃料的发热量包括高位发热量和低位发热量两种，前者包括燃料燃烧生成物中水蒸气的汽化潜热，后者是指燃烧产物中的水以气态存在时，完全燃烧所释放的热量。由于一般燃烧设备中的排烟温度远高于水的凝结温度，因此燃料的发热量计算多指低位发热量，这也是实际可利用的燃料热量。

第二节 燃料的燃烧

一、燃烧过程

燃烧是可燃物质与空气或氧气发生的快速氧化过程,并伴随有能量(光和热)的释放。燃料形态不同,燃烧过程也不一样。

(一)气体燃料燃烧

气体燃料燃烧时,燃料气体先与空气(或氧气)混合,然后是可燃物分子和氧分子在气相中扩散混合并迅速燃烧。气体燃料燃烧一般较为完全,燃烧过程受混合和扩散控制。

(二)液体燃料燃烧

液体燃料燃烧时,液体燃料首先蒸发变成气体,然后是气体可燃物与空气(或氧气)混合,在气相中扩散并迅速燃烧,燃烧过程受蒸发控制。

(三)固体燃料燃烧

固体燃料的燃烧过程一般包括预热干燥、干馏、燃烧、燃尽四个阶段。在预热干燥阶段,燃料温度逐渐升高,水分蒸发;当燃料温度升高到一定值后进入干馏阶段,此时挥发分析出,随温度升高析出量增加;温度达到挥发分着火点时,挥发分燃烧,温度急剧上升,达到固定碳着火点后,燃烧全面进行,温度达到最高,需要的空气量最大;随着可燃物消耗,温度开始降低,进入燃尽阶段,灰渣形成。

固体燃料燃烧过程比较复杂,包括蒸发燃烧、分解燃烧和表面燃烧等多种方式。与气体燃料、液体燃料相比,固体燃料的燃烧过程进行得比较慢,容易发生不完全燃烧。

二、燃烧条件

使燃料尽可能完全燃烧的基本条件是:充足的空气量;足够高的温度;充分的燃烧时间;燃料与空气充分混合。

(一)空气

燃料燃烧时,必须向燃烧设备供应充足的空气量。如果空气供给不足,燃烧就不完全。但如果供给的空气量过多,会使炉温降低,增加不必要的排烟热损失。

(二)温度

燃料只有达到着火点温度,燃烧反应才能进行。所谓着火点温度,是指可燃物质在空气中开始燃烧所必须达到的最低温度。但温度过高时,会增加氮氧化物的生成量。不同燃料的着火点温度不同,并按固体燃料、液体燃料、气体燃料的顺序上升。各种燃料的着火点温度见表2-4。

表 2-4   **燃料的着火点温度**

燃料名称	着火点温度/℃	燃料名称	着火点温度/℃
木炭	320～370	发生炉煤气	700～800
无烟煤	440～500	氢气	580～600
重油	530～580	甲烷	650～750

（三）时间

虽然燃烧反应速率通常较高，但混合、扩散均需要一定时间，所以必须保证燃料在燃烧室内停留足够长的时间，才能使燃烧比较完全。在一定的燃烧反应速率下，停留时间将决定燃烧室的大小。为使燃烧充分，就要增加停留时间，但相应燃烧室增大，会带来设备投资的增加。

（四）湍流度

燃料与空气的混合程度取决于气相的湍流度。湍流度增加，使液体燃料蒸发加快，使固体燃料表面的边界层变薄，有利于氧气向燃料表面扩散，这些都使得燃烧过程加快，燃料燃烧更加完全。但湍流度过大，势必增加能耗，对于固体燃料而言，还会增加烟气中烟尘的浓度。

综上所述，适当控制空气量、温度、时间和湍流度，是实现高效燃烧、减少大气污染物生成量的前提。评价燃烧过程和燃烧设备的优劣，必须认真考虑这些因素。通常把温度（Temperature）、时间（Time）和湍流度（Turbulent）称为燃烧过程的"3T"。

三、不完全燃烧

实际上，燃烧条件不可能充分保证，燃烧装置普遍存在不完全燃烧的现象。不完全燃烧不仅造成燃料浪费（相当于热损失，即不完全燃烧热损失），而且污染物生成量也明显增多。不完全燃烧包括化学不完全燃烧、机械不完全燃烧两种。

（一）化学不完全燃烧

化学不完全燃烧是指进入气相中的可燃成分燃烧不完全，它使烟气中存在可燃成分（主要是 CO，还有少量的碳氢化合物等）。在现代化燃烧装置中，化学不完全燃烧所占比例一般较小，如层燃炉约占 1％，煤粉炉＜0.5％，油、气炉 1％～1.5％，但它是气态污染物的重要来源。

（二）机械不完全燃烧

机械不完全燃烧是指固相中的可燃成分燃烧不完全，它使灰渣中残留可燃物，导致灰渣的热灼减率（Loss On Incineration，LOI）升高。机械不完全燃烧所占比例较大，如层燃炉可达 5％～15％，煤粉炉 1％～5％，正常燃烧的油、气炉可以忽略。

四、燃烧热损失

燃料燃烧产生的热量并非全部被利用，因为所有的燃烧装置都存在热损失。最优的设计和操作只能使热损失减至更小，而不可能消除所有的热损失。燃烧热损失主要包括不完全燃烧热损失、排烟热损失和散热损失三部分。

（一）不完全燃烧热损失

前已述及，燃料不完全燃烧，包括化学不完全燃烧和机械不完全燃烧，均会造成燃烧热损失。由于机械不完全燃烧所占比例较大，所以其造成的热损失也相对较多。

（二）排烟热损失

排烟热损失是因为排烟温度较高而带走一部分热量所致，一般锅炉排烟热损失为6％～12％。影响排烟热损失的因素主要是排烟温度和体积，排烟温度每升高 12～15 ℃，排烟热损失就会增加 1％。通过在燃烧系统中设置省煤器、空气预热器等可以降低排烟温度，提高热量利用率，但排烟温度过低会导致排烟装置的腐蚀程度加剧。一般工业锅炉的排烟温度为 150～200 ℃,大、中型锅炉的排烟温度为 110～180 ℃。

（三）散热损失

由于燃烧系统的各个组成部分,如锅炉炉墙、炉筒、联箱、管道等的温度高于周围环境空气温度,使部分热量辐射到空气中而造成的热损失,称为散热损失。散热损失不仅降低了燃烧系统的热效率,而且使燃烧系统周边环境温度升高,恶化了劳动条件。这项损失的多少与燃烧系统的散热面积、隔热效果及环境温度和风速等因素有关。

五、燃烧产物及污染物

燃料燃烧过程是分解、氧化、聚合等多反应共存的复杂反应过程。燃料燃烧的产物主要是灰渣和烟气。烟气主要由悬浮的少量颗粒物、反应产物、未燃烧和部分燃烧的燃料、氧化剂及惰性气体(主要为 N_2)等组成。烟气中的污染物主要有二氧化碳、一氧化碳、硫氧化物、氮氧化物、颗粒物、金属盐类、醛、酮和碳氢化合物等,还可能有少量汞、砷、氟、氯和微量放射性物质。这些有害物质的产生与燃料种类、燃烧条件、燃烧组织方式等因素有关。表 2-5 给出了一座 100 MW 电站不同燃料燃烧产生的污染物数量。

表 2-5　　　　　　　　　　　**100 MW 电站不同燃料燃烧产生的污染物数量**

燃料种类 污染物	年排放量/10^6 kg		
	气①	油②	煤③
颗粒物	0.46	0.73	4.49
SO_x	0.012	52.66	139.00
NO_x	12.08	21.70	20.88
CO	可忽略	0.008	0.21
CH	可忽略	0.67	0.52

注:① 假定每年燃气 $1.9×10^9$ m³;② 假定每年燃油 $1.57×10^9$ kg,油的硫含量为 1.6%,灰分为 0.05%;③ 假定每年耗煤 $2.3×10^9$ kg,煤的硫含量为 3.5%,硫转化为 SO_2 的比例为 85%,煤的灰分为 9%。

从表 2-5 可以看出,燃料种类不同,对污染物的生成量影响很大。气体燃料因含硫量、含尘量低,且容易燃烧充分,因此污染物生成量很少。液体燃料产生的污染物主要是氮氧化物和碳氢化合物(包括未燃的碳氢化合物和燃烧新生成的碳氢化合物),燃用重油时,还有硫氧化物。煤燃烧生成的大气污染物主要有颗粒物(飞灰)、硫氧化物、氮氧化物、一氧化碳和碳氢化合物。其中,一氧化碳和碳氢化合物是不完全燃烧的产物。此外,煤燃烧还会带来汞、砷、氟、氯等污染,以及可能的低水平放射性污染。

第三节　燃烧过程计算

一、空气量计算

（一）理论空气量

理论空气量是指单位燃料(气体燃料一般指 1 m³,液体、固体燃料一般指 1 kg)按燃烧反应方程式计算完全燃烧所需的空气量,以 V_a^0 表示。理论空气量是燃料完全燃烧所需要的最小空气量。建立燃烧反应方程式时,通常假定:① 空气仅由氮气和氧气组成,其体积比为

79：21＝3.76；② 燃料中的固定态氧参与燃烧反应；③ 燃料中的硫全部被氧化为二氧化硫；④ 忽略氮氧化物的生成量；⑤ 参加反应的元素为碳、氢、硫、氧，计算时空气和烟气中的各种组分(包括水蒸气)均按理想气体计算。

据此，可写出气体燃料($C_xH_yS_zO_w$)与空气中氧完全燃烧的化学反应方程式：

$$C_xH_yS_zO_w + \left(x + \frac{y}{4} + z - \frac{w}{2}\right)O_2 + 3.76\left(x + \frac{y}{4} + z - \frac{w}{2}\right)N_2$$

$$\longrightarrow xCO_2 + \frac{y}{2}H_2O + zSO_2 + 3.76\left(x + \frac{y}{4} + z - \frac{w}{2}\right)N_2 \tag{2-5}$$

根据式(2-5)，1 mol 气体燃料的理论空气量为：

$$V_a^0 = 22.4 \times 4.76\left(x + \frac{y}{4} + z - \frac{w}{2}\right)/1\,000 \tag{2-6}$$

式中 V_a^0——理论空气量，m^3/mol 燃料。

通常，固体和液体燃料中的 C、H、S、O 是以质量分数给出的，计算理论空气量时，可根据每种元素与氧气的反应方程式计算出各元素对应的需氧量，再求和得到理论需氧量和理论空气量。

$$C + O_2 \longrightarrow CO_2$$

$$H + \frac{1}{4}O_2 \longrightarrow \frac{1}{2}H_2O$$

$$S + O_2 \longrightarrow SO_2$$

$$N \longrightarrow \frac{1}{2}N_2$$

以 1 kg 为计算基准，C、H、O、N、S 完全燃烧需要消耗的氧气量见表 2-6。

表 2-6　　　　　　　　　　　　　不同元素完全燃烧的需氧量

名称	需氧量/(m^3/kg)	备注
C	1.867	—
H	5.6	—
O	−0.7	参与燃烧反应，提供氧
S	0.7	—
N	0	不参与燃烧反应，不需氧

因此，1 kg 固体或液体燃料完全燃烧时的理论需氧量为：

$$V_O^0 = 1.867W_C + 5.6W_H + 0.7W_S - 0.7W_O \tag{2-7}$$

式中 V_O^0——理论需氧量，m^3/kg 燃料；

W_C, W_H, W_S, W_O——分别为燃料中 C、H、S、O 的质量分数。

1 kg 固体或液体燃料完全燃烧时的理论空气量为

$$V_a^0 = 4.76 \times (1.867W_C + 5.6W_H + 0.7W_S - 0.7W_O) \tag{2-8}$$

式中 V_a^0——理论空气量，m^3/kg 燃料。

（二）空燃比及空气过剩系数

空燃比(AF)是指单位质量的燃料燃烧时所供给的空气质量。理论空燃比是指单位质

量燃料燃烧时的理论空气质量,可通过式(2-6)或式(2-8)计算求得。例如,甲烷在理论空气量下完全燃烧:

$$CH_4 + 2O_2 + 7.52N_2 \longrightarrow CO_2 + 2H_2O + 7.52N_2$$

则空燃比为:

$$AF = \frac{2 \times 32 + 7.52 \times 28}{1 \times 16} = 17.2$$

随着燃料中 H 相对含量减少,碳相对含量增加,理论空燃比随之降低。例如,甲烷(CH₄)的理论空燃比为 17.2,汽油(按 C₈H₁₈计)的理论空燃比为 15,纯碳(C)的理论空燃比约为 11.5。

为了保证完全燃烧,必须多供应一些空气,因此实际空燃比大于理论空燃比。通常,将实际供给的空气量与理论空气量的比值称为空气过剩系数,记为 α,显然 $\alpha > 1$。空气过剩系数是燃料燃烧及燃烧装置运行时非常重要的指标之一。它的最佳值与燃料种类、燃烧方式及燃烧装置结构完善程度等有关。空气过剩系数太大,将使烟气量增加,热损失增加,燃烧温度降低;空气过剩系数太小,则不能保证燃烧充分,从而增加一氧化碳、炭黑及碳氢化合物的排放量。对于不同类型的燃料,空气过剩系数大小顺序一般为:气体燃料<液体燃料<固体燃料,因为气体燃料最容易燃烧。不同燃料在部分炉型中的空气过剩系数见表 2-7。

表 2-7　　　　　　　　　不同燃料在部分炉型中的空气过剩系数

燃烧方式 \ 燃料	烟煤	无烟煤	重油	煤气
手烧炉和抛煤机炉	1.3～1.5	1.3～2.0	—	—
链条炉	1.3～1.4	1.3～1.5	—	—
悬燃炉	1.2	1.25	1.15～1.2	1.05～1.1

燃烧装置的空气过剩系数可以用实测烟气量及烟气成分数据计算求得。

当烟气中不含 CO 时:

$$\alpha = 1 + \frac{\varphi_{O_2}}{0.266\varphi_{N_2} - \varphi_{O_2}} \tag{2-9}$$

当烟气中含有 CO 时:

$$\alpha = 1 + \frac{\varphi_{O_2} - 0.5\varphi_{CO}}{0.266\varphi_{N_2} - (\varphi_{O_2} - 0.5\varphi_{CO})} \tag{2-10}$$

式中　φ_{O_2},φ_{N_2},φ_{CO}——烟气中 O_2、N_2 和 CO 的体积分数。

(三)实际空气量

在计算出理论空气量 V_a^0,并已知空气过剩系数 α 的情况下,实际空气量为:

$$V_a = V_a^0 \times \alpha \tag{2-11}$$

式中　V_a——实际空气量,m^3/kg 燃料(或 m^3/mol 燃料)。

二、烟气量计算

(一)理论烟气量

理论烟气量是指在理论空气量下,燃料完全燃烧所生成的烟气量,以 V_{fg}^0 表示。理论烟

气的成分是 CO_2、SO_2、N_2 和 H_2O，前三者称为理论干烟气，包括 H_2O 时称为理论湿烟气。理论烟气量可根据燃烧方程式进行计算，此时只需把不同反应物的产物进行求和就可以得到理论烟气量。

因此，对于 1 mol 气体燃料 $(C_xH_yS_zO_w)$，理论烟气量为：

$$V_{fg}^0 = 22.4 \times \left[\left(x + \frac{y}{2} + z \right) + 3.76 \left(x + \frac{y}{4} + z - \frac{w}{2} \right) \right]/1\,000 \tag{2-12}$$

式中 V_{fg}^0——理论烟气量，m^3/mol 燃料。

对于已知 C、H、O、S、N 质量分数的 1 kg 固体燃料或液体燃料，理论烟气量为：

$$V_{fg}^0 = 1.867W_C + 11.2W_H + 0.7W_S + 0.8W_N + 0.79V_a^0 \tag{2-13}$$

式中 V_{fg}^0——理论烟气量，m^3/kg 燃料；

V_a^0——理论空气量，m^3/kg 燃料；

W_C，W_H，W_S，W_N——分别为燃料中 C、H、S、N 的质量分数。

需要指出，式(2-12)和式(2-13)计算得到的是理论湿烟气量，若将式(2-12)中的 $\frac{y}{2}$、式(2-13)中的 $11.2W_H$ 分别以"0"替代，则可得到对应的理论干烟气量。

(二) 实际烟气量

实际烟气量 V_{fg} 是理论烟气量与过剩空气量之和，即

$$V_{fg} = V_{fg}^0 + V_a^0(\alpha - 1) \tag{2-14}$$

相应地，实际干烟气量＝理论干烟气量＋过剩空气量，实际湿烟气量＝理论湿烟气量＋过剩空气量。通常，燃料是有水分的，若已知燃料中水分的质量分数为 W_w，则其对烟气量的贡献为 $1.244W_w$ m^3/kg 燃料，在计算湿烟气量时应考虑加上。此外，若考虑燃烧空气中的水分，则计算湿烟气量时还应考虑加上这一部分水分贡献的体积 $1.244\alpha V_a^0 d_a$ (d_a 是空气的含湿量，kg/m^3 干空气；其他符号意义同前)。

例 2-1 已知空气过剩系数 $\alpha = 1.2$，试计算 1 mol H_2 完全燃烧产生的烟气量。

解 氢气的燃烧方程式为：

$$H_2 + 0.5O_2 \longrightarrow H_2O$$

由方程式可知，1 mol 氢气完全燃烧产生的理论烟气量为：

$$V_{fg}^0 = 1 + 3.76 \times 0.5 = 2.88 \text{ (mol)}$$

理论空气量 $V_a^0 = 0.5 \times 4.76 = 2.38$ (mol)

根据式(2-14)求得实际烟气量为

$$V_{fg} = V_{fg}^0 + V_a^0(\alpha - 1) = 2.88 + (1.2 - 1) \times 2.38 = 3.356 \text{ (mol)}$$

(三) 烟气体积和密度的校正

实际燃烧装置产生的烟气温度和压力总是不同于标准状态(273 K、101 325 Pa)，在烟气体积和密度计算中往往需要换算成为标准状态。

大多数烟气可以视为理想气体，所以在烟气体积和密度换算中可以应用理想气体状态方程。若观测状态下(温度 T_s，压力 p_s)烟气的体积为 V_s，密度为 ρ_s，在标准状态下(温度 T_N，压力 p_N)烟气的体积为 V_N、密度为 ρ_s，则由理想气体状态方程可得到标准状态下的烟气体积：

$$V_N = V_s \cdot \frac{p_s}{p_N} \cdot \frac{T_N}{T_s} \tag{2-15}$$

标准状态下烟气的密度：

$$\rho_N = \rho_s \cdot \frac{p_N}{p_s} \cdot \frac{T_s}{T_N} \tag{2-16}$$

需要指出，美国、日本和国际全球监测系统网的标准状态是指 298 K 和 101 325 Pa，在作数据比较或校对时需加以注意。

三、污染物排放量计算

通过测定实际烟气量和烟气中污染物的浓度，可以很容易地计算出污染物的排放量。然而，很多情况下需要预测烟气量和污染物浓度。尽管实际燃料燃烧的过程非常复杂，并不像式(2-5)描述的那么简单，但我们仍可利用燃烧假定及相关公式来估算污染物浓度。下面以例题来说明有关的计算。

例 2-2 某重油的元素分析结果为 $W_C = 85.5\%$，$W_H = 11.3\%$，$W_O = 2.0\%$，$W_S = 1.0\%$，$W_N = 0.2\%$。若不考虑空气含湿量，试计算：

(1) 燃烧 1 kg 重油所需的理论空气量和理论烟气量；

(2) 干烟气中 SO_2 和 CO_2 的浓度；

(3) 空气过剩 10% 时，空气过剩系数及所需的空气量和产生的烟气量。

解 (1) 1 kg 重油燃烧所需的理论空气量可由式(2-8)求得：

$$V_a^0 = 4.76 \times (1.867W_C + 5.6W_H + 0.7W_S - 0.7W_O)$$
$$= 4.76 \times (1.867 \times 0.855 + 5.6 \times 0.113 + 0.7 \times 0.01 - 0.7 \times 0.02)$$
$$= 10.55 \ (m^3)$$

1 kg 重油燃烧产生的理论烟气量可由式(2-13)求得

$$V_{fg}^0 = 1.867W_C + 11.2W_H + 0.7W_S + 0.8W_N + 0.79V_a^0$$
$$= 1.867 \times 0.855 + 11.2 \times 0.113 + 0.7 \times 0.01 + 0.8 \times 0.002 + 0.79 \times 10.55$$
$$= 11.20 \ (m^3)$$

(2) 1 kg 重油燃烧产生的理论干烟气量 $= V_{fg}^0 - 11.2W_H$

$$= 11.20 - 11.2 \times 0.113 = 9.93 \ (m^3)$$

干烟气中 SO_2 的质量浓度 $C_{SO_2} = \dfrac{1 \times 1\% \times 64}{32 \times 9.93} = 2\,014 \ (mg/m^3)$

干烟气中 CO_2 的质量浓度 $C_{CO_2} = \dfrac{1 \times 85.5\% \times 44}{12 \times 9.93} = 3\,157 \ (mg/m^3)$

(3) 空气过剩 10% 时，空气过剩系数 $\alpha = 1.1$。

燃烧 1 kg 重油需要的实际空气量可由式(2-11)求得：

$$V_a = V_a^0 \times \alpha = 10.55 \times 1.1 = 11.605 \ (m^3)$$

产生的烟气量可由式(2-14)求得

$$V_{fg} = V_{fg}^0 + V_a^0(\alpha - 1) = 11.20 + 10.55 \times (1.1 - 1) = 12.255 \ (m^3)$$

第四节　燃烧过程中污染物的生成与控制

一、颗粒物的生成与控制

（一）颗粒物的生成

燃料燃烧产生的烟气中的颗粒物通常称为烟尘，它包括炭黑和飞灰两部分。固体燃料燃烧是烟尘的主要来源，气体燃料和液体燃料所产烟尘量很少，但燃烧不充分时也会产生炭黑。

炭黑是燃料不完全燃烧的产物。燃烧过程中，未燃烧的碳氢化合物中有一部分经过脱氢、分链、叠合、环化和凝聚等复杂的化学和物理过程，形成微颗粒污染物，即炭黑。根据检测结果，炭黑中存在芘、菲、蒽、醌等多种多环芳烃及其他有机物。

飞灰主要是燃料所含的不可燃矿物质微粒被烟气带出的那一部分。由于经历了高温、降温、吸附、化合等过程，飞灰中还常含有 Hg、As、Se、Pb、Zn、Cl、F 等污染元素，虽然在燃料中这些均属于痕量元素，但在飞灰中可能被富集了数百甚至数千倍。

（二）颗粒物的生成控制

1. 炭黑的生成控制

气体燃料燃烧生成的炭黑最少。在燃烧过程中将过剩空气量控制在 10％左右，气体燃料几乎完全燃烧，不形成炭黑。

液体燃料一般采用喷雾燃烧的方式，空气扩散速度较大时，与脱氢和凝聚速率相比，氧化速率更大，故燃烧后炭黑的残留量较少。通过采取优化喷嘴设计、控制燃烧空气量及改良燃烧装置结构等措施可有效控制炭黑的生成。

煤燃烧时，炭黑的生成与燃烧方式和煤的性状有关。控制炭黑生成的主要措施包括：改善燃料和空气的混合状况，保证足够高的燃烧温度，以及碳粒在高温区足够的停留时间。对于火电厂大型燃烧设备，采用煤粉燃烧时，在管理良好的情况下，可以控制炭黑几乎不生成。

2. 飞灰的生成控制

燃煤烟气中飞灰的含量和粒径大小与煤质、燃烧方式、烟气流速、炉排和炉膛热负荷，以及锅炉运行负荷等多种因素有关。

煤质，特别是煤的灰分、水分含量及煤粒大小对飞灰的生成量影响较大。灰分越高，水分越少，烟气中飞灰浓度就越高。因此，通过煤的洗选，降低煤的灰分含量，保持适当的水分和粒径分布，可以降低排烟中的飞灰浓度。

燃烧方式不仅影响烟气中的飞灰浓度和粒度，而且也影响着燃料灰分进入烟气的比例。一般情况下，煤粉炉和沸腾炉烟气中飞灰浓度较高。

自然引风锅炉的烟气流速较低，飞灰浓度也较低。但自然引风只适用于小锅炉，对于较大锅炉，自然引风会造成炉膛内供氧量不足，致使炉温降低，燃烧不完全，热损失较大。对于机械引风锅炉，需要合理地控制风量，既不能过小导致燃烧不完全，也不能过大导致排烟量太大，排尘浓度增加。

炉排和炉膛的热负荷也会对排尘浓度产生影响。炉排热负荷是指每平方米炉排面积上每小时燃料燃烧所释放出来的热量。炉排热负荷增加，导致单位炉排面积上燃煤量增大，则流过炉排的气流速度也将成正比增加，灰分被气流夹带而飞逸的可能性就越大。炉膛热负荷是每立方米炉膛容积内每小时燃料燃烧所释放出的热量。炉膛必须保持足够的燃烧空间,以使燃烧过程逸出的可燃气体有充分的时间进行燃烧,降低锅炉污染物的排放量。

燃煤锅炉排尘浓度还与锅炉运行负荷有关。锅炉运行负荷是指锅炉每小时蒸发量与该锅炉额定蒸发量的百分比。锅炉负荷越高,燃煤量越大,烟气量必然增大,排尘浓度就会增加。图 2-3 给出了三台往复炉和一台链条炉的排尘浓度与锅炉负荷的关系,显然烟尘浓度随锅炉运行负荷的增加而增加。

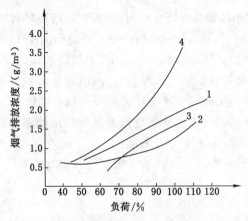

图 2-3 不同锅炉运行负荷的排尘浓度

1,2,3——往复炉;4——链条炉

二、硫氧化物的生成与控制

(一)硫氧化物的生成

前已述及,燃料中的硫(S)通常以元素硫、硫化物硫、有机硫和硫酸盐硫的形式存在。燃烧过程中,前三种形式的硫参与燃烧反应,称为可燃性硫;硫酸盐硫不参与燃烧反应,主要存在于灰渣中,称为不可燃硫。燃烧时,三种可燃性硫发生的主要化学反应如下:

元素硫的燃烧

$$S + O_2 \longrightarrow SO_2$$

$$SO_2 + \frac{1}{2}O_2 \longrightarrow SO_3$$

硫化物硫的燃烧(以硫化亚铁为例)

$$4FeS_2 + 11O_2 \longrightarrow 2Fe_2O_3 + 8SO_2$$

$$SO_2 + \frac{1}{2}O_2 \longrightarrow SO_3$$

有机硫的燃烧(以二乙硫醚为例)

$$C_4H_{10}S \longrightarrow H_2S + 2H_2 + 2C + C_2H_4$$

$$2H_2S + 3O_2 \longrightarrow 2SO_2 + 2H_2O$$

$$SO_2 + \frac{1}{2}O_2 \longrightarrow SO_3$$

研究表明,燃料中的可燃硫在燃烧时主要生成 SO_2,只有不到 5% 进一步氧化成 SO_3。因此,烟气中的硫氧化物主要以 SO_2 形态存在,硫氧化物的控制及常见的脱硫工艺主要针对 SO_2。

（二）硫氧化物的生成控制

含硫燃料的燃烧是造成大气 SO_2 污染的主要原因。减少 SO_2 排放的措施主要有采用低硫燃料、燃料脱硫、型煤固硫、燃烧过程中脱硫和烟气脱硫等。SO_2 的生成量与燃料的含硫量有关，与燃烧温度等燃烧因素关系不大，因而燃料脱硫、燃烧过程中脱硫成为控制 SO_2 生成的主要手段。

1. 燃料脱硫

（1）煤炭脱硫与固硫

从煤矿开采出来的原煤必须经过分选以去除煤中杂质。目前，世界各国广泛采用的选煤工艺主要是重力分选法，分选后原煤含硫量降低 40%～90%。硫的去除率主要取决于煤中黄铁矿硫的含量及颗粒大小。重力脱硫法不能除去煤中的有机硫。其他的原煤脱硫方法还包括浮选法、氧化脱硫法、化学浸出法、化学破碎法、细菌脱硫、微波脱硫、磁力脱硫等，但工业实际应用仍较少。

型煤固硫是另一条控制 SO_2 生成的有效途径。针对不同煤种，采用无黏结剂或以沥青、黏土等作为黏结剂，以廉价的钙系如碳酸钙做固硫剂，经干馏成型或直接压制成型，制成各种型煤，可以有效固硫。例如，美国型煤加石灰固硫率达 87%，烟尘减少 2/3；日本蒸汽机车用加石灰的型煤固硫率达 70%～80%，固硫费用仅为选煤脱硫费用的 8%；我国广泛开展了型煤固硫技术研究并取得了较好成绩，民用蜂窝煤加石灰固硫率大于 50%，有的大于 80%。工业锅炉由于燃烧温度高，型煤除加石灰做固硫剂外，还须加锰等催化剂才能保持较高的固硫率。

（2）煤炭转化

煤炭转化主要是煤的气化和液化，即对煤进行脱碳或加氢改变其原有碳氢比，把煤变成清洁的二次燃料。

煤炭气化是指以煤炭为原料，采用空气、氧气、二氧化碳和水蒸气为气化剂，在气化炉内进行煤的气化反应，生产出不同组分、不同热值的煤气。煤气除主要成分 H、CO 和 CH_4 等可燃气体外，还含有少量 H_2S。大型煤气厂先用湿法脱除大部分 H_2S，再用干法净化其余部分。小型煤气厂只用干法，干法用 Fe_2O_3 脱除 H_2S，反应式为：

$$Fe_2O_3 \cdot 3H_2O + 3H_2S \longrightarrow Fe_2S_3 + 6H_2O \text{（中性或碱性）}$$

$$Fe_2O_3 \cdot 3H_2O + 3H_2S \longrightarrow 2FeS + 6H_2O + S \text{（酸性）}$$

由于 FeS 易转化成 FeS_2，而 FeS_2 很难再生，所以应尽可能保持中性或碱性条件。

煤炭液化是指煤炭通过化学加工过程，使其转化为液体产品（液态烃类燃料，如汽油、柴油等）。溶剂精制煤（简称 SRC 法）是一种煤炭液化方法，它是将煤用溶剂萃取加氢，生成清洁的低硫、低灰分固体或液体燃料。加氢量少，氢化程度浅，主要得到固体清洁燃料；加氢量大，氢化程度深，主要得液体清洁燃料。SRC 法得到的固体燃料，一般灰分低于 0.1%，含硫量 0.6%～1.0%；液体燃料无灰分，含硫量 0.2%～0.3%。

（3）重油脱硫

重油是原油进行常压精馏时残留在蒸馏釜内的残油。重油中硫含量很高，原油中 80%～90% 的硫经精馏后富集在重油中。重油中的硫主要是有机硫。工业上一般采用加氢脱硫，大致分为直接法和间接法。

直接脱硫是将常压精馏残油引入装有催化剂的脱硫设备，在催化剂作用下，C—S 键断裂,氢与硫生成 H_2S 气体,从残油中脱除。直接法脱硫率可达 75% 以上,但催化剂易中毒,需要研发抗中毒性较好的催化剂。

间接脱硫是将常压残油先进行减压蒸馏,把含沥青和金属成分少的轻油与含这些成分多的残油分开,然后对轻油进行高压加氢脱硫,再把这种脱硫油和残油合并,得到含硫2%～2.6%的最终产品。间接脱硫可避免催化剂中毒,催化剂寿命较长。

2. 燃烧中脱硫

燃烧过程中添加白云石($CaCO_3 \cdot MgCO_3$)或石灰石($CaCO_3$),在燃烧室内 $CaCO_3$、$MgCO_3$ 受热分解生成的 CaO 和 MgO 与烟气中的 SO_2 反应生成硫酸盐随灰分排掉。

石灰石脱硫反应为:

$$CaCO_3 \longrightarrow CaO + CO_2 \uparrow$$
$$CaO + SO_2 + 1/2O_2 \longrightarrow CaSO_4$$

白云石脱硫时,除了上述反应外,还有以下反应:

$$MgCO_3 \longrightarrow MgO + CO_2 \uparrow$$
$$MgO + SO_2 + 1/2O_2 \longrightarrow MgSO_4$$

影响脱硫效果的主要因素有脱硫剂用量、脱硫剂粒度、反应温度、流化速度和停留时间等。脱硫剂用量一般用钙硫摩尔比(β)表示:

$$\beta = \frac{脱硫剂用量(g) \times Ca 的质量分数(\%)/40.1(g/mol)}{燃料用量(g) \times S 的质量分数(\%)/32(g/mol)}$$

脱硫剂主要采用喷入炉膛的方式进行添加。图 2-4 给出了脱硫率与 β 和流化速度的关系,以及脱硫率与床层温度的关系。可以看出,流化速度一定时,脱硫率随 β 增大而增大;β 一定时,脱硫率随流化速度的降低而增加。当 β 为 1 时,脱硫率最佳温度范围为 800～850 ℃,温度升高,脱硫率急剧降低;温度降低,脱硫率也降低。

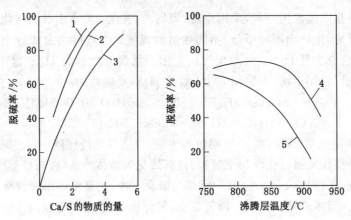

图 2-4　脱硫率与钙硫比和沸腾层温度之间的关系

1——流化速度 0.9 m/s;2——流化速度 1.2 m/s;3——流化速度 2.4 m/s;4——钙硫比为 1;5——钙硫比为 0.6

三、氮氧化物的生成与控制

(一) 氮氧化物的生成

燃烧过程中生成的氮氧化物(NO_x)可分为三类:一类是燃料中固定氮生成的 NO_x,称为燃料型 NO_x;第二类是空气中的氮生成的 NO_x,称为热力型 NO_x;第三类是由于含碳自由

基的存在生成的 NO_x，称为瞬时型 NO_x。在通常的燃烧温度水平下，NO 是 NO_x 的主要组成部分，NO_2 的生成浓度较低，与 NO 的浓度相比可以忽略不计。

1. 热力型 NO_x

目前，广泛接受的热力型 NO_x 生成模式源于泽利多维奇（Zeldovich）模型。NO 的生成可用如下反应来说明（原子氧主要来自高温下 O_2 的离解）。

$$O+N_2 \longrightarrow NO+N$$
$$N+O_2 \longrightarrow NO+O$$

温度对热力型 NO_x 的生成起着决定性作用。燃烧温度低于 1 000 ℃时，热力型 NO 生成量较少；燃烧温度高于 1 100 ℃时，NO 生成速率快速增加。

空气过剩系数（影响氧浓度）与停留时间也是影响热力型 NO_x 生成的重要因素。从图 2-5 可以看出，相同停留时间下存在一个具体空气过剩系数值，对应的 NO 生成浓度最高。空气过剩系数过高或过低，NO 生成浓度均降低。相同空气过剩系数条件下，NO 生成量随停留时间增加而增大。当空气过剩系数等于 1 时，若烟气在高温区的停留时间为 $0.01 \sim 0.1$ s，NO 的含量为 $(70 \sim 700) \times 10^{-6}$。这与实际锅炉燃烧时 NO 的排放浓度水平相差不大。

2. 燃料型 NO_x

液体燃料和固体燃料中一般存在含氮有机物，如喹啉 C_9H_7N、吡啶 C_5H_5N 等。石油平均含氮0.65%，煤含氮 1%～2%。燃用含氮燃料时，含氮有机物在进入燃烧区之前，很可能发生某些热裂解反应，生成一些低分子氮化物和自由基，如 NH_2、HCN、CN、NH_3 等，然后在高温下与氧发生一系列反应并最终生成 NO_x。

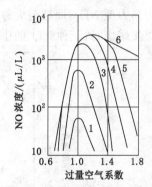

图 2-5　NO 浓度与空气过剩系数和
　　　　停留时间（t）的关系

1——$t=0.01$ s；2——$t=0.1$ s；

3——$t=1$ s；4——$t=10$ s；

5——$t=100$ s；6——$t=\infty$

目前广泛接受的反应过程为：大部分燃料氮先转化为 HCN，再进一步转化为 NH 或 NH_2。NH 和 NH_2 能够与氧反应生成 NO 和 H_2O，也能够与 NO 反应生成 N_2 和 H_2O。因此，含氮燃料燃烧时氮转化为 NO 的量取决于燃烧区 NO 和 O_2 的体积比。

从图 2-6 也可以看出，空燃比对燃料型 NO_x 的生成量具有明显影响。空燃比越大，即空

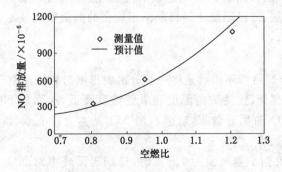

图 2-6　NO 排放量与空燃比的关系

气过剩系数和氧浓度越大，NO 的生成量越多。相关研究表明，燃料中氮转化为 NO_x 的速度较快，燃烧时含氮燃料中 $20\%\sim80\%$ 的氮转化为 NO_x。

3. 瞬时型 NO_x

瞬时型 NO_x 主要指燃料中的 HC 燃烧时与空气中的 N_2 分子发生反应，生成 HCN、N、CN 等中间产物，中间产物再与活性基（$O、O_2、OH$ 等）反应生成 NO。瞬时型 NO_x 的生成速度也很快，生成机理与燃料型 NO_x 生成机理相近，HCN 是最重要的中间产物。瞬时型 NO_x 主要产生于 HC 含量较高、氧浓度较低的富燃料区，多发生在液体燃料在内燃机中的燃烧过程中，而在燃煤锅炉中生成量极少。

由于热力型 NO_x 和瞬时型 NO_x 都是空气中的 N_2 被氧化而生成的，所以也有人将它们统称为热力型 NO_x，而把前者称为狭义的热力型 NO_x。

煤炭燃烧时，三种 NO_x 的生成机制对 NO_x 排放量的贡献见图 2-7。

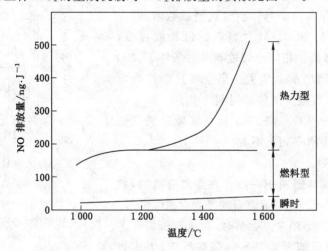

图 2-7　三种 NO_x 的生成机制对 NO_x 排放量的贡献

（二）氮氧化物的生成控制

据统计，人类活动排入大气中的 NO_x 90% 以上来自燃料燃烧，其中 50% 以上的 NO_x 来自固定燃烧源，剩余的主要来自汽车等机动车尾气。从前面讨论 NO_x 生成机制可以看出，控制燃烧过程中 NO_x 生成量的主要技术措施是适当降低燃烧温度、氧气浓度及缩短烟气在高温区域的停留时间，但在控制 NO_x 生成量的过程中，还应考虑燃料的充分燃烧及热损失等问题。排烟再循环法、二段燃烧法等目前采用较多的低氮燃烧技术，就是在综合考虑各种因素的基础上产生的。

1. 排烟再循环法

如图 2-8 所示，排烟再循环法就是将一部分锅炉排烟与燃烧用空气混合后再送入炉内。由于循环烟气被送到燃烧区，使炉内温度和氧气浓度降低，从而使 NO_x 的生成量减少。该方法对控制热力型 NO_x 有明显效果，对燃料型 NO_x 基本上没有效果，因此排烟再循环法常用于含氮较少的燃料燃烧。

图 2-9 是天然气在过剩空气量为 7.5% 时，排烟再循环率对 NO_x 排放量的影响。可以看出，排烟再循环率从 0 增至 10% 左右时，NO_x 排放量可降低 60% 以上，效果明显；再循环率继续增加，NO_x 虽仍有降低，但效果较小。此外，循环烟气进入燃烧装置的位置对 NO_x 的

降低率也有影响,原则上应把再循环烟气直接送至燃烧区。

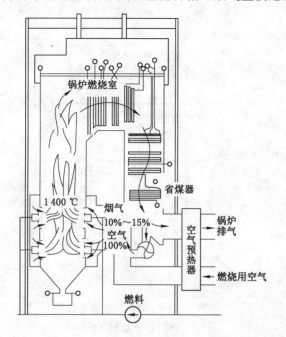 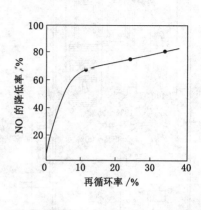

图 2-8 排烟再循环法工作示意图　　　　　图 2-9 排烟再循环率对 NO_x 排放量的影响

2. 两段燃烧法

如图 2-10 所示,两段燃烧法是指分两次供给空气:第一次供给的一段空气量低于理论空气量,约为理论空气量的 85%～90%,燃烧在富燃料贫氧条件下进行,燃烧区温度降低,同时氧气量不足,NO_x 的生成量很小;第二次供给其余的空气,过量的空气与富燃料条件下燃烧生成的烟气混合,完成整个燃烧过程,这时虽然氧气有剩余,但由于温度低,动力学上限制了 NO_x 的生成,既有效控制了 NO_x 的生成,又能保证完全燃烧所需的空气量。

一段空气过剩系数对 NO_x 排放量的影响见图 2-11。可以看出,一段空气过剩系数越小,NO_x 的生成量越少。由于缺氧,燃料中氮分解的中间产物也不能进一步氧化成燃料型 NO_x。然而,一段燃烧区空气过剩系数越小,不完全燃烧产物会增加。二段燃烧区主要完成未燃烧和不完全燃烧产物的燃烧,如果空气过剩系数设置不恰当,炉膛尺寸不合适,则会使烟尘浓度和不完全燃烧的损失增加。

四、其他污染物的生成与控制

(一)汞的生成与控制

汞对人体健康的危害包括肾功能衰减、神经系统损坏等。进入水体的汞甲基化后,易在生物链中富集,并最终通过食物形式进入人体消化系统,对人体造成极大损害。

2013 年 1 月,联合国环境规划署通过了旨在全球范围内控制和减少汞排放的《水俣公约》,2017 年 8 月该国际公约已正式生效。煤作为世界主要燃料,平均汞含量在 0.012～0.33 mg/kg。美国 EPA 估计,美国每年人为汞排放量在 144 t,其中燃煤电厂贡献率为 33%。因此,早在 2000 年美国 EPA 就宣布将开始控制燃煤电厂烟气中汞的排放。联合国环境规划署的数据显示,2005 年全球人为汞排放总量约 2 000 t,而中国的排放量达到 800

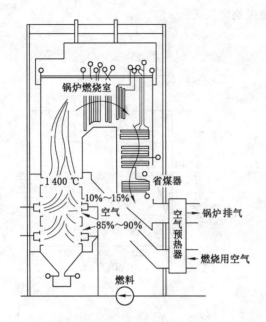

图 2-10　两段燃烧法工作示意图

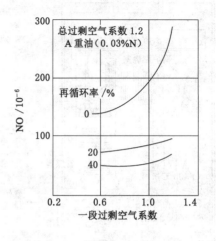

图 2-11　一段空气过剩系数对
NO_x 排放量的影响

多吨。作为《水俣公约》的首批签约国,我国于 2011 年 7 月发布的新版《火电厂大气污染物排放标准》(GB 13223—2011)中,正式提出了燃煤烟气中汞的排放标准。汞的排放控制已成为我国燃煤烟气继烟尘、SO_x 和 NO_x 之后的又一控制的重点。

汞的挥发性很强,煤中所含的汞无论是有机态还是无机态,在燃烧过程中都将首先转化为气态单质汞(Hg^0),然后在烟气排出的降温过程中与其他成分作用而又部分转化成氧化态汞(Hg^{2+})和颗粒态汞(Hg_P)。这三种形态总称为总汞(Hg_T)。颗粒态汞可在除尘设备中去除。氧化态汞易被吸附,且溶于水,大部分可在除尘或湿法脱硫设备中除去,剩余少量排至大气后很快在附近沉降。气态单质汞难以被烟气净化设备捕集,排至大气中可随风长距离迁移扩散,沉降在广域的陆地和水体中。因此,需要重点控制烟气中的气态单质汞。

气态单质汞(Hg^0)控制的原理一般是使成易被去除的氧化态汞。煤炭燃烧时,汞的氧化程度受燃烧设备结构、燃烧温度、烟气成分、降温速率、飞灰浓度及组成等多因素影响。但有研究表明,影响最大的是烟气中氯(Cl)的含量。当煤中 Cl 含量高时,可将气态单质汞快速转化为气态 $HgCl_2$,由于 $HgCl_2$ 易被飞灰和其他吸附剂吸附且可溶于水,因而易于在烟气净化设备中除去。此外,燃烧室出口温度影响单质汞与其他物质的反应程度。提高燃烧室出口温度,延长烟气在高温区的停留时间,均有利于单质汞的氧化,这对于汞的排放控制非常有效。

（二）CO 的生成与控制

一氧化碳(CO)是燃烧过程中产生的主要污染物之一,主要来源于汽车排气。在含氢燃料的氧化中,CO 作为一种中间气物,其主要通过与 OH 反应生成 CO_2,与 O_2 直接反应的速度很慢。CO 如果不能被完全氧化,则会随烟气排出,造成大气污染。

CO 是燃料燃烧过程中的重要中间产物,如果燃烧过程中燃烧室烟气温度过低、氧含量减少或烟气停留时间过短,均会导致 CO 不能被完全氧化为 CO_2。另一方面,最终燃烧产物

CO_2 与 CO 和 O_2 在高温条件下存在可逆反应：

$$CO_2 \longrightarrow CO + \frac{1}{2}O_2$$

而正反应方向为吸热反应，随着温度升高 CO_2 分解成 CO 的速率增加。此外，燃烧最终产物 H_2O 在高温下会发生分解反应生成 H_2 和 O_2，而 H_2 能与 CO_2 发生反应生成 CO。

$$H_2O \longrightarrow H_2 + \frac{1}{2}O_2$$

$$H_2 + CO_2 \longrightarrow CO + H_2O$$

由于 CO 是燃烧中间产物，因此对其的生成控制主要集中在努力让其完全氧化为 CO_2。研究表明，空燃比是影响 CO 生成的重要因素，适当提高空燃比(增加了氧含量)可以明显降低排烟中 CO 的含量。此外，提高燃烧气体温度、延长烟气在高温区停留时间、保持燃烧过程的连续稳定，均有利于减少 CO 的生成量。

第五节 机动车污染与控制

一、机动车排放主要污染物

(一)机动车排放的主要污染物

汽车作为现代化交通的主要工具，给人们的日常生活带来了极大便利，与此同时，汽车尾气排放的污染物，对大气环境造成了严重污染。汽车的排放污染物质主要包括：二氧化碳(CO_2)、一氧化碳(CO)、碳氢化合物(HC)、氮氧化合物(NO_x)、微粒物(由碳烟、铅氧化物等重金属氧化物等组成)和硫化物等。这些污染物由汽车的排气管、曲轴箱和燃油系统排出，分别称为尾气排放污染物、曲轴箱污染物和燃油蒸发污染物。

汽车排气的主要成分及参数如表 2-8 所列。

表 2-8 汽车排气的主要成分及参数

测定项目	空挡	加速	定速	减速
碳氢化合物(乙烷等)/10^{-6}	800	540	480	5 000
碳氢化合物范围(乙烷等)/10^{-6}	300~1 000	300~800	250~550	3 000~12 000
乙炔/10^{-6}	710	170	178	1096
醛/10^{-6}	15	27	34	199
氮氧化物(NO_2等)/10^{-6}	23	543	1270	6
氮氧化物范围(NO_2等)/10^{-6}	10~50	1 000~4 000	1 000~3 000	5~50
一氧化碳/%	4.9	1.8	1.7	3.4
二氧化碳/%	10.2	12.1	12.4	6.0
氧气/%	1.8	1.5	1.7	8.1
排气量/(m³/min)	0.14~0.71	1.1~5.7	0.7~1.7	0.14~0.71
排气温度(消音器入口)	150~300	480~700	420~600	200~420
未燃烧料(乙烷等)/%	2.88	2.12	1.95	18.0

柴油机与汽油机主要排气污染物含量的对比如表 2-9 所列。其中，CO 和 NO_x 是汽油

机尾气中的主要污染物,而排气微粒则是柴油机尾气中的主要污染物。柴油机的排气微粒主要由碳烟颗粒、可溶性有机成分(SOF)以及硫化物组成,其中可溶性有机成分主要来自于未完全燃烧的碳氢化合物、机油及其中间产物。

表 2-9 柴油机与汽油机主要排气污染物含量对比

	柴油机	汽油机	柴油机/汽油机
$CO/10^{-6}$	<1 000	<10 000	<1∶100
$NO_x/10^{-6}$	1 000~4 000	2 000~4 000	≈1∶2
$HC/10^{-6}$	<300	<1 000	<1∶3
$PM/(g/m^3)$	0.5	0.01	>50∶1

据调查显示,2016 年全国机动车排放污染物初步核算为 4 472.5 万 t,其中 NO_x 577.8 万 t、CO 3 419.3 万 t、HC 422.0 万 t、颗粒物(PM)53.4 万 t,汽车排放污染物总量占比分别为 92.5%、87.7%、84.1%、95.9%。研究表明,我国每年有 160 万人死于空气污染引起的疾病。汽车尾气是造成空气污染最重要的因素之一,也是导致死亡最凶残的"杀手"之一,因此,必须严格控制汽车的排放污染。

(二)机动车排放主要污染物的生成与危害

1. CO 的生成与危害

CO 是汽车尾气中有害物浓度最大的产物,主要是由于发动机内燃油燃烧不充分所导致的,是局部缺氧或者反应温度低而生成的中间产物。若以 R 代表碳氢根,则燃料分子 RH 在燃烧过程中生成 CO 反应过程如下:

$$RH \longrightarrow R \longrightarrow RO_2 \longrightarrow RCHC \longrightarrow RCO \longrightarrow CO$$

CO 的生成主要受混合气浓度的影响。在过量空气系数 $a<1$ 的浓混合气工况时,由于缺氧使燃料中的碳不能完全氧化成 CO_2,CO 作为其中间产物产生。在 $a>1$ 的稀混合气工况时,理论上不应有 CO 产生,但实际燃烧过程中,由于混合不均匀造成局部区域中 $a<1$ 而产生 CO;或者已成为燃烧产物的 CO_2 和 H_2 在高温时吸热,产生热离解反应生成 CO。另外,在排气过程中,未燃碳氢化合物 HC 的不完全氧化也会产生少量 CO。

CO 从呼吸道吸入后,通过肺泡进入血液,它和血液中的血红素蛋白(Hb)的亲和力比氧高 200~300 倍,很容易与之生成碳氧血红素蛋白(CO-Hb),使血液的输氧能力大大降低。同时碳氧血红素蛋白(CO-Hb)的解离速度比氧合血红蛋白的解离慢 3 600 倍,且碳氧血红素蛋白(CO-Hb)的存在影响氧合血红蛋白的解离,阻碍了氧的释放,导致低氧血症,引起组织缺氧,造成脑血液循环障碍,损害中枢神经系统。为保护人体不受伤害,国家标准规定大气环境中 24 小时 CO 平均浓度不超过 $(5~10)×10^{-6}$(体积比)。

2. HC 的生成与危害

汽车排放的 HC 的成分极其复杂,估计有 100~200 种,其中包括芳烃、烯烃、烷烃和醛类等,它们主要来自燃油的不完全燃烧以及挥发出来的汽油成分。不同排放法规对 HC 排放的定义有所不同,中国、日本和欧洲各国在内的大部分国家,都将总碳氢化合物(THC)作为 HC 排放的评价指标。HC 与 CO 一样,也是一种不完全燃烧的产物,与过量空气系数 φa 有密切关系。但即使 $\varphi a>1$ 的条件下,也会产生很高的 HC 排放,这是因 HC 化合物还有淬熄和吸附等生成原因。

HC包含有烷烃、烯烃、苯、醛、酮、多环芳烃等100～200多种复杂成分。其中不饱和的非甲烷碳氢对环境和人类健康有较大的危害。烯烃对人体黏膜有刺激,经代谢转换变成对基因有毒的环氧衍生物,也是生成光化学烟雾的重要物质。醛类气体对眼睛、呼吸道和皮肤有强烈的刺激作用,当浓度超过一定指标后会引起头晕、恶心、红血球减少、贫血等。芳烃对血液和神经系统有害,其中多环芳烃及其衍生物(如苯并芘)是强烈的致癌物质。

汽车尾气中的HC与NO在紫外线作用下发生化学反应,生成臭氧(O_3),形成光化学烟雾。光化学烟雾因参与反应的污染物很多,其化学反应也很复杂。其主要产物是具有强烈氧化作用的氧化剂,臭氧占的比例最大,约为85%以上,其次是各种过氧酰基硝酸酯(PAN)约占10%,其他物质有甲醛、酮、丙烯醛等。近几年又发现有与PAN相近的过氧苯酰硝酸酯(PBN)。此外,如果大气中有SO_2存在,还含有硫酸雾微粒。光化学烟雾对人体健康危害很大,并且能损坏植物生长。

3. NO_x的生成与危害

汽油机燃烧过程中主要生成NO,另有少量NO_2,统称NO_x,其中NO占绝大部分,约占NO_x总排放量的95%。在经排气管排入大气后,缓慢地与O_2反应,最终生成NO_2。

燃烧过程中产生的NO包括热力型NO、燃料型NO和瞬时型NO。燃料型NO的生成量极小,瞬时型NO的生成量也较少,热力型NO是主要来源。根据热力型NO反应机理,产生NO的三要素是温度、氧浓度和反应时间,即在足够的氧浓度的条件下,温度越高和反应时间越长,则NO的生成量越大。目前被广泛认可的NO形成理论是捷尔杜维奇链反应机理,产生机理如表2-10所列。

表 2-10　　　　　　　　　　　　　　　NO 生成机理

生成途径		热力型 NO	瞬时型 NO
反应过程		$O_2 \rightarrow 2O$ $N_2 \rightarrow N + NO$ $N + O_2 \rightarrow O + NO$ $N + OH \rightarrow H + NO$	$C_nH_{2n} \rightarrow CH_2$ $CH_2 + N_2 \rightarrow HCN + NH$ $CH + N_2 \rightarrow HCN + N$ $HCN \rightarrow CN \rightarrow NO$ $NH \rightarrow N \rightarrow NO$
反应温度		>1 600 ℃	—

在汽车发动机中主要生成的是NO,NO是无色气体,高浓度NO会造成中枢神经系统轻度障碍。NO在大气中氧化生成NO_2,对眼、鼻、呼吸道以及肺部都有强烈刺激。NO_2与血红素蛋白(Hb)的亲和力比氧高30万倍,对血液输氧能力的影响远远大于CO,当其浓度为250×10^{-6}时会使人因肺水肿而死亡。此外,NO_x是形成酸雨的重要来源之一,也是形成光化学烟雾的主要成分,其与水反应生成的硝酸和亚硝酸也会破坏植被以及建筑。

4. 排气微粒的生成及其危害

排气微粒的粒径分布与发动机的工况有很大关系,其粒径分布范围较为广泛。从粒径大小角度可分为积聚模态、凝核模态以及粗大模态三种形态,如图2-12所示。

粒径在$0.1 \sim 0.3~\mu m$之间的颗粒呈现积聚模态(Accumulation Mode),大部分颗粒物

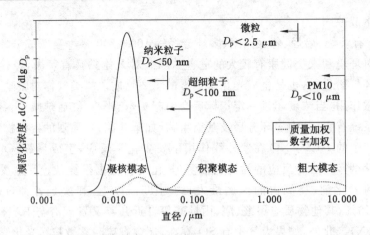

图 2-12 不同粒径范围排气颗粒的质量和数量分布

质量分布在积聚模态区域内。此区域内的颗粒主要包括积聚形态的碳化合物及其吸附的其他物质。

粒径在 $0.005\sim0.05\ \mu m$ 之间的颗粒物呈现凝核模态(Nuclei Mode)。凝核模态的颗粒物通常由挥发性的有机物以及硫化物组成,并含有少量固体碳和金属化合物。凝核模态的颗粒物主要形成于尾气稀释以及冷却的过程中,该模态的颗粒物占排气微粒总质量的 $1\%\sim20\%$,但数量占排气微粒总数量的 90% 以上。

粒径大于 $1.0\ \mu m$ 的颗粒物呈现粗大模态(Coarse Mode)。这类颗粒物占排气微粒总质量的 $5\%\sim20\%$,主要是由沉积在气缸壁以及排气管上的积聚模式的颗粒物再次飞散形成的。

排气微粒的结构与发动机转速和负荷有关。在高负荷不同转速下,排气微粒基本呈现核壳型机构。在低负荷低转速下,排气颗粒物粒径更大且不规则,而在低负荷高转速下,由于发动机内低的燃烧温度以及较短的燃烧时间,颗粒物呈现无序的结构。

汽车排气微粒粒径多小于 $1\ \mu m$,这些微细颗粒物能够长时间弥散在空气中,是造成我国雾霾的主要元凶,严重影响人们的出行和交通。同时排气微粒粒径小,比表面积大,易携带重金属等有毒、有害物质,且可随气流长距离输送,一经吸入人体可直接进入肺泡甚至渗透血管进入血液,引发严重的呼吸道以及心血管疾病。

此外,汽车尾气中还含有铅化合物、硫化合物等有害成分。

二、我国机动车尾气污染严重的主要原因

我国汽车尾气污染严重的原因主要有:

① 随着经济的快速发展,我国汽车保有量迅速增加,尽管与一些发达国家相比并不算多,但是我国高污染的在用陈旧车辆过多,车辆维护保养差,在用车的污染特别严重。

② 我国汽车燃用的油品质量低劣。即使北京的油品质量已经高于全国其他城市的条件下,汽车尾气污染仍很严重。

③ 由于我国经济发展过于集中,大中城市不断扩容,道路交通建设滞后,交通拥堵加剧等原因,不利于机动车尾气扩散,汽车尾气集中在城市中心区域。汽车处于怠速时,排放污染最严重,远超过正常行驶工况。而交通拥堵进一步加剧了汽车尾气污染状况。

④ 我国汽车排放标准与汽车工业发达国家存在差距,我国的排放标准无论从限值及执

行时间上,都落后于欧洲排放标准,不利于控制技术的提高和排放污染的控制。

⑤ 我国汽车尾气污染防治法律法规体系不完善、政府监管能力不足、汽车尾气检验和维修(I/M)制度未有效落实、新能源汽车开发和推广力度不够、汽车尾气污染防治宣传不到位、社会对汽车尾气污染不够重视等都是造成汽车尾气污染的主要因素。

三、机动车尾气排放标准

汽车排放是指从废气中排出的 CO、HC、NO_x、PM 等有害污染物,它们都是发动机在燃烧过程中产生的有害气体。为了抑制这些有害气体的产生,促使汽车生产厂家改进产品以降低这些有害气体的产生源头,欧洲、美国及日本都制定了相关的汽车排放标准,图 2-13 为全球不同地区发动机污染物排放法规的对比图,我国主要借鉴欧洲的排放标准。

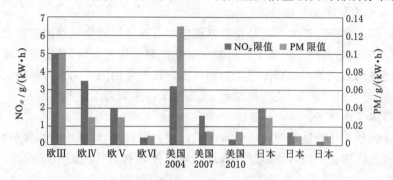

图 2-13 世界不同地区发动机污染物排放法规

美国于 20 世纪 60 年代即颁布汽车排放标准,与此同时,欧洲和日本也逐渐建立起自己的排放体系。欧洲标准是由欧洲经济委员会的排放法规和欧共体(即现在的欧盟)的排放指令共同加以实现的。早在 20 世纪 70 年代,欧洲就开始控制尾气排放,后来尾气排放造成的污染受到人们越来越多的重视,在这种情况下,欧洲Ⅰ号汽车尾气控制标准在 1992 年诞生了,1996 年起开始实施欧Ⅱ标准,2000 年起开始实施欧Ⅲ标准,2005 年起开始实施欧Ⅳ标准,2009 年起开始实施欧Ⅴ标准。截至目前,欧洲实行的是 2013 年颁布的欧Ⅵ标准。欧洲柴油车尾气排放标准见表 2-11。

表 2-11 **欧洲柴油车尾气排放标准** 单位:g/km

标准类别	时间	CO	NO_x	HC	HC+NO_x	微粒
欧Ⅰ标准	1992	2.72	—	—	0.97	0.14
欧Ⅱ标准	1996	1	—	—	0.7	0.08
欧Ⅲ标准	2000	0.64	0.5		0.56	0.05
欧Ⅳ标准	2005	0.5	0.25		0.3	0.025
欧Ⅴ标准	2009	0.5	0.18		0.23	0.005
欧Ⅵ标准	2014	0.5	0.08		0.17	0.005

我国汽车排放水平与世界先进国家相比,差距很大,为尽快缩小与世界先进水平的差距,我国分别于 2000 年和 2004 年开始实行国Ⅰ标准和国Ⅱ标准,2005 年出台的国Ⅲ标准、

国Ⅳ标准各项试验的试验方法和限值与欧Ⅲ标准、欧Ⅳ标准大体相同,只是在燃油技术方面进行了改变。我国北京于 2013 年率先实行国Ⅴ标准,全国于 2018 年全面实施国Ⅴ标准。2015 年底最新制定完成的京Ⅵ标准于 2017 年年底在北京实行,该标准主要参照美国加州体系制定,整体排放标准较国Ⅴ标准提升 40%~50%,而 2016 年年底颁布的国Ⅵ标准也将于 2020 年在全国全面实施。

四、汽车尾气净化技术

目前,汽车尾气污染的情况日益突出,很多国内外研究人员在努力开发具有良好净化效果的尾气处理技术,现有的较为常用的汽车尾气处理技术大致可以归纳为三类:发动机内部净化处理技术、发动机外部净化处理技术、燃料的改进和替换技术。

(一)发动机内部净化处理技术

发动机内部净化处理技术主要是指根据尾气中有害物质的生成原因对发动机内部结构进行改进和调整,以达到减少尾气中污染物含量和控制燃烧的目的,其主要是通过提高燃料质量和改善燃料的燃烧条件来减少污染物的生成。较为常用的发动机内部净化技术有燃烧室系统优化、推迟点火提前角、废气再循环、改善汽车动力装置系统和燃油系统、清洁空气装置以及低温等离子体技术。

燃烧室系统的优化是通过改进燃烧室的设计使其更紧凑,以减少燃烧室的面容比,使燃料能够在燃烧室内快速燃烧,以缩短燃烧时间,从而控制有害物质的生成,该方法是较为传统的方法,效果不是太显著。

汽车发动机点火提前角推迟可以使 NO、CH 减少。但不能过迟,否则由于燃烧速度缓慢使 CH 增多。点火提前角对缸温、缸压以及燃气混合比等都有一定的影响,推迟点火提前角是目前较为普遍的发动机内部净化技术,通过改进点火系统来实现对污染物的控制。

废气再循环对降低 NO_x 具有显著的效果,它是通过将废气中的一部分重新引入到燃烧室内,以降低燃烧室内的含氧量,因为含氧量较低,燃烧温度和燃烧速度都有所降低,NO_x 的生成量也随之降低,减少了汽车尾气中 NO_x 的含量。

改善汽车动力装置系统和燃油系统主要是通过改良发动机的动力系统和燃油系统以得到最佳的空燃比,从而降低汽车尾气中污染物的含量。目前应用最广的就是发动机控制单元,通过控制进入发动机中的气体比例,可以显著减少有害尾气的排放并减少燃油消耗。

(二)发动机外部尾气净化技术

发动机外部尾气净化技术是指在发动机外部安装各种净化装置,排气系统中的烟气经过净化装置时,该装置能够通过物理或者化学的方法,将其中的有害气体转变成无害的气体排放到空气中,减少了对空气的污染。

常见的发动机机外净化措施中催化净化系统的种类可归纳为表 2-12 所列,共有四种系统。其一是三效催化净化装置,通过氧传感器把三效催化净化器的入口的空燃比控制在理论比附近,使有害的三种成分(HC、CO、NO)同时减少;其二是催化氧化系统,使进入催化器入口的空燃比保持为可氧化条件,以减少 HC 和 CO 排放;其三是还原催化系统,这种系统利用氧化铜 CuO 等金属氧化物及贵金属作为催化剂,在较浓混合气时利用 CO、HC 将 NO 还原为 N_2、NH_3 等;其四为吸藏还原净化系统,主要用于稀薄混合气发动机的氮氧化物的净化。由于全世界性的排气法规的日益严格,日本、美国、欧洲大部分的汽车都安装了三效催化净化装置等尾气净化系统。

表 2-12　　　　　　　　　　　　　　催化净化系统的种类

系统特征	空燃比控制方法	催化剂的种类	降低排放的对象
三效催化净化系统	反馈控制	三效催化剂	CO、HC、NO_x
催化氧化净化系统	开环控制	氧催化剂	CO、HC
还原催化净化系统	开环控制	还原催化剂	NO_x
吸藏还原净化系统	反馈控制	吸藏还原催化剂	NO_x

1. 三效催化净化技术

其中三效催化净化法技术成熟、可靠性高、净化效果好,是目前应用最广泛的方法。其净化原理是:将贵金属三效催化剂附着于蜂窝状陶瓷载体,制成净化装置安装在汽车排气管上,使催化剂与尾气中的 CO、NO_x 和 HC 起氧化还原反应而转化为无害或低害物质排出,三效催化净化装置及其载体如图 2-14 所示。

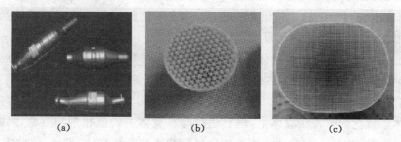

图 2-14　三效催化净化装置及其载体
(a) 净化装置外貌;(b) 圆形蜂窝状载体;(c) 椭圆形蜂窝状载体

作为目前应用最广泛的机外控制技术,三元催化转化器用铂(Pt)、钯(Pd)、铑(Rh)三种贵金属做催化剂,将发动机排放的有害气体利用催化技术加速汽车废气中 CO、HC 和 NO_x 的氧化还原反应,使大部分污染物转化为 CO_2、H_2O 和 N_2,起到净化汽车尾气的作用。三元催化器内部的各种反应,按照反应类型可分为四类:氧化反应、还原反应、水蒸气重整反应和水煤气变换反应。

氧化反应

$$2CO + O_2 \longrightarrow 2CO_2$$
$$2H_2 + O_2 \longrightarrow 2H_2O$$
$$4CH + 5O_2 \longrightarrow 4CO_2 + 2H_2O$$

还原反应

$$2CO + 2NO \longrightarrow 2CO_2 + N_2$$
$$2CH + 4NO \longrightarrow 2CO_2 + 2N_2 + H_2$$
$$2H_2 + 2NO \longrightarrow 2H_2O + N_2$$

水蒸气重整反应

$$2CH + 2H_2O \longrightarrow 2CO + 3H_2$$

水煤气变换反应

$$CO + H_2O \longrightarrow CO_2 + H_2$$

三元催化转化器的结构如图 2-15 所示，主要包括：

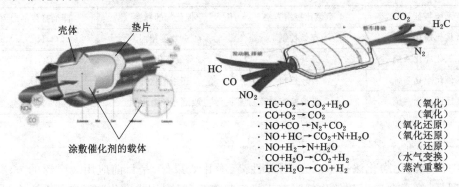

· HC+O₂ → CO₂+H₂O   （氧化）
· CO+O₂ → CO₂   （氧化）
· NO+CO → N₂+CO₂   （氧化还原）
· NO+HC → CO₂+N+H₂O   （氧化还原）
· NO+H₂ → N+H₂O   （还原）
· CO+H₂O → CO₂+H₂   （水气变换）
· HC+H₂O → CO+H₂   （蒸汽重整）

图 2-15 三元催化转化器结构

① 壳体。催化转化器壳体材料和形状是影响催化转化器转化效率和使用寿命的重要因素。壳体多由含 Ni、Cr 的不锈钢板材制成，许多催化转化器壳体采用双层结构，两层壳体之间用隔热层来保证催化剂的反应温度。

② 垫层。垫层装在壳体和载体之间，由于发动机排气温度变化大，壳体和载体的热膨胀系数相差较大，为了缓解载体热应力，需要在壳体和载体之间安装垫层。垫层还起到减振、固定载体、保温和密封等作用。

③ 载体。催化剂附着在载体上，尾气通过与在载体上的催化剂相互作用，加速污染物的化学反应。目前市场上的载体主要有陶瓷蜂窝载体和金属载体，据统计，世界上车用催化器载体的 60% 是陶瓷蜂窝载体，其余为金属载体。陶瓷蜂窝载体具有热膨胀系数小、结构紧凑、压力损失小、加热快、背压低，以及设计不受外形和安装位置的限制等优点。金属载体于 20 世纪 80 年代中后期在轿车上开始使用，突出的优点是加热速度快、阻力小、热容小、导热快，但成本高，可靠性较差。目前金属载体主要用作前置催化器，用来改善催化转化器的冷起动性能。

④ 涂层。通常在载体孔道的壁面上涂有一层多孔的活性水洗层，涂层主要由 γ-Al₂O₃ 构成，具有较大的比面积（>200 m²/g），其粗糙多孔表面可使载体壁面实际催化反应的表面积扩大 7 000 倍左右。在涂层表面散布着作为活性材料的贵金属，及用来提高催化剂活性和高温稳定性的助催化剂。

⑤ 催化剂。汽车催化剂主要由两部分构成：主催化剂（活性组分）和助催化剂。主催化剂（活性组分）以贵金属为代表，一般为铂（Pt）、铑（Rh）和钯（Pd），将汽油车排放污染物中 CO、HC、NO_x 快速转化为 CO₂、H₂O、N₂；助催化剂多由为铈（Ce）、钡（Ba）、镧（La）等稀土贵金属材料组成，起到提高催化剂活性和高温稳定性的作用。

三元催化技术的关键是催化剂的选择，三元催化剂主要由载体、活性组分和助催剂三部分组成。目前常用的催化剂载体一般应具有较大的比表面积，因此蜂窝状结构的陶瓷材料备受青睐。涂层主要以 γ-Al₂O₃ 为主，涂层表面的活性组分主要为铂，铑和钯，助催剂常用的为钡或者镧。以常用的催化剂为例，简述三元催化剂的催化反应原理如图 2-16 所示。

汽车尾气中的高温 CO、CH 和 NO_x 进入三元催化器以后，在涂层表面的活性组分 Pt 的催化作用下，NO 与 O₂ 发生反应生成 NO₂，并以硝酸盐的形式被吸附在稀土金属的表面，

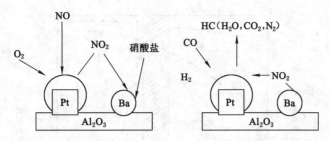

图 2-16　催化反应原理

随后 CO、CH 和 H_2 等还原性气体与析出的 NO_2 反应，生成 CO_2、H_2O 和 N_2，使碱土金属得到再生。同时部分 CO 和 CH 被氧气氧化为二氧化碳和水排出催化器。

根据催化剂所起的作用的不同，催化转化器可分为以下几种类型：

① 氧化型催化剂。内装氧化催化剂，通常又称为两元催化剂，主要对 CO 和 HC 起氧化作用。

② 三元催化转化器。又叫作氧化还原型催化剂，对 CO、HC 起氧化催化作用，对 NO 起还原催化作用，因而能显著降低三种污染物的排放量。

③ 贫氧双床催化转化器。由两个串联的催化转化器组成，在浓混合气状态下运行。

④ 富氧双床催化转化器。应用于稀薄燃烧汽油机，由选择性还原催化转化器和氧化催化转化器串联。

⑤ NO_x 吸附催化转化器，转化稀燃和直喷式汽油机尾气中的 NO_x。

催化转化器的性能评价指标主要有：转化效率、空燃比特性、起燃特性、空速特性、流动特性和耐久性等。

① 转化效率。汽车发动机排出的废气在催化器中进行催化反应后，其有害污染物得到不同程度的降低，转化效果用转化效率来评价。催化器的转化效率(η)定义为：

$$\eta_i = \frac{C_{i1} - C_{i2}}{C_{i1}} \times 100\%$$

式中　η_i——排气污染物 i 在催化器中的转化效率；

C_{i1}——排气污染物 i 在催化器入口处的浓度；

C_{i2}——排气污染物 i 在催化器出口处的浓度。

② 空燃比特性。催化转化器转化效率的高低与发动机的空燃比(或过量空气系数)有关转化效率随空燃比的变化称为空燃比特性。发动机的混合气必须保持在过空气系数(φa)=1(或空燃比=14.7)附近区域内才能使催化转化器对 CO、HC、NO_x 的转化效率同时达到最高(图 2-17)。这个区间被称为"窗口"。

③ 起燃特性。在催化转化时，催化剂只有达到一定温度时才能开始工作。催化转化器的起燃特性有起燃温度特性和起燃时间特性两种表示方法。

④ 空速特性。空速(Spacevelocity)是每小时流过转化器的排气体积流量与转化器容积之比，转化效率随空速的变化称为转化器的空速特性。

⑤ 流动特性。催化转化器的流动特性包括转化器载体流动截面上的速度分布均匀性和压力损失。流速分布不均匀，不但影响流动阻力，而且造成载体中心区域流速及温度过高，导致催化剂沿径向的劣化程度不均匀，缩短了催化剂的体寿命。转化器的流动阻力增加

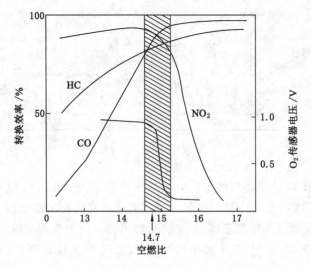

图 2-17　空燃比特性

了发动机的排气背压,背压过大会使排气程的功率消耗增加,降低发动机的充气效率,导致燃烧热效率下降,这些将导致发动机的经济性和动力性降低,而试验表明催化转化器流动阻力 90% 以上是尾气通过催化器载体时产生的。因此,在催化转化器载体设计和选用时,流动特性优化是非常重要的一个方面。

⑥ 耐久性。催化剂经长期使用后,其性能将发生劣化,也称为失活。影响催化剂寿命的因素主要有高温失活、化学中毒、结焦与机械损伤四类。

2. 放电等离子体汽车尾气处理技术

从 20 世纪 90 年代中期我国开始利用脉冲放电进行汽车尾气处理,高压脉冲放电处理汽车尾气利用电子束照射或高电压放电获得非平衡等离子体,其中含有大量的高能电子、离子、激发态粒子和具有很强氧化还原性能的自由基等活性粒子,它们与尾气中的污染物发生一系列气相化学反应,使有害气体最终转化成无害或低害物质,其核心技术主要包括低温等离子体放电电源的设计与反应器的制造两部分,能否进一步优化设计、降低能耗是该项技术走向工业化的关键。典型的放电等离子体汽车尾气处理系统如图 2-18 所示。

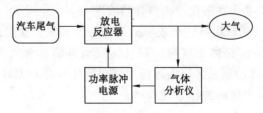

图 2-18　放电等离子体汽车尾气处理系统典型结构

在气体中放电产生的等离子体将表现非常复杂的现象,包括各种静态和动态物理化学过程的结合。而且其形成依赖于很多因素,例如放电方式、电极极性、气体的其他特性等。不同的科技工作者在这方面对实验结果有不同的解释,本书只是归纳出了一些可能的反应途径。利用脉冲放电产生的等离子体中含有大量高能电子、离子、激发态粒子和具有很强氧化性的自由基。它们相互作用时,一方面,高能粒子可直接打开气体分子键进而生成一些单原子分子和固体微粒如 C 等;另一方面,会产生—OH、—O 等自由基和氧化性很强的 O_3。

$$2NO_2+2e(快)\longrightarrow N_2+2O_2+2e(慢)$$

在上述等离子体化学反应中,电子仅在反应开始起到激发作用。而在真正的放电化学中,离子的化学反应也起着非常重要的作用。一方面是放电增强了物(粒)种的活性引发了化学反应(甚至一些常温常压下没有催化剂很难或根本就不能发生的化学过程);另一方面是离子诱发了悬浮微粒(气溶胶粒子)的形成,使其沉降速度较中性粒子快几倍甚至几十倍,气体/粒子表面间多相异质反应增强,提高了有害气体脱除效率和副产物的收集效率。

反应器的电极结构直接关系到放电等离子体的形成和放电能量的利用效率,研究电极结构可为脉冲放电等离子体化学过程的应用提供参考。脉冲电晕放电反应器的结构按电极形状不同可分为针-针、针-板、线-线、线-板、线-网、线-筒等。针对处理汽车尾气的实际应用要求,设计了线-筒电极形式的低温等离子体反应器。线-筒式反应器的结构特点是极板电极为金属圆筒(常用铜管或不锈钢管),电晕线用直径很细的镍铬线。反应器截面如图 2-19 所示,由三层筒形电极和 31 根线电极组成,线电极和筒电极分别接高压脉冲电源的正极和负极,相邻电极的间距为 10 mm。整个反应器直径 100 mm,长 120 mm。这种结构的反应器优点是结构坚固、放电面积大,并且为气体流动提供了良好的通路。

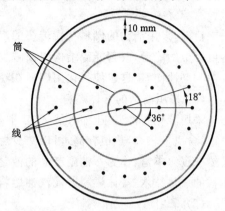

图 2-19　放电等离子体反应器截面图

目前放电等离子体尾气处理所面临的主要问题有:

① 大功率、窄脉冲、长寿命的高压脉冲电源的技术尚不成熟;

② 由于负载的特殊性,电源和反应器的有效匹配还没有有效解决;

③ 副产物收集中的黏结问题也没有得到有效解决;

④ 能耗较高;

⑤ 采用蜂窝状载体降低了催化剂的气流阻力,但低温等离子体发生器的结构所造成的阻力仍比较大。

（三）燃料的改进和替换技术

1. 燃料的改进技术

（1）采用无铅汽油

采用无铅汽油,以代替有铅汽油,可减少汽油尾气毒性物质的排放量。有铅汽油中加入了一种抗爆剂四乙基铅,它具有很高的挥发性,甚至在 0 ℃时就开始挥发,而挥发出的铅粉末,以蒸气及烟的形式存在,会影响大气环境。而无铅汽油是用甲醛树丁醚做掺合剂,它不仅不含铅,而且汽车尾气排出的一氧化碳、氮氧化合物、碳氢化合物均会减少。因铅是一种蓄积毒物,它通过人的呼吸、饮水、食物等途径进入人体,对人体的毒性作用是侵蚀造血系统、神经系统以及肾脏等。2000 年我国已全面淘汰了含铅汽油。

（2）掺入添加剂,改变燃料成分

汽油中掺入 15% 以下的甲醇燃料,或者采用含 10% 水分的水-汽油燃料,都能在一定程度上减少或者消除 CO、NO_x、CH 和铅尘的污染程度。当甲醇比例占 30%~40%,汽车尾气排出的污染物可基本消除。

(3)选用恰当的润滑油添加剂——机械摩擦改进剂

在机油中添加一定量(比例为 3%~5%)石墨、二硫化钼、聚四氟乙烯粉末等固体添加剂,加入到引擎的机油箱中,可节约发动机燃油 5%左右。此外,采用上述固体润滑剂可使汽车发动机汽缸密封性能大大改善,汽缸压力增加,燃烧完全。尾气排放中,CO 和 CH 含量随之下降,可减轻对大气环境的污染。

2. 燃料的替代技术

目前,采用清洁的燃料替代传统的汽油和柴油的方法已受到广泛的关注。采用替代燃料可以节约能源,改善能源结构以及减少气态和颗粒态污染物的排放。代用燃料通常要比汽油和柴油便宜,这也使得代用燃料在经济上更具有吸引力。

(1)采用清洁的气体燃料

采用液化石油气、压缩天然气、工业煤气等这些清洁的气体燃料,与汽油相比分子碳链较短,含氢量较高,热值较高,可以减少燃气用量,提高混合气质量,减少污染物排放。我国天然气资源丰富,作为石油副产品的液化石油气及煤气来源也很多,所以结合我国使用气体燃料的成熟技术,气体燃料替代汽油燃料使用前景是广阔的。

(2)采用清洁液体燃料

清洁液体燃料主要是指甲醇(CH_3OH)或乙醇(C_2H_5OH),它们是一种可再生的燃料。醇类燃料的特点是都是相对分子质量较小的单一物质,燃烧产物中基本没有炭烟,NO_x 的排放浓度很低,且甲醇辛烷值高,可以与不添加四乙基铅的汽油混合,减少排气中的铅污染。

如果按照 1:9 的乙醇汽油配比,用 20 万 t 乙醇,可配出约 200 万 t 的乙醇汽油,200 万 t 的乙醇只消耗粮食 70 万 t。因此,开发、发展使用专用乙醇汽油可解决储存粮食的转化问题,又可以在一定的程度上代替汽油,缓解我国原油供应的紧张状况。

(3)采用氢作为替代燃料

氢是一种理想的清洁燃料。虽然在自然界里氢的含量与氧相比要少得多,但含氢的化合物在自然界中非常多。因而,它是一种有希望取代石油燃料的新能源。氢燃烧反应的生成物为 H_2O,不存在排气中 CH、CO 的污染问题。氢的燃烧热能极高,即使以稀薄燃料混合物作为汽车燃料,也能适应发动机的动力要求。同时,使用氢做燃料可以使用过量的空气,因而降低了发动机气缸温度,减少了 NO_x 的排放量。

氢的资源丰富,制取技术也成熟,但成本较高。目前,制取氢的方法研究已蓬勃开展,因此,氢作为清洁燃料应用于机动车上将能够实现。

(4)燃料电池

燃料电池是由燃料(氢、煤气、天然气等)、氧化剂(氧气、空气、氯气等)、电极(多孔烧结镍电极、多孔烧结银电极等)组成的。只需要不断地加入燃料和氧化剂,电池就会不断地产生电能,产生的废料只是水和热量。燃料电池的优点是无需充电,比能量高(达 200 W·h/kg)。其缺点是成本高,燃料的储运较为困难。近几年,燃料电池在研制、开发和商品化方面取得了较大进展。

本 章 习 题

2.1　某燃烧装置采用重油做燃料,重油成分分析结果如下(按质量分数):碳 88.3%,氢 9.5%,硫 1.6%,水分 0.05%,灰分 0.10%。试计算,燃烧 1 kg 重油所需要的理论空气量。

2.2　计算辛烷(C_8H_{18})在理论空气量条件下燃烧时的空燃比,并确定燃烧产物的组成。

2.3　已知空气过剩系数为 1.1,试计算 1 mol 甲烷完全燃烧产生的烟气量。

2.4　某煤的成分分析结果如下:硫 0.6%,氢 3.7%,碳 79.5%,氮 0.9%,氧 4.7%,灰分 10.6%。在空气过剩 15% 条件下燃烧,试计算烟气中 SO_2 的浓度。

2.5　某重油的元素分析结果为 $W_C=85.5\%$,$W_H=11.3\%$,$W_O=2.0\%$,$W_S=1.0\%$,$W_N=0.2\%$。若燃烧时硫全部转化为硫氧化物(其中 SO_2 占 98%),试计算:

(1) 燃烧 1 kg 重油所需的理论空气量和产生的烟气量;

(2) 湿烟气中 SO_2 和 CO_2 的质量浓度;

(3) 过剩空气量为 15% 时,所需的空气量和产生的烟气量。

2.6　已知煤的组成如下:碳 65.7%,氢 3.2%,氧 2.3%,硫 1.7%,水分 9.0%,灰分 18.1%,煤中含 N 量忽略不计。当空气过剩系数为 1.2 时,试计算:

(1) 燃烧 1 kg 煤的理论空气量、理论烟气量和实际烟气量;

(2) 煤中硫分 95% 转化为 SO_2 时,烟气中 SO_2 的浓度;

(3) 煤中灰分 20% 形成飞灰且无黑烟情况下烟气中颗粒物的浓度;

(4) 空气含湿量为 0.018 kg/m³ 干空气时的实际湿烟气量。

2.7　干烟道气的组成(体积分数)为:CO_2 11%,O_2 8%,CO 2%,SO_2 0.012%,颗粒物 30.0 g/m³(测定状态下),烟道气流流量在 93 300 Pa 和 443 K 条件下为 5 663.37 m³/min,水气体积分数为 8%。试计算:

(1) 空气过剩系数;

(2) 标准状态下干烟气的体积;

(3) SO_2 的排放浓度(mg/m³);

(4) 标准状态下(1 atm 和 273 K)干烟道气的体积;

(5) 在标准状态下颗粒物的浓度。

2.8　举例说明燃烧中脱硫的机理及其应用情况。

2.9　简述燃烧过程中 NO_x 的生成机制,并至少给出一种减少 NO_x 生成的燃烧技术。

2.10　简述我国机动车污染状况及控制途径。

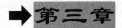

除尘技术基础

从气体中去除或捕集固态或液态颗粒物的技术称为除尘技术,用以实现这一去除过程的设备则称为除尘装置或除尘器。

除尘过程是在多相流体运动状态下进行的。颗粒物在气流中的分离、沉降涉及许多复杂的物理过程与原理,与颗粒物的物理性质、运载颗粒物的气体的物理性质、气体流动状态及气流与颗粒之间相互作用等有着密切关系。本章即对粉尘的粒径分布和其他物理性质、粉尘颗粒在流体中的阻力与重力沉降速度及除尘器性能等进行介绍,以便为学习和掌握各种除尘器的除尘机理和性能,正确设计、选择和应用除尘器打下必要的基础。

第一节 粉尘粒径及粒径分布

粉尘颗粒的大小不同,它的物理、化学特性不同,不但表现出对人和环境的危害不同,而且对除尘器的除尘性能影响很大,因此粉尘的大小是除尘技术中的基本特性。对粉尘大小的意义及表示方法要有明确的定义。

一、粉尘的结构与形状

粉尘由于产生的方式不同而具有不同的结构与形状。

(一)单颗粒的结构形态

粉尘颗粒只有少数情况下呈圆球形(植物花粉、孢子等)或其他规则形状。对于不规则形状的尘粒则可分为:

① 各向线性尺度相同的粒子——如正多边形、正立方体等。

② 平板状粒子——两个方向上的长度比第三个方向上的要长得多,如薄片状、叶片状、鳞片状。

③ 针状粒子——一个方向上的长度比另两个方向上的要长得多。

(二)聚合体的形状

聚合体一般都是由两个或两个以上乃至几百万个颗粒聚合而成的。原生粉尘颗粒愈小,聚合体在气体中出现愈明显。随着原生颗粒粒径的减小,颗粒随机布朗运动而凝聚的可能性愈大,凝聚后聚合体强度也增高,抗紊流扩散的作用也很强。一般来说,高分散度的原生颗粒系统都聚成聚合体,作为单一颗粒继续存在的很少,聚合体的形状一般为各向同长、线状链两类。

（三）球形系数

在确定颗粒群的平均粒径和研究颗粒的空气动力学行为时，一般皆将颗粒假定为球形进行分析。对于非球形的不规则颗粒，通常采用"球形系数"的概念来表示它们与球形颗粒不一致的程度，或用来对按球形颗粒得到的理论公式进行必要的修正。

球形系数 ϕ_s 系指同样体积球形粒子的表面积与实际表面积之比。对于球形粒子 $\phi_s = 1$，而对于非球形粒子 ϕ_s 永远小于 1。例如，正八面体 $\phi_s = 0.846$，正立方体 $\phi_s = 0.806$，正四面体 $\phi_s = 0.670$，正圆柱体 $\phi_s = 2.62(l/d)^{2/3}(1 + 2l/d)$，其中 d 表示圆柱体直径，l 表示圆柱体长度。由实验测得的某些物料的 ϕ_s 值列于表 3-1 中。

表 3-1　　　　　　　　　　　　　　　颗粒的球形度 ϕ_s

物　料	ϕ_s	物　料	ϕ_s
沙　子	0.543～0.628	碎　石	0.630
铁催化剂	0.578	二氧化硅	0.554～0.628
烟　煤	0.625	粉　煤	0.696
次乙酰塑料圆柱	0.861		

二、粉尘的粒径

（一）单一颗粒的粒径

粉尘颗粒的形状，一般是很不规则的，只有少数呈规则的结晶体形状或呈球形。对于球形颗粒，可以用球的直径为颗粒大小的代表性尺寸，并称为粒径。对于不规则形状的颗粒，则需根据测定方法确定一个表示颗粒大小的最佳代表性尺寸，作为颗粒的粒径。

粒径的测定和定义方法可以归纳为两类：一类是按颗粒的几何性质直接测定和定义的，如显微镜法和筛分法；另一类是根据颗粒的某种物理性质间接测定和定义的，如沉降法和光散射法等。颗粒的测定和定义方法不同，得到的粒径数值也不同，很难进行相互比较。实际应用中多是根据应用目的来选择粒径的测定和定义方法。

用显微镜观察粉尘颗粒的投影尺寸时，可用定向径 d_F、等分面积径 d_M 或等圆投影面积径 d_A 等方式；用筛分法分析时所指的颗粒粒径是指颗粒能通过的筛孔宽度；几何当量径中还有等体积径、等表面积径、周长径等都是以与之相对应的球形粒子的直径为等效关系的表示法。

在常见的计重法粒径测量中，物理当量沉降粒径和空气动力学粒径应用最普遍。

1. 沉降粒径 d_s

沉降粒径 d_s 系指在同一流体中与颗粒的密度相同、沉降速度相等的圆球的直径，也称斯托克斯（Stokes）粒径。在颗粒雷诺数 $Re_p \leqslant 1$ 条件下，根据斯托克斯公式，得到沉降粒径定义式

$$d_s = \sqrt{\frac{18\mu u_s}{(\rho_p - \rho)g}} \quad (m) \tag{3-1}$$

式中　μ——流体的黏度，Pa·s；

　　　ρ——流体的密度，kg/m³；

　　　ρ_p——颗粒的真密度，kg/m³；

u_s——在重力场中颗粒在该流体中的终末沉降速度，m/s；

g——重力加速度，m/s^2。

2. 空气动力学粒径 d_a

空气动力学粒径 d_a 系指在空气中与颗粒的沉降速度相等的单位密度（$\rho_p = 1 \text{ g/cm}^3$）的圆球的直径。由于 $\rho_p \geqslant \rho, \rho_p = 1 \text{ g/cm}^3$，在其他物理量的单位换为相应的厘米克秒制单位时，则有

$$d_a = \sqrt{\frac{18\mu u_s}{g}} \text{ (cm)} \tag{3-2}$$

因此可以得到空气动力学粒径 d_a 与斯托克斯粒径 d_s（单位用 μm）两者的关系为

$$d_a = d_s \rho_p^{1/2} \tag{3-3}$$

式中颗粒真密度的单位是 g/cm^3，空气动力学粒径的单位是 μm。

斯托克斯粒径和空气动力学粒径是除尘技术中应用最多的两种粒径表示方法，原因在于它们与颗粒在流体中的动力学行为密切相关。

（二）颗粒群的平均粒径

粉尘是由粒径不同的颗粒所组成的颗粒群。在除尘技术中，为了简明地表示颗粒群的某一物理特性或其与除尘器性能的关系，往往需要采用粉尘的平均粒径。粉尘颗粒群的平均粒径的计算方法和应用如表 3-2 所列。

表 3-2   **粉尘颗粒群的平均粒径的计算方法和应用**

名　　称	表达公式	物理意义	物理、化学现象
算术平均径	$\overline{d}_L = \dfrac{\sum n_i d_i}{\sum n_i}$	粉尘直径第 i 个直径 d_i 与其个数 n_i 乘积的总和除以颗粒总个数	蒸发、各种尺寸的比较
平均表面积径	$\overline{d}_s = \left(\dfrac{\sum n_i d_i^2}{N}\right)^{\frac{1}{2}}$	粉尘表面积总和除以粉尘颗粒数，再取其平方根	吸收
体积（或质量）平均径	$\overline{d}_m = \left(\dfrac{\sum n_i d_i^3}{N}\right)^{\frac{1}{3}}$ $= \left(\dfrac{6}{\rho \pi N}\sum m\right)^{\frac{1}{3}}$	各种粒径体积的总和除以颗粒总数开立方或者按颗粒总质量除以真密度和颗粒总数 N，再乘以 $6/\pi$（按球体计直径）	气体输送、燃烧
线性平均径	$\overline{d}_l = \dfrac{\sum n_i d_i^2}{\sum n_i d_i}$	各种粒级表面积总和除以各粒级总长度	吸附

此外，在后面给出的中位粒径 d_{50} 和众径 d_d 也属于平均粒径，且是除尘技术中常用的。

三、粒径分布

（一）粒径分布的表示方法

粉尘的粒径分布是指某种粉尘中各种粒径的颗粒所占的比例，也称粉尘的分散度。若以颗粒的个数表示所占的比例时，称为个数分布；以颗粒的质量表示所占比例时，称为质量分布。除尘技术中多采用质量分布。表示粒径分布的方法有如下几种。

1. 频率分布 ΔD

如图 3-1 所示，粒径 d_p 至 $(d_p + \Delta d_p)$ 之间的粉尘质量（或个数）占粉尘试样总质量（或总

个数)的百分数 $\Delta D(\%)$,称为粉尘的频数分布。根据实验测得值,用圆圈依次标示于图3-1上。

2. 频度分布 f

频度分布是指粉尘中某粒径的粒子质量(或个数)占其试样总质量(或个数)的百分数 $f(\%/\mu m)$

$$f = \Delta D/\Delta d_p \qquad (3-4)$$

从图中可以得到频度 f 为最大值时的粒径 d_d 即众径。

3. 筛上累计分布 R

筛上累计分布 R 是指大于某一粒径 d_p 的所有粒子质量(或个数)占粉尘试样总质量(或个数)的百分数,即

$$R = \sum_{d_p}^{d_{pmax}} \left| \frac{\Delta D}{\Delta d_p} \right| \Delta d_p$$

或者 $$R = \int_{d_p}^{d_{pmax}} f \mathrm{d}d_p = \int_x^\infty f \mathrm{d}d_p \qquad (3-5)$$

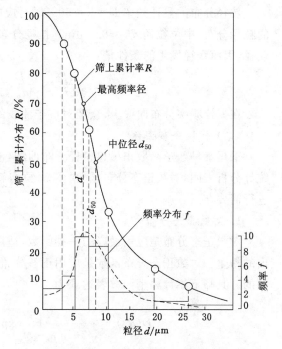

图 3-1 粒径频度分布和筛上累计分布

反之,将小于某一粒径 d_p 的所有粒子质量或个数占粉尘试样总质量(或个数)的百分数称为筛下累计分布 D,因而有

$$D = 100 - R \qquad (3-6)$$

图中有关数据如表 3-3 所列。

表 3-3   粒径分布列表举例

粒径范围/μm	0	3.5	5.5	7.5	10.8	19.0	27.0	43.0
粒径幅度 $\Delta d_p/\mu m$	3.5		2	2	3.3	8.2	8	16
频数 $\Delta R/\%$	10		9	20	28	19	8	6
频度 $f = \dfrac{\Delta R}{\Delta d_p}$	2.86		4.5	10	8.5	2.3	1	0.38
筛下累积率 $D/\%$	0	10	19	39	67	86	94	100
筛上累积 $R/\%$	100	90	81	61	33	14	6	0
平均粒径 $d_p/\mu m$	1.75		4.50	6.50	9.15	14.9	23	35

筛上累计分布与频度分布之间的关系:

$$f = \frac{\mathrm{d}D}{\mathrm{d}d_p} = -\frac{\mathrm{d}R}{\mathrm{d}d_p} \qquad (3-7)$$

由累计频率分布定义可知:

$$D + R = \int_0^\infty f \mathrm{d}d_p = 100 \qquad (3-8)$$

即粒径频度分布曲线下面积等于1。

粒径分布的累计频率 $D=R=50\%$ 时对应的粒径 d_{50} 称为中位粒径。对于图 3-1 中给出的粒径分布，中位粒径 $d_{50} \approx 8.5~\mu\mathrm{m}$。粒径分布中频度 f 达到最大值时对应的粒径 d_d 称为众径，因而众径发生的条件是：

$$\frac{\mathrm{d}f}{\mathrm{d}d_p} = \frac{\mathrm{d}^2 D}{\mathrm{d}d_p^2} = -\frac{\mathrm{d}^2 R}{\mathrm{d}d_p^2} = 0 \tag{3-9}$$

在累计频率分布曲线上，众径对应于曲线的拐点，图 3-1 中的众径 $d_d \approx 6.8~\mu\mathrm{m}$。

（二）粒径分布函数

采用某种数学函数来描述粒径分布曲线，应用时更方便。据大量粉尘粒径分布数据的统计分析表明，对数正态分布函数、罗辛-拉姆勒（Rosin-Ramler）函数等适用面较广，下面即进行简要介绍。

1. 对数正态分布

对数正态分布是应用最广的一种函数，适用于描述大气中的气溶胶和各种生产过程排出的粉尘。对数正态分布函数是应用正态分布函数以变量 $\ln d_p$（或 $\lg d_p$）代换变量 d_p 后得到的。其筛下累计频率函数表达式为

$$D(d_p) = \frac{1}{\sqrt{2\pi}\ln\sigma_g} \int_{-\infty}^{d_p} \exp\left[-\left(\frac{\ln\frac{d_p}{d_g}}{\sqrt{2}\ln\sigma_g}\right)^2\right] \mathrm{d}(\ln d_p) \tag{3-10}$$

式中 d_g——几何平均粒径。

d_g 在数值上等于中位粒径，即 $d_g = d_{50}$。σ_g 为几何标准差，依照正态分布标准差的定义，可得到 σ_g 的定义式：

$$\ln\sigma_g = \left[\frac{\sum n_i (\ln d_{pi} - \ln d_g)^2}{\sum n_i - 1}\right]^{1/2} \tag{3-11}$$

对式（3-10）进行微分，可以得到频率密度的表达式：

$$f(d_p) = \frac{1}{d_p\sqrt{2\pi}\ln\sigma_g} \exp\left[-\left(\frac{\ln\frac{d_p}{d_g}}{\sqrt{2}\ln\sigma_g}\right)^2\right] \tag{3-12}$$

对数正态概率分布函数 $D(d_p)$ 或 $f(d_p)$，在其特征数 d_g 和 σ_g 确定后，函数即确定了。在粒径分布数据处理中，最方便的是采用对数概率坐标纸，粒径坐标采用对数刻度，累计频率采用正态概率刻度。在这种坐标系中，符合对数正态分布的累计频率曲线为一直线，直线斜率仅与几何标准差 σ_g 值有关，如图 3-2 所示。由分布直线可查出任一粒径 d_p 下的累计频率 D 值或任一 D 值对应的 d_p 值。因此，由图 3-2 可查出 D 为 50%、15.9% 和 84.1% 时对应的粒径 d_{50}、$d_{15.9}$ 和 $d_{84.1}$，并计算出几何标准差：

$$\sigma_g = \frac{d_{84.1}}{d_{50}} = \frac{d_{50}}{d_{15.9}} = \left(\frac{d_{84.1}}{d_{15.9}}\right)^{1/2} \tag{3-13}$$

对数正态分布的一个重要特性是，如果某种粉尘的粒径分布符合对数正态分布，则以颗粒的个数或颗粒质量或颗粒表面积表示的粒径分布，皆符合对数正态分布，并具有相同的几何标准差 σ_g。因此，它们的累计频率分布曲线绘在对数概率坐标上为互相平行的直线，各直线间的水平距离，可按中位粒径确定。若设 d'_{50} 为个数分布的中位粒径，d''_{50} 为表面积分布的中位粒径，d_{50} 仍为质量中位粒径，则三者换算关系为：

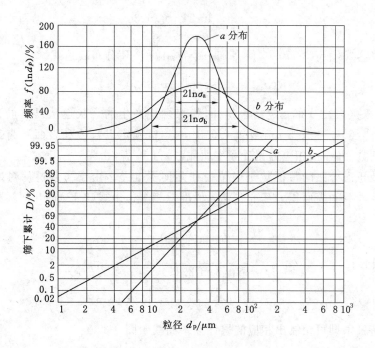

图 3-2　对数正态分布曲线和特征值

$$\ln d'_{50} = \ln d_{50} - 3\ln^2 \sigma_g \tag{3-14}$$

$$\ln d''_{50} = \ln d_{50} - \ln^2 \sigma_g \tag{3-15}$$

由中位粒径和几何标准差还可计算出各种平均粒径,如算术平均粒径:

$$\ln \overline{d}_L = \ln d_{50} - \frac{5}{2} \ln^2 \sigma_g \tag{3-16}$$

2. 罗辛-拉姆勒分布

罗辛-拉姆勒分布,简称 R-R 分布,适用于描述破碎、研磨、筛分等过程产生的分布很广的各种粉尘及雾滴的粒径分布。筛上累计频率函数形式为:

$$R(d_p) = 100\exp(-\beta d_p^n) \tag{3-17}$$

或
$$R(d_p) = 100 \times 10^{-\beta' d_p^n} \tag{3-17a}$$

式中　n——分布指数;

β, β'——分布系数,并有 $\beta = \ln 10\beta' = 2.303\beta'$。

对式(3-17a)两端取两次对数可得

$$\lg(\lg \frac{100}{R}) = \lg \beta' + n\lg d_p \tag{3-18}$$

在以 $\lg d_p$ 为横坐标,以 $\lg(\lg \frac{100}{R})$ 为纵坐标的图上,则式(3-18)为一条直线。直线的斜率为指数 n,直线在纵坐标上的截距为 $d_p = 1 \ \mu m$ 时的 $\lg \beta'$ 值,即

$$\beta' = \lg\left[\frac{100}{R_{(d_p=1)}}\right] \tag{3-19}$$

若将中位粒径 d_{50}($R = 50\%$ 对应的粒径)代入式(3-17)中,得到

$$\beta = \frac{\ln 2}{d_{50}^n} = \frac{0.693}{d_{50}^n} \tag{3-20}$$

再将 β 表达式代入(3-17)中，便得到一个常用的 R-R 分布表达式

$$R(d_p) = 100\exp\left[-0.693\left(\frac{d_p}{d_{50}}\right)^n\right] \tag{3-21}$$

例 3-1 根据粒径分布测定结果得知，粉煤燃烧产生的飞灰遵从以质量为基准的对数正态分布，中位径 $d_{50} = 21.5\ \mu m$，$d_{15.9} = 9.8\ \mu m$。试确定以粒数和表面积为基准的对数正态分布的特征数，并绘出相应的累计频率曲线。

解 对数正态分布的特征数是中位径和几何标准差。由于飞灰遵从对数正态分布规律，故以质量、粒数和表面积为基准时几何标准差相等。由式(3-13)得几何标准差

$$\sigma_g = \frac{d_{50}}{d_{15.9}} = \frac{21.5}{9.8} = 2.19$$

由式(3-14)得
$$d'_{50} = \frac{21.5}{\exp(3\ln^2 2.19)} = 3.4\ (\mu m)$$

由式(3-15)得
$$d''_{50} = \frac{21.5}{\exp\ln^2 2.19} = 11.6\ (\mu m)$$

由相应特征值即可绘制出相应的累计频率曲线于图 3-3。

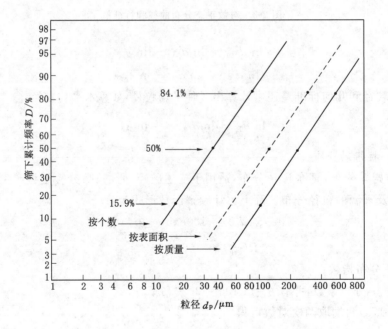

图 3-3 按质量、粒数和表面积表示的累计频率曲线

第二节 粉尘的物理性质

除形状和大小外，粉尘还具有许多不同的理化性质。除尘净化系统的设计和运行操作，在很大程度上取决于粉尘的理化性质和气体的基本参数是否选取得恰当。因此，充分利用对除尘过程有利的粉尘物性，或采取某些措施改变对除尘过程不利的粉尘物性，则可以有效

地提高除尘净化效果,保证设备运行可靠。本节将对粉尘的几个主要物理性质,如粉尘的密度、润湿性、黏附性及爆性等,分别加以简要介绍。

一、粉尘的密度

粉尘的密度分为真密度和堆积密度。

由于尘粒表面不平和内部有孔隙,所以尘粒表面和内部吸附着一定的空气。设法将吸附在尘粒表面和内部的空气排除以后,测得的粉尘自身的密度称为粉尘的真密度 ρ_p(kg/m³ 或 g/cm³)。固体磨碎而形成的粉尘,在表面未氧化前,其真密度与母料密度相同。

粉尘的真密度在通风除尘中有广泛用途,对机械分离过程影响大。粉尘的真密度大,容易分离。

自然堆积状态下的粉尘,由于粉尘间存在空隙,因此其总体密度要比粉尘的真密度小。将包括粉尘粒子间气体空间在内的粉尘密度称为堆积密度 ρ_b。

堆积密度主要用于贮仓或灰斗容积及气力输送粉料方面的设计。

将粉尘粒子间的空间体积与包含空间的粉尘的总体积之比称为孔隙率 ε,则粉尘的真密度 ρ_p 与堆积密度 ρ_b 之间关系为

$$\rho_b = (1-\varepsilon)\rho_p \qquad (3-22)$$

某些粉尘的真密度和堆积密度列入表 3-4 中。

表 3-4 几种工业粉尘的真密度与堆积密度

粉尘名称或尘源	真密度/(g/cm³)	堆积密度/(g/cm³)	粉尘名称或尘源	真密度/(g/cm³)	堆积密度/(g/cm³)
滑石粉	0.75	0.59~0.71	烟灰(0.7~56 μm)	2.2	1.07
烟 灰	2.15	1.2	硅酸盐水泥 (0.7~91 μm)	3.12	1.5
炭 黑	1.85	0.04	造型用黏土	2.47	0.72~0.8
硅砂粉(105 μm)	2.63	1.55	烧结矿粉	3.8~4.2	1.5~2.6
硅砂粉(30 μm)	2.63	1.45	氧化铜(0.9~42 μm)	6.4	2.62
硅砂粉(8 μm)	2.63	1.15	锅炉炭末	2.1	0.6
硅砂粉(0.5~72 μm)	2.63	1.26	烧结炉	3~4	0.7
电 炉	4.5	0.6~1.5	转 炉	5.0	0.2
化铁炉	2.0	0.8	铜精炼	4~5	~0.3
黄铜熔解炉	4~8	0.25~1.2	石 墨	2	1.0
亚铅精炼	5	0.5	铸物砂	2.7	~1.2
铅精炼	6	—	铅再精炼	~6	0.13
铝二次精炼	3.0	0.3	墨液回收	3.1	
水泥干燥窑	3	0.6			

二、粉尘润湿性

粉尘颗粒能否与液体相互附着或附着难易程度的性质称为粉尘的润湿性。当尘粒与液

体接触时,接触面趋于扩大而相互附着的粉尘称为润湿性粉尘;如果接触面趋于缩小而不能附着,则称为非润湿性粉尘。

粉尘的润湿性与粉尘的性质、尘粒的大小和表面状况等因素有关。一般来说大颗粒和球形颗粒容易润湿。例如,小于 5 μm 特别是 1 μm 的尘粒,很难被水润湿。这是由于细尘粒和水滴表面皆存在着一层气膜,只有在两者之间以较高相对速度运动时,才能冲破气膜,相互附着凝并。此外,粉尘的润湿性还随温度升高而减小,随压力升高而增大,随液体表面张力减小而增强。

根据粉尘能被液体润湿的程度可将粉尘大致分为两类:容易被水润湿的亲水性粉尘;难以被水润湿的疏水性粉尘。粉尘的润湿性可用液体(通常用水)对试管中粉尘的润湿速度来表征。润湿时间通常取 20 min,根据其润湿高度 H_{20},按下式计算出湿润速度:

$$\nu_{20} = \frac{H_{20}}{20} \quad (\text{mm/min}) \tag{3-23}$$

根据 ν_{20} 作为评定粉尘润湿性的指标,将粉尘的润湿性划分为 4 类列于表 3-5。

表 3-5   粉尘润湿性的分类

粉尘类型	I	II	III	IV
润湿性	绝对疏水	疏水	中等亲水	强亲水
ν_{20}/(mm/min)	<0.5	0.5~2.5	2.5~8.0	>8.0
实际粉尘举例	石蜡、聚四氯乙烯、沥青等	石墨、煤尘、硫黄尘等	玻璃微球、石英粉尘等	锅炉飞灰、石灰尘等

在除尘技术中,各种湿式洗涤器的除尘机制,主要是靠粉尘被水的润湿作用。

粉尘的润湿性是选用湿式除尘器的主要依据之一。对于润湿性好的亲水性粉尘,可选用湿式除尘,对于润湿性差的疏水性粉尘,一般不宜采用湿式除尘器。在采用湿式除尘器时,为了加速水对粉尘的浸湿,可加入某些浸湿剂(如皂角等)以减少固液之间的表面张力,增加粉尘的亲水性。

某些粉尘,如水泥、熟石灰、白云石砂等,虽是亲水性的,但它们一旦吸水后就形成了不溶于水的硬垢。一般将粉尘的这一性质称为水硬性。由于水硬性粉尘会造成除尘设备和管道结垢或堵塞,所以不适宜采用湿式除尘器。

三、粉尘的黏附性

粉尘附着在固体表面上,或尘粒彼此相互附着的现象称为黏附。附着的强度,也就是克服附着现象所需要的力称为黏附力。

粉尘的黏附是一种常见的实际现象,由于黏附力的存在,粉尘的相互碰撞会导致尘粒的凝并,凝并作用在各类除尘器中都有助于粉尘的捕集。在电除尘器和袋式除尘器中,黏附力的影响更为突出,因为除尘效率很大程度上取决于收尘极板上或滤袋上清除粉尘的能力。此外,粉尘的黏附性对除尘管道及除尘器的运行管理也有很大的影响,需要防止粉尘在壁面上黏附过度,堵塞管道或设备。

苏联根据用垂直拉断法测出粉尘层的断裂强度将粉尘分为 4 类,见表 3-6。

表 3-6 粉尘黏性强度的分类

粉尘类型	I	II	III	IV
粉尘黏性	不黏性	微黏性	中等黏性	强黏性
黏性强度/Pa	0~60	60~300	300~600	>600
实际粉尘举例	干矿渣粉 石英粉	飞灰、焦粉、高炉灰	泥煤灰、金属粉、 黄铁矿粉、水泥、锯木	石膏粉、熟料灰、 纤维尘

四、自燃性和爆炸性

（一）粉尘的爆炸性

有些粉尘分散在空气或其他助燃气体中所形成的粉尘云达到一定浓度时，若遇着能量足够的火源，可发生爆炸，这种性质称为粉尘的爆炸性。

引起粉尘爆炸的条件一是可燃粉尘悬浮于空气中的浓度达到一定数量，二是存在着能量足够的火源。能引起爆炸的粉尘浓度称为爆炸浓度。能够引起爆炸的最低含尘浓度称为爆炸下限；最高浓度称为爆炸上限。气体与粉尘混合物的爆炸危险性是以其爆炸下限（g/m^3）来表示的。爆炸上限的浓度太高，如糖粉的爆炸上限为 13 500 g/m^3，在大多数场合都不会达到，所以没有实际意义。

粉尘混合物的爆炸下限不是固定不变的，它的变化与粉尘的分散度、湿度、温度、火源的性质，混合物中可燃气含量与氧含量，惰性粉尘和灰分等因素有关。一般是粉尘分散度越高，可燃气体和氧的含量越大，火源强度和原始温度越高，湿度越低，惰性粉尘及灰分越少，爆炸浓度范围也就越大。粉尘爆炸性与粉尘粒度有密切关系。粒径大于 0.5 mm（即 500 μm）的粉末很难爆炸，粒径小于 100 μm 的很容易爆炸。粒径越小，爆炸过程越短促。

根据粉尘爆炸性及火灾危害可将其分为四类，如表 3-7 所列。

表 3-7 粉尘爆炸性分类

粉尘类型	爆炸下限浓度/(g/m^3)	自燃温度/K	粉尘举例
爆炸危险性最大的粉尘	15		砂糖、泥煤、胶木粉、 硫及松香等
有爆炸危险的粉尘	16~65		铝粉、亚麻、页岩、 面粉、淀粉等
火灾危险最大的粉尘	>65	低于 523	烟草粉等
有火灾危险的粉尘	>65	高于 523	锯末等

（二）粉尘的自燃性

可燃性粉尘在没有外部火源的作用时，仅因受热或自身发热并蓄热所产生的自然燃烧的性质称为粉尘自燃性。

根据自燃的诱发原因，又将可燃物质分为三类，列入表 3-8。

表 3-8	粉尘自燃性分类
自燃类型	粉尘举例
由空气作用自燃	褐煤、煤炭、木炭、炭黑、干草、锯末、胶木粉、锌粉、铝粉、黄磷等
在水作用下自燃	钾、钠、碳化钙、碱金属碳化物、硫代硫酸钠、生石灰等
互相混合时自燃	各种氧化剂

五、粉尘的荷电性和导电性

（一）粉尘的荷电性

粉尘在其产生和运动过程中,由于碰撞、摩擦、放射线照射、电晕放电及接触带电体等原因,几乎都带有一定的电荷。粉尘荷电后,将改变其某些物理性质,如凝聚性、附着性及其在气体中的稳定性等,对人体的危害也将增强。粉尘的荷电量随温度升高、比表面积增大及含水率减小而增大,还与其化学成分有关。

（二）粉尘的比电阻

粉尘的比电阻是表示粉尘导电性的重要指标,比电阻用 ρ 表示为

$$\rho = V/(J \cdot \delta) \tag{3-24}$$

式中 ρ ——比电阻,$\Omega \cdot cm$；

V ——通过粉尘层的电压,V；

J ——通过粉尘层的电流密度,A/cm^2；

δ ——粉尘层厚度,cm。

粉尘的比电阻不仅与粉尘颗粒自身的导电性有关,而且与颗粒物堆积的松散度、含水量和温度等因素有关,并且还与载体中导电气体的存在情况有关。

六、粉尘的安息角

粉尘通过小孔连续地下落到水平板上时,堆积成的锥体母线与水平面的夹角称为安息角(也叫静止角或堆积角)。测定安息角的方法有如图 3-4 所示的几种。由于测定方法和装置尺寸不同,测得的结果有些差别。安息角是粉尘(或粉体)的动力特性之一,与粉尘的种

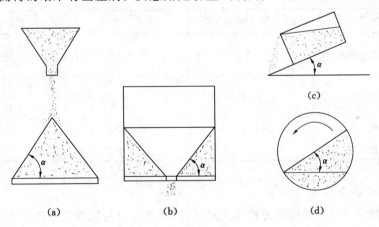

图 3-4　粉尘安息角的测定方法

(a) 注入法；(b) 排出法；(c) 斜箱法；(d) 回转圆筒法

类、粒径、形状和含水率等因素有关。许多粉尘安息角的平均值为 $35°\sim40°$，对同一种粉尘，粒径大、含水率低、表面光滑和接近球形，安息角变小。安息角是设计除尘设备(如贮灰斗的锥角)和管道(倾斜角)的主要依据。

第三节　尘粒的流体阻力与沉降分离机理

除尘过程的机理是，将含尘气体引入具有一种或几种力作用的除尘器，使颗粒相对其运载气流产生一定的位移，并从气流中分离出来，最后沉降到捕集表面上。颗粒的粒径大小和种类不同，所受作用力不同，颗粒的动力学行为亦不同。颗粒捕集过程所要考虑的作用力有外力、流体阻力和颗粒间的相互作用力。外力一般包括重力、离心力、惯性力、静电力、磁力、热力、泳力等；作用在运动颗粒上的流体阻力，对所有捕集过程来说，都是最基本的作用力；颗粒之间的相互作用力，在颗粒浓度不很高时皆忽略了。本节主要介绍流体的阻力和尘粒在重力场中的沉降分离机理。离心力、静电力等力场中颗粒的沉降规律则并入后续除尘器相关章节中加以介绍。

一、粉尘颗粒的流体阻力

(一)粉尘颗粒的流体阻力

在不可压缩的连续流体中，运动的颗粒必然受到流体阻力的作用。这种阻力是由两种现象引起的。一是由于颗粒具有一定的形状，运动时必须排开其周围的流体，导致其前面的压力较后面的大，产生了所谓形状阻力。二是颗粒与其周围流体之间存在着摩擦，导致了所谓摩擦阻力。这两种阻力的大小决定于流体绕过尘粒时的流动状态，即流体是层流还是紊流。在层流时，尘粒主要是克服摩擦阻力；在紊流时，尘粒主要是克服动压阻力(即动力阻力)。

尘粒所受流体阻力可表示如下：

$$F_D = C_D A_p \frac{\rho u^2}{2} \tag{3-25}$$

式中　C_D——流体的阻力系数；

　　　A_p——粒子在流动方向上的投影面积，m^2，对球形粒子 $A_p = \frac{1}{4}\pi d_p^2$；

　　　u——粒子对流体的相对速度，m/s。

由相似理论可知，粒子在流体中运动的阻力系数 C_D 是 Re_p 的函数，可近似地表示如下：

$$C_D = \frac{k}{Re_p^\varepsilon} \tag{3-26}$$

式中的系数 k 及指数 ε 值取决于相应的 Re_p 值，即尘粒周围的流动状态。而 $Re_p = u d_p \rho/\mu$，其中 μ 为流体的黏度($Pa \cdot s$)。

1. 层流区

当 $Re_p \leqslant 1$ 时，颗粒运动处于层流状态，$\kappa = 24$，$\varepsilon = 1$，C_D 与 Re_p 近似呈直线关系：

$$C_D = \frac{24}{Re_p} \tag{3-27}$$

对于球形颗粒，将式(3-27)代入式(3-25)中得到层流区阻力计算公式：

$$F_D = 3\pi\mu d_p u \tag{3-28}$$

上式即是著名的斯托克斯(Stokes)阻力定律。通常还将 $Re_p \leqslant 1$ 的层流区域称为斯托克斯区域。

2. 紊流过渡区

当 $1 < Re_p \leqslant 500$ 时,颗粒运动处于紊流过渡区,C_D 与 Re_p 呈曲线关系,C_D 的计算式有几种,如奥仑(Allen)公式 $k=10,\varepsilon=\dfrac{1}{2}$,则

$$C_D = \frac{10}{(Re_p)^{1/2}} \tag{3-29}$$

(3) 紊流区

当 $500 < Re_p < 2 \times 10^5$ 时,颗粒运动处于紊流状态,C_D 几乎不随 Re_p 变化,近似取 $C_D \approx 0.44$,为通常所说的牛顿区域。流体阻力计算公式则为

$$F_D = 0.055\pi\rho d_p^2 u^2 \tag{3-30}$$

(二) 滑动修正

当颗粒粒径小到接近于气体分子运动平均自由程时,微粒在气体介质中运动,它与气体分子间的碰撞就不是连续发生的,有可能与气体分子相对滑动。在这种情况下,粒子在运动中实际受到的阻力就比按连续介质考虑的阻力[即按斯托克斯公式(3-28)计算值]小。肯宁汉(Cunningham)提出了对这一影响的修正。对于在空气中运动的粒子,只是当粒径约为 $1.0~\mu m$ 或更小时,这种修正才有重要意义。因此,只有当 Re_p 数很小的流动状态才会进行修正。

肯宁汉因数 C 值取决于克努森(Knudsen)数 $Kn(Kn=2\lambda/d_p)$,可用戴维斯(Davis)建议的公式计算:

$$C = 1 + Kn\left[1.257 + 0.4\exp(-\frac{1.10}{Kn})\right] \tag{3-31}$$

气体分子平均自由程 λ 可按式(3-32)计算:

$$\lambda = \frac{\mu}{0.499\rho \bar{v}} \tag{3-32}$$

其中 $\bar{v}$ 为气体分子的算术平均速度。

$$\bar{v} = \sqrt{\frac{8RT}{\pi M}} \tag{3-33}$$

式中 R——通用气体常数,$R=8.314~J/(mol \cdot K)$;

  T——气体温度,K;

  M——气体的摩尔质量,kg/mol。

肯宁汉因数 C 与气体的温度、压力和粒径大小有关,温度越高、压力越低、粒径越小,C 值越大。作为粗略估算,在 293 K 和 101.33 kPa 下,$C=1+0.165/d_p$,其中粒径 d_p 单位为 μm。

考虑到滑动修正,则式(3-28)修正成为:

$$F_D = \frac{3\pi\mu d_p u}{C} \tag{3-34}$$

二、微粒沉降分离机理

(一) 重力沉降

粒子的沉降速度是粒子动力学的最基本的特性。在静止流体中的单个球形颗粒,在重力作用下沉降时,所受到的作用力有重力 F_G、流体浮力 F_b 和流体阻力 F_D。根据牛顿运动

定律,颗粒向下的净加速度 $\mathrm{d}u/\mathrm{d}t$ 与其质量 m_p 之积应等于所受各力之和,因此有

$$m_\mathrm{p}\frac{\mathrm{d}u}{\mathrm{d}t} = F_\mathrm{G} - F_\mathrm{b} - F_\mathrm{D} = g(m_\mathrm{p} - m) - \frac{1}{2}C_\mathrm{D}A_\mathrm{D}\rho u^2 \tag{3-35}$$

对于球形颗粒,颗粒质量 $m_\mathrm{p} = \pi d_\mathrm{p}^3 \rho/6$,颗粒取代的流体质量 $m = \pi d_\mathrm{p}^3 \rho/6$,代入上式整理后得到

$$\frac{\mathrm{d}u}{\mathrm{d}t} = \frac{g(\rho_\mathrm{p} - \rho)}{\rho_\mathrm{p}} - \frac{3C_\mathrm{D}\rho u^2}{4\rho_\mathrm{p}d_\mathrm{p}} \tag{3-36}$$

当颗粒所受的 3 个力平衡时,颗粒的加速度 $\mathrm{d}u/\mathrm{d}t = 0$,则颗粒达到了一个稳定的垂直向下的运动速度 u_s,并称为颗粒的终末沉降速度,即

$$u_\mathrm{s} = \left[\frac{4d_\mathrm{p}(\rho_\mathrm{p} - \rho)g}{3C_\mathrm{D}\rho}\right]^{1/2} \tag{3-37}$$

对于斯托克斯区域的颗粒,代入阻力系数 C_D 得到

$$u_\mathrm{s} = \frac{d_\mathrm{p}^2(\rho_\mathrm{p} - \rho)g}{18\mu} \tag{3-38}$$

当流体介质是气体时,$\rho_\mathrm{p} \geqslant \rho$,则终末沉降速度公式可简化为

$$u_\mathrm{s} = \frac{d_\mathrm{p}^2\rho_\mathrm{p}g}{18\mu} \tag{3-38a}$$

对于小颗粒,应进行肯宁汉修正,则上式为

$$u_\mathrm{s} = \frac{d_\mathrm{p}^2\rho_\mathrm{p}gC}{18\mu} \tag{3-38b}$$

对于紊流过渡区的颗粒,将式(3-29)代入式(3-37)中得到:

$$u_\mathrm{s} = \left[\frac{4}{225} \cdot \frac{(\rho_\mathrm{p} - \rho)^2 g^2}{\mu\rho}\right]^{1/3} \tag{3-39}$$

对于牛顿区域的颗粒,代入 $C_\mathrm{D} = 0.44$ 得到

$$u_\mathrm{s} = 1.74\left[\frac{d_\mathrm{p}(\rho_\mathrm{p} - \rho)g}{\rho}\right]^{1/2} \tag{3-40}$$

斯托克斯公式(3-29)或式(3-38)的应用范围是 $Re_\mathrm{p} < 1$,但在实际工程中,当 $Re_\mathrm{p} \leqslant 2$ 时,斯托克斯公式仍可近似采用。

在实际计算中,一般仅知尘粒的直径 d_p 和密度 ρ_p,尚无法求得 Re_p 数,不能判断是否能用斯托克斯公式。为此,将式(3-38a)中的 u_s 代入 Re_p 数的计算式中,并令

$$Re_\mathrm{p} = \frac{u_\mathrm{s}d_\mathrm{p}\rho}{\mu} = \frac{d_\mathrm{p}^3\rho_\mathrm{p}\rho g}{18\mu^2} \leqslant 2$$

当空气压力为 101.33 kPa 和温度为 298 K 时,$\mu = 1.84 \times 10^{-5}$ Pa·s,$\rho = 1.185$ kg/m³,代入上式,化简后得

$$d_\mathrm{p} \leqslant \frac{1.015 \times 10^{-3}}{\rho_\mathrm{p}^{\frac{1}{3}}} \text{ (m)} \tag{3-41}$$

已知粉尘的真密度 ρ_p,即可用式(3-41)计算出层流运动($Re_\mathrm{p} \leqslant 2$)时最大粒径 d_p。例如,当 $\rho_\mathrm{p} = 1\,000$ kg/m³,$d_\mathrm{p} = 100$ μm,$\rho_\mathrm{p} = 2\,000$ kg/m³,$d_\mathrm{p} \approx 80$ μm,$\rho_\mathrm{p} = 3\,000$ kg/m³,$d_\mathrm{p} = 70$ μm;$\rho_\mathrm{p} = 5\,000$ kg/m³,$d_\mathrm{p} \approx 60$ μm。可见对于粒径小于 60 μm 的尘粒,即使密度很大,一般也不超出层流范围。而气体除尘的主要对象是粒径小于 60 μm 的粉尘,所以对于在气体除尘中所遇到的粉尘,一般皆可用斯托克斯公式计算沉降速度。

例 3-2 已知粉尘颗粒的真密度为 2.25 g/cm³。试计算粒径为 0.25 μm、5 μm 和 10 μm 的球形颗粒在 293 K 和 101.33 kPa 空气中的终末沉降速度。

解 首先计算肯宁汉修正系数。在给定条件下 $\lambda=0.066\ 7\ \mu$m，对于 $d_p=0.25\ \mu$m 时，$d_p/\lambda=3.75$，由式(3-31)得

$$C = 1 + \frac{2}{3.75}\left[1.257 + 0.4e^{-0.55\times3.75}\right] = 1.70$$

当 $d_p=5\ \mu$m 时，$C=1.034$；$d_p=10\ \mu$m 时，$C=1.017$。

在 $\mu=1.84\times10^{-5}$ Pa·s，$\rho=1.185$ kg/m³ 时沉降速度公式(3-38b)简化为：

$$u_s = 29\ 609\rho_p d_p^2 C$$

当 $d_p=0.25\ \mu$m 时，$u_s=29\ 609\times2\ 250\times(0.25\times10^{-6})^2\times1.70=7.07$ (μm/s)

当 $d_p=5\ \mu$m 时，$u_s=29\ 609\times2\ 250\times(5\times10^{-6})^2\times1.034=0.172$ (cm/s)

当 $d_p=10\ \mu$m 时，$u_s=29\ 609\times2\ 250\times(10\times10^{-6})^2\times1.017=0.677$ (cm/s)

验算流动状态是否处在层流区

$$Re_p = \frac{u_s d_p \rho}{\mu} = \frac{0.006\ 77\times10\times10^{-6}\times1.185}{1.84\times10^{-5}} = 0.004\ 36 < 2$$

可见，三种粒子沉降情况全处于层流状态，可以应用斯托克斯公式计算沉降速度。

（二）离心沉降

旋风除尘器是应用离心力进行尘粒分离的一种除尘装置，也是造成含尘气流旋转运动和旋涡的一种体系。

随气流一起旋转的球形颗粒，所受离心力 F_c 可用牛顿定律确定

$$F_c = \frac{\pi}{6}d_p^3\rho_p\frac{v_\theta}{R} \tag{3-42}$$

式中 R——旋转气流流线的半径，m；

v_θ——R 处气流的切向速度，m/s。

在离心力的作用下，颗粒将产生离心的径向运动（垂直于切向）。若颗粒运动处于斯托克斯区，则颗粒所受向心的流体阻力为 $F_d=3\pi\mu d_p v$。当离心力 F_c 和阻力 F_d 达到平衡时，颗粒便达到了离心沉降的终末速度 v_r。

$$v_r = \frac{d_p^2(\rho_p-\rho)}{18\mu}\frac{v_\theta^2}{R} \approx \frac{d_p^2\rho_p}{18\mu}\frac{v_\theta^2}{R} = \tau_p a_c \tag{3-43}$$

式中 a_c——离心加速度，$a_c=u_q^2/R$。

对于微粒而言，颗粒的运动处于滑动区，v_r 应乘以肯宁汉修正系数 C_u。

（三）电力沉降

电力沉降包括自然荷电粒子和外加电场荷电粒子在电力作用下的沉降两类情况。

过滤式除尘器和湿式除尘器中的捕尘体（如纤维、水滴等）及颗粒都可能因各种原因（如与带电体接触、摩擦、宇宙射线的照射等）而带上电荷，根据捕尘体和颗粒所带电荷性质的不同，会发生异性相吸、同性相斥作用，从而影响颗粒在捕尘体上的沉降。

在外加电场中，例如在电除尘器中，若忽略重力和惯性力等的作用，荷电颗粒所受作用力主要是静电力（即库仑力）和气流阻力。静电力 F_e 为

$$F_e = q \cdot E \tag{3-44}$$

式中 q——颗粒的荷电量，C；

E——颗粒所处位置的电场强度，V/m。

对于斯托克斯区域的颗粒，颗粒所受气体阻力 $F_d = 3\pi\mu d_p u$，当静电力 F_e 和阻力 F_d 达到平衡时，颗粒便达到静电沉降的终末速度，习惯上称为颗粒的驱进速度，并用 ω 表示

$$\omega = \frac{qE}{3\pi\mu d_p} \tag{3-45}$$

同样，对于处于滑动区的微粒运动，ω 应乘以肯宁汉修正系数 C_u。

（四）惯性沉降

通常认为，气流中的颗粒随着气流一起运动，很少或不产生滑动。但是，若有一静止或缓慢运动的捕尘体（如液滴或纤维等）处于气流中时，则成为一个靶子，使气体产生绕流，并使某些颗粒沉降到上面。颗粒能否沉降到靶上，取决于颗粒的质量及相对于靶的运动速度和位置。图 3-5 中所示的小颗粒 1，随着气流一起绕过靶；距停滞流线较远的大颗粒 2，也能避开靶；距停滞流线较近的大颗粒 3，因其质量和惯性较大而脱离流线，保持自身原来的运动方向而与靶碰撞，继而被捕集。通常将这种捕尘机制称为惯性碰撞。颗粒 4 和 5 因质量和惯性较小而不会离开流线。这时只要粒子的中心是处在距靶表面不超过 $d_p/2$ 的流线上，就会与捕尘体接触而被拦截捕获。

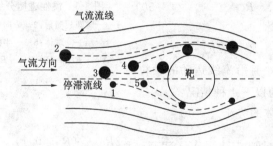

图 3-5　运动气流中接近靶时颗粒运动的几种可能情况

1. 惯性碰撞

惯性碰撞的捕集效率主要取决于气体流速在捕尘体（即靶）周围的分布、颗粒运动轨迹和颗粒对靶的附着三个因素，其中颗粒对靶的附着通常假设为 100%。

① 气体流速在捕尘体（即靶）周围的分布，它随气体相对捕尘体流动的雷诺系数 Re_D 而变化。捕尘体雷诺数 Re_D 定义为

$$Re_D = \frac{v_0 \rho D_c}{\mu} \tag{3-46}$$

式中　v_0——未被扰动的上游气流与捕尘体之间的相对流速，m/s；

　　　D_c——捕尘体的定性尺寸，m。

在高 Re_D 下（势流），除了邻近捕尘体表面附近外，气流流型与理想气体一致；在较低 Re_D 时，气流受到黏性力支配，即为黏性流。

② 颗粒运动轨迹，它取决于颗粒的质量、气流阻力、捕尘体的尺寸和形状，以及气流速度等。描述颗粒运动特征的参数，可以采用斯托克斯数 S_t（也称为惯性碰撞参数），它定义为颗粒的停止距离 x_s 与捕尘体直径 D_c 之比。对于球形的斯托克斯颗粒，有

$$S_t = \frac{x_s C_u}{D_c} = \frac{v_0 \tau_p C_u}{D_c} = \frac{d_p \rho_p v_0 C_u}{18\mu D_c} \tag{3-47}$$

图 3-6 给出了不同形状的捕尘体在不同 Re_D 下的惯性碰撞分级效率 η_{S_t} 与 $\sqrt{S_t}$ 的关系。也有人提出了如下 η_{S_t} 与 S_t 的关系（$S_t > 0.2$）：

$$\eta_{S_t} = \left(\frac{S_t}{S_t + 0.35}\right)^2 \qquad (3\text{-}48)$$

2. 拦截

拦截作用一般用量纲为 1 的拦截参数 R 来表示其特性，其定义为

$$R = \frac{d_p}{D_c} \qquad (3\text{-}49)$$

当 $S_t \to \infty$ 时，惯性大沿直线运动的颗粒，除了在直径为 D_c 的流管内的颗粒都能与捕尘体碰撞外，与捕尘体表面的距离为 $d_p/2$ 的颗粒也会与捕尘体表面接触。因此，靠拦截引起的捕集效率的增量 η_{DI} 可以表示为：

① 对于圆柱体捕尘体

$$\eta_{DI} = R \qquad (3\text{-}50)$$

② 对于球形捕尘体

$$\eta_{DI} = 2R + R^2 \approx 2R \qquad (3\text{-}51)$$

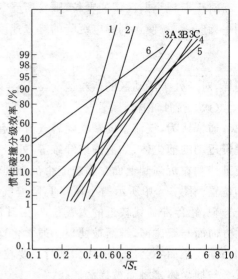

图 3-6 惯性碰撞分级效率与 $\sqrt{S_t}$ 的关系
1——向圆板喷射；2——向矩形板喷射；3——圆柱体；
4——球体；5——半矩形体；6——聚焦；
A——$Re_D = 150$；B——$Re_D = 10$；C——$Re_D = 0.2$

当 $S_t \to 0$ 时，惯性小且沿流线运动的颗粒，其拦截效率计算可分为以下 4 种情况：

① 对于绕过圆柱体的势流

$$\eta_{DI} = 1 + R - \frac{1}{1+R} \approx 2R \qquad (R < 0.1) \qquad (3\text{-}52)$$

② 对于绕过球体的势流

$$\eta_{DI} = (1+R)^2 - \frac{1}{1+R} \approx 3R \qquad (R < 0.1) \qquad (3\text{-}53)$$

③ 对于绕过圆柱体的黏性流

$$\eta_{DI} = \frac{1}{2.002 - \ln Re_D}\left[(1+R)\ln(1+R) - \frac{R(2+R)}{2(1+R)}\right] \approx \frac{R^2}{2.002 - \ln Re_D}$$
$$(R < 0.07, Re_D < 0.5) \qquad (3\text{-}54)$$

④ 对于绕过球体的黏性流

$$\eta_{DI} = (1+R)^2 - \frac{3(1+R)}{2} + \frac{1}{2(1+R)} \approx \frac{3R^2}{2} \qquad (R < 0.1) \qquad (3\text{-}55)$$

上述公式表明，拦截参数 R 愈大，即 d_p 愈大，D_c 愈小，拦截效率愈高。

（五）扩散沉降

1. 均方位移和扩散系数

很小的微粒受到气体分子的无规则撞击，使它们也像气体分子一样做无规则运动，称为布朗运动；布朗运动促使微粒从浓度较高的区域向浓度较低的区域扩散，称为布朗扩散。微粒的布朗运动可用爱因斯坦（Einstein）方程来描述。在一定时间 t 内，粒子沿 x 轴的均方位移 $\overline{\Delta x^2}$ 为

$$\Delta \overline{x^2} = 2kBTt = 2Dt \tag{3-56}$$

式中　k——玻耳兹曼常数，$k = 1.38 \times 10^{-23}$ J/K；

　　　B——粒子的迁移率，即在黏性介质中粒子的运动速度与产生该速度作用力的比值 [m/(N·s)]；

　　　T——含尘气体的温度，K；

　　　D——颗粒的扩散系数，m^2/s。

颗粒的扩散系数 D 由气体的种类、温度及颗粒的粒径确定，其数值比气体扩散系数小几个数量级，可由两种理论方法求得。

对于粒径约等于或大于气体分子平均自由程（$K_n \leqslant 0.5$）的颗粒，可用爱因斯坦公式计算：

$$D = \frac{kT}{3\pi\mu d_p} C_u \tag{3-57}$$

对于粒径大于气体分子但小于气体分子平均自由程（$K_n > 0.5$）的颗粒，可有朗缪尔（Langmuir）公式计算：

$$D = \frac{4kT}{3\pi d_p^2 p} \sqrt{\frac{8RT}{\pi M}} \tag{3-58}$$

式中　p——气体的压力，Pa；

　　　R——摩尔气体常数，$R = 8\ 314$ J/(kmol·K)；

　　　M——气体的摩尔质量，kg/kmol。

表 3-9 给出了颗粒在 293 K 和 101 325 Pa 干空气中的扩散系数的计算。

表 3-9　　　　　　　　　　　颗粒的扩散系数（293 K，101 325 Pa）

粒径 $d_p/\mu m$	K_n	扩散系数 $D/(m^2/s)$	
		爱因斯坦公式	朗缪尔公式
10	0.013 1	2.41×10^{-12}	—
1	0.131	2.76×10^{-11}	—
0.1	1.31	6.78×10^{-10}	7.84×10^{-10}
0.01	13.1	5.25×10^{-8}	7.84×10^{-8}
0.001	131		7.84×10^{-6}

表 3-10 给出了单位密度的球形颗粒在 1 s 内由于布朗扩散的平均位移 x_{BM} 和由于重力作用的沉降距离 x_G。由表可见，随着粒径的减小，在相同时间内布朗扩散的平均位移比沉降距离大得多。

2. 扩散沉降效率

扩散沉降效率取决于捕尘体的质量传递皮克莱（Peclet）数 Pe 和捕尘体雷诺数 Re_D。皮克莱数 Pe 定义为：

表 3-10   在标准状态下 1 s 内布朗扩散的平均位移与重力沉降距离的比较

粒径 $d_p/\mu m$	x_{BM}/m	x_G/m	x_{BM}/x_G
0.000 37[①]	6×10^{-3}	2.4×10^{-9}	2.5×10^6
0.01	2.6×10^{-4}	6.6×10^{-8}	3 939
0.1	3.0×10^{-5}	8.6×10^{-7}	35
1.0	5.9×10^{-6}	3.5×10^{-5}	0.17
10	1.7×10^{-6}	3.0×10^{-3}	5.7×10^{-4}

① 一个"空气分子"的直径。

$$Pe = \frac{v_0 D_c}{D} \tag{3-59}$$

皮克莱数 Pe 是由惯性力产生的颗粒的迁移量与布朗扩散产生的颗粒的迁移量之比，是捕集过程中扩散沉降重要性的量度。Pe 值越大，扩散沉降越不重要。

对于黏性流，朗缪尔提出的计算颗粒在孤立的单个圆柱形捕尘体上的扩散沉降效率为：

$$\eta_{BD} = \frac{1.71 Pe^{-\frac{2}{3}}}{(2 - \ln Re_D)^{\frac{1}{3}}} \tag{3-60}$$

纳坦森（Natanson）和弗里德兰德（Friedlander）等人也分别导出了类似的方程。在他们的方程中分别用系数 2.92 和 2.22 代替了上述方程中的系数 1.71。

对于势流，速度场与 Re_D 无关，在高 Re_D 下，纳坦森提出了如下方程：

$$\eta_{BD} = \frac{3.19}{Pe^{1/2}} \tag{3-61}$$

从以上方程可以看出，除非是 Pe 非常小，否则颗粒的扩散沉降效率将是非常低的。此外，从理论上讲，$\eta_{BD} > 1$ 是可能的，因为布朗扩散可能导致来自 D_c 距离之外的颗粒与捕尘体碰撞。

对于孤立的单个球形捕尘体，约翰斯坦（Johnstone）和罗伯特（Roberts）建议用下式计算扩散沉降效率：

$$\eta_{BD} = \frac{8}{Pe} + 2.23 Re_D^{\frac{1}{8}} Pe^{-\frac{5}{8}} \tag{3-62}$$

例 3-3 试比较靠惯性碰撞、直接拦截和布朗扩散捕集粒径为 $0.001 \sim 20 \ \mu m$ 的单位密度球形颗粒的相对重要性。捕尘体为直径 $100 \ \mu m$ 的纤维，在 293 K 和 101 325 Pa 下的气流速度为 0.1 m/s。

解 在给定条件下捕尘体雷诺数 Re_D 为：

$$Re_D = \frac{d_p \rho u}{\mu} = \frac{100 \times 10^{-6} \times 1.205 \times 0.1}{1.81 \times 10^{-5}} = 0.66$$

所以必须采用黏性流条件下的颗粒沉降效率公式，计算结果列入表 3-11 中，其中惯性碰撞效率 η_{St} 是由图 3-6 估算的，拦截效率 η_{DI} 用式（3-54）、扩散沉降效率 η_{BD} 用式（3-60）计算的。

由上例可见，对于大颗粒的捕集，布朗扩散的作用很小，主要靠惯性碰撞作用；反之，对于很小的颗粒，惯性碰撞的作用微乎其微，主要是靠扩散沉降。在惯性碰撞和扩散沉降均无效的粒径范围内（本例中为 $0.2 \sim 1 \ \mu m$）捕集效率最低。

表 3-11   例 3-3 计算结果

$d_p/\mu m$	S_t	$\eta s_t/\%$	R	$\eta_{DI}/\%$	Pe	$\eta_{BD}/\%$
0.001	—	—	—	—	1.28	108
0.01	—	—	—	—	1.90×10^2	3.86
0.2	—	—	—	—	4.52×10^4	0.10
1	3.45×10^{-3}	0	0.01	0.004	3.62×10^5	0.025
10	0.308	3	0.1	0.5	—	—
20	1.23	37	0.2	1.5	—	—

类似的分析也可以得到捕集效率最低的气流速度范围。

（六）其他沉降机理

除了前述机理外，粒子在气流中的其他沉降机理还有泳力（扩散泳、热泳、光泳）、磁力、声凝聚等，这些机理相对于前述机理是次要的。

1. 扩散泳沉降

扩散泳是气体混合物存在浓度梯度所引起的粒子运动。

气体介质中存在着水滴或水膜时，会产生液相水分子的蒸发或气相中水分子的冷凝现象。蒸发出的水分子会带动气体介质分子向离开水面运动；反之，发生冷凝作用的气相水分子则会带动气体介质分子向着水面运动。这种由于气体介质中挥发性液体的冷凝或蒸发所引起地向着或离开液体表面的气体分子的流动，称为斯蒂芬流。

处于斯蒂芬流混合气体中的粒子，其相对两面受到的气体分子的碰撞作用是不相同的，并将引起粒子的迁移，迁移方向与斯蒂芬流的方向相同。斯蒂芬流对粒子的沉降产生影响，如用喷水雾清除粉尘粒子，当水蒸气未饱和时，蒸发引起的斯蒂芬流阻碍水滴对粒子的捕获；当气相中水蒸气达到饱和时，冷凝引起的斯蒂芬流有助于水滴对粒子的捕获。

戈德史密斯（Goldsmith）等给出的 $0.005\sim0.05~\mu m$ 的粒子在空气-水蒸气系统的扩散泳速度 v_D 为

$$v_D = -1.9\times10^{-1}\left(\frac{\Delta p}{\Delta x_D}\right) \tag{3-63}$$

式中 $\Delta p/\Delta x_D$——水蒸气压力梯度，10^2 Pa/cm；

v_D——粒子在空气-水蒸气系统的扩散泳速度，cm/s，v_D 为正值时表示粒子向液面迁移；

Δx_D——边界层厚度，对球形粒子，可用下式估算：

$$\Delta x_D = \frac{D_c}{2 + 0.557~Re_D^{0.5} Sc_w^{0.375}}$$

式中 Sc_w——水滴的施密特数，$Sc_w = \mu/(\rho_p D)$；

D——水蒸气在空气中的扩散系数。

2. 热泳力沉降

气体分子具有一定的热运动速度，因此有一定的动能，并随温度而变化。处于温度梯度场中的粒子，其热面受到气体分子的作用力比冷面大，于是产生了对粒子的推力，推动粒子从高温侧向低温侧移动。粒子移动过程中与捕尘体相遇即被捕集。这种由于温度梯度对粒子所产生的推力称为热泳力。

沃尔德曼(Waldman)和施密特(Schmitt)给出的在多种原子理想气体中,处于自由分子体系的球形粒子($K_n > 10$)的热泳速度 v_T 为

$$v_T \approx -\frac{6\mu}{(8+\pi)T\rho}\frac{\Delta T}{\Delta x_T} \tag{3-64}$$

$$\Delta x_D = \frac{D_c}{2+0.557\,Re_D^{0.5}\,Pr^{0.375}}$$

式中　T——粒子表面温度;

　　　Δx_T——热泳能够通过其发生的有效边界层厚度;

　　　ΔT——通过 Δx_T 的温差,即冷面温度减热面温度;

　　　Pr——普朗特(Prandtl)数,$Pr = c_p\mu/\lambda$,λ 为气体热导率;c_p 为气体比定压热容。

v_T 为正值时,表示粒子向冷侧迁移。

对粒径大于自由分子体系的较大粒子($K_n < 10$)和热导率较大的粒子(如金属粒子),热泳速度可用于含有瓦赫曼(Wachmann)传热系数值的布鲁克(Brock)公式估算,即

$$v_T \approx -\frac{6.6\lambda\mu}{\rho d_p T}\frac{\Delta T}{\Delta x_T} \tag{3-65}$$

式中　λ——气体分子平均自由程。

在过滤式或湿式除尘器中,捕尘体虽然可通过多种机制捕集粒子,但很少有全部机制同时起作用的情况,通常只有两三种机制是重要的。在一种除尘器中,两三种机制常联合作用。一般,根据某一粒子被某一机制捕集后不再被捕集的原则,可按下式计算单个捕尘体多种捕尘机理的联合捕集效率 η_T,即

$$\eta_T = 1 - (1-\eta_{S_t})(1-\eta_{DI})(1-\eta_{BD})\cdots \tag{3-66}$$

第四节　微粒的凝并

细微颗粒物污染的治理已引起公众的广泛关注,并成为除尘领域的重点攻关方向。《环境空气质量标准》(GB 3095—2012)增设了 PM$_{2.5}$ 的浓度限值,重点污染行业的环保标准也随之进行了修订。《火电厂大气污染物排放标准》(GB 13223—2011)已开始执行 30 mg/m³的粉尘控制要求,大气污染物的排放标准也全部更新,全面趋严。微粒的捕集,无论是过滤技术、湿式技术,还是机械式技术、电除尘技术,因微粒的粒径小、重量轻,捕集效率受到限制。微粒凝并是指微粒由于相对运动彼此发生碰撞、接触而黏着并融合成较大微粒的过程。凝并可作为除尘的预处理阶段。微粒凝并的结果是微粒的数目减少而体积增大。在除尘器前增设预处理装置使 PM$_{2.5}$ 在物理或化学作用下,碰撞凝并为较大颗粒,能够有效提高常规除尘装置的效率。目前的凝并预处理技术包括声凝并、化学团聚凝并、蒸汽相变凝并、电凝并、磁凝并、脉动排气凝并等。凝并单元一般作为提高后续主体除尘工艺效率的预处理环节。

一、微粒凝并理论

(一)布朗运动与扩散

悬浮在流体中的微粒会表现出一种无规则运动,这种运动称之为布朗运动。流体分

子不停地做无规则的运动,不断地随机撞击悬浮微粒。当悬浮的微粒足够小的时候,由于其受到来自各个方向的流体分子的撞击作用不平衡。在某一瞬间,微粒在某一个方向受到的撞击作用强的时候,会致使微粒向该方向运动,这样就引起微粒的无规则运动,即布朗运动。

微粒的布朗运动可以用 Einstein-Brown 平均位移公式进行描述:

$$\bar{x} = \left(\frac{RTt}{3N_0 \pi r \mu}\right)^{\frac{1}{2}}$$

式中　μ——分散介质黏度;

$\quad\quad N_0$——阿佛伽德罗常数,$6.02 \times 10^{23}\ mol^{-1}$;

$\quad\quad r$——颗粒半径;

$\quad\quad \bar{x}$——t 时间内粒子的平均位移。

扩散是指在有浓度梯度存在时,物质粒子因热运动而发生宏观上的定向迁移。可以用 Fick 扩散第一定律对其进行描述:

$$\frac{\mathrm{d}n}{\mathrm{d}t} = -DA_s \frac{\mathrm{d}s}{\mathrm{d}x}$$

在一定温度下,在浓度差作用下,单位时间内向 x 方向扩散,通过截面积 A_s 的物质的量 $\mathrm{d}n/\mathrm{d}t$ 正比于浓度梯度 $\mathrm{d}c/\mathrm{d}x$ 与 A_s 的乘积,比例系数 D 称为扩散系数。由 Stocks-Einstein 方程可知:

$$D = \frac{RT}{6\mu N_0 \pi r}$$

式中　R——热力学常数,$8.314\ \mathrm{J \cdot mol^{-1} \cdot K^{-1}}$;

$\quad\quad T$——温度;

$\quad\quad \mu$——分散介质黏度;

$\quad\quad N_0$——阿伏伽德罗常数,$6.02 \times 10^{23}\ mol^{-1}$;

$\quad\quad r$——颗粒半径。

由于颗粒粒径较小,细颗粒在气溶胶中的运动过程中,在热扩散和布朗力作用下对抗重力作用或静电斥力作用相互碰撞并黏连在一起形成大颗粒,使得颗粒的数量减小,平均粒径增大。部分细颗粒和粗颗粒碰撞后被粗颗粒捕集并附着在其上,随粒径增大重力作用占主导,最终颗粒物沉降而被去除。

(二) 微粒的凝并增长

在微粒凝并理论中,一般都假设粒子的每一次碰撞接触均可以有效地导致凝并,凝并理论的目标是描述粒子的数目浓度及粒径大小随时间的变化。为了便于理解,在此我们均假设碰撞的两粒子为球形颗粒。

Smoluchowski 的经典理论研究表明,理想条件下单一介质中两球形颗粒的碰撞凝并速率可以用下式表示:

$$\frac{\mathrm{d}n}{\mathrm{d}t} = -\frac{1}{2}k_0 n^2$$

式中　n——单位体积参加碰撞的颗粒数;

$\quad\quad k_0$——凝并常数,$k_0 = 4\pi(D_1 + D_2)(r_1 + r_2)$;

$\quad\quad D_1, D_2$——两颗粒的扩散系数;

r_1, r_2——两颗粒半径。

根据碰撞凝并速率公式可以对粒子数目浓度随时间的变化公式进行推导,当 $t=0$,则上式的解为:

$$\frac{1}{n} - \frac{1}{n_0} = \frac{1}{2} k_0 n^2$$

将其改写为:

$$n = \frac{n_0}{1 + \frac{1}{2} k_0 n_0 t} = \frac{n_0}{1 + \frac{t}{t_b}}$$

式中,n_0 表示粒子原始浓度,$t_b = 2/k_0 n_0$ 称为粒子数目浓度的半值时间。

如果在凝并过程中单位体积中气溶胶粒子的质量不变,那么可以由粒子数目浓度随时间的变化公式得到粒径随时间的变化公式:

$$\frac{d(t)}{d_0} = \left[\frac{n_0}{n(t)} \right]^{1/3}$$

即:

$$d(t) = d_0 \left(1 + \frac{1}{2} n_0 k_0 t \right)$$

式中,$d(t)$ 为凝并 t 时刻的粒径;d_0 为粒子凝并前的初始粒径。

上述粒径随时间的变化公式,可以准确描述液滴的凝并过程,对于形状不规则的固体粒子也可以近似地加以说明。

(三)微粒凝并影响因素

1. 颗粒间的作用力

气溶胶颗粒在彼此的碰撞过程中,会受到颗粒之间的分子势力影响,尤其当气溶胶颗粒带电、带磁等情况,其彼此之间的电场力或磁场力会大大地影响颗粒之间的碰撞。

2. 颗粒的回弹

当固体颗粒彼此之间发生碰撞时,并不是所有发生碰撞的颗粒都会发生凝并现象。在碰撞过程中,颗粒的动能会逐渐转化成变形能(包括塑性变形能和弹性变形能)。当颗粒促使回弹的弹性变形能大于颗粒的黏着能时,颗粒就会发生回弹,最终彼此分开。

3. 颗粒自身属性的影响

在颗粒的凝并过程中,颗粒的自身属性也会很大地影响到颗粒的凝并。颗粒的碰撞频率函数只与颗粒的温度、体积、密度以及扩散系数等有关,而与颗粒的弹性模量、颗粒表面的粗糙程度、泊松比以及颗粒的表面能等参数无关。在实际的凝并过程中,颗粒的弹性模量、表面粗糙度、表面能以及泊松比等因素都会对其产生很大的影响。

4. 外力场的影响

外力场的作用如声场、磁场、电场等都会对凝并速率产生显著的影响。由于布朗凝并的速率过慢,所以在实际应用中为了加快凝并速率通常会采用外加力场的方式提高凝并效率,根据外加条件的不同可以将凝并分为电凝并、化学凝并、蒸汽相变凝并、声凝并、磁凝并等。

二、微粒凝并技术

(一)电凝并

1. 电凝并方法

电凝并是指当颗粒经异极性荷电后,引入到加有高压电场的凝并区中,荷电尘粒在交变电场力作用下产生往复振动造成颗粒间的相对运动以及异性电荷的相互吸力,使得粒子相互碰撞、凝并。目前电凝并方法主要包括以下四种:直流电场中异极性荷电粉尘的凝并;直流电场中同极性荷电粉尘的凝并;交变电场中同极性荷电粉尘的凝并以及交变电场中异极性荷电粉尘的凝并,其中异极性荷电粉尘在交变电场中的凝并是提高电凝并速率相对有效的方法,凝并后的颗粒进入电除尘器更易被捕集。

2. 交变电场异极性荷电粉尘的凝并

交变电场异极性荷电粉尘的凝并技术也称之为微粒预荷电增效捕集技术。采用正、负高压电源对微细粉尘进行分列电荷处理,使相邻两列粉尘带上不同极性电荷,然后通过扰流装置扰流作用,使不同粒径粉尘产生速度和方向上的差异,增加正、负粒子碰撞机会,形成容易捕集的大颗粒后进入电除尘器顺利捕获。该技术设备压力损失≤250 Pa,粉尘排放浓度≤20 mg/m³,$PM_{2.5}$分级效率≥97%。目前主要应用于大型燃煤电厂锅炉烟气微粒的增效捕集。

交变电场异极性荷电粉尘的凝并装置主要由三大部分组成:第一部分是荷电段的荷电本体系统,主要实现气体电离粉尘荷电;另一部分是静电凝并段的本体系统,用于实现荷电粉尘的相互凝并;还有一部分是双极荷电和静电凝并装置的供电控制系统,分别用于向荷电段电极提供高压脉冲直流电源和向静电凝并段交变电场提供交变电压的系统。

同时还有一些新的荷电方式,比如脉冲荷电,脉冲放电提供的高能电子足以克服微粒表面的势垒能而轰击荷电微粒表面,从而可使微粒的荷电量大大超过场饱和荷电的极限,使微粒的荷电量得到显著提高。

(二)化学凝并

1. 化学凝并方法

化学凝并是实现燃煤烟气超净排放的有效技术之一。化学凝并是通过添加具有吸附作用、胶结作用及絮凝作用等的化学物质使细颗粒物团聚凝并结合成更大颗粒物,达到能够被常规除尘方法除去的颗粒粒径级别的方法。一般,在电除尘器入口烟道喷入化学团聚剂溶液,利用带有极性基团的高分子长链以"架桥"方式将多个$PM_{2.5}$连接,促使$PM_{2.5}$团聚长大。化学凝并对于现有除尘器的运行参数影响不大。根据化学团聚剂的添加位置,化学凝并分为微粒生成过程中团聚凝并和微粒生成后团聚凝并。这里主要探讨微粒生成后的团聚凝并。

2. 化学凝并技术

(1)化学凝并机理

化学团聚剂对微粒的团聚体现在两方面:一方面团聚剂通过双流体雾化喷嘴喷入团聚室,由于雾化液滴表面具有较高的吸附活性,雾化液滴和飞灰颗粒在碰撞过程中黏结在一起,喷雾过程加强雾化液滴在烟气中的碰撞作用;另一方面,由于烟气本身温度较高(一般高于100 ℃),雾化液滴快速蒸发,通过硬团聚作用,雾化液滴中大分子链状结构捕集到细颗粒并紧密地团聚凝并在一起。微粒在团聚凝并前后的 SEM 如图 3-7 所示。

图 3-7　微粒团聚凝并前后的 SEM

通过微粒团聚凝并前后形貌的对比,化学团聚剂对微米级微粒的团聚捕集机理可解释为:一是柔性分子链边缘与金属阳离子配位结合的负水分子,它可以与吸附核形成氢键;二是在飞灰外表面上由 Si—O—Si 键断裂形成的 Si—OH 基可以与晶体外表面的吸附分子相互结合形成共价键;三是团聚剂加热造成的配位水失去而产生的电荷不平衡形成的电性吸附中心。同时,化学团聚室内液滴的蒸发及烟气湿度的增加,提供均相凝结生成固态颗粒的场所,从而减少亚微米颗粒物的数量。

(2) 化学凝并系统

化学凝并系统一般设置在烟气净化系统中除尘器之前,由团聚剂添加系统、团聚室组成,如图 3-8 所示。团聚剂添加系统由团聚剂配制、团聚液输送系统、压缩空气输送系统、雾化喷嘴等组成。化学团聚凝并室上部设置双流体雾化喷嘴,保证团聚剂液滴在团聚室与烟气充分接触。团聚剂溶液除高分子聚合物外,一般还包括适量润湿剂、pH 调节剂等成分。

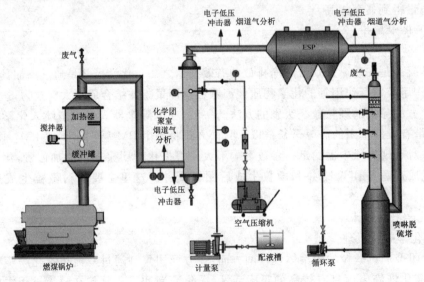

图 3-8　化学团聚凝并系统

3. 化学凝并协同脱除 SO₃ 机理

前期研究表明,化学团聚凝并除了能够针对烟气中亚微米级超细颗粒起到凝并预处理之外,还能够对烟气中 SO₃ 起到协同脱除作用。化学团聚内对 SO₃ 的脱除主要有两方面作用:一是雾化液滴的蒸发降低了烟气的温度,增加了烟气的湿度,为 SO₃ 形成 H₂SO₄ 蒸气创造条件;二是在化学团聚剂促进细颗粒的团聚过程中,SO₃ 酸雾吸附在颗粒物表面,降低烟气中 SO₃ 的含量。

根据 DLVO 理论,细颗粒和液滴之间存在能量势垒,颗粒间若发生团聚,必须存在足够的能量去打破势垒,才能进一步靠拢。若势垒很小,则粒子间的相对运动动能完全可以克服,由于雾化团聚剂表面极性较强,H₂SO₄ 雾滴会降低细颗粒的疏水性,细颗粒只要接触雾化团聚剂表面就会黏附在一起。团聚后的细颗粒流经电除尘时,由于 SO₃ 酸雾吸附在颗粒物表面,比电阻必然会有很显著的降低,SO₃ 酸雾和细颗粒物就会被电除尘捕集。另外烟气中 SO₃ 为电负性气体,可以被电晕电场产生的电子俘获,形成负离子。进一步降低烟气中 SO₃ 浓度,SO₃ 能使细小颗粒相互黏附并产生凝结,形成较大的颗粒,如图 3-9 所示。

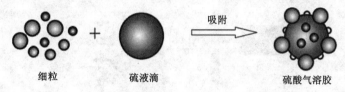

图 3-9　SO₃ 酸雾在微粒上的凝结机理

（三）蒸汽相变凝并

1. 蒸汽相变凝并方法

蒸汽相变促使微粒增大的机理是:在过饱和蒸汽环境中,蒸汽以 PM₂.₅ 微粒为凝结核发生相变,使微粒粒度增大、质量增加,并同时产生扩散泳和热泳的作用,促使微粒迁移运动,相互碰撞接触,从而使 PM₂.₅ 微粒凝并长大。

与外加声场、磁场、电场等预调节措施相比,在以下场合应用蒸汽相变原理具有明显的技术经济优势:① 高温、高湿 PM₂.₅ 排放源,如油、天然气燃料中因氢元素含量高,燃烧产生的烟气湿度大。② 安装湿法或半干半湿法脱硫装置、湿式洗涤除尘装置的 PM₂.₅ 排放源。目前,湿法脱硫已成为主要的脱硫工艺,占 80% ～ 85%,湿式洗涤除尘也是主要的除尘技术,但上述工艺均需喷水或添加蒸汽,使烟气相对湿度显著提高。③ 设置烟气冷凝热能回收装置的 PM₂.₅ 排放源。在烟气冷凝过程中,蒸汽以 PM₂.₅ 微粒为凝结核发生相变,促使微粒质量增加、粒度增大。

2. 蒸汽相变凝并的关键

（1）鉴于细颗粒凝结长大后成为外表面覆盖一层液膜的含尘雾滴,需与可脱除雾滴的设备配套,其中高效除雾器是最适宜的设备之一,其对粒径 3～5 μm 以上的雾滴有较佳脱除效果。

（2）烟气相对湿度对细颗粒脱除效果有重要影响,适宜的烟气相对湿度应在 90% 以上,而此湿度范围与燃煤烟气湿法脱硫系统出口烟气相对湿度正好接近。蒸汽添加位置及添加量、烟气对喷距离等对细颗粒物相变脱除效果均有一定影响,由于加入蒸汽后烟温上升及过饱和水汽凝结的非平衡效应,细颗粒物脱除效果并不是随蒸汽添加量的增加而持续提高。

（3）将撞击流技术与蒸汽相变相结合是高效脱除燃煤湿法脱硫净烟气中细颗粒物的重要途径之一。利用蒸汽相变与撞击流技术相结合，可望强化水汽在细颗粒物表面凝结及促进表面凝结水膜的细颗粒进一步碰撞凝并长大，进而提高细颗粒的脱除效率。

（四）声凝并

1. 声凝并方法

声波凝并就是利用声场中的声波带动空气振动，从而使粒径、密度等不同性质的颗粒发生不同振幅的振动，使得振幅幅度较大的小粒子与振幅较小的大粒子相互碰撞并发生凝并。此外，在声辐射压作用下，粒子还会在声驻波波腹上沉积凝并。此法适宜处理浓度较高且颗粒粒径较大的含尘气体；但对低浓度、含呼吸性粉尘的气体，处理时间长、能耗大且效率不高。

2. 声凝并技术机理

目前的研究认为声凝并主要机理分为同向团聚和流体力学作用两种。声凝并过程如图3-10 所示。

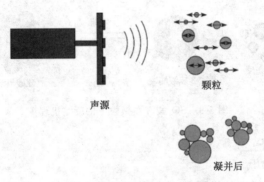

声源

颗粒

凝并后

图 3-10　声凝并过程示意图

（1）同向团聚作用

根据声波夹带理论，处于声场中的细颗粒物受声波夹带做往复振动，粒径与密度较大的颗粒由于惯性较大，振幅较小；与此相反，粒径与密度较小的颗粒，振幅较大。这种由于声波对不同粒径和密度颗粒的夹带程度不同而引起的凝并，称为同向团聚。

（2）流体力学作用

流体力学作用是指基于伯努利方程的流体力学作用力和颗粒周围流场的非对称性产生的颗粒相互作用。流体力学作用机理能够存在于间距大于声波夹带位移的颗粒之间，同时被认为是单分散颗粒凝并的主要原因，又可分为声尾流机理和互辐射压力机理。

① 声尾流机理

声尾流作用是由 Ossen 流中运动颗粒周围流场的非对称性引起的。两个距离较近的颗粒受声波夹带而发生运动时，前一颗粒之后形成尾流效应，后一颗粒受此影响速度增加，在往复运动中靠近、接触，进而凝并在一起。

② 互辐射压力机理

声辐射压力是由于声波向颗粒传递动量对颗粒产生的非线性效应。在声辐射压力作用下，颗粒向驻波声场的波腹或波节点漂移，漂移方向取决于颗粒粒径和密度。互辐射压力是指由原入射波和散射波的非线性效应引起的相邻两颗粒的相互作用。由于互辐射压力使颗粒靠近并凝并在一起的机制被称为互辐射压力作用机理。

③ 声致湍流

当声场强度超过一定值之后,流场呈现剧烈的相对运动和高频脉动,这种由于强声波的非线性效应引起的流体湍动,使得细颗粒物之间相互靠近并发生凝并的相互作用机理称为声致湍流凝并机理。

3. 声凝并联合技术

(1) 声场与电场联合作用

图 3-11 所示为管式凝并室内声场与电场联合作用下颗粒凝并示意图,电晕极置于管中心,声场沿管轴线方向传播。未施加电场时,随着声凝并的进行和颗粒团聚体的形成,颗粒数目浓度降低,颗粒间距增大,颗粒间相互作用减弱。引入电场后,颗粒在电场力的作用下向集尘极运动,进一步发生凝并;同时,颗粒声凝并而形成的团聚体表面积更大,更易于荷电,饱和荷电量也更大,更有利于在电场力作用下向集尘极运动而被捕集。

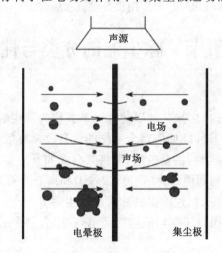

图 3-11 声场与电场联合作用下颗粒凝并示意图

(2) 声场与蒸汽联合作用(液桥力作用)

在蒸汽含量高的含湿气氛中,颗粒之间存在液桥力。作为短程作用力,液桥力的数量级远大于范德华力和静电力,是颗粒发生碰撞后凝并形成颗粒团聚体的原因。在液桥力作用下,颗粒团聚体更加结实,不易破碎,而且团聚体之间还能继续相互架桥形成更大的团聚体。液桥力作用下颗粒的凝并过程如图3-12所示。此外,当蒸汽含量达到饱和含湿量时,通过降低烟气温度,促使蒸汽在颗粒表面发生异质核化凝结,能够使 $PM_{2.5}$ 在数秒时间内成长为粒径较大的含尘液滴,起到增大颗粒粒径的作用,从而提高声凝并效果。图 3-13 所示为蒸汽在颗粒表面的凝结

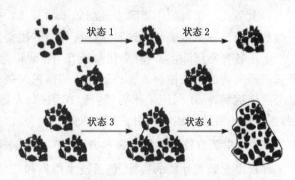

图 3-12 液桥力作用下颗粒的凝并过程

过程。

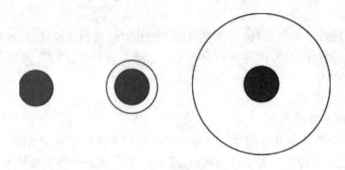

图 3-13 蒸汽在颗粒表面的凝结过程

目前,我国燃煤锅炉普遍安装湿法脱硫系统。由于湿法脱硫装置出口烟气为接近饱和状态的高湿烟气,为利用声场与蒸汽相变联合作用预处理技术脱除 $PM_{2.5}$ 创造了有利条件。

第五节　除尘器的分类与性能

一、除尘器的分类

从含尘气流中将粉尘分离出来并加以捕集的装置称为除尘装置或除尘器。除尘器是除尘系统中的主要组成部分,其性能如何对全系统的运行效果有很大影响。

按照除尘器分离捕集粉尘的主要机制,可将其分成如下 4 类:

① 机械式除尘。它是利用质量力(重力、惯性力和离心力等)的作用使粉尘与气流分离沉降的装置,包括重力沉降室、惯性除尘器和旋风除尘器等。

② 电除尘器。它是利用高压电场使尘粒荷电,在库仑力作用下使粉尘与气流分离沉降的装置。

③ 过滤式除尘器。它是使含尘气流通过织物或多孔的填料进行过滤分离的装置,包括袋式过滤器、颗粒层除尘器等。

④ 湿式洗涤器。它是利用液滴或液膜洗涤含尘气流,使粉尘与气流分离沉降的装置。湿式洗涤器既可用于气体除尘方面,也可用于气体吸收方面。在专用于气体除尘时也称湿式除尘器。

以上是按除尘器的主要除尘机制所作的分类。但在实际应用的某一种除尘器中,常常同时利用了几种除尘机制。这时往往按其中的主要作用机制对除尘器进行命名。

上述各种常用除尘器,对净化粒径在 3 μm 以上的粉尘是有效的。因此近年来各国十分重视研究新的微粒控制装置。这些新的微粒控制装置,除了利用质量力、静电力、过滤、洗涤等除尘机制外,还利用了泳力(热泳、扩散泳、光泳)、磁力、声凝聚、冷凝、蒸发、凝聚等机制,或者同一装置中同时利用了几种机制。

二、除尘装置技术性能的表示方法

评价净化装置性能的指标,包括技术指标和经济指标两方面。技术指标主要有处理气体流量、净化效率和压力损失等;经济指标主要有设备费、运行费、占地面积和寿命等。本节以除尘效率为主来介绍除尘装置技术性能的表示方法。

（一）处理气体流量

除尘装置处理气体流量是代表其处理气体能力大小的指标，一般以体积流量表示。实际运行的除尘装置，由于本体漏气等原因，装置进口和出口的气体流量往往不相等，因此两者的平均值作为装置处理气体流量。

$$Q_N = \frac{1}{2}(Q_{1N} + Q_{2N}) \tag{3-67}$$

式中 Q_{1N}——装置进口气体流量，m^3/s；

Q_{2N}——装置出口气体流量，m^3/s。

上式中的气体体积流量 Q_N 表示标准状态（273.15 K，101.33 kPa）下的气体流量，实际工况下气体流量要进行状态换算。

（二）压力损失

除尘装置的压力损失是代表装置能耗大小的技术经济指标，系指装置的进口和出口气流全压之差。净化装置压力损失的大小，不仅取决于装置的种类和结构型式，还与处理气体流量的大小有关。某些装置的压力损失与进口气流动压成正比，因而可用下式表示：

$$\Delta p = \zeta \frac{\rho v_1^2}{2} \ (Pa) \tag{3-68}$$

式中 ζ——除尘装置的压损系数；

v_1——装置进口气流速度，m/s；

ρ——气体密度，kg/m^3。

通风机所耗功率与除尘装置的压力损失成正比，所以总希望其小些。多数除尘装置的压力损失为 1～2 kPa，其原因是一般通风机具有 2 kPa 左右的压力。如压力再高，不但通风机造价高，风机难选，而且风机的噪声变高，需要考虑消声问题。

（三）除尘效率

除尘装置的除尘效率是代表其捕集粉尘效果的重要指标。

1. 总效率

总效率系指同一时间内除尘装置捕集的粉尘量与进入装置的粉尘量之比。

如图 3-14 所示，装置进口的气体流量为 $Q_{1N}(m^3/s)$、粉尘流入量为 $S_1(g/s)$、含尘浓度为 $C_{1N}(m^3/s)$，装置出口的相应量为 $Q_{2N}(m^3/s)$、$S_2(g/s)$、$C_{2N}(g/m^3)$，装置捕集粉尘量为 $S_3(g/s)$，则有

$$S_1 = S_2 + S_3$$
$$S_1 = C_{1N}Q_{1N}, S_2 = C_{2N}Q_{2N}$$

总除尘效率 η 可表示为

$$\eta = \frac{S_3}{S_1} = 1 - \frac{S_2}{S_1} \tag{3-69}$$

或

$$\eta = 1 - \frac{C_{2N}Q_{2N}}{C_{1N}Q_{1N}} \tag{3-70}$$

若除尘装置本体不漏气，即 $Q_{1N}=Q_{2N}$，则式（3-70）可化为

$$\eta = 1 - \frac{C_{2N}}{C_{1N}} \tag{3-71}$$

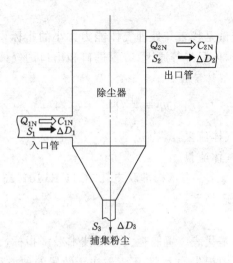

图 3-14　除尘效率表达式中的有关符号

2. 通过率

对于高效除尘装置，如袋式过滤器除尘效率达 99% 以上，若表示成 99.9% 或 99.99%，不仅有些笨拙，而且在表达除尘器性能的差别上也不明显。所以有时采用通过率 P 来表示装置的性能，它系指在同一时间内从除尘装置排出的粉尘量与入口粉尘量之比，即

$$P = \frac{S_2}{S_1} = \frac{C_{2N} Q_{2N}}{C_{1N} Q_{1N}} = 1 - \eta \tag{3-72}$$

例如，一除尘器的除尘效率 $\eta = 99.0\%$，通过率 $P = 1.0\%$；另一除尘器的 $\eta = 99.9\%$，$P = 0.1\%$，则前者的通过率是后者的 10 倍。

3. 分级效率

(1) 分级除尘效率

上述除尘效率 η 皆是指在一定运行条件下除尘器对某种粉尘的总除尘效率。但是，同一除尘器在同样运行条件下对粒径分布不同的粉尘的除尘效率是不同的，所以为表示除尘效率与粉尘粒径的关系，提出了分级除尘效率的概念。分级除尘效率（简称分级效率）系指除尘器对某一粒径 d_{pi} 或粒径间隔 Δd_{pi} 内粉尘的除尘效率，皆以 η_i 表示。

设除尘器的进口、出口和捕集的 d_{pi}（或 Δd_{pi}）颗粒的质量流量分别为 S_{1i}、S_{2i} 和 S_{3i}，则该除尘器对 d_{pi}（或 Δd_{pi}）颗粒的分级效率为

$$\eta_i = \frac{S_{3i}}{S_{1i}} = 1 - \frac{S_{2i}}{S_{1i}} \tag{3-73}$$

在除尘器实验中，可以测出除尘器进口和出口的粉尘浓度 C_1 和 C_2，并计算出总除尘效率 η。为了求出分级效率 η_i，还需同时测出除尘器进口、出口和捕集的粉尘的粒径频率分布 ΔD_{1i}、ΔD_{2i} 和 ΔD_{3i} 中的任意两组数据。由相应的两组数据均可求得除尘器的分级效率。常见的一种计算式为根据除尘器进口和捕集的粉尘的粒径频率分布计算分级效率。

$$\eta_i = \frac{S_3 \cdot \Delta D_{3i}}{S_1 \cdot \Delta D_{1i}} = \eta \frac{\Delta D_{3i}}{\Delta D_{1i}} \tag{3-74}$$

由上式可得

$$\eta \cdot \Delta D_{3i} = \eta_1 \cdot \Delta D_{1i}$$

对整个粒径范围求和

$$\eta \sum \Delta D_{3i} = \sum \eta_i \Delta D_{1i}$$

因为 $\sum \Delta D_{3i} = 1$，则得到总除尘效率的计算式：

$$\eta = \sum \eta_i \cdot \Delta D_{1i} \tag{3-75}$$

例 3-4 进行除尘器试验时，测得该除尘器的总效率为 90%，实验粉尘尘样与除尘器灰斗中粉尘的粒径分布如表 3-12 所列。试计算该除尘器的分级效率。

表 3-12   分级效率计算实例

粒径间隔/μm	$0 \sim 5$	$5 \sim 10$	$10 \sim 20$	$20 \sim 40$	>40
实验尘样频率分布 $\Delta D_{1i}/\%$	10	25	32	24	9
灰斗中粉尘频率分布 $\Delta D_{3i}/\%$	7.1	24	33	26	9.9
分级效率 $\eta_i/\%$	64	86.4	92.8	97.4	99

解   根据式（3-49）有 $\eta_i = \eta \dfrac{\Delta D_{3i}}{\Delta D_{1i}}$

由此可得

$$d_p = 0 \sim 5 \ \mu m \quad \eta_{0 \sim 5} = 0.9 \times \frac{7.1}{10} = 64\%$$

$$d_p = 5 \sim 10 \ \mu m \quad \eta_{5 \sim 10} = 0.9 \times \frac{24}{25} = 86.4\%$$

$$d_p = 10 \sim 20 \ \mu m \quad \eta_{10 \sim 20} = 0.9 \times \frac{33}{32} = 92.8\%$$

$$d_p = 24 \sim 40 \ \mu m \quad \eta_{20 \sim 40} = 0.9 \times \frac{26}{24} = 97.4\%$$

$$d_p > 40 \ \mu m \quad \eta_{>40} = 0.9 \times \frac{9.9}{9} = 99\%$$

（2）除尘器的分级效率与分割粒径

分级效率 η_i 与除尘器的种类、气体状况、粉尘的密度和粒径等因素有关。分级效率 η_i 与粒径 d_p 的关系一般呈指数函数形式，可表示为

$$h_i = 1 - e^{ad_p^m} \tag{3-76}$$

式中右端第二项表示逃逸粉尘的比例。α 和 m 均为常数，其值随除尘装置不同而异，由试验确定。α 值愈大，粉尘逃逸量愈小，装置的分级效率 η_i 愈高。m 值愈大，则 d_p 对 η_i 的影响愈大。m 值的范围一般为 $0.33 \sim 1.2$。旋风除尘器和洗涤器的 m 值较大，它们的分级效率受粒径的影响较明显。图 3-15 所示为各种除尘装置的 η_i 和 d_p 的关系。图中表明，除旋风除尘器和洗涤器外，其他除尘器粉尘粒径对分级效率的影响不明显。

对于分级效率，一个非常重要的值是 $\eta_i = 50\%$，与此值相对应的粒径称为除尘器的分割粒径，一般用 d_c 表示。我们确定除尘器性能时，常用分割粒径 d_c 指标。

（3）粒径分布与分级效率和总效率的关系

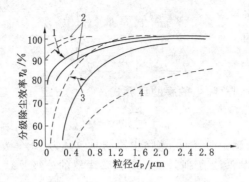

图 3-15　各种除尘器的 η_i 和 d_p 的关系

1——电除尘($\alpha=3.22,m=0.33$);2——过滤除尘($\alpha=2.74,m=0.33$);

3——洗涤除尘($\alpha=2.04,m=0.67$);4——小型旋风除尘器($\alpha=3.22,m=0.33$)

如果分级效率和粉尘粒径分布数据不是按分级间隔给出的离散数据,而是以连续函数形式给出的,则可用积分方法计算总除尘效率。若分级效率函数为 $\eta_i = \eta_i(d_p)$,进口粉尘粒径分布函数为累计频率 $D_i = D_i(d_p)$,或频率密度 $f_i = f_i(d_p)$,则总除尘效率可按下式计算

$$\eta = \int_0^1 \eta_i \mathrm{d}D_i = \int_0^\infty \eta_i \cdot f_i \cdot \mathrm{d}d_p \tag{3-77}$$

上式的积分值,可用解析法或图解法求出。若 η_i 和 D_i(或 f_i)皆是以显函数形式给出的,则可求出精确的积分值,否则只能用图解法或数值近似计算法求值。

表 3-13 给出由分级效率 η_i 和除尘器进口粉尘频率分布 ΔD_{1i} 计算总除尘效率的实例。

表 3-13　　　　　　　　　总除尘效率计算实例

粒径间隔/μm	0~5.8	5.8~8.2	8.2~11.7	11.7~16.5	16.5~22.6	22.6~33	33~47	>47
进口粉尘频率 ΔD_{1i}/%	31	4.0	7.0	8.0	13	19	10	8.0
分级效率 η_i/%	61	85	93	96	98	99	100	100
$\eta_i \cdot \Delta D_{1i}$/%	18.9	3.4	6.5	7.7	12.7	18.8	10.0	8.0
总效率 $\eta = \sum \eta_i \cdot \Delta D_{1i}$/%	86.0							

(4)串联运行时的总除尘效率

实际中有时需要将两种或多种不同型式的除尘器串联起来使用,形成两级或多级除尘系统。若多级串联系统中的每一级除尘器的性能皆是独立的,净化粒径 d_{pi} 粉尘的分级通过率分别为 $p_{i1},p_{i2},\cdots,p_{in}$ 或分级效率分别为 $\eta_{i1},\eta_{i2},\cdots,\eta_{in}$,则此多级除尘系统净化粒径 d_{pi} 粉尘的总分级通过率为

$$P_{iT} = P_{i1}P_{i2}\cdots P_{in} \tag{3-78}$$

或总分级效率为

$$\eta_{iT} = 1 - P_{iT} = 1 - (1 - \eta_{i1})(1 - \eta_{i2})\cdots(1 - \eta_{in}) \tag{3-79}$$

按上式计算出总分级效率后,由除尘系统总进口的粉尘粒径分布数据,即可按式(3-76)等计算出多级除尘系统的总除尘效率。

若已知各级除尘器的除尘效率分别为 η_{i1}，η_{i2}，$\cdots$，η_{in}，也可仿照上式计算多级除尘系统的总除尘效率。

$$\eta_\mathrm{T} = 1 - P_\mathrm{T} = 1 - (1 - \eta_1)(1 - \eta_2)\cdots(1 - \eta_n) \tag{3-80}$$

但应指出，由于进入各级除尘器的粉尘粒径越来越小，所以每级除尘器的除尘效率一般也越来越小。

本章习题

3.1　已知某粉尘的粒径分布数据（表 3-14），① 判断该粉尘的粒径分布是否符合对数正态分布；② 如果符合，求其几何标准差、质量中位直径、算术平均直径和体积表面积平均直径。

表 3-14

粒径间隔/μm	0~2	2~4	4~6	6~10	10~20	20~40	>40
浓度/(μg/m³)	0.8	12.2	25	56	76	27	3

3.2　已知炼钢电弧炉排放的烟尘遵从 R-R 分布，中位径为 0.11 μm，粒径分布指数 $n=0.50$，试计算粒径分别为 0.1、1.0 和 30 μm 以下的尘粒所占的质量百分数。

3.3　根据对某旋风除尘器的现场测试获得下列数据：除尘器入口的气流温度为 423 K，气流静压为 -490 kPa，气体流量为 10 000 m³/h，含尘浓度为 4.2 g/m³。除尘器出口的气体流量为 12 000 m³/h，含尘浓度为 340 mg/m³。已知旋风除尘器进口面积为 0.24 m²，试计算该除尘器的处理气体流量、漏风率、除尘效率和压力损失。假定气体成分接近空气。

3.4　有一两级除尘系统，已知系统的流量为 2.22 m³/s，工艺设备产生的粉尘量为 22.2 g/s，两级除尘器的除尘效率分别为 80% 和 95%。试计算该除尘系统的总除尘效率、粉尘排放浓度和排放量。

3.5　测得某种粉尘的粒径分布和某旋风除尘器对该粉尘的分级除尘效率如表 3-15 所列。试计算该除尘器对该粉尘的总除尘效率。

表 3-15

平均粒径/μm	0.25	1.0	2.0	3.0	4.0	5.0	6.0	7.0	8.0	10.0	14.0	20.0	>3.5
质量频率/%	0.1	0.4	9.5	20.0	20.0	15.0	11.0	8.5	5.5	5.5	4.0	0.8	0.2
分级效率/%	8.0	30	47.5	60	68.5	75	81	86	89.5	95	98	99	100

3.6　计算 3 种粒径不同的飞灰颗粒在空气中的重力沉降速度，以及每种颗粒在 30 s 内的沉降高度。假定飞灰颗粒为球形，颗粒直径分别为 0.4、40 和 400 μm，空气温度为 387.5 K，压力为 101.33 kPa，黏度为 2.24×10^{-5} Pa·s，平均分子自由程为 9.25×10^{-8} m。

第四章

机械式除尘器

机械式除尘器是利用重力、惯性力和离心力等作用将颗粒污染物与气体污染物分离的设备,包括重力沉降室、惯性除尘器和旋风除尘器等。这类除尘装置的主要特点是结构简单,投资少,动力消耗低,便于维护,但除尘效率不高,一般在 40%～90% 之间,一般只作预除尘使用,是国内常用的一种除尘设备。

第一节　重力沉降室与惯性除尘器

一、重力沉降室

重力沉降室是一种较简单的除尘器,它主要是依靠重力的作用使粉尘从气流中分离出来,可以处理高温气体,阻力一般为 50～130 Pa。其原理是:当含尘气流进入重力沉降室后,由于扩大了流动截面积而使气体流速大大降低,使较重颗粒在重力作用下缓慢向灰斗沉降。

(一)重力沉降室的形式与沉降机理

重力沉降室可分为水平气流沉降室和垂直气流沉降室两种。

1. 水平气流沉降室

水平气流沉降室如图 4-1 所示。当含尘气体从入口管道进入沉降室 1 后,由于横截面积的扩大,气体的流速大大降低。在流速降低的一段时间内,大的尘粒就会在沉降室中由于重力作用而逐渐沉降下来,并进入灰斗 2 中,净化气体就从沉降室的另一端排出。

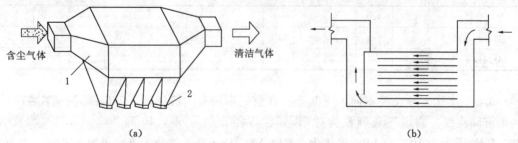

含尘气体　　　　　　　　　　　清洁气体

(a)　　　　　　　　　　　　　　(b)

图 4-1　水平气流沉降室示意图

(a)单层重力沉降室;(b)多层重力沉降室

1——沉降室;2——灰斗

2. 垂直气流沉降室

垂直气流沉降室如图 4-2 所示。与水平气流沉降室相似,当含尘气流从管道进入沉降室后,由于截面积扩大,气体的流速降低,其中沉降速度大于气体流速的尘粒就会沉降下来。

常见的垂直气流沉降室有 3 种结构型式。它们都可以直接安装在烟囱的顶部,多用于小型冲天炉或锅炉的除尘。

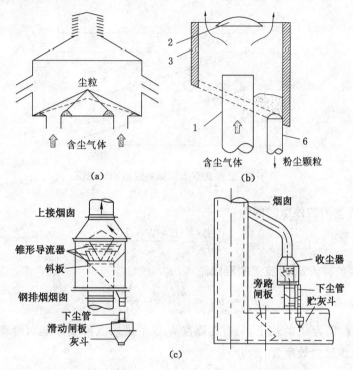

图 4-2　垂直气流沉降室示意图
(a) 屋顶式;(b) 扩大烟囱式;(c) 带导流锥的沉降室

图 4-2(a)是最简单的一种,称为屋顶式沉降室。捕集下来的粉尘堆积在烟气进入管伞型挡板周围的底板上,堆积在入口的周围,所以需要定期停止排尘设备的运转以清除积尘。

图 4-2(b)是扩大烟管式沉降室。其沉降室是在烟囱顶部,用耐火材料做成,沉降室的直径应为烟道的 2～3 倍,这时气体进入沉降室的流速为烟道流速的 1/4～1/9。当烟道流速为 1.5～2.0 m/s 时,可去除 200～400 μm 的尘粒,而且沉降室上部设置的反射板可以提高其沉降效率,捕集的粉尘随时可以通过侧面的沉降管落到灰斗中。

图 4-2(c)是带有锥形导流器的扩大烟管式沉降室。其内部设置了能提高除尘效率的反射锥体(即锥形倒流器)。

(二) 重力沉降室的设计与计算

1. 层流式重力沉降室

在层流式重力沉降室的设计计算中通常作以下假设:沉降室内的流动气流为柱塞流,流速为 v_0(m/s),粉尘与气流的相对运动状态保持在层流的范围,粉尘均匀地分布在烟气中。粒子的运动由两种速度组成,在垂直方向,忽略气体的浮力,仅在重力和气体阻力的作用下,每个粒子以其沉降速度 u_s(m/s)独立沉降,在气流流动方向上,粒子和气流具有相同的速度。

尘粒的沉降速度为 u_s，沉降室的长、宽、高分别为 L、W、H，处理烟气量为 $Q(\text{m}^3/\text{s})$，要使沉降速度为 u_s 的尘粒在沉降室内全部去除，气流在沉降室内的停留时间 $t\left(t=\dfrac{L}{v_0}\right)$ 应大于或等于尘粒从顶部沉降到灰斗的时间 $\left(t_c=\dfrac{H}{u_s}\right)$，即：$\dfrac{L}{v_0}\geqslant\dfrac{H}{u_s}$，如图 4-3 所示。

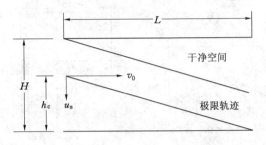

图 4-3　层流式重力沉降室纵截面示意图

气流在沉降室内的停留时间为：

$$t=\frac{L}{v_0}=\frac{L\cdot W\cdot H}{Q} \tag{4-1}$$

在 t 时间内粒径为 d_p 的粒子的沉降距离为：

$$h_c=u_s t=\frac{u_s L}{v_0}=\frac{u_s LWH}{Q} \tag{4-2}$$

因此，对于粒径为 d_p 的粒子，只有在高度 h_c 以下进入沉降室才能沉降到灰斗。当 $h_c<H$ 时，粒子的分级除尘效率为：

$$\eta_i=\frac{h_c}{H}=\frac{u_s L}{v_0 H}=\frac{u_s LW}{Q} \tag{4-3}$$

当 $h_c\geqslant H$ 时，理论上粒子能全部去除，此时 $\eta_i=100\%$。

若给定沉降室的结构，便可按式(4-3)求出不同粒径粒子的分级效率或作出分级效率曲线。根据沉降室入口粉尘的粒径分布，即可计算出沉降室的总除尘效率。

假定粒子沉降运动处于斯托克斯区域，将 $u_s=\dfrac{d_p^2 \rho_p g}{18\mu}$ 代入式(4-3)，则重力沉降室能100%捕集的最小粒子直径 $d_{\min}$ 为：

$$d_{\min}=\sqrt{\frac{18\mu Hu}{\rho_p gL}}=\left(\frac{18\mu Q}{g\rho_p LW}\right)^{\frac{1}{2}} \tag{4-4}$$

为简化计算和分析，除特殊说明外，以后都采用斯托克斯沉降公式。实际上，按斯托克斯公式的计算与试验相比较，在 293 K 和 101 325 Pa 下，对于颗粒密度 $\rho_p=1\text{ g/cm}^3$、粒径 $d_p<100\ \mu\text{m}$ 的粒子，二者是相当一致的。

式(4-2)至式(4-4)都只是近似表达式，因为沉降室内的扰动会引起粒子运动速度和方向发生偏差，同时还要考虑到返混现象。工程上常用公式(4-3)计算值的一半取为分级效率，用 36 代替式(4-4)中的 18，这样理论和实践就符合得更好。

从式(4-3)等可以看出，要提高沉降室的捕集效率，可从三个方面入手：降低沉降室内的气流速度,增加沉降室长度或降低沉降室高度。

在设计沉降室时,需综合考虑技术经济性和现场情况选定合适的结构尺寸和工作参数。如选定气体流速时,还应考虑到已沉降的粉尘不再被气流重新卷起造成二次飞扬,气体流速通常不大于 3 m/s 为宜。表 4-1 给出某些粉尘在沉降室中允许的最高气流速度。

表 4-1　　　　　　　　　　某些粉尘在沉降室中允许的最高气流速度

粉尘种类	粒子的密度/(kg/m³)	平均粒径/μm	允许的最高气流速度/(m/s)
铝屑尘	2 720	335	4.3
石棉尘	2 200	261	5.0
熔化炉排出的非金属粉尘	3 020	117	5.6
氧化铅粉尘	8 260	14.7	7.6
石灰石粉尘	2 780	71	6.4
淀粉粉尘	1 270	64	1.75
钢屑尘	6 850	96	4.7
木屑尘	1 180	1 370	4.0
锯末	—	1 400	6.6
飞灰	1 500~1 600	—	—
煤	2 200~2 300	—	—

为使沉降室捕集粒径更小的粒子,提高除尘效率,降低沉降室高度是一种实用的方法。在总高度不变的情况下,在沉降室内增设几块水平隔板,形成多层沉降室,如图 4-1(b)所示。此时沉降室的分级效率变为:

$$\eta_i = \frac{u_s LW(n+1)}{Q} \tag{4-5}$$

式中　n——水平隔板层数。

沉降室分层越多,除尘效果就越好,但必须使各层隔板间气流分布均匀。同时,分层越多,清理积灰也越困难。考虑到多层沉降室清灰的困难,实际上一般限制隔板层数 n 在 3 以下。

2. 湍流式重力沉降室

重力沉降室设计的另一种模式是假定沉降室中气流为湍流状态,在垂直于气流方向的每个横断面上粒子完全混合,即各种粒径的粒子都均匀分布于气流中。为了确定对粒径为 d_p 的粒子的分级效率,需要寻求沉降室内任一位置 x 处留在气流中的粒径为 d_p 的粒子数目 N_p 之间的关系。

图 4-4 为湍流式重力沉降室内粒子分离示意图。考虑宽度为 W、高度为 H 和长度为 L 的捕集元,假如 dy 代

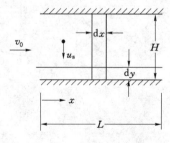

图 4-4　湍流式重力沉降室
粒子分离示意图

表边界层的厚度,在气体流过距离 $\mathrm{d}x$ 的时间 $\dfrac{\mathrm{d}x}{v_0}$ 内,边界层内粒径为 d_p 的粒子都将沉降至灰斗而从气流中除去;被除去的粒子分数可以简单地表示为 $\dfrac{\mathrm{d}N_p}{N_p}$。在时间 $\dfrac{\mathrm{d}x}{v_0}$ 内,粒径为 d_p 的粒子以其沉降速度 u_s 沉降,在垂直方向上沉降的最大距离 $\mathrm{d}y = u_s\dfrac{\mathrm{d}x}{v_0}$,因此,$\dfrac{\mathrm{d}y}{u_s} = \dfrac{\mathrm{d}x}{v_0}$。对于粒子完全混合系统,比率 $\dfrac{\mathrm{d}y}{H}$ 是进入边界层且被从气流中除去粒子所占的分数。因此:

$$\frac{\mathrm{d}N_p}{N_p} = \frac{\mathrm{d}y}{H} = -\frac{u_s \mathrm{d}x}{v_0 H} \tag{4-6}$$

负号表示随着 x 的增加粒子数目减少。对此方程有两个边界条件,即在 $x=0$ 处,$N_p = N_{p,0}$;在 $x=L$ 处,$N_p = N_{p,L}$。对方程式(4-6)积分得:

$$\int_{N_{p,0}}^{N_{p,L}} \frac{1}{N_p}\mathrm{d}N_p = -\frac{u_s}{v_0 H}\int_0^x \mathrm{d}x$$

$$N_{p,L} = N_{p,0}\exp\left(-\frac{u_s L}{v_0 H}\right) \tag{4-7}$$

最后,粒径为 d_p 的粒子的分级除尘效率为:

$$\eta_i = 1 - \frac{N_{p,L}}{N_{p,0}} = 1 - \exp\left(-\frac{u_s L}{v_0 H}\right) = 1 - \exp\left(-\frac{u_s L W}{Q}\right) \tag{4-8}$$

此处 Q 仍为气体的体积流量。根据分级除尘效率可以很容易地求得沉降室的总除尘效率。

有人亦提出在沉降室内未捕集颗粒完全混合的设计模式。在每种情况下,分级效率均可以 $\sqrt{\dfrac{u_s L}{v_0 H}}$ 进行均一化。如果颗粒的沉降符合斯托克斯定律,可认为分级效率与 d_p 成正比。这三种模式的分级效率曲线在图 4-5 中进行了比较。实际沉降室的性能将包含有湍流、某种程度的混合和柱塞式流动的某些波动,因而实际的分级效率曲线将处在图中所示的曲线下部。

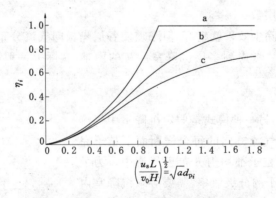

图 4-5 重力沉降室归一化的分级效率曲线
a:层流——无混合;b:湍流——垂直混合;c:湍流——完全混合

设计重力沉降室时,先要算出欲 100% 捕集粒子的沉降速度 u_s,并假设沉降室内的气流速度和沉降室高度(或宽度)。

（三）重力沉降室结构设计

1. 气体流速（v_0）的确定

含尘气体在沉降室断面上的流速 v_0 依含尘气体的临界速度 v_L 确定，v_L 可按下式计算：

$$v_L = \sqrt{\frac{kg\,d_p\rho_p}{6\rho_g}} \tag{4-9}$$

式中　v_L——含尘气体的临界速度，m/s；

　　　k——流线系数，取 10～20，k 值随尘粒直径的减小而递增；

　　　g——重力加速度，m²/s；

　　　d_p——需 100% 去除的最小尘粒直径，m；

　　　ρ_p——尘粒真密度，kg/m³；

　　　ρ_g——气体密度，kg/m³。

含尘气体在沉降室断面上的流速 v_0 为临界速度 v_L 的 1/2～3/4，一般在 0.2～0.8 m/s 范围内选取。考虑到已沉降的粉尘不应再被气流重新卷起造成二次飞扬，气流流速通常以 0.3～2.0 m/s 且不大于 3 m/s 为宜。

2. 确定有效截面积（F）

$$F = \frac{Q}{v_0} = BH \tag{4-10}$$

式中　F——有效截面积，m²；

　　　Q——起始流量，m³/s；

　　　B——沉降室宽度，m；

　　　H——沉降室高度，m；

　　　v_0——气流速度，m/s。

3. 确定高度（H）

$$H = 0.5\sqrt{F} \sim \sqrt{F} \tag{4-11}$$

沉降室高度除了可按式（4-11）选择外，还可以根据实际场地情况以及沉降室的表面积最小化等因素综合考虑后选取确定。

4. 求宽度（B）

$$B = \frac{F}{H} \tag{4-12}$$

5. 求长度（L）

$$L = \frac{Hv_0}{u_s} \tag{4-13}$$

式中　L——沉降室的长度，m；

　　　v_0——气体流速，m/s；

　　　u_s——尘粒沉降速度，m/s；

　　　H——沉降室高度，m。

6. 校核

根据上述公式计算出沉降室的结构尺寸进行去整后，用式（4-4）求该沉降室所能捕集的最小尘粒粒径（d_{min}），要求该沉降室所能捕集的最小尘粒粒径（d_{min}）≤需 100% 去除的最小尘粒直径(d_p)。

理论上 $d \geqslant d_{min}$ 的尘粒可以全部捕集下来,但在实际情况下,由于气流的运动状况以及浓度分布等因素的影响,沉降效率会有所下降。

例 4-1 设计一锅炉烟气除尘用的沉降室拟去除 $50\ \mu m$ 以上的粉尘。已知烟气量 $Q = 0.778\ m^3/s$,烟气温度 $t = 150\ ℃$,$\rho_p = 2\ 100\ kg/m^3$。

解 烟气温度 $t = 150\ ℃$ 时,气体的动力黏度 $\mu = 2.4 \times 10^{-5}\ Pa \cdot s$(近似取空气的值),气体密度 $\rho_g = 0.84\ kg/m^3$。

① 气体流速的确定。由式(4-1)可得烟气临界流速

$$v_L = \sqrt{\frac{kg d_p \rho_p}{6\rho_g}} = \sqrt{\frac{15 \times 9.8 \times 50 \times 10^{-6} \times 2\ 100}{6 \times 0.84}} = 1.75\ (m/s)$$

取 $v_0 = 0.6v_L$,则

$$v_0 = 0.6v_L = 0.6 \times 1.75 = 1.05\ (m/s)$$

② 尘粒沉降速度。由于 $d_p = 50\ \mu m < 100\ \mu m$,故采用层流区尘粒沉降速度公式,从而

$$u_s = \frac{d_p^2(\rho_p - \rho_g)g}{18\mu} = \frac{(50 \times 10^{-6})^2 \times (2\ 100 - 0.84) \times 9.8}{18 \times 2.4 \times 10^{-5}} = 0.119\ (m/s)$$

经检验,$Re_p = \dfrac{d_p \rho_g u_s}{\mu} = 0.21 < 1$,属层流区。

考虑到尘粒通过沉降室截面时速度的不均匀性,对上式求得的 u_s 进行校正,实际选用

$$u_s = \frac{0.119}{1.33} = 0.098\ (m/s)$$

③ 有效截面积。由式(4-10)可得

$$F = \frac{Q}{v_0} = \frac{0.778}{1.05} = 0.74\ (m^2)$$

④ 高度。由式(4-11)可得

$$H = 0.7\sqrt{F} = 0.7 \times \sqrt{0.74} = 0.60\ (m)$$

⑤ 宽度。由式(4-12)可得

$$B = \frac{F}{H} = \frac{0.74}{0.60} = 1.23\ (m)$$

⑥ 长度。由式(4-13)可得

$$L = \frac{Hv_0}{u_s} = \frac{0.60 \times 1.05}{0.098} = 6.43\ (m)$$

显然沉降室过长,若采用一层水平隔板(隔板数 $n = 1$)——两层沉降室,则每层高度 $\Delta H = 0.30\ m$[总高 $H = (n+1)\Delta H = 0.60\ m$],此时沉降室需要的长度为

$$L = \frac{\Delta H v_0}{v_c} = \frac{0.30 \times 1.05}{0.098} = 3.21\ (m)$$

最终沉降室尺寸 $L \cdot B \cdot H = 3.21 \times 1.23 \times 0.60\ (m^3)$。

⑦ 校核。由式(4-4)可得该沉降室所能捕集的最小尘粒粒径为

$$d_{min} = \sqrt{\frac{18\mu v_0 H}{g(\rho_p - \rho_g)L(n+1)}} = \sqrt{\frac{18 \times 2.4 \times 10^{-5} \times 1.05 \times 0.60}{9.8 \times (2\ 100 - 0.84) \times 3.21 \times (1+1)}} = 45.4\ (\mu m)$$

上式中由于增加了一层水平隔板,因此,高度以 $\dfrac{H}{(n+1)}$ 代入。

由于 $d_p = 45.4$ μm $\leqslant 50$ μm,故满足设计要求。

（四）压力损失

$$\Delta p = \frac{(v_{0j}^2 + 1.5 v_{0L}^2)\rho_p}{2} \qquad (4\text{-}14)$$

式中　Δp——含尘气体通过沉降室的压力损失,Pa;

　　　　v_{0j}——含尘气体进入沉降室时的速度,m/s;

　　　　v_{0L}——含尘气体离开沉降室时的速度,m/s;

　　　　ρ_p——含尘气体的密度,kg/m³。

一般含尘气体通过沉降室的压力损失只有 50～130 Pa。

二、惯性除尘器

惯性除尘器是使含尘气体冲击在挡板上,气流方向发生急剧转变,借助尘粒本身的惯性作用使其与气流分离并被捕集的装置。由于惯性加速度远大于重力加速度,所以惯性除尘器的效率高于重力沉降室。对惯性除尘器,若气体在管道内流速为 10 m/s,而在其扩大部分的流速为 1 m/s,则对 25～30 μm 以上的尘粒,除尘效率一般可达 65%～85%。总的来讲,惯性除尘器的除尘效率一般为 50%～70%,阻力一般为 100～500 Pa。由于惯性除尘器的除尘效率较低,一般只作为欲除尘器用。

惯性除尘器可用于处理高温含尘气体,能直接安装在风道上。含尘气体在冲击或方向转变前的速度越高,方向转变的曲率半径越小时,其除尘效率越高,但阻力也随之增大。为了提高效率,可以在挡板上淋水,形成水膜,这就是湿式惯性除尘器。

（一）惯性分离机理

惯性除尘器的分离机理如图 4-6 所示。

含尘气体以一定的进口速度 v_j 冲击到挡板 1 上,具有较大惯性力的大颗粒 d_1 撞击到挡板 1 上而被分离捕集。小颗粒 d_2 借助离心力被分离捕集。如气流的旋转半径为 R_2,圆周切向速度为 v_t,这时小颗粒 d_2 受到的离心力与 $\dfrac{d_2^2 v_t^2}{R_2}$ 成正比。因此,粉尘粒径越大,气流速度越大,挡板数越多和距离越小,除尘效率就越高,但压力损失相应也越大。

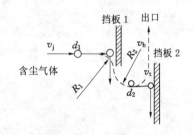

图 4-6　惯性除尘器分离机理

（二）惯性除尘器的结构型式

惯性除尘器的构造主要有两种型式:一是以含尘气体中的粒子冲击挡板来收集粉尘粒子的冲击式结构;二是通过改变含尘气流流动方向收集较细粒子的反转式结构。

1. 冲击式惯性除尘器

冲击式结构是利用含尘气体中的粒子冲击挡板,在重力作用下掉入灰斗来收集粉尘粒子的。图 4-7 为冲击式惯性除尘器的结构示意图。其中,图 4-7(a) 为单级冲击式惯性除尘器,图 4-7(b) 为多级冲击式惯性除尘器。这两种除尘器中,沿气体运动方向上,都有一级或多级隔板,使气体中的尘粒冲撞隔板从而被分离。此外,还有一种为迷宫型(带有喷嘴)惯性除尘器,这种除尘器中装有喷嘴,以增加气体的冲撞次数,增大除尘效率。

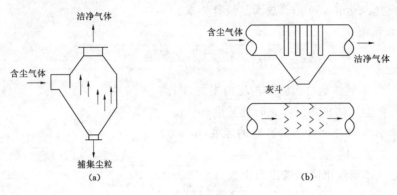

图 4-7　冲击式惯性除尘器
(a) 单级型；(b) 多级型

2. 反转式惯性除尘器

反转式结构是通过改变含尘气体流动方向，利用气体和粉尘在转折时具有不同惯性的特征来收集较细粒子的。弯管型、百叶窗型反转式惯性除尘器和冲击式惯性除尘器一样，常用于烟道除尘。图 4-8 为常见的三种反转式惯性除尘器的结构示意图。

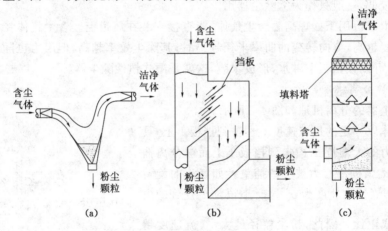

图 4-8　反转式惯性除尘器
(a) 弯管型；(b) 百叶窗型；(c) 多层隔板塔形

百叶窗型反转式惯性除尘器通常也称为粉尘浓缩器，常与另一种除尘器串联使用。它是由许多直径逐渐变小的圆锥体组成，形成一个下大上小的百叶式圆锥体，每个环间隙一般不大于 6 mm，以提高气流折转的分离能力。串联使用的除尘器效率可达 80%～90%，阻力为 500～700 Pa。其优点是外形尺寸小，且除尘阻力比旋风除尘器小。

塔形除尘器装置主要用于烟尘分离，它能捕集几微米粒径的雾滴。为了进一步提高捕集细小的雾滴的效率，可在净化气体出口端、塔的顶部装设一层填料层。由于填料层的材质、形状和高度不同，通常压力损失为 1 000 Pa 左右。在没有装填料层的隔板塔中空塔速度为 1～2 m/s 时，压力损失为 200～300 Pa。

3. 重力沉降式气流反转惯性除尘器

重力沉降式气流反转惯性除尘器结构如图 4-9 所示。它是将进气管插入沉降室内，使气流反转向上,尘粒靠惯性沉降下来净化后的气流则排出除尘器外。这种除尘器的进气管也可以做成图4-9(b)所示的渐扩式,以降低进气管出口的气流速度,减少由于气流冲击所引起的二次扬尘。

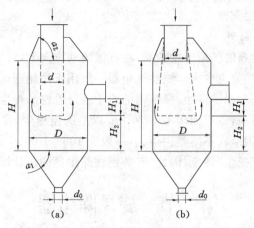

图4-9　重力沉降式气流反转惯性除尘器
(a) 直筒式;(b) 渐扩式

4. 百叶窗式除尘器

图4-10为百叶窗式惯性除尘器、挡板式惯性除尘器、旋风除尘器和风机组合在一起的除尘系统。其工作原理是利用烟气流动方向的突然转变,使尘粒与气体分离开来的一种装置。在含尘烟气的通道上装有许多叶板(实际中多数选用角钢制作)组成的倾斜拦灰栅,当含尘烟气穿过拦灰栅时,按叶板间缝隙数分成多股气流,每股气流在绕过叶板后突然改变方向,并从叶板缝隙中穿过,最后顺着拦灰栅原方向或其他方向在叶板的另一侧流向引风机而排出。这种联合除尘系统对于粒径为 40 μm 的飞灰(密度为 1 000 kg/m^3)的分级效率为90%,可达到中效旋风除尘器的除尘效率,但阻力要小得多,大约为250～380 Pa。

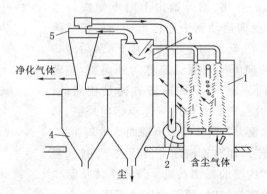

图4-10　百叶窗式除尘器
1——百叶窗式拦灰栅;2——风机;3——粗粒去除室;4——灰斗;5——旋风除尘器

百叶窗式除尘器的结构由百叶窗式拦灰栅和抽吸除尘器两部分组成。百叶窗式拦灰栅可以设计成圆锥体形和 V 字形两种形式。百叶窗式拦灰栅的主要作用是浓缩、净化,它把烟尘分成两部分,将约占 90％的处理烟气量通过拦灰栅,被净化后的烟气由管道排至大气,另将 10％浓缩了的尘粒送入抽吸除尘器(旋风式或其他类型除尘器)进一步净化,净化后的烟气经引风机使其回到拦灰栅内或排入大气中。

（三）惯性除尘器的应用

一般而言,惯性除尘器的气流速度愈高,在气流流动方向上,转变角度愈大,转变次数愈多,净化效率愈高,阻力损失也愈大。惯性除尘器一般用于净化密度和粒径较大的炽热状态的金属或矿物性粉尘,而对于密度小、颗粒细的粉尘或纤维性的粉尘,则因堵塞而不宜采用。如前所述,其结构繁简不一,适于捕集 $10\sim20~\mu m$ 以上的粗粉尘,常被用来作为多级除尘中的第一级。其压力损失因形式不同差别很大,一般为 $100\sim1~000$ Pa。制约惯性除尘器效率提高的主要原因是"二次扬尘"现象,因此,有的惯性除尘器的设计流速通常不超过 15 m/s。

第二节　旋风除尘器

旋风除尘器是使含尘气流作旋转运动,借助离心力作用将尘粒从气流中分离捕集下来的装置。它历史悠久,应用广泛,型式繁多,结构简单,没有运动部件,造价便宜,维护管理方便,除尘效率一般达 85％左右,高效的旋风除尘器除尘效率可达 90％左右,被广泛地应用于化工、石油、冶金、建筑、矿山、机械、轻纺等工业部门。旋风除尘器有以下几个特点:

① 结构简单,除尘器本身无运动部件,不需特殊的附属设备,占地面积小,制造、安装投资较少。

② 操作弹性较大,性能稳定,压力损失中等,不受含尘气体的浓度、温度限制。对于粉尘的物理性质无特殊要求,同时可根据化工生产的不同要求,选用不同材料制作,或内衬各种不同的耐磨、耐热材料,以提高使用寿命。

一、工作原理

旋风除尘器的示意图如图 4-11 所示。含尘气流进入除尘器后,由于离心力的作用,沿外壁由上向下做旋转运动,同时有少量气体沿径向运动到中心区域。当旋转气流的大部分到达锥体底部后,转而向上沿轴心旋转,最后经排出管排出。通常将旋转向下的外圈气流称为外涡旋,旋转向上的中心气流称为内涡旋,两者的旋转方向是相同的。气流做旋转运动时,尘粒在离心力作用下逐步移向外壁,到达外壁的尘粒在气流和重力共同作用下沿壁面落入灰斗。

上涡旋(也称短路流),即在旋风除尘器顶盖下、排气管插入部分的外侧与筒体内壁的局部涡流。气流主体从除尘器入口处沿切向高速向下旋转时,顶部的压力下降,一部分气流带着细小的粉尘沿筒壁旋转向上,到达顶部后,再沿排出管外壁旋转向下,最后到达排出管下端附近被上升的内涡旋带走从排出管排出,这股旋转气流即为上涡旋。上涡旋的存在降低了旋风除尘器的除

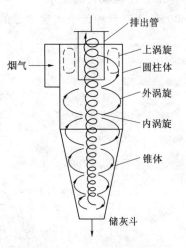

图 4-11　旋风除尘器示意图

尘效率。

下涡旋,即外涡旋在运动到锥体下部向上折转时产生的局部涡流。下涡旋一直延伸至灰斗,会把灰斗中的粉尘,特别是细粉尘搅起,被上升气流带走,因此下涡旋的存在同样会降低旋风除尘器的除尘效率。此外对旋风除尘器内气流运动测定时还发现,在外涡旋,少量含尘气体沿径向运动到中心区域;在内涡旋,也存在离心的径向运动,这些局部涡流的产生也必然会降低旋风除尘器的除尘效率。

内外涡旋是旋风除尘器内的气流主体,此外还存在着局部涡流。

二、旋风除尘器内的速度场与压力分布

（一）旋风除尘器内的速度场

旋风除尘器内流动特征对揭示其复杂工作原理具有重要作用。旋风除尘器内的主流区速度主要分为切向、径向和轴向三维速度。

1. 切向速度 v_T

旋风除尘器内的切向速度是与颗粒分离性能和压降关联最为密切的速度分量,切向速度是决定气流速度大小的主要速度分量,也是决定气流质点离心力大小的主要因素。旋风除尘器内气流的切向速度分布如图 4-12 所示。外涡旋的切向速度随半径的减小而增加。相反,内涡旋的切向速度随旋转半径 r 的减小而减小,类似于刚体的旋转运动。因此在内外涡旋的交界面上,切向速度 v_T 达到最大值。可以近似地认为,内外涡旋交界面直径 $d_0 \approx (0.6 \sim 0.65)d_e$,$d_e$ 为排出管半径。

某一断面上的切向速度分布可用下式表示:

外涡旋的切向速度反比于旋转半径的 n 次方。

$$v_T R^n = C \tag{4-15}$$

此处 $n \leqslant 1$,称为涡流指数,实验表明,n 值可由下式估算:

$$n = 1 - [1 - 0.67(D)^{0.14}]\left(\frac{T}{283}\right)^{0.3} \tag{4-16}$$

式中　D——旋风除尘器直径,m;

　　　T——气体的温度,K。

内涡旋的切向速度正比于半径 R,比例常数为气流的旋转角速度。

$$v_t/R = \omega \tag{4-17}$$

式中　v_t——内涡旋切向速度,m/s;

　　　R——气流质点的旋转半径,m;

　　　ω——气流的旋转角速度。

切向速度对于粉尘的捕集与分离起着主导作用,含尘气体在切向速度作用下,使粉尘由内向外离心沉降。锥体部分的切向速度要比筒体部分大,因此,锥体部分的除尘效果要比筒体部分好。

2. 径向速度 v_r

如图 4-11 所示,外涡旋的径向速度是向内的,而内涡旋的径向速度是向外的。外涡旋的径向速度沿除尘器高度的分布是不同的,上部断面大,下部断面小。

如果近似把内外涡旋的交界面看成一个圆柱面,外涡旋气流均匀地经过该圆柱面进入内涡旋(图 4-12),则可近似地认为气流通过这个圆柱面时的平均速度就是外涡旋气流的平

均径向速度 v_r，即：

$$v_r = \frac{Q}{2\pi r_0 h_0}(\text{m/s}) \tag{4-18}$$

式中　Q——旋风除尘器处理的气体量，m^3/s；

　　　r_0——内外涡旋交界面的半径，m；

　　　h_0——内外涡旋交界面的高度，m。

3. 轴向速度 v_j

轴向速度表现在外部的下降流和内部的上升流所具有的速度。轴向速度为零的点的轨迹称之为零轴速包络面。一般地，内旋流的轴向速度呈现为一个倒 V 形或 W 形的轮廓。W 形分布大约在芯管的径向位置处表现出最大值，有时容易引起回流。

（二）旋风除尘器内的压力分布

如图 4-12 所示，旋风除尘器内全压和静压的径向变化非常显著，由外壁向轴心逐渐减小，在轴心处为负压。负压一直延伸到除尘器底部，在除尘器底部，负压达到最大值。所以，旋风除尘器底部一定要保持严密。如不严密，就会有大量外部空气从底部被吸入，形成一股上升气流，把已分离出来的一部分粉尘重新带出除尘器，使除尘效率大幅降低。

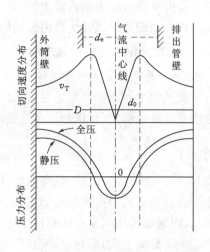

图 4-12　旋风除尘器内的流场

三、旋风除尘器的结构尺寸

典型的旋风除尘器的结构通常由以下几部分组成：① 筒体和锥体；② 含尘气体进口；③ 净化气体出口；④ 排灰口。旋风除尘器的结构设计主要包括结构尺寸的确定及性能参数的计算，常用的设计方法有两种。

（一）方法一

① 根据气体和颗粒化学性质（颗粒浓度、粒径分布、烟气流量、性质等）、捕获效率要求及允许压降等条件选型。

② 选择进口气速，或者根据允许压降系数确定进口气速。旋风除尘器的推荐进口气速为 12～25 m/s，允许压降一般为 1 200～1 500 Pa。

③ 设定旋风除尘器个数、是否并联及其并联组合形式。同时根据总流量和单位流量的关系计算单位流量。

④ 根据选型的旋风除尘器单体的各个结构储存比例关系、单位流量确定进口高度、宽度、筒体直径以及其他关键结构参数。其中筒体直径为关键性的结构参数，一般容许范围为 0.1～4 m。筒体直径过大会引起旋风除尘器效率下降。

⑤ 估算旋风除尘器单位分离性能，包括切割粒径、颗粒分级效率及总效率，判断是否符合设计要求。

（二）方法二

① 根据气体和颗粒物物理化学性质（颗粒浓度、粒径分布、烟气流量、性质等）、捕获效率要求及允许压降等条件选型

② 选择进口气速,或者根据允许压降系数确定进口气速。

③ 设定旋风除尘器单体筒体直径尺寸(一般容许范围为 0.1~4 m,筒体直径过大会引起旋风除尘器效率下降),并由此计算旋风除尘器其他结构尺寸。同时根据选型的旋风除尘器单体的各个结构尺寸比例计算进口高度、宽度(或进口面积),再根据进口面积和进口气速计算旋风除尘器单体流量。

④ 根据总流量和单位流量的关系计算旋风除尘器个数,并确定是否并联及其并联组合形式。

⑤ 估算旋风除尘器单位分离性能,包括切割粒径、颗粒分级效率及总效率,判断是否符合设计要求。

典型的切向入口旋风除尘器各部位尺寸相对关系见表 4-2,表中将筒体直径 D 定为 1,其他部位的尺寸则是与筒体的比值。旋风除尘器各部位符号如图 4-13 所示。

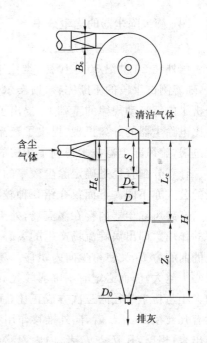

图 4-13　典型的旋风除尘器各部位符号

其中 l 是自然长度,即气流在除尘器内完成气体涡流所需要的长度。

$$l = 2.3 D_e \left(\frac{D^2}{H_c B_c}\right)^{\frac{1}{3}} m \qquad (4-19)$$

表 4-2　　　　　　　　　　切向入口的旋风除尘器各部位尺寸无因次比值

符号	名　称	高效旋风除尘器		一般旋风除尘器	
		斯泰尔曼	斯威夫特	拉普尔	斯威夫特
D	筒体直径	1.0	1.0	1.0	1.0
H_c	入口高度	0.5	0.44	0.5	0.5
B_c	入口宽度	0.2	0.21	0.25	0.25
S	排气管插入深度	0.5	0.5	0.625	0.6
D_e	排气管直径	0.5	0.4	0.5	0.5
L_c	筒体高度	1.5	1.4	2.0	1.75
Z_c	圆锥体高度	2.5	2.5	2.0	2.0
H	筒体总高度	4.0	3.9	4.0	3.75
D_0	排灰口直径	0.375	0.4	0.25	0.4
l	自然长度	2.48	2.04	2.30	2.30

四、旋风除尘器的除尘效率

(一) 旋风除尘器的除尘效率

国外在 20 世纪 30 年代初，类比于平流重力沉降原理，提出了转圈分离理论。二十年后，随着测试手段的不断完善，斯泰尔曼(Stairmand)等人根据旋风除尘器流场测试结果，在分析了内部流动规律的基础上，提出了筛分理论。到 1972 年，雷斯(Leith)和利希特(Licht)类比电除尘器的分离机理，提出了紊流连续径向混合的分离理论。由于理论研究取得的重大进展，旋风除尘器技术得到了较快的发展。

计算分割直径是确定除尘效率的基础。因假设条件和选用系数不同，所得计算分割直径的公式亦不同。下面仅介绍一种较简单的推导，借以说明旋风除尘器的原理。

在旋风除尘器内存在涡流场，处于外涡旋内的粉尘在径向上同时受到方向相反的两种力的作用。即出涡旋流场产生的离心力 F_C 使粉尘向外移动，由汇流场(即向心径向流动)产生的向心力 F_D 又使粉尘向内飘移。离心力的大小与粉尘直径的大小有关，粉尘粒径越大则离心力越大，因而必定有一临界粒径 d_c，其所受的两种力的大小正好相等。由于离心力 F_C 的大小与粉尘粒径的三次方成正比，而向心力 F_D 的大小仅与粉尘粒径的一次方成正比，显然有凡粒径 $d_p > d_c$ 者，向外推移作用大于向内飘移作用，结果被推移到除尘器外壁而被分离出来；相反，凡 $d_p < d_c$ 者，向内飘移作用大于向外推移作用而被带入上升的内涡旋中，排出除尘器。因而可以设想有一张无形的筛网，其孔径为 d_c，凡粒径 $d > d_c$ 者被截留在筛网的一面，而 $d < d_c$ 者则通过筛网排出除尘器。筛网的位置就在内外涡旋的交界面处(因此处切向速度最大，粉尘在该处受到的离心力也最大)。对于粒径为 d_c 的粉尘，因 $F_C = F_D$，它将在交界面上不停地旋转。由于各种随机因素的影响，从概率统计的观点可以认为处于这种状态的粉尘有 50% 的可能被分离，也同时有 50% 的可能进入内涡旋而排出除尘器。即这种粉尘的分离效率为 50%。除尘器的分级效率等于 50% 的粒径称为分割粒径，通常用 d_{c50} 表示。

粒径为 d_p 的粉尘在旋风除尘器内所受到的离心力 F_C 可表示为：$F_C = \dfrac{\pi}{6} d_p^3 \rho_p \dfrac{v_T^2}{r}$。

同时，由于外涡旋气流的向心径向流动，将使粉尘受到向心的阻力。设向心径向流动处于层流状态，则径向气流阻力 F_D 可用斯托克斯公式表示：$F_D = 3\pi\mu d_p v_r$。

因此，在内、外涡旋的交界面上当 $F_C = F_D$ 时，有 $\dfrac{\pi}{6} d_{c50}^3 \rho_p \dfrac{v_{T_0}^2}{r_0} = 3\pi\mu d_{c50} v_{r_0}$。

所以，分割粒径的表达式为：

$$d_{c50} = \left(\frac{18\mu v_{r_0} r_0}{\rho_p v_{T_0}} \right)^{\frac{1}{2}} \tag{4-20}$$

式中　μ——空气的动力黏度，Pa·s；

　　　v_{r_0}——交界面上气流的径向速度，m/s；

　　　r_0——交界面半径，m；

　　　ρ_p——粉尘的真密度，kg/m³；

　　　v_{T_0}——交界面上气流的切向速度，m/s。

分割粒径是反映除尘器除尘性能的一项重要指标，d_{c50} 越小，说明除尘效率越高。从式(4-20)可以看出，d_{c50} 随 v_{r_0} 和 r_0 的减小而减小，随 v_{T_0} 和 ρ_p 的增加而减小。这就是说，旋风除尘器的除尘效率是随切向速度和粉尘密度的增加、随径向速度和排出管直径的减小而增加的,其中起主要作用的是切向速度。

按式(4-20)计算 d_{c50} 时,必须先求得 v_{r_0} 和 v_{T_0}。

下面介绍一种计算 v_{T_0} 的方法。

根据式(4-15),得到:

$$v_T R^n = v_{T_0} r^{n_0} \tag{4-21}$$

式中　v_T——旋风除尘器外壁处气流的切向速度,m/s;

　　　R——旋风除尘器筒体半径,m。

关于 v_T,可根据日本学者木村典夫提出的实验公式进行计算。

当 $0.17 < \dfrac{\sqrt{A_g}}{D} < 0.41$ 时:

$$v_T = 3.47\left(\frac{\sqrt{A_g}}{D}\right)u \tag{4-22}$$

当 $\dfrac{\sqrt{A_g}}{D} < 0.17$ 时:

$$u_{t_1} = 0.6u \tag{4-23}$$

式中　A_g——除尘器进口面积,m²;

　　　D——除尘器筒体直径,m;

　　　u——除尘器进口风速,m/s。

因此,当旋风除尘器结构尺寸及进口风速确定以后,即可按上述公式计算出分割粒径 d_{c50}。已知 d_{c50} 可按下式近似求得旋风除尘器的分级效率:

$$\eta_i = 1 - \exp\left[-0.693\left(\frac{d_p}{d_{c50}}\right)^{\frac{1}{n+1}}\right] \tag{4-24}$$

式中　d_p——粉尘粒径,μm;

　　　d_{c50}——分割粒径,μm;

　　　n——涡流指数。

应当指出,粉尘在旋风除尘器内的分离过程是很复杂的,它难以用一个公式来准确表达。例如,有些理论上不能捕集的细小粉尘由于凝并或被大颗粒粉尘裹挟而带至器壁被捕集分离出来;相反,出于局部涡流及返混的影响,有些理论上应该除下的大粉尘却进入内涡旋而没有被捕集到。上述这些情况,在理论计算中目前还没有包括进来,因此,已知的一些公式还不能进行较精确的计算。目前旋风除尘器的效率一般仍是通过实测确定。

(二) 影响旋风除尘器效率的因素

影响旋风除尘器效率的因素有二次效应、比例尺寸、烟尘的物理性质和操作变量。

1. 二次效应

我们能得到如图 4-14 所示的理论效率曲线,

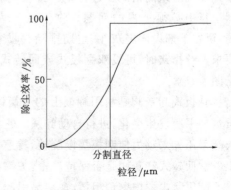

图 4-14　旋风除尘器效率曲线

但是与实际的效率曲线是不一致的。造成这种差异的原因主要是二次效应的存在,即被捕集粒子的重新进入气流。在较小粒径区间内,理应逸出的粒子由于聚集或被较大尘粒撞向壁面而脱离气流获得捕集,这使得旋风除尘器在这种情况下实际效率高于理论效率。相反,在较大粒径区间,实际效率低于理论效率,这是因为理应沉降入灰斗的尘粒随净化气流一起排出,这主要是由于粒子被反弹回气流或沉积的尘粒被重新吹起。通过环状雾化器将水喷淋在旋风除尘器内壁上,能有效地控制二次效应。

2. 比例尺寸

高效旋风除尘器的各个部件都有一定的尺寸比例,这些比例尺寸是基于广泛调查研究的结果。一个比例关系的变动,能影响旋风除尘器的效率和压力损失。在相同的切向速度下筒体直径 D 愈小,粒子受到的惯性离心力愈大,除尘效率愈高,但若筒体直径过小,粒子容易逃逸,效率下降。另外,锥体适当加长,对提高除尘效率有利。

除尘器分割直径的推导过程表明:排出管直径愈小,分割直径愈小,即除尘效率愈高。但排出管直径太小,会导致压力降的增加,一般取排出管直径 $d_e = (0.4 \sim 0.65)D$。

根据测量,气流在除尘器内下降的最低点并不一定能达到除尘器的底部。从排出管下部至气流下降的最低点之间的距离称为旋风除尘器的特征长度 l。根据亚历山大(Alexander)公式:

$$l = 2.3\, d_e \left(\frac{D^2}{A}\right)^{\frac{1}{3}} \tag{4-25}$$

值得注意的是,l 与气体的流量无关。实际在旋风除尘器排出管以下部分的长度应当接近或等于 l。同时,由于气体向心的径向运动,当外涡旋由上向下旋转时,气流会不断流入内涡旋,筒体和锥体的总高度过大,还会使阻力增加。实践表明,筒体和锥体的总高度以不大于五倍的筒体直径为宜。

除尘器下部的严密性也是影响除尘效率的一个重要因素。从图 4-12 的压力分布可以看出,内外壁向中心静压是逐渐下降的,即使是旋风除尘器在正压下运行,锥体底部也会处于负压状态。如果除尘器下部不严密,漏入外部空气,会把正在落入灰斗的粉尘重新带走,使除尘效率显著下降。因此在不漏风的情况下进行正常排灰是旋风除尘器运行中必须重视的问题。收尘量不大的除尘器,可在下部设固定灰斗、定期排除。收尘量较大要求连续排灰时,可设双翻板式或回转式卸灰阀,见图 4-15。

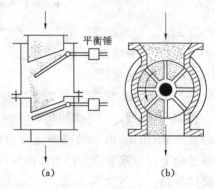

图 4-15　卸灰阀
(a) 双翻板式;(b) 回转式

翻板式卸灰阀是利用翻板上的平衡锤和积灰重量的平衡发生变化,进行自动卸灰。它设有两块翻板轮流启闭,可以避免漏风。回转式卸灰阀采用外来动力使刮板缓慢旋转,转速一般每分钟 $15 \sim 20$ 圈,它适用于排灰量较大的除尘器。回转式卸灰阀是否保持严密,关键在于刮板和外壳之间紧密贴合的程度。

旋风除尘器内壁愈粗糙,愈容易引起局部涡流的产生,也增加壁面和气流的摩擦,降低气流旋转强度,结果是压力降减小,除尘效率降低。因此,对粗糙度的大小要有一定限制。

3. 烟尘的物理性质

烟气的物理性质,包括气体的密度和黏度、尘粒的大小和相对密度、烟气含尘浓度等,都会影响旋风除尘器的效率。气体含尘量的增加(浓度提高),可以提高除尘效率,但在含尘量很高的情况下,很少采用小直径的旋风除尘器。这是由于虽然大颗粒粉尘被离心力甩向壁面时,产生一个曳力,可将部分细小颗粒卷起向同一方向运动,有减小阻力的趋势,但是相应的出口含尘量将增加,会带来堵塞、增加磨损等问题。

另一方面,除尘效率与尘粒的粒级组成(即尘粒的分散度)有着重要的关系,较好的除尘器在用含有大量细微尘粒的气体做试验时,效率可能较低,而较差的除尘器在用含有大量粗大尘粒的气体做试验时,效率可能较高,因此,对于同一台除尘器在不同的运行条件下,由于尘粒的粒级组成的不同,其性能也就有显著的差别,所以要正确判断和比较除尘器的性能,还必须知道除尘器对不同尘粒粒级的除尘效率,即该除尘器的分级效率。

4. 操作变量

操作变量指气体流量或进口速度。旋风除尘器内的旋转速度是由进口风速产生的,增加进口风速,能加快旋转气流的旋转运动,除尘器的除尘效率随着气流进口速度的增加而提高。进口风速的提高,也就增加了除尘器的处理风量,但压力损失也相应增大。因此,速度也不宜过大,一般旋风除尘器的烟气进口流速控制在 $12\sim20$ m/s,最大不超过 25 m/s。将旋风除尘器里边的气流看作螺旋管道,由此得出了一个除尘效率最高时的入口速度的经验关系式:

$$v_i = 3\ 030\ \frac{\mu\rho_p}{\rho_g^2} \cdot \frac{(B_c/D)^{1.2}}{(1-B_c/D)} D^{0.201} \tag{4-26}$$

五、旋风除尘器的分类及结构型式

旋风除尘器可按多种方式分类,不同的结构对旋风除尘器有不同的影响。

(一)按其性能分类

① 高效旋风除尘器。其筒体直径较小(很少大于 0.9 m),用来分离较细的粉尘,除尘效率在 95% 以上。

② 高流量旋风除尘器。其筒体直径较大(直径为 $1.2\sim3.6$ m 或更大),用于处理很大的气体流量,其除尘效率为 $50\%\sim80\%$。

③ 介于上述两者之间的通用旋风除尘器。用于处理适当的中等气体流量,其除尘效率为 $80\%\sim95\%$。

(二)按结构型式分类

按结构型式可分为扩散式和旁路型。

1. 扩散式旋风除尘器

扩散式旋风除尘器又称带倒锥体旋风除尘器、XLK 型旋风除尘器或 CLK 型旋风除尘器,它具有除尘效率高、结构简单、加工制造容易、投资低和压力损失适中等优点,适用于捕集干燥的、非纤维性的颗粒粉尘,特别适用于捕集 $5\sim10$ μm 以下的颗粒。扩散式旋风除尘器早期多用于通风除尘系统,近些年应用于锅炉消烟除尘效果也很好。这种除尘器可单管使用,也可组合使用,如图 4-16 所示。

2. 旁路式旋风除尘器

旁路式旋风除尘器又称 XLP 型旋风除尘器,它是在一般旋风除尘器基础上增设旁路分离室的一种除尘器。旁路式旋风除尘器有 A 类和 B 类两种(即 XLP/A 及 XLP/B 型),都带有灰尘隔离室。它的压力损失较小,特别对 5 μm 以上的粉尘有较高的除尘效率。图 4-17 为 XLP/B 型旁路式旋风除尘器结构示意图。

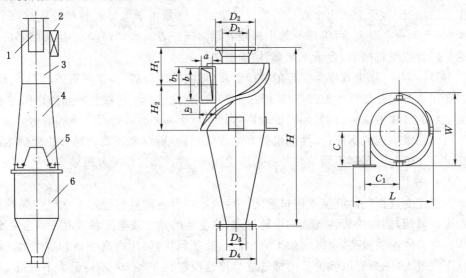

图 4-16　扩散式旋风除尘器
结构示意图
　　1——排气管;2——进气管;3——筒体;
　　4——锥体;5——反射屏;6——灰斗

图 4-17　XLP/B 型旁路式旋风除尘器结构示意图

(三) 按其组合、安装情况分类

按其组合、安装情况可分为内旋风除尘器(安装在反应器或其他设备内部)、外旋风除尘器、立式(图 4-18)与卧式以及单体与多管旋风除尘器。

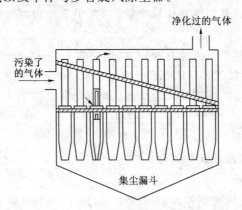

图 4-18　立式多管式旋风除尘器

多管式旋风除尘器是由若干个并联的旋风除尘器单元组成的除尘设备。它可以由一般的旋风除尘器单元或直流型旋风除尘器单元组成,这些单元被组合在一个壳体内,有总的进气管、排气管和灰斗。它常用于处理粉尘浓度高、烟气量大的高温烟气,因此除尘器内的旋风体(又称旋风子)磨损较快。通常采用铸铁或陶瓷等耐磨材料来制作旋风体,这样既节约了钢材又发挥了铸铁或陶瓷材料的耐磨、耐腐蚀和耐高温的特点,从而扩大了多管式旋风除尘器的应用范围。

根据旋风体的安装位置,多管式旋风除尘器可分为立式和卧式两种。尽管卧式多管式旋风除尘器的除尘效率比立式多管式旋风除尘器的高,但由于卧式多管式旋风除尘器的金属耗量太大,难以推广。

（四）按气流导入情况分类

气流进入旋风除尘器后的流动路线为反转、直流以及带二次风的形式,可概括地分为以下几种。

1. 切流反转式旋风除尘器

这是旋风除尘器最常用的型式。含尘气体由筒体的侧面沿切线方向导入。气流在圆筒内旋转向下,进入锥体,到达锥体的端点前反转向上。清洁气流经排气管排出旋风除尘器。根据不同的进口型式又可以分为蜗壳进口[图 4-19(a)]、螺旋面进口[图 4-19(b)]和狭缝进口[图 4-19(c)]。

为提高捕集能力,把排出气体中含尘浓度较高的气体以二次风形式引出后,经风机

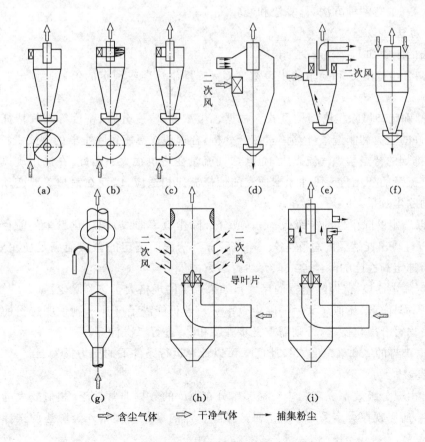

图 4-19　各种类型的旋风除尘器

(a) 蜗壳进口;(b) 螺旋面进口;(c) 狭缝进口;(d) 切流二次风;(e) 轴流二次风;
(f) 轴流反转式;(g) 轴流直流式;(h) 切流二次风;(i) 轴流二次风

再重复导入旋风除尘器内。这种狭缝进口的旋风除尘器,按二次风引入的方式又可分为切流二次风[图 4-19(d)]和轴流二次风[图4-19(e)]。

2. 轴流式旋风除尘器

轴流式旋风除尘器是利用导流叶片使气流在旋风除尘器内旋转,除尘效率比切流式旋风除尘器低,但处理量较大。

根据气体在旋风除尘器内的流动情况分为轴流反转式[图 4-19(f)]、轴流直流式[图 4-19(g)]。轴流直流式除尘器的压力损失最小,尤其适用于动力消耗不宜过大的地方,但除尘效率较低。它同样可以把排出气体中含尘浓度较大部分(或干净气体)以二次风的形式再导回旋风除尘器内,以提高除尘效率,此即成为龙卷风除尘器。龙卷风除尘器按二次风导入的形式可分为切流二次风[图 4-19(h)]和轴流二次风[图 4-19(i)]。

六、旋风除尘器选型及设计计算

(一)旋风除尘器选型

1. 选型方法

旋风除尘器选型时首先要收集设计资料。然后,根据工艺提供或收集到的设计资料选择除尘器时,一般有两种方法:计算法和经验法。

(1)计算法

计算法的步骤如下:

① 由初含尘浓度 C_i 和要求的出口浓度 C_o(按排放标准或预定的值),计算出要求达到的除尘效率 η。

② 选择确定旋风除尘器结构型式。根据含尘浓度、粒度分布、密度等烟气特征以及除尘要求、允许的阻力和制造条件等因素综合分析,合理地选择旋风除尘器的型式。特别应当指出,锅炉排烟的特点是烟气流量大,而且烟气流量变化也很大。因此,在选用旋风除尘器时应使烟气流量的变化与旋风除尘器适宜的烟气流速相适应,以期在锅炉工况变动时也能取得良好的除尘效果。

③ 根据选定的除尘器的分级效率 η_d(或分级除尘效率曲线)和净化粉尘的粒径频率分布 ΔD,可以计算出能达到的总除尘效率 η',若 $\eta' > \eta$,说明选定的型式能满足使用要求,否则需要重新选定高性能的除尘器或改变运行参数。

④ 确定除尘器规格(即除尘器的尺寸),如果选定的规格大于实验除尘器(即已知 η_d 的)的型号规格,则需计算出相似放大后的除尘效率 η''。若仍能满足 $\eta'' > \eta$,则说明选定的除尘器型式和规格均符合净化要求,否则需重复步骤②和③,进行二次计算。

⑤ 根据查得的 ζ 和确定的入口速度 v_i 可以计算运行条件下的压力损失 Δp。

(2)经验法

实际上由于分级效率 η_d 和粉尘粒径频率分布 ΔD 的数据非常缺乏,相似放大的计算方法还不成熟,所以现在大多采用经验法来选择除尘器的型式和规格。经验法的选择步骤大致是:

① 计算要求的除尘效率(方法同计算法)。

② 选择确定旋风除尘器结构型式(方法同计算法)。

③ 根据使用时允许的压力降确定入口气速 v_i。如果制造厂已提供有各种操作温度下

进口气速与压力降的关系,则根据工艺条件允许的压力降就可选定气速 v_i,若没有气速与压力降的数据,则需要根据允许的压力降计算入口气速公式为:

$$v_i = \sqrt{\frac{2\Delta p}{\zeta \rho_g}} \tag{4-27}$$

若没有提供允许的压力损失数据,一般可取进口气速为 $12 \sim 25$ m/s。

④ 确定除尘器筒体直径 D。根据需要处理的含尘气体流量 Q 与上一步求出的入口气速 v_i,在保证所选除尘器的处理气量 Q_i 大于需要处理的含尘气体流量 Q 的情况下确定除尘器的型号。

⑤ 校核选定型号的除尘器的压力降。根据选定型号的除尘器首先可得到除尘器的进口截面积 A,之后由需要处理的含尘气体流量 Q 与除尘器的进口截面积 A 可求得在实际工况下的进口气速 v_i',再由式(4-27)可得到实际工况下的压力降 $\Delta p'$,若该值小于使用时允许的压力降 Δp,则说明选定的除尘器形式和规格均符合净化要求,否则需重复步骤③、④,进行二次计算。

2. 旋风除尘器选型时的注意事项

① 适用于净化密度大和粒径大于 $5\ \mu m$ 的粉尘,其中高效旋风除尘器对细微粉尘也有一定的净化效果。

② 一般用于净化非纤维性粉尘及温度在 $400\ ℃$ 以下的非腐蚀性气体。

③ 宜用于气量波动大的场合,一般入口风速为 $12 \sim 25$ m/s。

④ 当旋风除尘器内的旋转气流速度高时,应注意加耐磨衬,防止磨损。

⑤ 为避免旋风除尘器堵塞,不适用于净化黏结性强的粉尘。

⑥ 当处理高温和高湿的含尘气体时,应防止结露。

⑦ 设计和运行时应特别注意防止除尘器底部漏风,以免效率下降。

⑧ 性能相同的旋风除尘器一般不宜两级串联使用。

⑨ 在并联使用旋风除尘器时,要尽可能使每台除尘器的处理气量相等。

(二)旋风除尘器的设计计算

1. 设计计算内容

(1) 确定旋风除尘器进口风速 v_i。

(2) 确定旋风除尘器的几何尺寸。

① 进口面积 F_i:

$$F_i = H_c B_c = \frac{Q}{v_i}$$

式中　F_i——进口面积,m^2;

H_c——进口高度,m;

B_c——进口宽度,m;

Q——处理气量,m^3/s;

v_i——旋风除尘器进口风速,m/s。

② 进口高度 H_c 和进口宽度 B_c:

$$H_c = \sqrt{2 F_i}\ ; B_c = 0.5\ H_c$$

③ 筒体直径 D:

由于 $B_c = 0.2D \sim 0.25D$，则 $D = 4B_c \sim 5B_c$。

④ 筒体高度 L_c：$L_c = 1.5D \sim 2.0D$。

⑤ 锥体高度 Z_c：$Z_c = 2.0D \sim 2.5D$。

⑥ 排尘口直径 D_0：$D_0 = 0.15D \sim 0.4D$。

⑦ 排气管直径 D_e：$D_e = 0.3D \sim 0.5D$。

⑧ 排气管插入深度 S：$S = 0.3D \sim 0.75D$。

(3) 压力损失 Δp 的计算。

压力损失指旋风除尘器进、出口全压之差。通常，旋风除尘器的压力损失在 $1\,000 \sim 2\,000$ Pa。在实际计算中常采用下式计算旋风除尘器的压力损失：

$$\Delta p = \zeta \frac{\rho_g v_i^2}{2} \tag{4-28}$$

式中　Δp——除尘器的压力损失，Pa；

　　　ζ——除尘器的压力损失（阻力）系数，无因次；

　　　v_i——除尘器的进口风速，m/s；

　　　ρ_g——烟气的密度，kg/m³。

试验表明，压力损失系数 ζ 对一定结构系列（同一型号）的旋风除尘器是一常数，因此 ζ 是表示除尘器性能的特征值。压力损失系数 ζ 可用 Shepherd-Lapple、Stairmand、Alexander、First 和 Barth 计算式计算。但一般常用 Shepherd-Lapple 计算式计算，即：

$$\xi = K \frac{H_c \cdot B_c}{D^2} \tag{4-29}$$

式中：K 是系数。对于标准切向进口，$K = 16$；有叶片切向进口，$K = 7.5$；螺旋切面进口，$K = 12$；其余符号意义同前。

表 4-3 列出了国内已开发出主要系列型号的旋风除尘器的压力损失系数值。

表 4-3　　　　　旋风除尘器的压力损失系数

型号	进口气速/(m/s)	压力损失/Pa	压力损失系数	型号	进口气速/(m/s)	压力损失/Pa	压力损失系数
XCX	26	1 450	3.6	XDF	18	790	4.1
XNX	26	1 460	3.6	双级涡旋	20	950	4.0
XZD	21	1 400	5.3	XSW	32	1 530	2.5
XLK	18	2 100	10.8	XPW	27.6	1 300	2.8
XND	21	1 470	5.6	CLT/A	16	1 030	6.5
XP	13	1 450	7.5	CLT	16	810	5.1
XXD	22	1 470	5.1	涡旋型	16	1 700	10.7
XLP/A	16	1 240	8.0	CZT	15.23	1 250	8.0
XLP/B	16	880	5.7	新 CZT	14.3	1 130	9.2

(4) 除尘效率的计算。

旋风除尘器的除尘效率通常采用的是总除尘效率 η 和分级除尘效率 η_d 两种。旋风除尘器的除尘效率计算步骤：

① 测定粉尘的频率分布 $\Delta D/(\%)$；

② 由理论或半经验公式，求出该旋风除尘器在一定操作工况下，对某一粉尘粒径的分级除尘效率 η_d。

计算旋风除尘器的分级除尘效率有多种经验公式。每一种计算方法多是基于研究者各自实验设备结构以及某些假定条件所提出来的。因此，选用不同的计算方法计算同一工作状态下的旋风除尘器的除尘效率，常常出现很大差别。由于 Leith-Licht 提出的经验公式的计算结果与实验数据比较吻合，因此下面将这个经验公式介绍如下：

$$\eta_d = 1 - \exp\left[-2\left(C\varphi\right)^{\frac{1}{2n+2}}\right] \tag{4-30}$$

式中　η_d——旋风除尘器的分级除尘效率，%；

C——旋风除尘器尺寸比函数，可由下式求得：

$$C = \frac{\pi D^2}{H_c B_c}\left\{2\left[1-\left(\frac{D_e}{D}\right)^2\right]\times\left(\frac{S}{D}-\frac{H_c}{2D}\right)+\frac{1}{3}\left(\frac{S+l-L_c}{D}\right)\times\right.$$

$$\left.\left[1+\frac{D_c}{D}+\left(\frac{D_c}{D}\right)^2\right]+\frac{L_c}{D}-\left(\frac{D_e}{D}\right)^2\frac{l}{D}-\frac{S}{D}\right\} \tag{4-31}$$

式中　l——旋风除尘器的自然长度，可由式(4-19)求得，m；

D_c——旋风除尘器自然长度下端点的圆锥部分直径，m，可由下式求得：

$$D_c = D-(D-D_c)\left[\frac{(S+l-L_c)}{(H-L_c)}\right] \tag{4-32}$$

φ 是修正的惯性参数(即惯性碰撞参数的变形)，可由下式求得：

$$\varphi = \frac{\rho_p d_p^2 v_i}{18\mu D}(n+1) \tag{4-33}$$

式中　ρ_p——尘粒真密度，kg/m³；

μ——气体动力黏度，Pa·s；

v_i——含尘气体的进口速度，m/s；

d_p——尘粒直径，m；

n——涡流指数；

其他符号意义同前。

③ 计算旋风除尘器的总除尘效率 η。

$$\eta = \sum_{d_{min}}^{d_{max}}(\Delta D \cdot \eta_d) \tag{4-34}$$

(5) 设计校核。

由式(4-33)计算得出的总除尘效率 η 应该大于需要达到的除尘效率 η_o，否则重复①～③，重新确定尺寸。

2. 设计实例

例 4-2　设计一台处理常温、常压含尘空气的旋风除尘器，已知条件如下：

① 处理气体量，$Q=0.361$ m³/s；② 尘粒真密度，$\rho_p=1\,960$ kg/m³；③ 空气密度，$\rho_g=1.29$ kg/m³；④ 气体的动力黏度，$\mu=1.72\times10^{-5}$ Pa·s；⑤ 旋风除尘器进口粉尘浓度，$C_i=100$ g/m³；⑥ 旋风除尘器出口要求的粉尘浓度，$C_o=15$ g/m³；⑦ 旋风除尘器进口粉尘的频

率分布 ΔD 见表 4-4。

表 4-4　　　　　　　　　　　　　已知进口粉尘的频率分布

平均粒径 $d/\mu m$	2	4	7.5	15	25	35	45	55	65
粒径频率分布 $\Delta D/\%$	3	11	17	27	12	9.5	7.5	6.4	6.6

解　(1) 确定旋风除尘器进口风速 v_i。根据推荐取 $v_i=18$ m/s。

(2) 确定旋风除尘器的几何尺寸。

① 进口面积 F_i：

$$F_i=H_c\times B_c=\frac{Q}{v_i}=\frac{0.361}{18}=0.02(\text{m}^2)$$

② 进口高度 H_c 和进口宽度 B_c：

$$H_c=\sqrt{2\,F_i}=\sqrt{2\times0.02}=0.2\ (\text{m})$$
$$B_c=0.5\,H_c=0.5\times0.2=0.1\ (\text{m})$$

③ 筒体直径 D：取 $B_c=0.25D$，则 $D=4B_c=4\times0.1=0.4$ (m)

④ 筒体高度 L_c：取 $L_c=1.5D=1.5\times0.4=0.6$ (m)

⑤ 锥体高度 Z_c：取 $Z_c=2.0D=2.0\times0.4=0.8$ (m)

⑥ 排气管直径 D_0：取 $D_0=0.25D=0.25\times0.4=0.1$ (m)

⑦ 排气管直径 D_e：取 $D_e=0.5D=0.5\times0.4=0.2$ (m)

⑧ 排气管插入深度 S：取 $S=0.4D=0.4\times0.4=0.16$ (m)

(3) 压力损失 Δp 的计算。由于本旋风除尘器设计为无叶片的标准切向进口，所以取 $K=16$，由式(4-28)得压力损失系数：

$$\xi=K\frac{H_c\cdot B_c}{D_e^2}=16\times\frac{0.2\times0.1}{(0.2)^2}=8$$

由式(4-27)得压力损失：

$$\Delta p=\xi\frac{\rho_g v_i^2}{2}=8\times\frac{1.29\times18^2}{2}=1\,671.8\ (\text{Pa})$$

(4) 除尘效率的计算。根据分级除尘效率计算公式(4-29)以及旋风进口的粉尘频率分布 ΔD，可分别求出分级除尘效率 η_d 及 $\Delta D\cdot\eta_d$ 的值，则总除尘效率：

$$\eta=\sum_{d_{\min}}^{d_{\max}}(\Delta D\cdot\eta_d)=91.6\%$$

具体计算过程见表 4-5。

表 4-5　　　　　　　　　　　　　除尘效率计算表

平均粒径 $d/\mu m$	粒径频率分布 $\Delta D/\%$	筛上累计频率分布 $R/\%$	分级除尘效率 $\eta_d/\%$	$\eta_d\cdot\Delta D/\%$
2	3	3	57.4	1.72
4	11	14	73.3	8.06
7.5	17	31	85	14.4
15	27	58	95.1	25.7

续表 4-5

平均粒径 $d/\mu m$	粒径频率分布 $\Delta D/\%$	筛上累计频率分布 $R/\%$	分级除尘效率 $\eta_d/\%$	$\eta_d \cdot \Delta D/\%$
25	12	70	98.5	11.8
35	9.5	79.5	99.4	9.44
45	7.5	87	99.8	7.48
55	6.4	93.6	100	6.4
>60	6.6	100	100	6.6
总除尘效率 $\eta/\%$		$\eta = \sum\limits_{d_{\min}}^{d_{\max}} (\Delta D \cdot \eta_d) = 91.6\%$		

（5）设计校核。根据旋风除尘器进口粉尘浓度 $C_i = 100$ g/m³、旋风除尘器出口要求的粉尘浓度 $C_o = 15$ g/m³，可以求得需要达到的除尘效率 $\eta_o = \dfrac{C_i - C_o}{C_i} = \dfrac{(100-15)}{100} = 85\%$，由于 $\eta > \eta_o$，所以设计符合要求。

本章习题

4.1 在 298 K 的空气中 NaOH 飞沫用重力沉降室收集。其大小为宽 914 cm，高 457 cm，长 1 219 cm。空气的体积流量为 1.2 m³/s。计算能被 100% 捕集的最小雾滴的直径。假设雾滴的密度为 1.21。

4.2 一直径为 10.9 μm 的单分散相气溶胶通过一重力沉降室，宽 20 cm，长 50 cm，共 18 层，层间距 0.124 cm，气体流速是 8.61 L/min，并观测到其操作效率为 64.9%。问需要设置多少层才能得到 80% 的操作效率。

4.3 有一沉降室长 7.0 m，高 1.2 m，气速 30 cm/s，空气温度 300 K，尘粒密度 2.5 g/cm³，空气黏度 0.067 kg/(m·h)，求该沉降室能 100% 捕集的最小粒径。

4.4 某气溶胶含有粒径为 0.63 μm 和 0.83 μm 的粒子（质量分数相等），以 3.61 L/min 的流量通过多层沉降室，给出下列数据，运用斯托克斯定律和肯宁汉校正系数计算沉降效率。已知 $L = 50$ cm，$\rho_p = 1.05$ g/cm³，$W = 20$ cm，$h_i = 0.129$ cm，$\mu = 1.82 \times 10^{-4}$ g/(cm·s)，$n = 19$ 层。

4.5 某旋风除尘器处理含有 4.5 g/m³ 灰尘的气流（$\mu_g = 2.5 \times 10^{-5}$ Pa·s），其除尘总效率为 90%。粉尘分析试验得到下列结果（表 4-6）：

表 4-6

粒径范围/μm	捕集粉尘的重量分数/%	逸出粉尘的重量分数/%
0～5	0.5	76.0
5～10	1.4	12.9
10～15	1.9	4.5
15～20	2.1	2.1

粒径范围/μm	捕集粉尘的重量分数/%	逸出粉尘的重量分数/%
20~25	2.1	1.5
25~30	2.0	0.7
30~35	2.0	0.5
35~40	2.0	0.4
40~45	2.0	0.3
>45	84.0	1.1

(1) 作出分级效率曲线；

(2) 确定分割粒径。

4.6 某旋风除尘器的阻力系数为 9.9，进口速度 15 m/s，试计算标准状态下的压力损失。

4.7 欲设计一个用于取样的旋风分离器，希望在入口气速为 20 m/s 时，其空气动力学分割直径为 1 μm。

(1) 估算该旋风分离器的筒体外径；

(2) 估算通过该旋风分离器的气体流量。

第五章

电除尘器

电除尘器是利用高压电场产生的静电力,将粉尘从气流中分离出来的一种除尘设备。与其他除尘装置的根本区别是,分离力(主要是静电力)直接作用在粉尘上,而不是整个气流,因此电除尘时能耗较低,气流阻力较小。由于作用在粉尘上的静电力相对较大,所以电除尘器对微小粒子也能进行有效捕集,是捕集微细粉尘的主要除尘装置之一。整体而言,电除尘器具有压力损失小(一般 200～500 Pa)、处理烟气量大(可达 10^5～10^6 m³/h 甚至更高)、能耗低(约 0.2～0.4 kW·h/km³)、对微细粉尘的捕集效率高(可高于 99%)、能在高温或强腐蚀性气体下操作等优点。但是,电除尘器的设备庞大,耗钢多,一次性投资较高,占地面积大,对尘粒的导电性有一定要求,并对制造、安装和管理的技术水平要求也较高。

第一节 电除尘器的工作原理

工业上应用的电除尘器种类、结构型式繁多,但都基于相同的工作原理。如图 5-1 所示,电除尘过程主要包括四个基本阶段:气体电离与电晕的产生,粉尘粒子荷电,荷电粒子在电场中的运动和捕集,被捕集粉尘的清除。通常,将产生电晕的电极称为电晕极(或放电极),供尘粒沉积的电极称为集尘极(或收尘极)。

一、气体电离与电晕的产生

(一)气体电离

通常,空气中总存在着少量的自由电子和离子,但由于数量少可认为空气是不导电的。电除尘过程中,当在除尘器两电极施以直流电压时,两极间形成

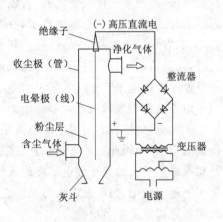

图 5-1 电除尘器的基本原理示意图

一非均匀电场。如图 5-2 所示,随着电压升高,电极间的离子和电子运动速度增加,电流随之增大(图 5-2 中曲线 *ab* 段),由于气体的导电仅借助于气体中原有的少量自由电子和离子,因此电流增大的幅度并不高;当电压加大到一定数值,两极间的离子和电子全部参与极间运动,电流不再随电压升高而增大(图 5-2 中曲线 *bc* 段);电压继续升高,自由电子获得足够能量后撞击气体分子,使其开始电离,产生正离子和电子,此时电流随电压的升高而急剧增大,发生电晕放电(图 5-2 中曲线 *cd* 段);电压再升高,两极间气体全部电离,电场击穿,发

生火花放电。电除尘器运行时应保持两电极间的气体处于不完全被击穿的电晕放电状态。

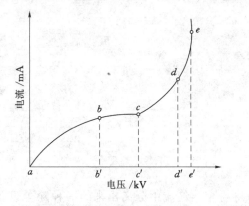

图 5-2 气体导电过程曲线

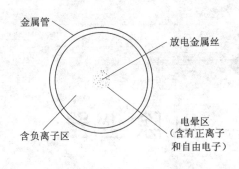

图 5-3 电晕放电示意图

（二）电晕放电机理

电晕放电机理可以借助电晕放电示意图（图 5-3）来解释，假设电晕极是负极。在图 5-3 所示的非均匀场中，从金属丝表面或附近放出的电子迅速向正极（或接地极）金属管运动。由于电晕极附近电场强度大，自由电子获得的能量较多，具有一定能量（超过电离能）的电子撞击气体分子，产生新的阳离子和自由电子。新产生的电子又被电场加速并撞击更多的分子，使气体进一步电离，通常将该过程称为"雪崩"过程。气体电离产生的阳离子被负极吸引，加速飞向负极，撞击负极表面，释放二次电子，使电离过程能继续维持。负极周围气体分子受激发电离产生紫外辐射后，出现蓝光，即为电晕。离负极稍远处，电场强度小，电子运动速度降低，不能使气体分子电离，所以电晕区范围是很小的。电子向电晕区外运动，因碰撞而附着在气体分子上，形成负离子，并继续向正极（或接地极）金属管运动。由于电晕区范围很小，只有少量尘粒在电晕区通过，获得正电荷，沉积在电晕极上。大多数尘粒在电晕区外通过，获得负电荷，最后沉积在金属管内壁（集尘极）上。通常，将这种以负极为放电极形成的电晕称为负电晕。

以正极作为电晕极也能形成电晕，此时称为正电晕。与负电晕相反，由于电离产生的自由电子向电晕极运动，所以空间电流是由正离子向电晕区外运动而形成的。由于离子的质量远大于电子，因此正离子运动速度较低，不能使气体分子碰撞电离。所以，正极放电主要是靠电晕辐射出的光子使电晕极附近气体电离，来维持电晕放电的。

工程实践中，当电晕电极与高压直流电源的阳极连接，就产生正电晕，与高压直流电源的阴极连接就产生负电晕。

（三）起始电晕电压

电除尘过程中，许多因素影响电晕的发生及施加电压与电晕电流之间的关系。通常，将开始产生电晕电流时所施加的电压称为起始电晕电压（或起晕电压），对应电场强度称为起始电晕场强（或起晕场强）。以管式电除尘器为例，可简要说明如下。

管式电除尘器内任一点的电场强度可表示为：

$$E_r = \frac{V}{r \cdot \ln(b/a)} \qquad (5-1)$$

式中　E_r——距电晕线中心距离 r 处的电场强度，V/m；

V——电晕极和集尘极之间的电压，V；

r——除尘器内任一点距电晕线中心的距离，m；

a——电晕线半径，m；

b——电晕极至集尘极的距离，m。

式(5-1)表明，施加的电压 V 增加，电晕线附近的场强亦增加，直至电晕发生。起始电晕电压与烟气性质和电极的形状、几何尺寸等因素有关。皮克(Peek)对电晕过程进行了广泛研究，提出了计算起始电晕场强 E_c 的如下经验公式：

$$E_c = 3 \times 10^6 k(\delta + 0.03\sqrt{\delta/a}) \tag{5-2}$$

式中 δ——气体的相对密度，定义为 $\delta = T_0 p/T p_0$，其中 $T_0 = 298$ K，$p_0 = 101\ 325$ Pa，T 和 p 分别为运行操作时的温度和压力；

k——电晕线光滑修正系数，$0.5 < k < 1.0$，对于清洁光滑的圆极线 $k = 1$，实际应用时可取 $0.6 \sim 0.7$。

由式(5-1)和式(5-2)可知，在 $r = a$ 时(电晕电极表面上)，管式电除尘器的起始电晕电压为：

$$V_c = 3 \times 10^6 ka(\delta + 0.03\sqrt{\delta/a})\ln\frac{b}{a} \tag{5-3}$$

可见，起始电晕电压可以通过调整电极的几何尺寸来实现。电晕线越细，起始电晕所需要的电压越小。

板式电除尘器的起始电晕电压可表示为：

$$V_c = 3 \times 10^6 ka(\delta + 0.03\sqrt{\delta/a})\ln\frac{d}{a} \tag{5-4}$$

式中 d——与电极距离有关的参数，m。

d 可按下式进行计算：

当 $b/c \leqslant 0.6$ 时，$d = \dfrac{4b}{\pi}$ $\qquad$ (5-5)

当 $b/c \geqslant 2$ 时，$d = \dfrac{c}{\pi e^{\pi b/2c}}$ $\qquad$ (5-6)

式中 c——两电晕极之间距离的一半，m。

当 $0.6 < b/c < 2.0$ 时，d 值按图 5-4 确定。

图 5-4 d/c 值与 b/c 值的关系
$(0.6 < b/c < 2.0)$

例 5-1 管式电除尘器的电晕线的半径为 1 mm，集尘圆管直径为 200 mm。运行时的气体压力为 1.0×10^5 Pa，温度为 573 K。试计算起始电晕电场强度和起始电晕电压。光滑修正系数 k 取 0.7。

解 由式(5-2)知，起始电晕电场强度为：

$$E_c = 3 \times 10^6 \times 0.7 \times \left(\frac{298 \times 1.0 \times 10^5}{573 \times 1.013 \times 10^5} + 0.03 \times \sqrt{\frac{298 \times 1.0 \times 10^5}{573 \times 1.013 \times 10^5 \times 0.001}}\right)$$

$$= 2.51 \times 10^6 (\text{V/m})$$

$$= 25.1 (\text{kV/cm})$$

由式(5-3)，起始电晕电压为：

$$V_c = 2.51 \times 10^6 \times 0.001 \times \ln \frac{0.1}{0.001}$$

$$= 1.16 \times 10^4 (V)$$

$$= 11.6 (kV)$$

由于电除尘器在运行过程中,两极间存在电晕电流,所以实际操作电压比计算得到的电晕电压值要高。

电晕放电电场的电压与电晕电流之间的关系,通常称为电压-电流特性或简称为伏-安特性。伏-安特性决定了电除尘器操作过程的电学条件。

在负电晕电场中,几乎全部自由电子都很快附着在负电性气体分子上形成负离子,离子迁移形成极间电流。因此,空间电流密度可表示为:

$$j = \rho_i K_i E_r \tag{5-7}$$

式中　j——空间电流密度,A/m^3;

　　　ρ_i——空间电荷密度,C/m^3;

　　　K_i——离子迁移率,m^2/(V·s)。

由于管式电除尘器中电场分布的对称性,通过各同心圆柱面的电流密度为:

$$j = \frac{i}{2\pi r} \tag{5-8}$$

式中　i——单位长度放电极线的电流强度,A/m。

离子迁移率与气体密度成反比,所以:

$$K_i = \frac{K_{i0}}{\delta} \tag{5-9}$$

式中　K_{i0}——标准状态($T_0 = 298$ K,$p_0 = 101\,325$ Pa)下的离子迁移率(表 5-1),m^2/(V·s)。

表 5-1　　　　　　　　　　　　标准状态气体离子迁移率

迁移率/[10^{-4} m^2/(V·s)]　　电晕 气体	负电晕 K_{i0}^-	正电晕 K_{i0}^+	迁移率/[10^{-4} m^2/(V·s)]　　电晕 气体	负电晕 K_{i0}^-	正电晕 K_{i0}^+
He	—	10.4	C_2H_2	0.83	0.78
Ne	—	4.2	C_2H_5Cl	0.38	0.36
Ar	—	1.6	C_2H_5OH	0.37	0.36
Kr	—	0.9	CO	1.14	1.10
Xe	—	0.6	CO_2	0.98	0.84
干空气	2.1	1.36	HCl	0.62	0.53
湿空气	2.5	1.8	H_2O	0.95	1.1
N_2	—	1.8	H_2S	0.56	0.62
O_2	2.6	2.2	NH_3	0.66	0.56
H_2	—	12.3	N_2O	0.90	0.82
Cl_2	0.74	0.74	SO_2	0.41	0.4
CCl_4	0.31	0.30	SF_6	0.57	—

管式电除尘器圆管内的电场分布规律可用泊松(Poisson)方程表示：

$$\frac{dE}{dr} + \frac{E}{r} - \frac{\rho_i}{\varepsilon_0} = 0 \tag{5-10}$$

式中 ε_0——真空介电常数，8.85×10^{-12} F/m。

由式(5-7)、式(5-8)和式(5-10)可得：

$$rE\frac{dE}{dr} + E^2 - \frac{i}{2\pi K_i \varepsilon_0} = 0 \tag{5-11}$$

电晕区边界($r=r_0$)处场强为 E_r，按此边界条件对式(5-11)进行积分，得到管内距电晕线中心距离为 r 任一点的电场强度：

$$E_r = -\frac{dV}{dr} = -\left[\left(\frac{r_0 E_c}{r}\right)^2 + \frac{i}{2\pi K_i \varepsilon_0}\left(1 - \frac{r_0^2}{r^2}\right)\right]^{\frac{1}{2}} \tag{5-12}$$

由于电晕区很小，可以认为 $r_0 \approx a$，因此再对上式在电晕极表面至集尘极表面范围积分，可得电晕极表面电压与电流的关系式：

$$V_a = aE_c\left\{\ln\frac{b}{a} + 1 - \left[1 + \left(\frac{b}{aE_c}\right)^2\frac{i}{2\pi K_i \varepsilon_0}\right]^{\frac{1}{2}} + \ln\frac{1 + \left(\frac{b}{aE_c}\right)^2\frac{i}{2\pi K_i \varepsilon_0}}{2}\right\} \tag{5-13}$$

板式电除尘器内的电场分布情况比管式电除尘器电场复杂得多，因此电场伏-安特性表达式也很复杂。但在低电流的情况下，电晕电流与供电电压之间的关系可简单表示如下(注：式中各字母符号的意义同前)：

$$i = \frac{4V\pi \varepsilon_0 K_i}{b^2 \ln\frac{c}{a}}(V - V_c) \tag{5-14}$$

图 5-5 为正、负电晕运行的电晕电流-电压曲线。可以看出，负电晕运行时的起晕电压 V_0 低于正电晕运行时；在相同电压下，负电晕电流高于正电晕电流；负电晕电场的击穿电压 V_{sp} 也比正电晕电场的高。因此，工业烟气除尘时常采用稳定性强、可以得到较高操作电压和电流的负电晕运行方式。由于正电晕在高场强区气体发生碰撞电离较少，产生的臭氧和氮氧化物量比负电晕少得多(约为负电晕的 1/10)，因此正电晕常用于空气调节系统。

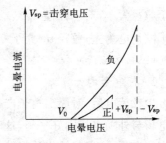

图 5-5 电晕电流-电压曲线

(四)影响电晕放电的主要因素

影响电晕放电的因素很多，包括放电极极性(见图 5-5)，气体成分，温度和压力，电压波形，电极形状和极间距，粉尘浓度、粒径和比电阻，以及电极积尘情况等。

1. 气体成分

气体成分对电晕放电的影响，主要是因为不同气体分子对电子的亲和力不同，以及不同气体负离子的迁移率不同。例如，惰性气体、H_2、N_2 等气体分子对电子没有亲和力，不能使电子附着而形成负离子；SO_2、O_2 等气体分子对自由电子的亲和力很大，易于形成负离子。此外，不同气体分子形成的负离子在电场中的迁移率(迁移速度与场强之比)也不同。因此，气体成分不同，电晕放电时的伏-安特性和火花电压也不同。

2. 温度和压力

气体的温度和压力既能改变起晕电压,又能改变伏安特性。温度和压力的改变,一方面通过改变气体的密度来影响电子平均自由程、电子加速、起晕电压等,因此气体压力升高或温度降低时,气体密度增大,起晕电压增高;另一方面是使离子当量迁移率改变,从而改变电晕放电的伏安特性。

3. 电压波形

如图 5-6 所示,电压的波形对电晕放电特性也有很大影响。在工业上广泛采用全波和半波电压,直流电只用于特殊情况或实验室研究。对于异极距 10～15 cm 的电除尘器,典型的电晕电压峰值是 40～60 kV,相应的电晕电流密度为 0.1～1.0 mA/m²。

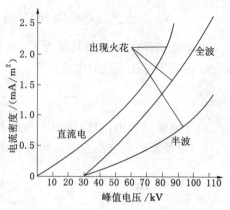

图 5-6 电压波形对电晕放电特性的影响

二、粉尘粒子荷电

粉尘粒子荷电是电除尘过程中非常重要的一步。粉尘粒子通过电晕放电电场时,尘粒与离子碰撞,离子附着于尘粒上,使其带电。尘粒荷电的机制主要有两种。一种是离子在电场作用下,沿电力线做有规则定向运动而与尘粒碰撞,并附着于尘粒表面使尘粒荷电,称为电场荷电或碰撞荷电。另一种是由于离子的无规则热运动而与尘粒碰撞、附着,使尘粒荷电,称为扩散荷电。该荷电过程依赖于离子的热能,而不依赖于电场强度。尘粒的主要荷电过程取决于粒径大小,对于粒径 $d_p > 0.5\ \mu m$ 的尘粒,以电场荷电为主;粒径 $d_p < 0.15\ \mu m$ 的尘粒,以扩散荷电为主;粒径 d_p 介于 0.15～0.5 μm 的尘粒,则需要同时考虑上述两种荷电机制。

(一)电场荷电

1. 荷电量的计算

尘粒荷电后,对周围离子产生斥力,因此尘粒的荷电率逐渐下降,最终尘粒因荷电产生的电场与外加电场刚好平衡,这时尘粒荷电达到饱和。用经典静电学方法可以求得荷电率和饱和电荷,这里仅给出计算结果。

单个球形颗粒的饱和荷电量可由下式计算:

$$q_s = \frac{3\varepsilon\varepsilon_0\pi E d_p^2}{\varepsilon + 2} \tag{5-15}$$

式中　q_s——粉尘粒子饱和荷电量,C;

　　　ε——粉尘粒子的相对介电常数,无量纲;

　　　E——电场强度,V/m;

　　　d_p——颗粒粒径,m;

其他符号意义同前。

由式(5-15)可知,尘粒的荷电量主要取决于电场强度和尘粒粒径。电场强度越高,尘粒越大,饱和荷电量越大。

粉尘颗粒的荷电量与时间的关系可用下式表示:

$$q = q_{\mathrm{s}} \cdot \frac{1}{1 + \dfrac{\tau}{t}} \tag{5-16}$$

其中

$$\tau = \frac{4\varepsilon_0}{eNK_i} \tag{5-17}$$

式中　t——荷电时间，s；

　　　　τ——荷电时间常数，即粒子荷电率为 50% 时所需的时间，s；

　　　　N——荷电区离子浓度，个/m³，实际运行工况下（150～400 ℃），约为 $10^{14} \sim 10^{15}$
　　　　　　个/m³；

　　　　e——电子电量，$e = 1.6 \times 10^{-19}$ C；

　　　　其他符号意义同前。

将式(5-16)变形，可得到下面的关系式：

$$t = \tau \frac{q/q_{\mathrm{s}}}{1 - q/q_{\mathrm{s}}} \tag{5-18}$$

由式(5-18)可知，τ 值越小，荷电时间越短。当 $t = \tau$ 时，$q = 0.5 q_{\mathrm{s}}$。式(5-18)中的关系也可用图 5-7 中的曲线来表示，停留时间越长，荷电率越高。

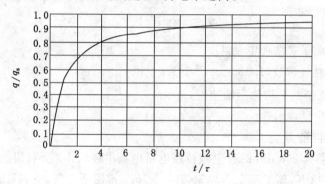

图 5-7　球形尘粒的荷电量随时间变化曲线

例 5-2　求粒径为 $1.0\ \mu\mathrm{m}$ 的粉尘颗粒在电晕电场中的荷电量和荷电时间常数。电场特性如下：$\varepsilon = 5$，$E = 6 \times 10^5$ V/m，$N = 5 \times 10^{14}$ 个/m³，$K_i = 2.2 \times 10^{-4}$ m²/(V·s)。

解　由式(5-15)得：

$$q_{\mathrm{s}} = \frac{3\varepsilon\varepsilon_0 \pi E d_{\mathrm{p}}^2}{\varepsilon + 2} = \frac{3 \times 5 \times 8.85 \times 10^{-12} \times 3.14 \times (1.0 \times 10^{-6})^2 \times 6 \times 10^5}{5 + 2}$$

$$= 3.6 \times 10^{-17}\,(\mathrm{C})$$

通常粒子的电荷以电子电量的倍数 n_{s} 来表示，即：

$$n_{\mathrm{s}} = q_{\mathrm{s}}/e = 3.6 \times 10^{-17}/(1.6 \times 10^{-19}) = 225\,(\text{电子电量})$$

由式(5-17)得：

$$\tau = \frac{4\varepsilon_0}{eNK_i} = \frac{4 \times 8.85 \times 10^{-12}}{1.6 \times 10^{-19} \times 5 \times 10^{14} \times 2.2 \times 10^{-4}} = 0.002\,(\mathrm{s})$$

2. 影响电场荷电的因素

从式(5-15)可以看出，影响尘粒电场荷电的主要因素包括尘粒粒径 d_{p}，相对介电常数 ε 及电场强度 E 等。对于大多数粉尘粒子而言，ε 在 1～100 之间，如硫黄约为 4.2，石英为

4.3,真空为1.0,空气为1.000 59,纯水为80,而导电粒子为∞。大多数工业电除尘器的电场强度为3~6 kV/cm,某些特殊设计有可能超过10 kV/cm。由式(5-17)和式(5-18)可知,气体离子的迁移率对电场荷电也有重要影响。前已述及,不同气体的离子迁移率不同,同一种气体的正、负离子的迁移率也有差别。实验表明在海平面处,大气中离子的迁移率约2×10^{-4} m²/(V·s)。

一般情况下,达到饱和电场荷电量的时间小于0.1 s,这个时间相当于气流在电除尘器内流动10~20 cm所需要的时间,所以对于一般的电除尘器,可以认为粒子进入除尘器后立刻达到了饱和电荷。

（二）扩散荷电

离子的无规则热运动促使其与气体中的尘粒碰撞,使尘粒荷电。外加电场促进尘粒荷电,但并非扩散荷电的必要条件,与电场荷电相反,并不存在扩散荷电的最大极限值,因为根据分子运动理论,并不存在离子动能的上限。扩散荷电与离子的热能、尘粒大小和在电场中的停留时间等因素有关。扩散荷电量可用下式进行计算：

$$q_d = \frac{2\pi \varepsilon_0 \, d_p \, k_0 \, T}{e}\ln(1+\frac{d_p \bar{u} \, e^2 Nt}{8 \, \varepsilon_0 \, k_0 \, T}) \tag{5-19}$$

其中

$$\bar{u} = \left(\frac{8 \, k_0 \, T}{\pi m}\right)^{1/2} \tag{5-20}$$

式中 q_d——粉尘粒子扩散荷电量,C；

k_0——玻耳兹曼常数,1.38×10^{-23} J/K；

$\bar{u}$——气体离子的平均热运动速度,m/s；

m——离子质量,kg；

其他符号意义同前。

例5-3 求粒径为2.0 μm的粉尘颗粒在电晕电场中停留1 s所获得的扩散荷电量。已知,气体温度$T=298$ K,离子密度$N=5\times10^{14}$个/m³,常压下空气$\bar{u}=467$ m/s。

解 根据已知条件,由公式(5-19)得：

$$q_d=1.43\times10^{-12} d_p\ln(1+2.05\times10^{10} d_p t)$$

将$d_p=2\times10^{-6}$ m和$t=1$ s代入上式,即可得到：

$$q_d=1.43\times10^{-12}\times2\times10^{-6}\ln(1+2.05\times10^{10}\times2\times10^{-6}\times1)$$

$$\approx190（电子电量）$$

（三）电场荷电和扩散荷电的综合作用

实际电除尘过程中,两种荷电机制是同时存在的,特别是对于粒径处于中间范围(0.15~0.5 μm)的尘粒,同时考虑电场荷电和扩散荷电机制是必要的。对于典型条件,电场荷电、扩散荷电和两种过程综合作用［鲁宾逊(Robinson)提出将两种荷电量直接叠加］时,荷电量的理论值随尘粒粒径的变化如图5-8所示。从图5-8可以看出,对于粒径<0.15 μm的尘粒,扩散荷电占主导作用；粒径>0.5 μm的尘粒,以电场荷电为主,且粒径越大,电场荷电的主导作用越明显。多年来,人们一直认为休伊特(Hewitt)在1957年公布的试验结果是最可信赖和最为精确的。试验数据(图5-8)是休伊特在$E=3.6\times10^5$ V/m,$N=10^{13}$个/m³的条件下得到的。从图5-8可以看出,该组试验数据与两种荷电过程综合作用下的直接叠加值基本一致。

例 5-4 已知 $\varepsilon=5$，$E=3\times10^6$ V/m，$N=2\times10^{15}$ 个/m³，$T=300$ K，$\overline{u}=467$ m/s。利用上述数据，试计算在电场荷电及扩散荷电综合作用下不同粒径（$d_p=0.1$ μm，0.5 μm 和 1.0 μm）尘粒的荷电量随时间的变化。

解 根据已知条件，由公式(5-15)得：

$$q_s=\frac{3\pi\times5\times8.85\times10^{-12}\times3\times10^6}{5+2}d_p^2=1.79\times10^{-4}d_p^2$$

同理，式(5-19)可计算出：

$$q_d=1.44\times10^{-12}d_p\ln(1+8.16\times10^{10}td_p)$$

因此，在电场荷电及扩散荷电综合作用下尘粒的荷电量为

$$q=q_s+q_d=1.79\times10^{-4}d_p^2+1.44\times10^{-12}d_p\ln(1+8.16\times10^{10}td_p)$$

将 $d_p=0.1$ μm、0.5 μm 和 1.0 μm 分别代入上式，即可求得两种过程综合作用下三种不同粒径的尘粒荷电量随时间 t 的变化关系（图5-9）。

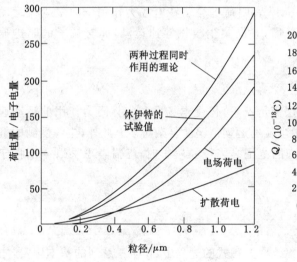

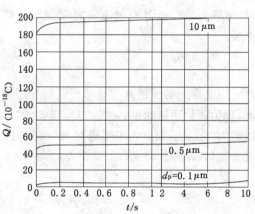

图 5-8 典型条件下尘粒的荷电量   图 5-9 尘粒荷电量随时间和粒径的变化

三、荷电粒子的运动和捕集

（一）驱进速度

电除尘过程中，荷电尘粒受电场力作用，向与其电性相反的电极运动，并最终沉积在电极上。这一运动通常被称为驱进运动，运动速度称为驱进速度。荷电粒子在电场中运动时，除了受电场力作用外，还受到气体阻力的作用。当粒子的粒径为 d_p、质量为 m、荷电量为 q、驱进速度为 ω、电场强度为 E 时，根据牛顿第二定律，有如下关系式：

$$m\frac{\mathrm{d}\omega}{\mathrm{d}t}=qE-3\pi\mu d_p\omega$$

式中 μ——流体的黏度系数；

　　　　t——粒子运动时间。

对上式进行积分并进行适当变换，可得：

$$\frac{-m}{3\pi\mu d_p}\ln(3\pi\mu d_p\omega-qE)=t+常数$$

当 $t=0$ 时，$\omega=0$，则：

$$\mathrm{e}^{-(\frac{3\pi\mu d_p}{m})^C} = -qE$$

因此，有：

$$-qE\,\mathrm{e}^{-(\frac{3\pi\mu d_p}{m})t} = 3\pi\mu d_p\omega - qE$$

$$\omega = \frac{qE}{3\pi\mu d_p}\left[1 - \mathrm{e}^{-(\frac{3\pi\mu d_p}{m})t}\right]$$

在所有电除尘器中，自然对数 e 的指数项 $\dfrac{3\pi\mu d_p}{m}$ 是一个很大的数值。例如，对于密度为 1 g/cm³、直径为 10 μm 的球形颗粒，在黏度系数为 1.8×10^{-5} Pa·s 的空气中有：

$$\frac{3\pi\mu d_p}{m} = \frac{3\pi\mu d_p}{\frac{1}{6}\pi d_p^3\rho} = \frac{18\mu}{d_p^2\rho} = \frac{18\times1.8\times10^{-5}}{(10\times10^{-4})^2\times1} = 324$$

若 $t>0.1$ s，$\mathrm{e}^{-(\frac{3\pi\mu d_p}{m})t}$ 完全可以忽略不计，表明荷电粒子在电场力作用下向集尘极运动时，电场力与气体阻力很快就能够达到平衡，并向集尘极做等速运动，此时粒子的驱进速度为：

$$\omega = \frac{qE}{3\pi\mu d_p} \tag{5-21}$$

由此得到的驱进速度是球形颗粒在层流情况下，仅受电场力和气体阻力作用的运动速度，称为理论驱进速度。实际电除尘器中尘粒的运动情况要复杂得多。此外，尘粒受到的气体阻力 $3\pi\mu d_p\omega$ 只适用于雷诺数 $Re<1.0$ 的范围。当粒径较小时，尚需考虑乘以一个肯宁汉修正因数 C，此时式(5-21)变为：

$$\omega = \frac{qEC}{3\pi\mu d_p}$$

(二) 捕集效率方程

德意希(Deutsch)在 1922 年推导捕集效率方程式的过程中，作了一系列的基本假定，主要包括：除尘器中的气流处于紊流状态；在垂直于集尘极表面的任一横截面上粒子浓度和气流分布是均匀的；粉尘粒子进入除尘器后立即完成了荷电过程；忽略电风、气流分布不均、被捕集尘粒重新进入气流等因素的影响。在以上假定基础上，可作如下推导。

如图 5-10 所示，设除尘器内的气流沿 x 方向流动，气体和粉尘粒子在 x 方向的流速皆为 u (m/s)，气体流量为 $Q(\mathrm{m^3/s})$，x 方向上每单位长度的集尘板面积为 $a(\mathrm{m^2/m})$，总集尘板面积为 A (m²)，电场长度为 $L(\mathrm{m})$，气体流动截面积为 F (m²)，直径 d_{pi} 的粒子的驱进速度为 $\omega(\mathrm{m/s})$，其在气流中的浓度为 $c(\mathrm{g/m^3})$，入口浓度为 c_i

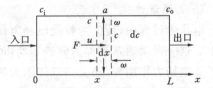

图 5-10 捕集效率方程式推导示意图

(g/m³)，出口浓度为 $c_o(\mathrm{g/m^3})$，则在 $\mathrm{d}t$ 时间内于 $\mathrm{d}x$ 空间所捕集的粉尘量为：

$$\mathrm{d}m = a\cdot\mathrm{d}x\cdot\omega\cdot c\cdot\mathrm{d}t = -F\cdot\mathrm{d}x\cdot\mathrm{d}c$$

将 $\mathrm{d}x = u\cdot\mathrm{d}t$ 代入上式得：

$$\frac{a\omega}{Fu}\mathrm{d}x = -\frac{\mathrm{d}c}{c}$$

将其由除尘器入口到出口进行积分,得:

$$\frac{a\omega}{Fu}\int_0^L dx = -\int_{c_i}^{c_o}\frac{dc}{c}$$

$$\frac{a\omega L}{Fu} = -\ln\frac{c_o}{c_i}$$

将 $Q = F \cdot u, A = a \cdot L$ 代入上式得:

$$\exp\left(-\frac{A}{Q}\omega\right) = \frac{c_o}{c_i}$$

则理论分级捕集效率 η_i 为:

$$\eta_i = 1 - \frac{c_o}{c_i} = 1 - \exp\left(-\frac{A}{Q}\omega\right) \tag{5-22}$$

式(5-22)就是著名的德意希(Deutsch)方程。德意希方程式能够概括地描述分级除尘效率与集尘极板面积、气体流量和粉尘驱进速度之间的关系,给出了提高电除尘器粉尘捕集效率的途径,因而被广泛应用在电除尘的性能分析和设计中。

但是,德意希方程式毕竟是根据一些假设的理想条件推导而来的,所以往往与事实不符。实际上,只有当粒子的粒径相同且尘粒驱进速度不超过气流速度的 $10\% \sim 20\%$ 时,这个方程式理论上才成立。作为除尘总效率的近似估算,ω 应取某种形式的平均驱进速度。若驱进速度取粒径 d_{pi} 的函数,式(5-22)实际上表示了除尘器的分级效率。可以看出,100% 的捕集效率是不可能的,因为在该指数方程式中,$\frac{A}{Q}\omega$ 总是有限的。

(三) 有效驱进速度

实践过程中,直接使用德意希方程式计算的捕集效率要比实际值高得多。因此,可以根据一定除尘器结构型式和运行条件下测得的捕集效率值,代入德意希方程式反算出相应尘粒的驱进速度,并称为有效驱进速度(ω_p)。有效驱进速度可用来表示工业电除尘器的性能,并作为类似除尘器设计时的基础。通常,将用有效驱进速度表达的捕集效率方程式称为安德森-德意希方程式:

$$\eta = 1 - \exp\left(-\frac{A}{Q}\omega_p\right) \tag{5-23}$$

在工业用电除尘器中,有效驱进速度大致在 $2 \sim 20$ cm/s 范围内。表 5-2 列出了一些工业窑炉用电除尘器的电场风速和有效驱进速度值。

表 5-2　　　　　　　　一些工业窑炉电除尘器的电场风速和有效驱进速度

主要工业窑炉的电除尘器		电场风速/(m/s)	有效驱进速度/(cm/s)
热电站锅炉飞灰		1.2~2.4	5.0~15.0
纸浆和造纸工业黑液回收锅炉		0.9~1.8	6.0~10.0
钢铁工业	烧结炉	1.2~1.5	2.3~11.5
	高炉	2.7~3.6	9.7~11.3
	吹氧平炉	1.0~1.5	7.0~9.5
	碱性氧气顶吹转炉	1.0~1.5	7.0~9.0
	焦炭炉	0.6~1.2	6.7~16.1

主要工业窑炉的电除尘器		电场风速/(m/s)	有效驱进速度/(cm/s)
水泥工业	湿法窑	0.9～1.2	8.0～11.5
	立波尔窑	0.8～1.0	6.5～8.6
	干法窑 增湿	0.7～1.0	6.0～12.0
	干法窑 不增湿	0.4～0.7	4.0～6.0
	烘干机	0.8～1.2	10.0～12.0
	磨机	0.7～0.9	9.0～10.0
	熟料算式冷却机	1.0～1.2	11.0～13.5
都市垃圾焚烧炉		1.1～2.4	4.0～12.0
接触分解过程		—	3.0～11.8
铝煅烧炉			8.2～12.4
铜焙烧炉		—	3.6～4.2
有色金属转炉		0.6	7.3
冲天炉(灰口铁)		15	3.0～3.6
硫酸雾		0.9～1.5	6.1～9.1

例 5-5 在气体压力 101.325 kPa、温度 293 K 条件下运行的管式除尘器,圆管直径 0.3 m,管长 2.0 m,气体流量 0.075 m³/s,管内平均场强 100 kV/m,粒径为 1.0 μm 的粉尘荷电量为 0.3×10^{-15} C。已知,给定情况下空气的黏度系数 $\mu=1.82\times10^{-5}$ Pa·s,肯宁汉修正因数 1.168。试计算粉尘的驱进速度和捕集效率。

解 根据已知条件,粉尘的驱进速度为:

$$\omega=\frac{qEC}{3\pi\mu d_{\rm p}}=\frac{0.3\times10^{-15}\times10^{5}\times1.168}{3\pi\times1.82\times10^{-5}\times10^{-6}}=0.204({\rm m/s})$$

集尘极表面积 $A=\pi DL=\pi\times0.3\times2.0=1.89({\rm m}^2)$

因此,根据德意希方程式(5-22),可以计算粉尘的捕集效率为:

$$\eta=1-\exp\left(-\frac{A}{Q}\omega\right)=1-\exp\left(-\frac{1.89}{0.075}\times0.204\right)=99.4\%$$

(四)捕集颗粒重返气流

前面分析颗粒沉积和推导捕集效率方程式时,假定颗粒沉积到集尘极表面后,不会重新被气流带走。实际上,粉尘沉积在集尘极表面后,会有一部分重新返回到气流当中,导致除尘器捕集效率下降。引起捕集尘粒重返气流的原因主要有:

① 颗粒接触集尘极后,带上与集尘极电性相同的电荷,在静电斥力作用下重返气流。对于粒径较小的颗粒,分子引力起主要作用,沉积后能保持稳定;对于大粒径颗粒,静电斥力起主要作用,颗粒不易稳定沉积。

② 颗粒撞击集尘极后回弹,并扰动集尘极表面已沉积的其他颗粒,导致部分颗粒重返气流。颗粒越大,撞击速度越快,这一作用越明显。

③ 气流处于激烈紊流状态,受射流、涡流等冲刷作用,沉积颗粒脱离集尘极表面,重返气流。这一作用引起的捕集效率下降程度与沉积颗粒的黏着性和沉积物的整体密度有关。

④ 振打电极,积尘层崩解,散落的颗粒可能被气流带走。振打强度越大,振打频率越

高,重返气流的颗粒越多。

⑤ 气流窜入除尘器下方灰斗,使落入灰斗的尘粒上返形成尘云而被带出,重新进入气流。这一作用与灰斗设计配置的挡板型式、灰斗中的灰位高度等因素有关。

⑥ 其他原因如火花放电、存在反电晕或突然停电等情况,也会促使颗粒重返气流。

四、被捕集粉尘的清除

将被捕集的粉尘及时从除尘器中清除,也是电除尘的基本过程之一。被捕集的粉尘分别沉积在电晕极和集尘极上,粉尘层厚度达几毫米,甚至几厘米。粉尘沉积在电晕极上会影响电晕电流的大小和均匀性;集尘极上粉尘层较厚时会导致火花电压降低,电晕电流减小,而且被捕集的尘粒易被气流卷起,重新回到气流中,从而影响除尘效率。因此,应认真对待被捕集粉尘的清除过程,对捕集下来的粉尘必须及时地进行清除,保证电除尘过程的连续、稳定运行。

对于沉积在电晕极上的粉尘,一般通过对电极采取振打清灰,使电晕极上的粉尘很快被振打干净,保持电晕极表面清洁。

集尘极清灰方法在干式和湿式电除尘器中是不同的。在干式电除尘器中,沉积的粉尘可由机械撞击或电极振动产生的振动力进行清除,目前多采用电磁振打或锤式振打进行清灰,振动器只在某些情况下用来清除电晕极上的粉尘。干式清灰便于处置和利用可以回收的干粉尘,其主要问题是振打过程中的二次扬尘。振打强度的大小至关重要,振打强度太小难以清除积灰,太大可能会引起过多的二次扬尘,且容易造成电极不稳固或损坏。因此,振打系统必须高度可靠,既能产生高强度的振打力,又能调节振打强度和频率。合适的振打强度和振打频率一般通过现场调节来确定。

在湿式电除尘器中,通常是用水冲洗集尘极板,使极板表面经常保持着一层水膜,尘粒降落在水膜上时,随水膜流下,从而实现清灰目的。采用湿式清灰方式可有效减少或避免被捕集粉尘重返气流,改进了电除尘器的操作,同时还可以净化部分有害气体,如 SO_2、HF、Hg 等。但湿式清灰也存在极板腐蚀和污泥处理等问题。

第二节　影响电除尘效率的因素

影响电除尘效率的因素很多,包括前述电晕放电的影响因素。这里主要讨论粉尘粒径、比电阻、除尘器结构和供电质量四方面的影响。

一、粉尘粒径的影响

粉尘粒径对电除尘效率有很大影响。粒径不同的颗粒在电场中的荷电机制不同,驱进速度也不相同。图 5-11 给出了三种不同比集尘面积(总集尘面积/气体流量,即 A/Q)条件下理论除尘效率与粒径的关系。可以看出,大于 $1~\mu m$ 的颗粒,随着粒径的增大,除尘效率快速增加;粒径在 $0.1 \sim 1~\mu m$ 的颗粒,除尘效率几乎不受粉尘粒径的影响。

需要指出,图 5-11 中的关系曲线是一种理论计算结果,实际情况可能要复杂得多,即使粉尘的粒径分布相同,若粉尘组成及理化性质相差较大,则粉尘的驱进速度也会不同,并带来除尘效率的差异。此外,部分工业电除尘器除尘效率实测结果表明,对于粒径在亚微米级的粒子,除尘效率反而有增大的趋势。例如,粒径为 $1~\mu m$ 的粒子的捕集效率为 $90\% \sim 95\%$,而粒径为 $0.1~\mu m$ 的粒子,捕集效率可能上升到 99% 或更高。这主要是因为亚微米级

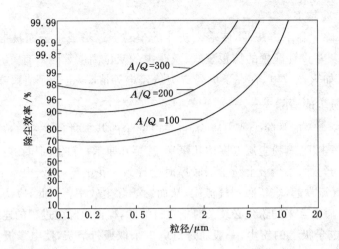

图 5-11　理论除尘效率与粒径的关系曲线

粒子荷电后发生凝并作用生成了电场可捕捉的大粒径粉体。亚微米级粒子对人体和环境的危害更大,采用常规净化方法很难去除,电除尘器的这种尘粒荷电凝并作用为亚微米级粒子的去除提供了一条积极途径,受到人们的重视。

二、粉尘比电阻的影响

（一）粉尘比电阻对电除尘器性能的影响

粉尘比电阻是指单位面积、单位厚度粉尘层的电阻。粉尘比电阻是衡量粉尘导电性能的指标,它对电除尘器性能的影响非常突出。

粉尘比电阻很低时(见图 5-12 区域 A),导电性能好,易荷电,也易放电。荷电颗粒到达集尘极表面后很快放出电荷,并由于静电感应获得与集尘极同性的电荷,失去引力并被集尘极排斥到气流中,接着颗粒再荷电,再放电,重复上述过程。结果形成尘粒沿极板表面的跳动现象,最后被气流带出除尘器,使除尘效率降低。反之,粉尘比电阻很高时(见图 5-12 区域 C),导电性能很差,既不容易荷电,也不容易放电,到达集尘极表

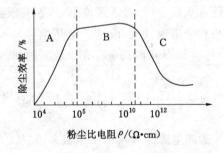

图 5-12　粉尘比电阻与除尘效率的关系

面的粉尘放电很慢,这样就可能产生两种情况:一方面,由于同性相斥的缘故,使后来的荷电粒子向集尘极的运动速度减慢;另一方面,随着粉尘层厚度增加,造成电荷积累,使粉尘层表面的电位增加,致使粉尘层的薄弱部位产生击穿,即引起从集尘板到电晕极的电晕放电,此即反电晕。反电晕的结果使集尘板附近的空间产生了大量的正离子,部分或全部中和了尘粒所带负电荷,导致除尘效率降低。因此,粉尘的比电阻过高($>10^{10}$ Ω·cm)或过低($<10^4$ Ω·cm)都不利于电除尘工作。电除尘器运行最适合的粉尘比电阻为 $10^4 \sim 10^{10}$ Ω·cm(见图 5-12 区域 B),在此范围内电除尘器的除尘效率最高。

（二）影响粉尘比电阻的因素

粉尘导电方式有本体导电和表面导电两种。在高温(约高于 200 ℃)条件下,导电主要

通过粉尘本体内部的电子或离子进行,本体导电占优势,粉尘比电阻称为容积比电阻;温度较低时,气体中存在的水分或其他化学调节剂被粉尘表面吸附,因而导电主要是沿尘粒表面所吸附的水分和化学膜进行,表面导电占优势,粉尘比电阻称为表面比电阻。

烟气温度和湿度是影响粉尘比电阻的两个重要因素。图 5-13 是不同温度与湿度条件下,锅炉飞灰和水泥窑粉尘的比电阻变化曲线。可以看出,温度较低时,粉尘比电阻随温度的升高而增加,达到某一最大值后,又随温度升高而下降。这是因为在低温范围内,粉尘以表面导电为主,电子沿尘粒表面的吸附层(如蒸汽或其他吸附层)传递。温度低时,尘粒表面吸附的水蒸气多,因而表面导电性好,比电阻低。随着温度升高,粒子表面吸附的水汽因受热而蒸发,比电阻逐步增加。温度较高时,粉尘以本体导电为主,随温度升高,尘粒内部会发生电子的热激发作用,比电阻下降。从图 5-13 还可看出,在低温范围内,粉尘的比电阻随烟气的含湿量的增加而下降,温度较高时,烟气的含湿量对粉尘比电阻几乎没有什么影响。

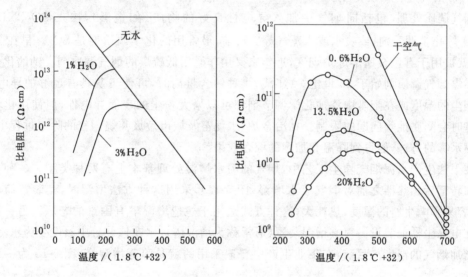

图 5-13　烟气湿度和温度对粉尘比电阻的影响
(a)锅炉飞灰;(b)水泥窑粉尘

(三)克服高比电阻影响的方法

通常,将比电阻高于 10^{10} Ω·cm 的粉尘称为高比电阻粉尘。实践经验表明,可以取比电阻 10^{10} Ω·cm 为临界值。当低于 10^{10} Ω·cm 时,比电阻几乎对除尘器操作和性能没有影响;当比电阻介于 $10^{10} \sim 10^{11}$ Ω·cm 之间时,火花率增加,操作电压降低;当比电阻高于 10^{11} Ω·cm 时,集尘板粉尘层内会出现电火花,产生明显反电晕,严重干扰尘粒荷电及捕集。

工业电除尘器所处理的许多粉尘,是由硅酸盐、金属氧化物和类似无机化合物组成的,这些物质在干燥状态是良好的绝缘体,属于高比电阻粉尘。为了克服高比电阻的影响,提高电除尘效率,实践中可以采取如下几种方法:保持电极表面尽可能清洁;采用高温电除尘器;改善供电系统;对烟气进行调质处理。

1. 保持电极表面尽可能清洁

理论上讲,保持电极表面清洁是可以消除高比电阻影响的,虽然生产实践中保持电极表面完全无粉尘是不可能的,但提高振打强度和频率可使电极表面粉尘层的厚度保持在

1 mm 以下,基本上能够消除高比电阻的影响。

2. 采用高温电除尘器

提高烟气温度是降低粉尘比电阻的方法之一。如火电厂锅炉烟气,通过空气预热器后的温度为 150 ℃左右,此时烟气中飞灰比电阻较高。若把电除尘器放在空气预热器之前使用,烟气温度就可达到 300 ℃以上,此时飞灰比电阻较低,有利于电除尘工作。有些工业电除尘器运行在烟气温度为 300～500 ℃的范围内,称为高温电除尘器。

3. 改善供电系统

改善供电系统的原理是使电除尘器的电晕电流可以通过改变脉冲频率使其在很宽的范围内调节,而与除尘器的电压无关,因此可以将电晕电流调整到反电晕的极限,而不用降低电压,所以对捕集高比电阻粉尘是非常有利的。

4. 对烟气进行调质处理

烟气调质处理,包括向烟气中加入导电性良好的物质(如炭黑),掺入 SO_3、NH_3 及 Na_2CO_3 等化学调质剂,或喷水或水蒸气等。目前,最常用的化学调质剂是 SO_3。早在 1915 年,它就被用于有色金属熔炼炉烟气,近年来又用作燃用低硫煤的烟气调质剂。钠的化合物用作燃煤烟气调质剂始于 20 世纪 70 年代,煤种钠含量高时,可使飞灰具有足够的导电性。提高烟尘的湿度或在烟尘中添加化学调节剂都可以增大粉尘的表面导电性,但使用化学添加剂有时会受腐蚀等问题的限制。在冶金炉、水泥窑及城市垃圾焚烧烟气的除尘过程中,常采用喷水雾的方法,能得到降温和加湿的综合效果。

在干法生产水泥烟气除尘工艺中,烟气的喷水增湿处理基本上有两种类型。一种类型是在回转窑后预热器之前对烟气喷水增湿(图 5-14),采用这种方法增湿时,其装置简单易行,但容易影响生料的温度,热耗大,这种方式适用于建造增湿塔有困难的老厂。另一种类型是在电除尘器前装设一喷雾增湿装置(通常称为增湿塔),水在该装置中蒸发变为水蒸气,用以增加烟气的湿度。目前,在工业生产中普遍采用的就是喷雾增湿塔,图 5-15 为一装设

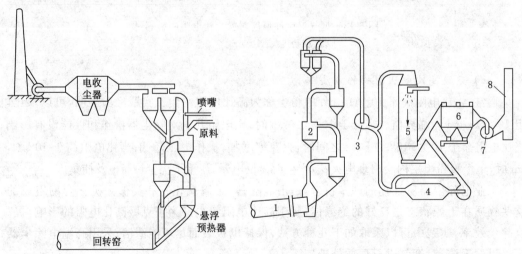

图 5-14　窑尾烟气在管道中增湿　　　　图 5-15　装有增湿塔的窑尾工艺流程图

1——回转窑;2——预热器;3,7——鼓风机;

4——原料磨;5——增湿塔;6——电除尘器;8——烟囱

有增湿塔的窑尾工艺流程图。

三、除尘器结构的影响

电除尘器本体结构及性能对电除尘效率的影响主要体现在设定电场风速、本体几何参数、气流分布均匀性和清灰方式等方面。

(一)电场风速的影响

从降低设备造价、减少占地面积等方面考虑,应该尽量提高电场风速。但是,电场风速过高会给电除尘器运行带来不利影响:荷电粉尘来不及沉降就被气流带出,导致烟气处于激烈紊流状态;已沉积在集尘极上的粉尘层产生二次飞扬;在电极进行振打清灰时更容易产生二次扬尘。电场风速的确定与粉尘性质、集尘极结构型式、粉尘黏附性及电晕极放电性能等因素有关,一般设定电场风速在 0.4~1.5 m/s 范围内。

(二)本体几何参数的影响

1. 电场截面积的影响

当处理的烟气量一定时,若电场截面积减小,则电场风速必然增大,不仅使电场长度变大,增加占地面积,而且会引起较大的二次扬尘,除尘效率下降。反之,若增大电场截面积,必然使钢耗、投资增加,占用空间体积增大。所以,电场截面积的大小需要进行经济技术比较后才能确定。

2. 比集尘面积的影响

比集尘面积 A/Q 对除尘效率有明显影响。比集尘面积增大,颗粒被捕集的机会增加,除尘效率就会相应提高(可参看图 5-11)。当粒径一定时,随着比集尘面积 A/Q 的增大,除尘效率增加。但比集尘面积增大,意味着处理的烟气量一定时,总集尘面积的增加,则相应增加了投资和占地空间。因此,也需要进行经济技术比较后确定。

3. 其他几何参数的影响

极间距对除尘效率的影响表现为:在气体流速、驱进速度一定的情况下,极间距越小,颗粒到达集尘极板的时间越短,颗粒越容易被捕集。但极间距过小易造成粉尘的二次飞扬。目前,国内外生产的电除尘器中,极板间距一般选取 400 mm 左右,电晕线间距视极配形式不同,取值一般在 150~500 mm 之间。

集尘板有效长度与高度之比直接影响振打清灰时二次扬尘的多少。与集尘板高度相比,如果集尘板不够长,部分下落粉尘在到达灰斗之前可能被烟气带出除尘器,从而导致除尘效率下降。

总之,电除尘器本体几何参数对电除尘效率影响很大,对这些参数进行合理设计,是实现电除尘器高效运行的必要条件。

(三)气流分布均匀性的影响

若气流分布不均匀,电除尘器各个通道中的气体流速相差较大,会使某些通道工况恶化,流速低处增加的除尘效率远不能弥补流速高处除尘效率的降低,最终导致总除尘效率下降。提高气流分布均匀性的措施主要有:在入口烟道转弯处合理设置导流板,在进气烟箱内合理设置气流分布板,在电除尘器本体内电场两侧、顶部及灰斗内设置阻流板,在出气烟箱内设置槽形板,防止烟道积灰及壳体漏风等。一般在电除尘器本体安装或大修后,需要在现场做气流分布均匀性试验,并通过相关调整,确保气流分布的均匀性。

（四）清灰方式的影响

通常,采用湿式清灰方式对电除尘效率的影响很小。干式清灰的方式有很多种,其中机械振打清灰方法应用最为广泛。清灰过程中产生的二次扬尘对电除尘效率的影响很大。一般需要选择合理的振打强度、振打频率来减少二次扬尘。

四、供电质量的影响

供电装置的功率,输出电压的高低、波形和稳定性,以及供电分组等对电除尘效率都会产生影响。

在电除尘器正常运行范围内,电晕电流和电晕功率都随着电压的升高而急剧增加,有效驱进速度和除尘效率也迅速提高。例如一台捕集飞灰的电除尘器,当电压仅增加 3 kV 时,其捕集效率可从 92% 提高到 97%。因此,电除尘器运行时,即使电压的峰值变化 1～2 kV,对电除尘器的效率也有显著影响。

图 5-16 表示某电除尘器某一电场的除尘效率与火花率的关系。试验结果表明,不加电容器滤波而整流的脉冲电压比滤波的平稳直流电压更有利于高压电除尘器的运行。因为电压的峰值可以提高除尘效率,而电压的波谷则有利于抑制火花放电的连续发生。

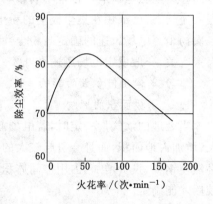

图 5-16　除尘效率与火花率的关系

为使电除尘器能在高压下操作,避免过大的火花损失,高压电源不能太大。增加供电机组的数目,减少每个机组供电的电晕线数,能改善电除尘器性能,这是一条基本原则,但是增加供电机组数要增加投资。所以确定电场分组数需要综合考虑效率和投资两方面的因素。大型电除尘器常采用 6 个或更多的供电机组数。

第三节　电除尘器的类型与构造

为了满足气体粉尘性质、周围环境、捕集效率、安装空间等需要,实际应用的电除尘器是多种多样的。这里仅对电除尘器的基本类型、本体结构及供电设备进行简单介绍。

一、电除尘器的类型

根据电除尘器的结构特点,主要有以下几种分类方法。

（一）按集尘极的形式划分

根据除尘器集尘极的形式,可分为管式和板式电除尘器,如图 5-17 所示。管式电除尘器的集尘极一般为多根并列的金属圆管(或呈六角形),适用于气体量较小、含雾滴气体或需要水冲刷电极的场合。板式电除尘器采用各种断面形状的平行钢板做集尘极,极板间均布电晕线,是工业上应用的主要型式,气体处理量一般为 25～50 m³/s。

（二）按粒子荷电和捕集的空间布置划分

根据粒子荷电段和捕集段的空间布置不同,可分为单区和双区电除尘器,如图 5-18 所示。静电除尘的四个过程都在同一空间区域完成的叫作单区式电除尘器,而荷电和捕集分

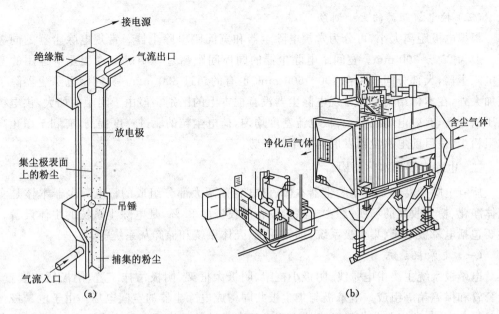

图 5-17　管式和板式电除尘器示意图

(a) 管式电除尘器；(b) 板式电除尘器

设在两个空间区域的称为双区式电除尘器。双区式电除尘器的前区称为电离区,后区称为收尘区。双区式电除尘器的电压等级较低,通常采用正电晕放电,主要用在通风空气的净化和某些轻工业部门。单区式电除尘器主要应用于控制各种工艺尾气和燃烧烟气污染,是目前应用最为广泛的一类电除尘器。

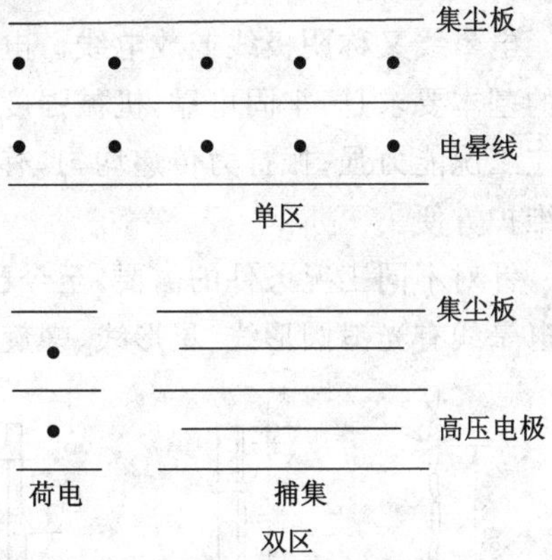

（三）按气流流动方向划分

根据含尘气体进入除尘器方向的不同,可分为立式和卧式电除尘器两种。管式电除尘器都是立式的,板式电除尘器也有采用立式的。在工业废气除尘中,卧式的板式电除尘器应用较为普遍。

（四）按捕集颗粒的清除方式划分

根据捕集颗粒的清除方式,可分为干式和湿式

图 5-18　单区和双区电除尘器示意图

电除尘器。如前所述,干式电除尘器便于处置和回收利用干粉尘,但振打清灰时存在二次扬尘等问题。

湿式电除尘器采用水力清灰,用喷淋方式使集尘极表面形成一层水膜,从而将捕集到极集板上的尘粒清除,粉尘最终以泥浆的形式排出。与干式电除尘器相比,湿式除尘器取消了振打清灰系统,加装了喷淋系统。运行时可有效避免粉尘二次飞扬,不受粉尘比电阻影响,取消了振打运动部件,可靠性高,节约电耗。但湿式除尘器必须有足够强的喷淋水,以保证黏附在集尘极、放电极上的粉尘有效地被冲洗下来,同时要设置废水处理设备并采取较好地防腐措施。一般适用于含尘浓度低、除尘效率要求高的场合。

（五）按电极距离的大小划分

根据电极距离大小，可分为常规电除尘器和宽间距电除尘器。常规电除尘器的同极间距一般为250～300 mm。宽间距电除尘器的同极间距超过300 mm，在工业中运用的宽间距电除尘器，大部分同极距在400～600 mm，也有的超过800 mm。宽间距电除尘器除了间距加大外，在本体结构上与常规电除尘器没有根本上的区别。但由于间距的加大，供电机组电压的升高，有效电场强度大，板电流密度均匀，荷电尘粒的驱进速度提高，有利于净化高比电阻粉尘，是目前电除尘器发展的一个新趋势。

二、电除尘器的本体结构

所有电除尘器都是由电除尘器本体、供电装置两大部分组成的。电除尘器本体是实现气体净化、粉尘收集的场所，约占电除尘设备总投资的85%，是电除尘系统的主体设备。它主要包括电晕极系统、集尘极系统、烟箱系统、壳体系统和储卸灰系统等。

（一）电晕极系统

电晕极系统主要由电晕线、阴极小框架、阴极大框架、阴极吊挂装置、阴极振打装置、绝缘套管和保温箱等组成。电晕极与集尘极共同构成电除尘器的空间电场。由于电晕极在工作时带负高压，所以与集尘极及壳体之间必须有足够的绝缘距离和绝缘强度，这是保证电除尘器长期稳定运行的重要条件。

1. 电晕线

电晕线又称阴极线或放电线。电晕线性能的好坏将直接影响电除尘器的性能。对电晕线的基本要求是：牢固可靠，机械强度大，不断线；电气性能良好，起晕电压低，电晕功率大，适应工况能力强；振打力传递均匀，有良好的清灰效果；结构简单，制造容易，成本低廉，安装和维护方便。

针对不同工况条件的需要，至今已设计、制造出多种电晕线形式。如图5-19所示，常见的电晕线有光滑圆形线、星形线、螺旋形线、锯齿线、麻花线、芒刺线、蒺藜线等。

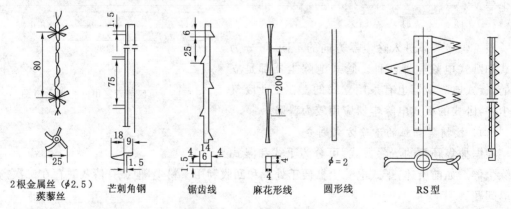

图 5-19　电晕线的各种形式

光滑圆形线的放电强度与线径成反比，即直径越小，起晕电压越低，放电强度越高。但实际应用时，直径不能太小，否则电晕线会因强度过低而容易断裂，一般采用合金钢制造，线的直径1.5～2.5 mm。

星形线沿极线全长上有四条棱角，与圆形线相比，星形线的放电强度高，起晕电压低。

星形线多采用碳素钢冷轧成型,材料来源方便,价格便宜,易于制造。但是,星形线易吸附粉尘,引起电晕线肥大,影响电晕放电。

芒刺线是在电晕线的主干上焊上(或冲出)若干个芒刺。芒刺线的电晕电流与芒刺间距、长度有关,芒刺越长、间距越小,电晕电流越大,一般取刺间距约 100 mm,刺长约 10 mm。芒刺线用多点放电代替沿极线全长放电,所以放电强度高,电晕电流大。而且,刺尖会产生强烈的离子流,增大了电除尘器的电风,这对减少电晕阻塞是有利的。在处理含尘浓度较高或粉尘比电阻较高的气流时,电除尘器的第一、第二电场可选用芒刺电晕线,且第一电场的刺长大于第二电场,而在第三、第四电场可选用星形线或圆形线。但是,工程实践中为了方便,在同一电除尘器中有时只采用一种电晕线。

锯齿线一般是用厚度 2 mm 左右的普通碳素钢板冲制成形的,主干与芒刺同时冲为一整体,线的两端焊上两个螺栓作连接。锯齿线的起晕电压低,伏安特性好,容易制造,成本低,对较高的电场风速或高比电阻的粉尘适应性强,所以应用较为广泛。但从国内应用情况来看,还存在断线率较高等问题。

2. 电晕线固定

电晕线固定主要有重锤式、框架式两种。如图 5-20(a)所示,重锤式是指将电晕线按一定的线间距自由悬吊在阴极吊架上,下面悬挂 2～7 kg 的重锤使电晕线保持垂直,并用限位管限制电晕线下端的前后或左右位移。当电晕线受热伸长时,重锤可以向下移动,能有效防止电晕线受热膨胀弯曲,所以这种固定方式在高温电除尘器中采用较多。如图 5-20(b)所示,框架式是指将多根电晕线按一定的间距固定在框架上,国内采用框架式较多。框架式可分为笼式阴极框架固定和单元式阴极小框架固定两种。前者一般在电除尘器规格较小、阳极板为自由悬挂方式时采用;后者为了便于运输,在宽度或高度方向上分成两半制造,在安装现场拼装成一体,这种方式广泛应用在大、中型卧式电除尘器中。

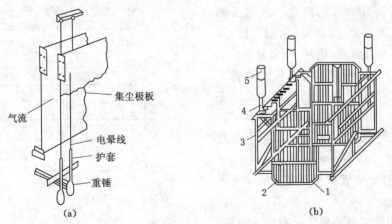

图 5-20 电晕电极的两种固定方式
(a) 重锤悬吊张紧电晕线;(b) 框架绷紧电晕线
1——框架电晕线;2——电晕线;3——框架电晕线吊架;4——悬吊杆;5——绝缘套管

良好的固定方式应具有以下要求:除尘器运行时,电晕线不晃动、不变形或因故断线;具有良好的振打传递性能,极线清灰效果好;安装维修方便,极间距的精度容易保证;对电晕线性能影响小。相邻电晕线之间的距离,即电晕线间距对放电强度影响较大,极间距太大会减弱放电强度,太小易产生屏蔽作用,一般为 200～300 mm。

3. 阴极吊挂装置

用阴极小框架将电晕线固定后,需要将一片片的阴极小框架安装在阴极大框架上,并通过 4 根吊杆把整个阴极系统(包括振打装置)吊挂在壳体顶部的绝缘套管上。阴极吊挂主要有两方面的作用,一是承担电场内阴极系统的荷重及经受振打时产生的机械负荷,二是使阴极系统与阳极系统及壳体之间绝缘,保证阴极系统可处于高电压工作状态。目前,阴极吊挂主要有支柱型和套管型两种形式。

4. 阴极振打装置

电除尘器工作时,有少量粉尘因吸附了电晕线附近的正离子而沉积在电晕线上。粉尘沉积到一定厚度时,电晕放电效果明显降低。因此,必须及时清除电晕线上的积灰,保证电晕线正常放电。阴极振打装置的作用是通过振打使附着在电晕线和框架上的粉尘被振落,其主要目的是对阴极系统清灰而不是收尘。阴极振打装置的形式很多,如电磁振打、提升脱钩振打等。与阳极振打的主要区别在于:阴极振打轴、振打锤带有高电压,所以必须与壳体等绝缘;每排阴极线所需振打力比阳极板排小,所以阴极振打锤的质量较轻;阴极振打可以连续或间歇振打,而阳极通常采用间歇振打。

(二) 集尘极系统

集尘极系统主要由集尘极板、极板悬挂和极板振打三部分组成。

1. 集尘极板

对集尘极板的基本要求是:电性能良好,板电流密度和极板附近的电场强度分布比较均匀;有良好的振打传递性能,极板表面振打加速度分布均匀,清灰效果好;有良好的防止粉尘二次飞扬的性能;机械强度大,刚度高,热稳定性好,不易变形;制造方便,钢耗少,重量轻。

集尘极板的型式主要有板式和管式两大类。小型管式除尘器的集尘极为直径约 15 cm、长 3 m 的圆管,有时也用方形或六角形管制作。大型管式除尘器集尘极的直径可达 40 cm、长 6 m 左右。管式除尘器的集尘管数量少则几个,多则 100 个以上。

板式电除尘器的集尘极板形式很多。极板两侧通常设有沟槽和挡板,既能增大极板的刚度,又能防止气流直接冲刷极板表面而产生二次扬尘。图 5-21 给出了常见的几种集尘极板。集尘极板之间的间距,对电场性能和除尘效率影响较大。极板间距一般取 300～400 mm。间距太小

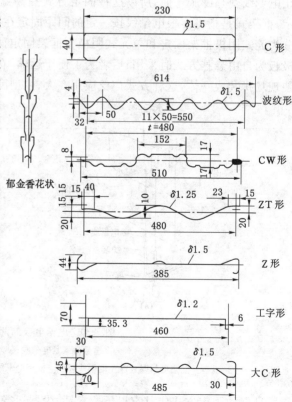

图 5-21　常见的几种集尘极板形式

电压不高,间距太大时电压升高又受供电设备容量的限制。近年来发展的宽间距超高压电除尘器,极间距可达到 $600\sim800$ mm,且制作、安装、维修等较为方便。

2. 集尘极板悬挂

对于板式电除尘器,集尘板排是由若干块长条形的集尘极板拼装而成的。考虑到电除尘器运行时,集尘板排会受热膨胀,所以集尘板排是自由悬挂在电除尘器壳体内的。根据振打机理的不同,集尘板排悬挂方式又可分为紧固型和自由型两种。

3. 集尘极振打装置

通过振打使黏附于集尘极板上的粉尘落入灰斗并及时排出,这是保证电除尘器高效工作的重要条件之一。对振打装置的基本要求是:应有适当的振打强度;能使极板获得满足清灰要求的加速度;能够按照粉尘类型和浓度的不同,适当调整振打强度及频率;运行可靠,能满足主机检修周期要求。由于集尘极板的断面形式不同,连接方式和悬挂方式也不同,所以振打装置的形式、振打位置也是多样的。通常包括弹簧凸轮振打、顶部电磁振打和底部侧向挠臂锤振打等。图 5-22 是挠臂锤振打集尘极框架的清灰方式,也是目前干式电除尘器普遍采用的振打清灰方式。

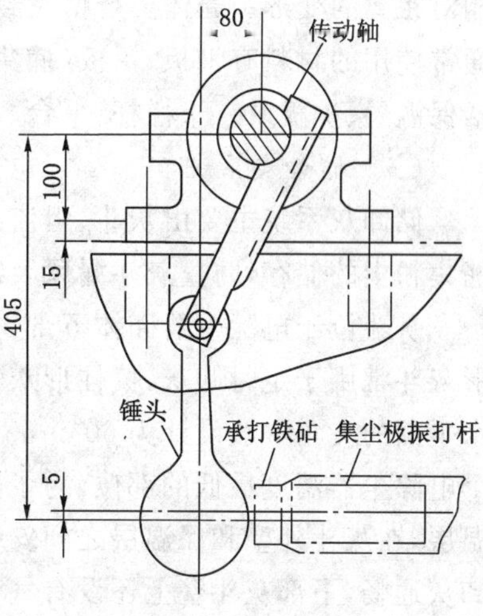

(三)烟箱系统

图 5-22　挠臂锤型振打装置

烟箱系统主要由烟箱、气流均布装置和槽形极板等组成,主要功能是实现电场与烟道的连接,保证电场中的气流分布均匀,并可利用槽形极板协助收尘,达到充分利用烟箱空间和提高除尘效率的目的。

烟箱包括进气烟箱和出气烟箱。如果烟气从具有小断面的通风烟道直接进入大断面的空间电场,然后再直接回到小断面的烟道,必将引起气体脱流、漩涡、回流等,导致电场气流分布极不均匀。因此,需要将渐扩的进气烟箱连到除尘器电场前,使气流逐渐扩散;将渐缩的出气烟箱连接到除尘器电场后,使气流逐渐被压缩。进气烟箱与出气烟箱的形式基本相同,多采用矩形喇叭口形状,一般用 5 mm 厚钢板制作,适当配置角钢、槽钢等以满足强度要求。

气流均布装置安装在进气烟箱内,由导流板、气流分布板和分布板振打装置组成。导流板分为烟道导流板和分布导流板两种,若进入烟箱的气流已大致分布均匀,可不装导流板。进气烟箱内一般应设 $2\sim3$ 层气流分布板。常见的气流分布板有百叶窗式、多孔板、分布格子、槽型钢式和栏杆型分布板等,其中多孔板使用最为广泛,通常采用厚度为 $3\sim3.5$ mm 钢板制作,孔径 $30\sim50$ mm,开孔率约为 $25\%\sim50\%$,需要通过试验进行确定。当烟气中粉尘黏性较大时,应在气流分布板上设置振打装置,通过振打可以防止粉尘在气流分布板上黏结沉积,避免造成气孔堵塞或孔径不一而导致气流分布不均匀。

槽形极板装置是由在电除尘器出气烟箱前平行安装的两排槽形极板组成。电除尘器内涡流现象的存在,使得无论电场长度有多长,总有一些微细粉尘从电场逸出,流向出气烟箱和烟道。此外,靠近电场出口的极板振打产生的二次扬尘通常来不及重新沉积到集尘极上便被气流带出。这些逃逸粉尘一般都带负电,当它们遇到前排槽形极板时会沉积下来变为中性粉尘。部分粉尘随气流流向后排槽形极板并从槽形极板的缝隙流出,由于气流转向,粉尘因失去动能而再次沉积下来。工程实践表明,加装槽形极板比不装槽形极板时除尘效率提高很多。而且,随着电场风速的增加,两者之间的除尘效率差距更为显著。

（四）壳体系统

壳体系统由烟箱及灰斗的外体、围成除尘空间的箱体、箱体上的辅助设备等组成,其中箱体是壳体系统的主要组成部分。壳体系统是密封烟气、构建电除尘空间、支撑壳体内部构件重量及外部附加荷载的结构部件。壳体结构应具有足够的刚度和强度,不能有改变电极相对距离的变形。壳体要严格密封,避免漏风,材料应根据烟气性质和操作温度进行选择,通常使用的材料有钢板、铅板(捕集 H_2SO_4 雾)、钢筋混凝土及砖等。壳体上的辅助设备包括保温层、护板、梯子、栏杆、平台、吊车和防雨棚等。

（五）储卸灰系统

储卸灰系统主要由灰斗、阻流板、插板箱和卸灰装置等组成。储卸灰系统的作用是实现捕集粉尘的储存,防止灰斗漏风及窜气,及时卸灰等。

灰斗位于电除尘器壳体下部,主要有四棱台形和棱柱形两种,如图 5-23 所示。四棱台形灰斗常用于定时卸灰,棱柱形灰斗适用于连续卸灰。为了保证灰斗内不积灰,灰斗内壁与水平面的夹角一般设计为 $60°\sim65°$,甚至更大。由于灰斗的位置处在电除尘器最下端,是整个电除尘器温度最低的部位,为了防止灰斗内粉尘降温吸潮或结块,通常在灰斗外壁敷设保温层,在灰斗外壁和保温层之间安装加热装置,使粉尘温度保持在露点温度以上。为了保证卸灰通畅,下部灰斗壁上还设有气化板或搅拌器。此外,灰斗侧壁上常留有检查门,当灰斗内堵灰或有异物时,可由此处捅灰或取出异物。

卸灰装置根据灰斗的形式和卸灰方式而异。回转式卸灰阀是最常见的一种卸灰装置,如图 5-24 所示,它靠回转叶轮在壳体内的转动而完成卸灰工作。回转式卸灰阀的结构紧凑,气密性好,能连续卸灰,但使用一段时间后容易漏风。对于定时卸灰装置,一般应在灰斗上安装上、下两个料位计。当灰位达到上料位计对应高度时,上料位计发出卸灰信号,启动卸灰阀进

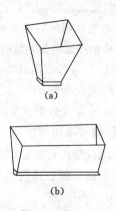

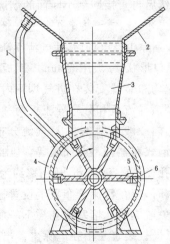

图 5-23　灰斗的形状

(a) 四棱台形;(b) 棱柱形

图 5-24　回转式卸灰阀示意图

1——均压管;2——灰斗壁;3——下料管;

4——卸灰阀外壳;5——叶轮;6——橡胶条

行卸灰。当灰位下降到下料位计对应高度时,下料位计发出停止信号,关闭卸灰阀停止卸灰。

插板箱是连接灰斗和卸灰阀的一个中间设备。正常工作时插板箱处于开启位置,当卸灰阀出现故障需要检修时,将插板箱关闭,就可以打开卸灰阀处理故障,同时不影响电除尘器的运行。

三、电除尘器的供电

电除尘器供电是指将交流低压变换为直流高压的电源和控制部分,以及电极清灰振打、灰斗卸灰、绝缘子加热及安全连锁等低压自动控制装置的供申。

供电质量对除尘效率的影响很大。对供电装置的基本要求是:在除尘器工况变化时,供电装置能快速适应其变化,自动调节输出电压和电流,使电除尘器始终在较高的电压和电流状态下运行,保证除尘效率;在电除尘器发生故障时,供电装置应能提供必要的保护,对火花、拉弧和过流信号能快速鉴别和作出反应。高压供电装置主要由升压变压器、高压整流器和控制系统等组成,如图 5-25 所示。升压变压器是将工频为 380 V 交流电压升压到 60 kV,得到高压直流电压。

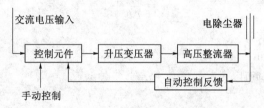

图 5-25　高压供电装置示意图

通常,一台电除尘器设置 2~4 个电场,每个电场配用一台电源。配套机组电压等级的选择根据不同的极间距确定。目前,国产电源机组的输出电压大致可分为 40、60、66、72、80 和 120 kV 等几个等级,输出电流有 0.1、0.2、0.3、0.4、0.6、0.7、1.0、1.1、1.2、1.5、1.8 和 2.0 A 等若干个规格。通常电除尘器工作时的平均场强为 3~4 kV/cm,所以对同极距为 300 mm 的常规电除尘器,电压可选择 45~60 kV。需要指出,电压选型不是越高越好,而应根据实际情况来确定。

第四节　电除尘器的设计计算与应用

一、电除尘器的设计计算

虽然近些年来电除尘器数学模型的研究进展较快,但仍没有对影响电除尘效率的各种内在因素作出系统地数学描述,所以目前电除尘器的设计仍然主要采用经验公式类比方法。电除尘器的设计计算主要包括:根据含尘气体流量及净化要求,确定集尘面积、电场断面面积、电场长度、集尘极和电晕极数量及尺寸,以及电除尘器所需的工作电压和电流。

（一）集尘极板面积 A

根据现有运行、设计经验,首先确定粉尘的有效驱进速度 ω_p,再根据气体流量 Q 和要求达到的除尘效率 η,按式(5-23)计算出所需的集尘极板面积 A。

（二）电场断面面积 F

电场断面面积 F 初定值用下式进行计算

$$F = \frac{Q}{u} \tag{5-24}$$

式中　F——电场断面面积，m^2；

　　　u——电场风速，m/s，电场风速的数值可参考表 5-3。

电场断面面积是极板有效高度和电场有效宽度的乘积。通常由断面面积来确定极板的高度 h：

当 $F \leqslant 80\ m^2$ 时，　　　　　　　　$h \approx \sqrt{F}$ $\tag{5-25}$

当 $F > 80\ m^2$ 时，　　　　　　　　$h \approx \sqrt{\dfrac{F}{2}}$ $\tag{5-26}$

然后，根据现有极板产品规格，对 h 值进行适当调整。

（三）集尘极和电晕极的间距和排数

一般集尘极同极距可采用 $250 \sim 400\ mm$。集尘极和电晕极的排数可根据电场断面宽度和集尘极间距确定：

$$n = \frac{b}{\Delta b} + 1 \tag{5-27}$$

式中　n——集尘极排数；

　　　b——电场宽度，m；

　　　Δb——集尘极板间距，m。

（四）电场长度

根据集尘极板总面积、集尘极的排数和电场高度，可以计算有效电场长度。在计算集尘极板面积时，除靠近壳体壁面的极板按单面计算外，其余极板按双面计算。因此，电场长度可通过下式进行计算：

$$L = \frac{A}{2(n-1)h} \tag{5-28}$$

此外，电场长度 L 也可根据含尘气体在电场内的停留时间用下式估算：

$$L = ut \tag{5-29}$$

式中　t——含尘气体在电场内的停留时间，一般取 $3 \sim 10\ s$。

工程实践中，单一电场长度通常在 $2 \sim 4\ m$，过长会使构造庞大。如果计算出的电场长度超过 $4\ m$，可设计成若干电场串联。

（五）工作电压和电流

根据实际经验，可按下式计算电除尘器的工作电压及电流：

$$U = 250\Delta b \tag{5-30}$$

$$I = Ai \tag{5-31}$$

式中　U——工作电压，kV；

　　　I——工作电流，A；

　　　i——集尘极板电流密度，取 $0.000\,5\ A/m^2$。

例 5-6　某炼铜电炉排气系统，排气量 $Q = 27\ m^3/s$。现拟回收排气中的氧化锌粉尘，除尘效率 $\eta = 95\%$。试进行电除尘器的主要结构尺寸和供电参数的计算。

解　（1）查相关手册得氧化锌粉尘的有效驱进速度 $\omega = 4\ cm/s$，代入式(5-23)计算集尘极面积：

$$A=\frac{Q}{\omega}\ln\frac{1}{1-\eta}=\frac{27}{0.04}\ln\frac{1}{1-0.95}=2\ 022.12(\text{m}^2)$$

（2）电场风速取 $u=0.9$ m/s，按式(5-24)计算电场断面面积：

$$F=\frac{Q}{u}=\frac{27}{0.9}=30(\text{m}^2)$$

电场高度按式(5-25)计算：

$$h\approx\sqrt{F}=\sqrt{30}=5.48(\text{m})$$

取 $h=5.5$ m，考虑到极板加工方便和极板整数间距，取电场宽度 $b=5.52$ m，则气体实际流速：

$$u=\frac{27}{5.5\times5.52}=0.89(\text{m/s})$$

（3）采用卧式电除尘器，取集尘板间距 $\Delta b=300$ mm，则根据式(5-27)可计算集尘极排数：

$$n=\frac{b}{\Delta b}+1=\frac{5.52}{0.30}+1\approx20$$

（4）电场长度按式(5-28)计算：

$$L=\frac{A}{2(n-1)h}=\frac{2\ 022.12}{2\times(20-1)\times5.5}=9.68(\text{m})$$

采用 Z 形极板，每块高 5.5 m，宽 0.385 m(产品规格)，每排需极板 9.68/0.385＝25.1 块，取 26 块。由于电场长度超过 4 m，所以分设三个电场，第一电场 8 块，第二电场 9 块，第三电场 9 块，各块极板间隙 0.005 m，故实际电场总长度为：

$$L=8\times0.385+7\times0.005+(9\times0.385+8\times0.005)\times2=10.125(\text{m})$$

实际总集尘面积为：

$$A=26\times0.385\times2\times(20-1)\times5.5=2\ 092.09(\text{m}^2)$$

（5）工作电压和电流

由式(5-30)和式(5-31)得：

$$U=250\Delta b=250\times0.30=75(\text{kV})$$

$$I=Ai=2\ 092.09\times0.000\ 5=1.05(\text{A})$$

二、电除尘器的应用

自从 1907 年美国人科特雷尔(F. G. Cottrell)成功地将第一台电除尘器应用于生产实践以来，至今电除尘器已广泛应用于各种工业部门中，特别是火电、冶金、建材及化工等工业部门。随着工业企业日益大型化、自动化发展及环境标准日趋严格，电除尘器以其高效、低阻、处理气体量大、对微细粉尘捕集效率高等特点，在各种工业部门的应用数量不断增长，新型高性能的电除尘器也在不断地研究、制造并投入使用。

近年来，我国大气污染形势严峻，以 PM_{10}、$PM_{2.5}$ 为特征污染物的区域性大气环境问题日益突出。在"超低排放"稳步快速推进大背景下，低温电除尘、湿式电除尘技术等得到了高度重视和推广应用。特别是湿式电除尘器，对 $PM_{2.5}$ 及以下颗粒有着很高的捕集效率。根据工程经验，将湿式电除尘器作为二次除尘装置安装在湿法脱硫装置后、烟囱前，可保证烟气净化系统总除尘效率达到 99.9% 以上，消除了工业烟囱排放中常见的"石膏雨"(石膏小颗粒)和"蓝烟"(硫酸雾滴)等大气污染现象，有力促进了"超低排放"目标的达成。对于湿式电除尘器，近年来我国相继出台了《湿式电除尘器》(JB/T 11638—2013)、《湿式电除尘器运行技术规范》(JB/T 12990—2017)和《湿式电除尘器安装技术规范》(JB/T 13415—2018)等标准和规范,在总结经验基础上,对湿式电除尘器结构、性能、运行、安装等过程提出了明确要求。

本章习题

5.1 某厂正在运行的电除尘器的电晕线半径为 1.0 mm,电晕线粗糙度系数为 0.6,集尘圆管直径为 200 mm,运行时烟气压力为 1.0×10^5 Pa,温度为 300 ℃。试计算该电除尘器的起始电晕场强和起始电晕电压。

5.2 某电除尘器电晕电场的特性如下:场强 $E = 6.0 \times 10^5$ V/m,离子浓度 $N = 10^{15}$ 个/m^3,离子迁移率 $K_i = 2.2 \times 10^{-4}$ $m^2/(V \cdot s)$,气体温度为 150 ℃,尘粒相对介电常数 $\varepsilon = 5$,离子的平均速度为 465 m/s。试计算:

(1) 粒径为 1 μm 的尘粒的饱和电荷和荷电时间常数;

(2) 荷电达到 90% 时所需的荷电时间;

(3) 说明电场电荷和扩散电荷综合作用下粒子荷电量随时间的变化,并求出 $d_p = 0.5$ μm 的粉尘粒子在荷电时间为 0.1 s、1 s、10 s 时的荷电量。

5.3 某板式电除尘器的平均电场强度为 3.0×10^6 V/m,烟气温度为 150 ℃,电场中离子浓度为 10^{15} 个/m^3,离子质量为 5.0×10^{-26} kg,离子迁移率 2.2×10^{-4} $m^2/(V \cdot s)$,粉尘粒子在电场中停留时间为 5 s。假定烟气性质近似于空气,粉尘的相对介电常数 $\varepsilon = 3$。试计算:

(1) 粒径为 0.2 μm 的粉尘荷电量;

(2) 粒径为 5 μm 的粉尘饱和荷电量;

(3) 上述两种粒径粉尘的驱进速度。

5.4 某一直径为 300 mm,管长为 2.0 m 的管式电除尘器在气体压力为 101 325 Pa、温度为 293 K 的条件下运行,气体流量为 75 L/s,若集尘板附近的电场强度为 100 kV/m,气体黏度为 1.81×10^{-5} Pa·s,粒径 1.0 μm 尘粒的荷电量为 0.3×10^{-15} C。试计算该尘粒的驱进速度和电除尘器的除尘效率。

5.5 某板式电除尘器,总集尘面积 100 m^2,处理气体量 8 000 m^3/h 时的除尘效率为 98.9%,入口含尘浓度为 10.0 g/m^3。试计算:

(1) 出口气体含尘浓度;

(2) 粉尘的有效驱进速度;

(3) 当处理气体量增加到 12 000 m^3/h 时的除尘效率;

(4) 集尘面积增加 1/4 后的除尘效率(其他参数条件不变)。

5.6 假设烟气中含有三种尘粒,粒径分别为 2 μm、5 μm 和 9 μm,每种尘粒的质量浓度均占总浓度的 1/3。假定粒子在电除尘器内的驱进速度正比于粒径,电除尘器的总除尘效率为 95%。试求这三种粒径粒子的分级除尘效率。

5.7 某烧结机尾气电除尘器的集尘板面积为 1 980 m^2,断面面积为 40 m^2,烟气流量为 44.4 m^3/s,该除尘器进、出口烟气浓度的实测值分别为 26.8 g/m^3 和 130 mg/m^3。参考以上数据设计一台新的电除尘器处理烧结机尾气,处理烟气量 80.0 m^3/s,要求除尘效率达到 99.8%。

5.8 某水泥厂预热器窑尾需设置一台电除尘器,已知增湿后的烟气量为 1.0×10^4 m^3/h。电除尘器进、出口烟尘浓度分别为 60 g/m^3 和 130 mg/m^3。试设计电除尘器。

袋式除尘器

袋式除尘器是过滤式除尘器中常用的一种除尘器,是利用多孔纤维材料制成的滤袋将含尘气流中的粉尘捕集下来的一种干式高效除尘装置。由于其具有除尘效率高(尤其对微米及亚微米级粉尘颗粒具有较高的捕集效率)且不受粉尘比电阻影响、对气体流量及含尘浓度适应性强、处理流量大、性能可靠等优点,从 19 世纪 80 年代开始,已广泛应用于工业含尘废气净化工程中。本章主要介绍袋式除尘器的工作原理、性能及其结构类型和应用。

第一节　袋式除尘器的工作原理

一、袋式除尘器的工作原理

简单袋式除尘器的结构如图 6-1 所示。含尘气流从下部进入筒形滤袋,在通过滤料的孔隙时,粉尘被捕集于滤料上,透过滤料的相对清洁气体由排出口排出。沉积在滤料上的粉尘,达到一定的厚度时,在机械振动的作用下从滤料表面脱落下来,落入灰斗中。

袋式除尘器对粉尘的捕获,主要通过以下几种效应实现,如图 6-2 所示。

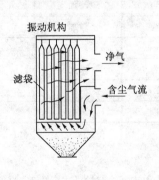

图 6-1　袋式除尘器

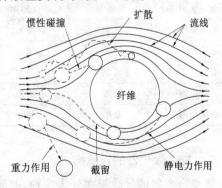

图 6-2　经典的纤维捕获粒子机理

1. 筛分效应

当粉尘粒径大于滤袋纤维间隙或粉尘层孔隙时,粉尘在气流通过时将被截留在滤袋表面,该效应被称为筛分效应。清洁滤料的空隙一般要比粉尘颗粒大得多,只有滤袋表面上沉积了一定厚度的粉尘层之后,筛分效应才会变得明显。

2. 碰撞效应

当含尘气流接近滤袋纤维时,空气将绕过纤维,而粒径大于 1 μm 的颗粒则由于惯性作用偏离空气运动轨迹直接与纤维相撞而被捕集。粉尘颗粒越大,气体流速越高,其碰撞效应也越强。

3. 黏附效应

含尘气体流经滤袋纤维时,部分靠近纤维的尘粒将会与纤维边缘相接触,并被纤维所钩挂、黏附而捕集。很明显,该效应与滤袋纤维及粉尘表面特性有关。

4. 扩散效应

当尘粒直径小于 0.2 μm 时,由于气体分子的相互碰撞而偏离气体流线作不规则的布朗运动,碰到滤袋纤维而被捕集。这种由于布朗运动而引起的扩散,使粉尘微粒与滤袋纤维接触、吸附的作用,称为扩散效应。粉尘颗粒越小,不规则运动越剧烈,粉尘与滤袋纤维接触的机会也就越多。

5. 静电效应

滤料和尘粒往往会带有电荷,当滤料和尘粒所带电荷相反时,尘粒会吸附在滤袋上,提高除尘器的除尘效率。当滤料和尘粒所带电荷相同时,滤袋会排斥粉尘,使除尘效率降低。

6. 重力沉降

含尘气体进入布袋收尘器时,颗粒较大、比重较大的粉尘,在重力作用下自然沉降下来,这和重力沉降室的作用完全相同。如表 6-1 所列,袋式除尘器在捕集分离粉尘过程中,上述分离效应的发生,不仅跟粉尘性质有关,而且随滤袋材料、工作参数及运行阶段的不同,产生的分离效应的数量及重要性亦各不相同。

表 6-1   **各种分离效应对过滤效果的影响**

影响因素	纤维直径小	纤维间速度小	气体过滤速度小	粉尘粒径大	粉尘密度大
重力作用	无影响	无影响	减小	增加	增加
筛分作用	增加	增加	无影响	增加	无影响
碰撞作用	增加	增加	减小	增加	增加
黏附作用	增加	增加	无影响	增加	无影响
扩散作用	增加	增加	增加	减小	减小
静电作用	减小	增加	增加	减小	减小

二、袋式除尘器的过滤模式

袋式除尘器的过滤模式分为两种,即深层过滤模式和表面过滤模式(图 6-3)。

1. 深层过滤模式

一般常规滤料对粉尘的捕集属于深层过滤。这是因为含尘气体在通过清洁滤料时,此时起分离作用的主要是滤料纤维,其对粉尘的去除效率较低。但由于粒径大于滤料网孔的少量尘粒被筛滤阻留,并在网孔之间产生"架桥"现象;同时在碰撞、拦截、扩散、静电吸引和重力沉降等作用下,一批粉尘很快被纤维捕集。随着捕尘量不断增加,一部分粉尘嵌入滤料内部,一部分覆盖在滤料表面上,逐渐形成粉尘层,常称为粉层初层。粉尘初层形成后,它成为袋式除尘器的主要过滤层,提高了除尘效率。滤布只不过起着形成粉尘初层和支撑它的骨架作用。但随着粉尘在滤袋上积聚,滤袋两侧的压力差增大,会把一些已附着在滤料上的细小粉尘挤压过去,使除尘效率下降。另外,若除尘器阻力过高,还会使除尘系统的处理气体量显著下降,影响生产系统的排风效果。因此,除尘器阻力达到一定数值后,要及时进行清灰。

2. 表面过滤模式

表面过滤是通过人为地在普通滤料表面覆上一层有微孔的薄膜实现的。由于薄膜的孔径很小,在过滤过程中,几乎使所有粉尘不能穿透表层和薄膜进入滤料内部,而是全部沉积在滤料外表面上。由于表面过滤滤料对粉尘的去除不

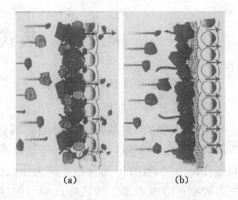

图 6-3　深层过滤与表面过滤
(a) 深层过滤;(b) 表面过滤

依靠粉尘初层,因此,在滤袋工作一开始就能保证较高的除尘效率,同时其运行阻力较低,清灰也容易。

三、袋式除尘器的优缺点

自 1881 年贝茨工厂设计的第一台机械抖动清灰袋式除尘器在德国取得专利权以来,袋式除尘器得到了不断发展和完善,特别是 20 世纪 50 年代,脉冲喷吹清灰方式以及合成纤维滤料的应用,为袋式除尘器的进一步发展提供了有利条件。

1. 袋式除尘器的主要优点

(1) 除尘效率高,特别是对微细粉尘也有较高的效率,一般可达 90% 以上。如果设计合理,使用得当,维护管理得好,除尘效率不难达到 99% 以上。

(2) 适应性强,可以捕集不同性质的粉尘,例如不受粉尘比电阻的限制。此外,进口含尘浓度在相当大范围内变化时,对除尘效率和阻力影响都不大。

(3) 处理风量范围大,可由每小时数百立方米到每小时数百万立方米。可以制成直接设于室内、机床附近的小型除尘机组,也可以做成大型的除尘器室,即所谓袋房。一个袋房可以集中安装上万条滤袋。如果除尘器很大,可以把它分成几个小室,即所谓袋室除尘器。这种除尘器的优点是可实现不停机分室检修,不影响机组的工作。

(4) 结构灵活。可以因地制宜采用没有振打机构的所谓土布袋除尘,在条件允许时也可以采用效率更高的脉冲喷吹袋式除尘器。

(5) 便于回收干料,不存在水污染治理和泥浆处理问题。

2. 袋式除尘器的主要缺点

(1) 袋式除尘器的应用范围主要受滤料的耐温和耐腐蚀性能的限制,特别是在耐高温方面。目前常用的滤料(如涤纶绒布)只适用于 120～130 ℃,玻璃纤维等滤料耐 250 ℃左右,烟气温度更高时,就要采用价格昂贵的特殊滤料,或者采取冷却措施,这会使造价增加,系统变得复杂。

(2) 不适宜处理黏性强或吸湿性强的粉尘,特别是烟气温度不能低于露点,否则会产生结露,堵塞滤袋,造成"糊袋"。

第二节 袋式除尘器的性能分析

一、影响滤尘效率的主要因素

（一）滤料结构与积尘状态

不同结构的滤料其滤尘效率是不同的（图 6-4）。不起绒的素布滤料滤尘效率较低，且清灰后效率急剧下降；而呢料、毛毡等起绒滤料，由于其容尘量大，能够形成强度较高和较厚的多孔粉尘层，且有一部分粉尘成为永久性容尘，因而其滤尘效率比素布结构的滤料高，清灰后效率下降也不多。绒长的比绒短的滤尘效率高。但对单面起绒滤布，从无绒面过滤时效率反而较高。

同种滤料在不同状态下的分级效率也是不同的。由图 6-5 可以看出，清洁滤料的除尘效率最低，积尘后的滤料除尘效率较高，且随着滤料上的粉尘负荷（每平方米滤料上沉积的粉尘质量，代表粉尘层厚度）增加，其瞬时滤尘效率增加。当滤料上的积尘达到一定程度，需要清灰，清灰后的滤料除尘效率又有所降低。

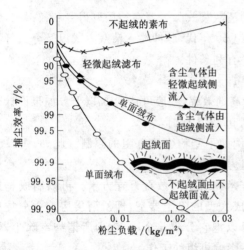

图 6-4 滤料种类、粉尘负荷与捕尘效率的关系　　图 6-5 不同积尘状态下的滤料分级效率图

（二）粉尘特性

粉尘对过滤效率的影响主要在于粉尘粒径的分布。在不同的积尘状态下，滤料对粒径在 $0.2 \sim 0.4 \ \mu m$ 范围内的粉尘的去除效率皆最低，这是因为这一粒径范围的尘粒正处于惯性与拦截捕集作用的下限，扩散捕集作用范围的上限。

（三）过滤速度

袋式除尘器的过滤速度是指气体通过滤料的平均速度。若以 Q 表示通过滤料的气体流量，A 表示滤料面积，则过滤速度即为

$$V_F = \frac{Q}{60A} \tag{7-1}$$

式中　V_F——经过滤料的气速，m/min；

　　　Q——通过滤料的气体量，m^3/h；

A——滤料总面积，m^2。

工程上还常用比负荷 q_F 的概念，它指每单位过滤面积、单位时间内所过滤的气体量，因此有

$$q_F = \frac{Q}{A} \tag{7-2}$$

式中　q_F——每小时每平方米滤料过滤的气体量，$m^3/(m^2 \cdot h)$。

由式(6-1)、式(6-2)可知

$$q_F = 60V_F \tag{7-3}$$

过滤速度 V_F（或比负荷 q_F）是表征袋式除尘器处理气体能力的重要技术经济指标。过滤速度的选择要考虑经济性和滤尘效率的要求等各方面因素。

从滤料的滤尘机理上来说，过滤速率的大小，主要影响着惯性碰撞作用和扩散作用。滤料对粒径为 1 μm 以下的微尘的捕集，主要借助扩散效应，因而适当降低过滤风速可以提高除尘效率；而对于粒径为 5~15 μm 以内的大尘粒，滤料主要借助惯性作用对其进行有效捕集，提高过滤风速可以提高除尘效率。因此，一般对细尘取 V_F 为 0.6~1.0 m/min，对粗尘取 V_F 为 2 m/min 左右。

从经济上考虑，提高过滤速度可节省滤料，提高了滤料的处理能力。但过滤速度提高后设备阻力增加，能耗增大，运行费用提高；过滤速度过高会使积于滤袋上的粉尘层压实，使过滤阻力增加，由于滤袋两侧压差大，会使微细粉尘渗入到滤料内部，甚至透过滤料，使出口含尘浓度增加。另外，过滤风速高还会导致滤料上迅速形成粉尘层，引起过于频繁的清灰，增加清灰能耗，缩短滤袋的使用寿命。低过滤速度下，压力损失少、效率高，但需要的滤袋面积也增加了，则除尘设备的体积、占地面积、投资费用也要相应增大。

滤速的选取还与清灰方式和滤料的结构有关。如采用脉冲喷吹清灰时，对细尘取 $V_F =$ 2~2.5 m/min，对粗尘取 $V_F =$ 3~6 m/min。素布滤袋允许的过滤风速较小，不宜超过 0.6 m/min，风速过高容易发生穿孔现象；但对绒布或呢料来说，由于容尘量大、透气性好，发生穿孔时的过滤风速较高，所以可选择大些。

因此，在实际工作中，过滤速度的选择要综合烟气特点、粉尘性质、进口含尘浓度、滤料种类、清灰方法以及工作条件等因素来决定。

二、袋式除尘器的压力损失

袋式除尘器的压力损失是重要的经济技术指标，它不但决定着能量消耗，而且决定着除尘器的除尘效率及清灰周期等。

袋式除尘器的阻力损失和除尘效率随时间的变化曲线如图 6-6 所示。初次使用的滤袋的压力损失很小，约为 200~250 Pa，随着粉尘在滤袋上的积累，除尘器的压力损失也相应地增加。当滤袋两侧压力差很大时，将会造成能量消耗过大和捕尘效率降低。正常工作的袋式除尘器的压力损失应控制在 1 500~2 000 Pa 左右。当除尘器的阻力达到预定值时，需对滤袋进行清灰。

袋式除尘器的阻力（ΔP）由结构阻力损失

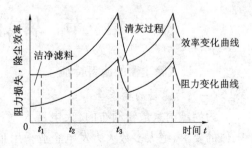

图 6-6　袋式除尘器的阻力损失和除尘效率随时间的变化曲线

（ΔP_j）和滤袋总阻力损失（ΔP_t）两部分组成，即

$$\Delta P = \Delta P_{j0} + \Delta P_t \tag{7-4}$$

除尘器结构阻力损失一般设计为 $300 \sim 500$ Pa。滤袋的总压力损失（ΔP_t）包括清洁滤袋的压力损失（ΔP_0）和黏附粉尘层的压力损失（ΔP_d）两部分，即

$$\Delta P_t = \Delta P_0 + \Delta P_d \tag{7-5}$$

由于袋式除尘器一般表现过滤速度 V_F 很小，滤布上的孔眼也小，气体流动处在层流状态，因此，清洁滤料的压力损失（ΔP_0）可用下式计算

$$\Delta P_0 = \xi_0 \cdot \mu \cdot V_F \tag{7-6}$$

式中　ξ_0——清洁滤料的阻力系数，$1/m$；其值与滤料组成和结构有关，各种滤料的 ξ_0 值可由实验测得，一般情况下，ξ_0 大约为 10^7 m^{-1}；

　　　　μ——气体动力黏度，$Pa \cdot s$。

黏附粉尘层的压力损失可由下式计算：

$$\Delta P_d = \alpha m_d \mu V_F \tag{7-7}$$

式中　m_d——滤料上的粉尘负荷，kg/m^2；

　　　　α——黏附粉尘层的平均比阻力，m/kg；其物理意义为 $\mu = 1$ $Pa \cdot s$，$V_F = 1$ m/s 和 $m_d = 1$ kg/m^2 时，粉尘层的阻力。

α 的值可由 Kozeny-Carman 的理论公式进行计算：

$$\alpha = \frac{180(1 - \varepsilon)}{\rho_p \cdot d_p^2 \cdot \varepsilon^3} \tag{7-8}$$

式中　ρ_p——粉尘的真密度，kg/m^3；

　　　　d_p——粉尘的平均粒径，μm；

　　　　ε——粉尘层的平均孔隙率。

由上式可知，α 与粉尘粒子粒径（d_p）的平方成反比，即粉尘越细，过滤层的阻力越大，阻力损失也越大。孔隙率 ε 对阻力影响也很大，粉尘层的孔隙率由 0.9 变为 0.85 时，则后者压力损失比前者要大 2.7 倍。因此，依阻力大小选择滤料时，以孔隙率大者为好。在通常情况下，α 不是一个常数，与滤料的粉尘负荷 m、粒径、孔隙率以及滤料的特性有关。α 值一般为 $10^9 \sim 10^{12}$ m/kg，m_d 的值一般为 $0.1 \sim 1.2$ kg/m^2。当压力损失小于 $2\,000$ Pa 时，$m_d \leqslant 0.5$ kg/m^2。

第三节　袋式除尘器的结构型式

一、袋式除尘器的滤料特征

（一）对滤料的要求

为满足国家最新颁布的《火电厂大气污染物排放标准》（GB 13223—2011）中烟尘排放限值的要求，绝大多数火力发电企业采用布袋除尘器作为主要的减排方式。而滤袋占布袋除尘器总造价的 40%，滤袋的更换更达到了布袋除尘器日常检修费用的 85% 以上。因此，滤袋是袋式除尘器的"核心"组件，其质量和性能好坏决定了袋式除尘器的运行效果、使用寿命和经济性。

根据袋式除尘器的除尘原理及所要净化气体的粉尘特征，应按如下几个原则选择滤料。

① 具有较高过滤效率。滤料的过滤效率是由滤料结构和附着其上的粉尘层共同决定的。过薄的滤料在清灰后粉尘层会遭到破坏,导致过滤效率降低很多。

② 容尘量要大。容尘量是指单位面积滤料上的粉尘存积量。容尘量大,可以延长清灰周期,从而延长滤袋的寿命。

③ 透气性好。在保证滤料过滤效率的前提下选择透气率高的滤料可以增大单位面积滤料上的过滤风量,从而节省过滤面积,降低除尘器成本。

④ 具有好的物理和化学性能。滤料要具有耐高温、耐化学腐蚀的性能,同时也要有良好的机械性能,有较高的抗拉、抗弯折的能力,还要有耐磨性。

⑤ 有良好的剥落性。对滤料表面进行烧毛处理或者进行覆膜可以使滤料表面具有较好的光洁性,捕集的粉尘也能相对容易地被清理下来。

需要指出的是,对于某一具体的滤料,很难同时满足上述要求。因此,在实际工作中,应根据含尘气体的性质、粉尘特性、清灰方式以及安装方式等因素,选择最适宜的滤料。

（二）常用滤料的种类及特性

几种常用滤料的特性列于表 6-2 中。常用滤料按所用的材质可分为天然滤料(如棉毛织物)、合成纤维滤料、无机纤维滤料等。

表 6-2　　　　　　　　　　各种常用滤料的性能特点

类别	原料或聚合物	商品名称	密度/(g/cm³)	最高使用温度/℃	长期使用温度/℃	20 ℃以下的吸湿性/% 65%	20 ℃以下的吸湿性/% 95%	抗拉强度/×10⁵Pa	断裂延伸率/%	耐磨性	耐热性 干热	耐热性 湿热	耐有机酸	耐无机酸	耐氧化剂	耐溶性
天然纤维	纤维素	棉	1.54	95	75~85	7~8.5	24~27	30~40	7~8	较好	较好	较好	较好	很差	一般	很差
天然纤维	蛋白质	羊毛	1.32	100	80~90	10~15	21.9	10~17	25~35	较好	—	—	较好	较好	差	较好
天然纤维	蛋白质	丝绸		90	70~80		—	38	17	较好			较好	较好	差	较好
合成纤维	聚酰胺	尼龙、棉纶	1.14	120	75~85	4~4.5	7~8.3	38~72	10~50	很好	较好	较好	一般	很差	一般	很好
合成纤维	芳香族聚酰胺	诺梅克斯	1.38	260	220	4.5~5		40~55	14~17	很好	很好	很好	较好	较好	一般	很好
合成纤维	聚丙烯腈	奥纶	1.14~1.16	150	110~130	1~2	4.5~5	23~30	24~40	较好	较好	较好	较好	较好	较好	很好
合成纤维	聚丙烯	聚丙烯	1.14~1.16	100	85~95	0	0	15~52	22~25	较好	较好	较好	很好	很好	较好	较好
合成纤维	聚乙烯醇	维尼纶	1.28	180	<100	3.4				较好	一般	一般	较好	很好	一般	一般
合成纤维	聚氯乙烯	氟纶	1.39~1.44	80~90	65~70	0.5	0.5	24~35	12~25	差	差	差	很好	很好	很好	较好
合成纤维	聚四氟乙烯	特氟纶	2.3	280~300	220~260	0	0	33	13	较好	较好	较好	很好	很好	很好	很好
合成纤维	聚酯	涤纶	1.38	150	130	0.1	0.5	40~49	40~55	很好	较好	一般	较好	较好	较好	很好

续表 6-2

类别	原料或聚合物	商品名称	密度/(g/cm³)	最高使用温度/℃	长期使用温度/℃	20 ℃以下的吸湿性/%		抗拉强度/×10⁵Pa	断裂延伸率/%	耐磨性	耐热性		耐有机酸	耐无机酸	耐氧化剂	耐溶性
						65%	95%				干热	湿热				
无机纤维	铝硼硅酸盐玻璃	玻璃纤维	3.55	315	250	0.3	—	145~158	3~0	很差	很好	很好	很好	差	很好	很好
	铝硼硅酸盐玻璃	经硅油、聚四氟乙烯处理的玻璃纤维	—	350	260	0	0	115~158	3~0	一般	很好	很好	很好	差	很好	很好
	铝硼硅酸盐玻璃	经硅油、石墨和聚四氟乙烯处理的玻璃纤维		350	300	0	0	115~158	3~0	一般	很好	很好	很好	较好	很好	很好

① 天然纤维。天然纤维包括棉织、毛织及棉毛混织品。天然纤维的特点是透气性好、阻力小、容量大、过滤效率高,粉尘易于清除,耐酸、耐腐蚀性能好,其特点是长期工作温度不得超过 100 ℃。

② 无机纤维。无机纤维主要是指陶瓷玻璃纤维。这种纤维作为滤料,具有过滤性能好、阻力小、化学稳定性好、耐高温、不吸潮和价格便宜等优点;其缺点是除尘效率低于天然、合成纤维滤料。此外,由于这种纤维挠性较差,不耐磨,在多次反复清灰后,纤维易断裂。在采用机械振打法清灰时,滤袋易破裂。为了改善这种易破裂的状况,可用芳香基有机硅、聚四氟乙烯、石墨等物质对其进行处理。

③ 合成纤维。随着有机合成工业、纺织工业的发展,合成纤维滤料逐渐取代天然纤维滤料,合成纤维有聚酰胺、芳香族聚酰胺、聚酯、聚酯化合物、聚丙烯、聚丙烯腈、聚氯乙烯、聚四氟乙烯等。其中芳香族聚酰胺和聚四氟乙烯可耐温 200~250 ℃,聚酯纤维可耐温 130 ℃左右。近年来,工业中针对耐更高温度的滤尘条件,新发展了一些新型滤料。如 Nomex 纤维滤料,在干燥条件下可经受 200 ℃的操作温度,能承受较高的滤速,但是 Nomex 纤维是水解性的,遇高温伴化学介质及水分时会很快水解而易损坏,而且特别不耐 SOₓ 的侵蚀。P84 纤维滤料可在 260 ℃以下连续使用,且过滤效率较高,过滤阻力低,但是有一定的水解性,耐酸碱性一般。玻璃纤维滤料最突出的优点就是耐高温,尺寸稳定性好,耐化学侵蚀,且价格便宜,但是其耐折性差。

(三)滤料的后处理技术

为了提高布袋除尘器的适应性,人们在现有滤料的基础上不断进行革新,对现有滤料进行后处理,改善其物理和化学性能以提高清灰功能和过滤效率。后处理技术大致分为以下四种:

① 热熔延压表面处理,也称烫毛处理。对于针刺毡,在滤料表面进行热熔延压使其表

面光滑,表面孔隙均匀,孔隙变小,有利于清灰剥离,提高收尘率,降低阻力。

② 表面膨化处理,与连续纤维过滤布不同,经过膨化处理的滤料纬纱全部或部分由膨化纱组成,由于纱线蓬松,覆盖能力强,透气性好,因而可提高过滤效率,降低过滤阻力,且除尘效率高,可达 99.5 %以上,过滤速度在 0.6~0.8 m/min。

③ 预涂层处理,即将配制好的粉剂,用特殊工艺溶进已配置好的滤袋滤料内部,再将其固定,达到滤袋未使用就有高效收尘的能力。经预涂层处理后的滤袋在使用前形成了稳定的粉尘初层,克服了新滤料前期除尘效率不高的弊病。但随着清灰次数的增加,预涂层有可能会从滤料表面被冲脱,而影响滤料的使用寿命。

采用瑞典 CIBA 公司的奥利氟宝(原杜邦 TEFLON)助剂,配成一定浓度后将滤料浸渍后烘干,再在更高温度下焙烘。PTFE 浸渍,保证滤料纤维表面 PTFE 涂层重量为 25 g/m²,且涂膜完整均匀,结合紧密,孔隙均匀。经此法处理的滤料,由于每根纤维涂有保护层,抗氧化能力加强;纤维间孔隙变小,更能有效防止粉尘嵌入,排放精度更高,也有利于滤袋压差稳定;滤袋表面光滑,耐磨性能好,对于高浓度粉尘的冲刷,有一定保护作用;同时具有防油防水性能,等级能达到 5 级,且在高温下仍能保持防油防水性能,耐水洗,效果持久。对于高湿度粉尘和含油性的粉尘,具有较好的降低滤袋糊袋的风险。

④ 表面覆膜处理,即在滤料表面涂事先制成的薄膜,覆盖于滤料的表面。聚四氟乙烯常用作纺织滤料的覆膜,可在 200 ℃以上高温环境中长期工作,具有良好的低摩擦性,耐酸碱,抗水解以及良好的过滤效应及清灰性能,主要用以提高滤料的使用性能。美国戈尔公司在 20 世纪 70 年代就已制成膨体聚四氟乙烯(ePTFE)薄膜,称之为 Gore-Text 薄膜,可以覆盖在不同的滤料上(布或毡均可),制成覆膜滤料。由于 PTFE 化学稳定性好,摩擦系数小,表面光滑,可用于 250~300 ℃高温,膜表面微孔化,接近于真正的表面过滤,粉尘不能进入滤料的内部,不需要建立常规滤料需要的过滤粉尘层。过滤效率可以从高效过滤材料的 99.99 %提高到 99.999%。薄膜滤料采用膜分离技术,使滤料产生一个质的飞跃,实现了真正的表面过滤,阻力大大降低,节约了能源,在环保要求越来越高的地区,受到日益广泛的应用。

二、袋式除尘器的分类

袋式除尘器种类很多,可根据滤袋形状、进气方式、含尘气流进入滤袋的方向和清灰方式的不同而分类。

(一)按滤袋形状分类

按滤袋形状,袋式除尘器可分为圆筒形滤袋除尘器和扁形滤袋除尘器。由于圆袋具有受力比较均匀、结构比较简单、清灰操作需要的动力比较小、维修或检查时更为方便、成批换袋容易等特点,因此,圆筒形滤袋被广泛使用,但是圆筒形滤袋的袋口更容易损坏。扁袋通常呈平板型,且内部需要安装框架,或者安装弹簧,用以支撑滤袋。与圆袋除尘器相比,扁袋除尘器滤袋之间的空隙可以留得很小,在同样体积内可多布置 20%~40%过滤面积的布袋,因此,在负荷相同的条件下,扁袋除尘器占地面积较小。但是扁袋的制作要求比圆袋要高,而且由于滤袋之间空隙较小,所以容易被粉尘阻塞。

(二)按进气方式分类

按进气方式,袋式除尘器可分为上进气和下进气。含尘气体从除尘器上部进气时,粉尘沉降方向与气流方向相一致,粉尘在袋内迁移距离较下进气远,能在滤袋上形成均匀的粉尘层,过滤性能比较好。但为了使配气均匀,配气室需设在壳体上部(下进气可利用锥体部分),使除尘器高度增加,此外滤袋的安装也较复杂。

采用下进气时,粗尘粒直接落入灰斗,一般只小于 3 μm 的细粉尘接触滤袋,因此滤袋磨损小。但由于气流方向与粉尘沉降的方向相反,清灰后会使细粉尘重新沉积在滤袋表面,从而降低了清灰效果,增加了阻力。然而,与上进气相比,下进气方式设计合理、构造简单、造价便宜,因而使用较多。

(三)按含尘气流进入滤袋的方向分类

按含尘气流进入滤袋的方向分类,袋式除尘器可分为内滤式除尘器和外滤式除尘器。内滤式除尘器的含尘气体从滤袋的内部向外部流动,粉尘被捕集在滤袋的内表面,净化气体通过滤袋逸至袋外,这样滤袋的外面就是清洁的气体,所以在滤过气体对人体无害时可以在不停机的情况下对除尘器进行检修等作业。外滤式除尘器的含尘气体从滤袋的外部向内部流动,粉尘被捕集在滤袋的外表面,净化气体由滤袋内部排出。

(四)按清灰方式的不同分类

按清灰方式不同,袋式除尘器可分为简易清灰袋式除尘器、机械振动清灰袋式除尘器、逆气流清灰袋式除尘器、脉冲喷吹清灰袋式除尘器等。

三、袋式除尘器结构

(一)简易清灰袋式除尘器

图 6-7 为简易清灰袋式除尘器的结构示意图。图 6-7(a)是借助滤料表面上粉尘自重或风机的起停,使滤袋变形而清灰的袋式除尘器。对这种除尘器有时还需要辅以人工敲打和抖动滤袋的方法进行清灰。图 6-7(b)是用手摇振动往复振动,滤袋上的粉尘因振动脱落至灰斗中。这种结构的袋式除尘比前者清灰效果好一些。这两种简易清灰袋式除尘器皆属于正压内滤式的除尘器。

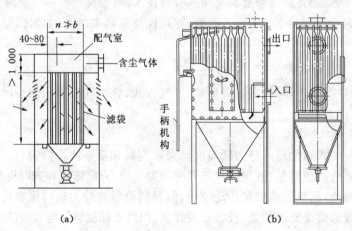

图 6-7　简易清灰袋式除尘器

这两种除尘器的特点是结构简单,安装操作方便,投资少,对滤料要求不高,滤袋寿命长;但不适宜净化含尘浓度过高的气体,进口浓度通常不超过 2~5 g/m³,而且过滤风速小,过滤风速取 0.2~0.3 m/min 为宜。滤袋直径一般为 100~400 mm,袋长 2~6 m,滤袋间距40~60 mm,为了方便检查布袋泄漏情况和及时更换布袋,各滤袋组之间要留有不少于 800

mm 宽的通道。因此,除尘器体积庞大,占地面积也大。

(二)机械振动清灰袋式除尘器

机械振打式清灰是利用机械传动使滤袋振动来达到清灰的目的。图 6-8 为机械振打式清灰的几种操作方式,其中图 6-8(a)为沿水平方向振动形式,又可分为上部摆动和腰部摆动两种方式;图 6-8(b)为沿垂直方向振动的形式,可以定期地提升滤袋框架,也可利用偏心轮装置振打框架;图 6-8(c)为扭转振动方式,即利用机械传动装置定期将滤袋扭转一定的角度,使粉尘脱落。图 6-9 为一利用偏心轮振打清灰的袋式除尘器示意图。

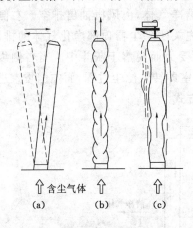

图 6-8 机械清灰的振动方式

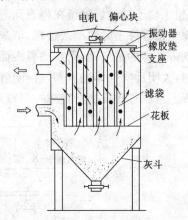

图 6-9 机械振动清灰袋式除尘器

机械振动清灰袋式除尘器的过滤风速一般采用 $1.0 \sim 2.0$ m/min,相应压力损失为 $800 \sim 1\,200$ Pa。由于其能及时清除滤袋上的积灰,所以过滤负荷比简易清灰式除尘器高,且工作性能稳定,清灰效果较好。但由于滤袋经常受机械力的作用而损坏较快,滤袋的检修与更换工作量大;而且一般机械振打式清灰都必须在除尘停止时进行,所以为了保证除尘器的连续运转,一般是将除尘器分为很多个分室,清完一个袋室,再清下一个袋室,不停地运转。

(三)逆气流清灰袋式除尘器

逆气流清灰系指清灰时的气流与过滤时气流方向相反,用于这种清灰方式的除尘器有逆气流吹风清灰袋式除尘器和逆气流吸风清灰袋式除尘器。

1. 逆气流吹风袋式除尘器

逆气流吹风清灰袋式除尘器的滤尘和清灰过程如图 6-10 所示。图 6-10(a)为袋式除尘器的滤尘工作过程,气流自下而上。当滤袋上的粉尘积累到一定程度,需进行清灰。清灰过程开始时,先关闭除尘器顶部净化气体的排出阀,然后引入与含尘气体方向相反的气流[图 6-10(b)],在这个气流的作用下,滤袋发生变形,并产生振动,使粉尘在滤袋的振动下

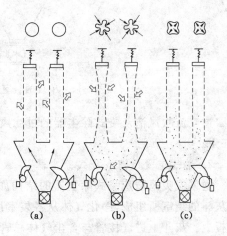

图 6-10 逆气流吹风清灰袋式除尘器
滤尘、清灰过程示意图

清落下来落到灰斗中[图 6-10(c)]。

为了保证除尘器的连续运行,逆气流清灰袋式除尘器一般划分为多个袋室,并通过阀门控制,对每个袋室依次提供反方向气流进行清灰。

逆气流吹风清灰袋式除尘器的过滤风速一般取 0.5～1.2 m/min,压力损失控制在 1～1.5 kPa。其特点是清灰比较均匀,对滤袋的损坏比较小,特别适合于玻璃纤维袋。

图 6-11 为单袋两袋室逆气流吹风清灰的袋式除尘器。图中左侧袋室进行滤尘过程,右侧袋室进行清灰过程。含尘气体由灰斗进气管进入,并穿过花板凸接管进入滤袋内部进行滤尘,粉尘粒子被滤袋阻留在内表面上,穿过滤袋的洁净气体,由风机抽出排空。右侧袋室示出滤尘过程终了时的清灰过程,清灰过程开始时,先关闭除尘器顶部净化气体的排出阀,开启吹入气体的进气阀,附在滤料表面上的积尘因而受力而脱落于灰斗中。当右侧袋清灰完毕时,关闭反吹气体进入阀,打开气体排出阀,该袋室即转入滤尘过程,而左侧袋室进入清灰过程。清灰过程可实行定时控制或定压控制两种方式。

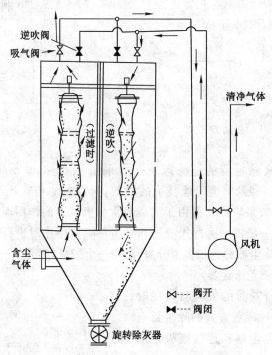

图 6-11　单袋两袋室逆气流吹风清灰的袋式除尘器

逆气流吹风清灰袋式除尘器的过滤风速一般取 0.5～1.2 m/min,压力损失控制在 1～1.5 Pa。

2. 逆气流吸风清灰袋式除尘器

逆气流吸风清灰袋式除尘器的结构如图 6-12 所示。这种袋式除尘器是由多个各自带有灰斗的袋室所组成,净化气体从各袋室顶部排出,各袋室的滤袋分别固定在各袋室下部的花板上。灰斗上进气接管与含尘气体总管相互连接,含尘气体进入阀门。抽出清灰气流的吸风管与风机的吸风总管相连,也装有吸风阀门。

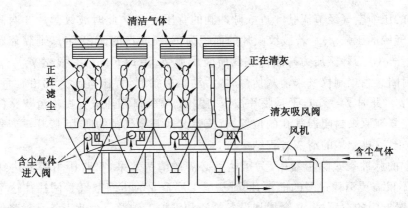

图 6-12　逆气流吸风清灰袋式除尘器结构

（四）脉冲喷吹袋式除尘器

脉冲喷吹袋式除尘器的构造如图 6-13 所示。含尘气体由下部进气口进入，通过滤袋时粉尘被阻留于滤袋外表面上，净化后的气体由袋内经文氏管进入上部净气箱，然后由出气口排走。每排滤袋上方装设一根喷吹管，喷吹管下面与每个滤袋相对应开喷吹小孔（或装喷嘴），喷吹管前端与脉冲阀相连，通过程序控制机构控制脉冲阀的启闭。当需要清灰时，控制仪发出清灰指令，触发排气阀，使脉冲阀背压室与大气相通，脉冲阀开启后，气包中的压缩空气经喷吹管下各小孔高速喷出，并诱导比自身体积大 5～7 倍的诱导空气一起经文氏管吹入滤袋，使滤袋急剧膨胀，引起冲击振动，使积附在袋外的粉尘层脱落掉入灰斗。这种清灰方式具有脉冲的特征，因而除尘器被称为脉冲式除尘器。清灰过程中每清灰一次，叫作一个脉冲；喷吹一次的时间称为脉冲宽度，约为 0.1～0.2 s。全部滤袋完成一个清灰循环的时间称为脉冲周期，一般为 60 s 左右。所用压缩空气的喷吹压力为 0.6～0.7 MPa。

脉冲阀与排气阀结构如图 6-14 所示。脉冲阀的 A 端接气包，B 端接喷吹管，排气阀直接拧在脉冲阀的阀盖上。当无清灰信号输入时，排气阀的活动挡板 7 处于封闭通气孔的位

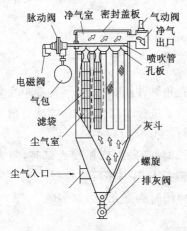

图 6-13　脉冲喷吹袋式除尘器结构

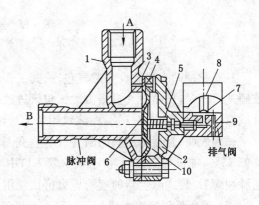

图 6-14　脉冲阀与排气阀的结构

1——阀体；2——阀盖；3——滤纹膜片；4——节流孔；
5——复位弹簧；6——喷吹口；7——活动挡板；
8——活动芯；9——通气孔；10——背压室

置,气包中的压缩空气经节流孔 4 进入脉冲阀的背压室 10。此时波纹膜片 3 两侧的气压相等(均等于气源的压强 p)。若波纹膜片的面积为 F,喷吹口的面积为 f,则膜片右侧所受压力 $p_右 = pF + q$(q 为弹簧压力),膜片左侧所受压力 $p_左 = p(F-f)$。显然 $p_右 > p_左$,喷吹管口被膜片封闭。当控制仪发来清灰信号时,活动挡板抬起,背压室与大气相通而迅速泄压,因而 $p_左 > p_右$(此时 $p_右 = q$),于是膜片被压向左侧,喷气口打开进行喷吹清灰。信号消失后活动挡板恢复至原来封闭通气孔的位置,背压室又回升至气源的压力,膜片重新封闭喷吹管口,喷吹停止,一排滤袋的清灰过程结束。

在通常的脉冲袋式除尘器中,为了达到必需的清灰效果,喷吹压力要求达到 $(6\sim7)\times10^5$ Pa,这不仅需要消耗过多的能量,同时一般工厂企业的压缩空气管网往往达不到这么高的压力,配置专门的空压机,又会增加设备投资和维护工作量。为此近年来对降低喷吹压力进行了研究,提出了以下两种方法。

(1) 用直通脉冲阀代替直角脉冲阀

试验表明,供给脉冲喷吹袋式除尘器的压缩空气的压力,相当大的一部分消耗在克服喷吹系统的阻力上,其数值可达 2×10^5 Pa。其中直角脉冲阀的阻力占很大部分,这是因为直角脉冲阀结构复杂,压缩空气通过阀时气流的速度和方向需经过多次的改变,使阻力增加。如果改用直通脉冲阀[图 6-15(a)],可使脉冲阀阻力大大降低。

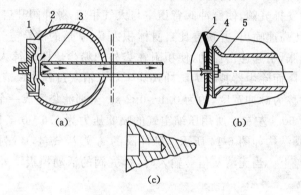

图 6-15　直通脉冲阀

1——膜片;2——贮气包;3——喷吹管入口;4——垫片;5——双扭线入口

直通脉冲阀直接装设在贮气包内,其工作原理与直角脉冲阀相同,但结构简单很多。当波膜片打开时,压缩空气直接由贮气包入进喷吹管。为了进一步降低阻力,喷吹管的入口设计成双扭线形[图 6-15(b)],在波纹膜片上加设导流锥[图 6-15(c)]。

试验表明,直通脉冲阀的阻力仅为直角脉冲阀的 28%。采用双扭线入口时,阻力又可降低 15%;加设导流锥后,由于喷吹管入口中心处涡流减弱,阻力还可再降低 15%。改用直通脉冲阀后,袋式除尘器的喷吹压力可比使用直角脉冲阀时约低 0.5×10^5 Pa。

(2) 采用低压喷吹系统

北京有色金属研究总院等单位研制低压喷吹系统,采取以下措施来降低喷吹压力:① 采用直通脉冲阀;② 适当加大喷吹管直径;③ 用特制的喷嘴代替喷吹孔。

试验结果表明,在同一喷吹时间下,喷吹 3×10^5 Pa 时的压缩空气喷吹量,与采用直角脉冲阀的脉冲喷吹袋式除尘器在 6×10^5 Pa 时的喷吹量相同,即喷吹压力可降低 1/2。由于降低了喷吹压力,可相应地延长膜片的寿命和减少维修工作量。

脉冲喷吹袋式除尘器实现了全自动清灰,可实行定时控制或定压控制。过滤风速较高,一般为 2～4 m/min,压力损失控制为 1 200～1 500 Pa,脉冲袋式除尘器,滤布磨损较轻,使用寿命较长,运动安全可靠,因而得到了普遍应用。但它需要高压的压缩空气做清灰动力。

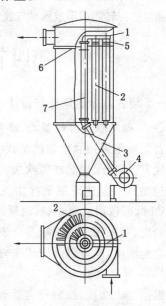

图 6-16　回转反吹扁袋除尘器
1——悬臂风管；2——滤袋；3——灰斗；
4——反吹风机；5——反吹风口；
6——花板；7——反吹风管

(五) 回转反吹扁袋除尘器

回转反吹扁袋除尘器结构如图 6-16 所示。梯形扁袋沿圆筒呈辐射状布置,反吹风管由轴心向上与悬臂管连接,悬臂管下面正对滤袋导口设有反吹风口,悬臂管由专用马达及减速机构带动旋转(转速为 1～2 r/min)。当含尘气体切向进入过滤室上部空间时,大颗粒及凝聚尘粒在离心力作用下沿筒壁旋落入灰斗,微细尘粒则弥散于袋间空隙,然后被滤袋过滤阻留。穿过袋壁的净气经花板上滤袋导口进入净气室,由排气口排走。

反吹风机构采用定阻力自动控制,当滤袋阻力达到控制上限时,由差压变送器发出信号,自动启动反吹风机工作,具有足够动量的反吹风气流由悬臂管反吹风口吹入滤袋,阻挡过滤气流并改变滤袋压力工况,引起滤袋振动抖落袋积尘。依次反吹滤袋,当滤袋阻力下降到控制下限时,反吹风机自动停吹。

反吹风可使用大气,也可采用循环风,后者是将反吹风机吸入口与除尘器上部净气室连通,以净气作为反吹气流,这样既不增加系统风量,又可消除结露危险。

这种除尘器反吹风机的风压约为 5 kPa,反吹风量为过滤风量的 5%～10%,每只滤袋的反吹时间约为 0.5 s。对黏性较大的细尘,过滤风速一般取 1～1.5 m/min,而对黏性小的粗尘,过滤风速可取 2～2.5 m/min。净化效率一般达 99% 以上。

回转反吹扁袋除尘器由于单位体积内过滤面积大,采用圆筒形外壳抗爆性能好,滤袋寿命长,清灰自动化及清灰效果好、运行安全可靠及维护简便,因而近年来在国内发展很快。但还存在滤袋之间阻力与负荷不均,以及进口附近滤袋易损坏等问题,尚需进一步改进。

(六) 脉动反吹风袋式除尘器

脉动反吹清灰就是对从反吹风机来的反吹气流给予脉动动作,它具有较强的清灰作用但要有能使反吹气流产生脉动动作的机构,如回转阀等。

脉动反吹风袋式除尘器的结构如图 6-17 所示。从图中可以看出,它的结构大体上与回转反吹扁袋除尘器

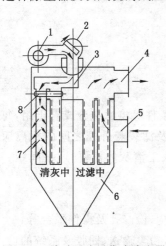

图 6-17　脉动反吹风袋式除尘器
1——反吹风；2——回转阀；3——反吹旋臂；
4——净气出口；5——含尘气体进口；
6——灰斗；7——滤袋；8——切换阀

相同,主要不同点是在反吹风机与反吹旋臂之间设限一个回转阀。清灰时,由反吹风机送来的反吹气流通过回转阀后形成脉动气流,这股脉动气流进入反吹旋臂,垂直向下对滤袋进行喷吹。

第四节　袋式除尘器的应用

一、袋式除尘器选择与设计

(一)确定除尘器的型式、滤料及清灰方式

首先确定采用除尘器的型式。例如对要求高、厂房面积受限制、投资和设备订货都有条件的地方,可以采用脉冲喷吹袋式除尘器。否则采用定期人工拍打的简易清灰袋式除尘器或其他型式。其次应根据含尘气体特性,选择合适的滤布。如气体温度超过 140 ℃、低于 250 ℃时,可选用玻璃丝袋;对纤维性粉尘应选择表面光滑的滤料(如平绸、尼龙等);对一般工业粉尘,可采用涤纶绒布等合成纤维滤袋。根据除尘器滤料的型式、允许的压力损失和气体的含尘浓度,就可以确定清灰方式。

(二)计算过滤面积

根据含尘浓度、滤料种类及清灰方式等,即可确定过滤风速 V_F(m/min),并算出总过滤面积。

$$A = \frac{Q}{60V_F}$$

式中　Q——除尘器的处理风量,m^3/h。

不同的清灰方式下的过滤风速归纳如下:

简易清灰:0.20～0.75 m/min;逆气流反吹清灰:0.5～1.2m/min。

机械振动清灰:1.0～2.0 m/min;脉冲喷吹清灰:2.0～4.0 m/min。

(三)除尘器设计

若选择定型产品,则根据处理风量和总过滤面积 A 就可选定除尘器的型号规格。

若自行设计,其主要步骤如下:

① 确定滤袋尺寸:直径 d 和高度 l;

② 计算单只滤袋面积:$a = \pi d l$(m²);

③ 计算滤袋只数:$n = \frac{A}{a}$(只);

④ 滤袋布置:在滤袋只数多时,根据清灰方式及运行条件等将滤袋分成若干组,每组内相邻两滤袋之间的净距一般取 60～70 mm。组与组之间及滤袋与外壳之间的距离应考虑到检修、换袋等操作需要。对简易布袋过滤器,须考虑到人工清灰的需要,这一间距一般取 600～800 mm。

(四)壳体设计

壳体设计包括除尘器箱体,进、排气风管型式,灰斗结构,检修孔及操作平台等。

另外,还包括粉尘清灰机构的设计和清灰制度的确定,粉尘输送、回收及系统的设计。

二、袋式除尘器的应用

袋式除尘器的除尘效率高,可广泛地用于各种工业生产所产生的气体除尘中。它比电除尘器的结构简单、投资省、运行稳定,还可以处理因比电阻高而电除尘器难以回收捕集的

粉尘;与文丘里洗涤器相比,动力消耗小,回收的干粉尘便于回收利用,不存在泥浆处理等问题。因此,对于细小而干燥的粉尘,采用袋式除尘器净化是适宜的。袋式除尘器不适用于净化含有油雾、凝结水和黏性大的含尘气体,一般也不耐高温。表 6-3 给出了常用袋式除尘器在一些部门的使用情况。

表 6-3　　　　　　　　　　　　　袋式除尘器的使用情况

粉尘种类	纤维种类	清灰方式	过滤气速 /(m/min)	粉尘比阻力系数 /[N·min/(g·m)]
飞灰(煤)	玻璃、聚四氟乙烯	逆气流、脉冲喷吹、机械振动	0.58~1.8	1.17~2.51
飞灰(油)	玻璃	逆气流	1.98~2.35	0.79
水泥	玻璃、丙烯酸系聚酯	机械振动、逆气流	0.46~0.64	2.00~11.69
铜	玻璃、丙烯酸系	机械振动	0.18~0.82	2.51~10.86
电炉	玻璃、丙烯酸系	机械振动、逆气流	0.46~1.22	7.5~119
硫酸钙	聚酯		2.28	0.067
炭黑	玻璃、诺梅克斯、聚四氟乙烯、丙烯酸系	机械振动	0.34~0.49	3.67~9.35
白云石	聚酯	逆气流	1.00	112
飞灰(焚烧)	玻璃	逆气流	0.76	30.00
石膏	棉、丙烯酸系	机械振动	0.76	1.05~3.16
氧化铁	诺梅克斯	脉冲振动	0.64	20.17
石灰窑	玻璃	逆气流	0.70	1.50
氧化铅	聚酯	逆气流、机械振动	0.30	9.50
烧结尘	玻璃	逆气流	0.70	2.08

第五节　电袋复合式除尘器

静电布袋复合除尘器是基于静电除尘和布袋除尘两种除尘理论而提出的一种新型的除尘技术。它结合了电除尘器和布袋除尘器的优点,除尘效率高(排放浓度可以低于 $10 \ mg/m^3$,既能满足新的环保标准,又能增加运行可靠性),降低电厂除尘成本。因此,静电布袋复合除尘器的开发对现役电厂电除尘器改造和新建电厂(包括现役电厂扩建机组)除尘设备选择具有重要意义,同时也是对静电除尘和袋式除尘的集成创新,具有较大的学术价值,是含尘烟气治理的发展方向之一。

一、电袋复合式除尘器结构类型

(一)"前电后袋"式

"前电后袋"式的复合型除尘器,即电袋分体式除尘器,又称串联式电袋。如图 6-18 所示。它将前级电除尘和后级袋除尘有机地串联成一体,集电除尘技术和袋式除尘技术优点于一身,烟气先经过前级电除尘单元,充分发挥其捕集中、高浓度粉尘效率高（75%以上）和低阻力的优势,除去烟气中的粗颗粒粉尘并使粉尘荷电。进入后级袋除尘单元时,不仅粉尘浓度大为降低,且前级的荷电效应又提高了粉尘在滤袋上的过滤特性,使滤袋的透气性能和清灰性能得到明显改善,其使用寿命大大提高。"前电后袋"式的复合型除尘器一般在小型机组或燃油或混烧机组及采用干法脱硫时采用较好。

该技术自 20 世纪 70 年代在国外开始应用,国内继首次在元宝山电厂试验后,先后在上海浦东和金山水泥厂应用成功,排放浓度稳定在 30 mg/m³ 以下。由于粉尘 80% 以上的在第一电场被捕集,后面电场捕集粉尘不到 20% ,常规的电除尘器大部分设置 4 个电场,甚至五六个电场,还不一定达到排放标准,存在事故排放。如果采用"前电后袋"式对常规电除尘器改造,仅保留前一电场,后电场全部或部分改为袋除尘,不仅烟气可以达标排放,还可以减少投资费用。

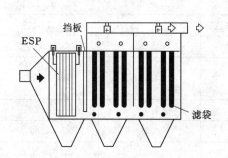

图 6-18 "前电后袋式"电袋组合袋除尘器

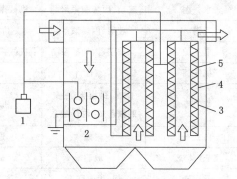

图 6-19 静电增强型电袋组合除尘器;
1——电源;2——预荷电区;3——金属网;
4——滤料;5——骨架

（二）静电增强型

静电增强型主要是利用粒子荷电后的过滤特性。该除尘器在结构上类似"前电后袋"式,只是"前电"的静电场主要用来对粉尘荷电,收尘主要是由在后的滤袋来完成,如图 6-19 所示。试验表明,荷电后的粒子在各种滤料上均体现出过滤性能的改善,主要表现为系统压力降低,滤袋的透气性能和清灰性能得到明显改善,由于滤袋清灰次数的减少,提高了使用寿命。相对于"前电后袋"式,静电增强型存在滤袋粉尘负荷未减少、运行阻力大、费用高等不足。

（三）电袋一体化式

电袋一体化式又称嵌入式电袋复合除尘器,即对每个除尘单元,在电除尘中嵌入滤袋结构,电除尘电极与滤袋交错排列,如图 6-20 所示。嵌入式电袋复合除尘技术的这种形式的电袋除尘在国外已有成功应用,总除尘效率在 99.99%～99.997%。尽管电袋一体化式存在结构更紧凑,气体经过的路径短而本体阻力小等诸多方面性能均优于串联式电袋复合除尘技术,但也存在选择适当的电场参数以解决电极放电对滤袋的影响、更换、电极与滤袋嵌入结构布置等问题。一体式电袋除尘器的空间布置紧凑,系统阻力较低,烟气分布比较容易达到均匀分布,可以处理较大的烟气量,满足大容量、高负荷机组的排放标准,所以一体式电袋复合式除尘器适用于燃煤机组及大型火力发电厂。

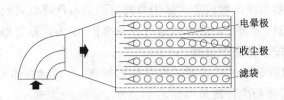

图 6-20 电袋一体化式除尘器

二、电袋复合式除尘器的技术特点

(一) 电袋复合除尘器的优点

1. 优异的除尘性能指标

在电袋复合式除尘器中,烟气先通过前级电除尘区,烟气中绝大部分粉尘通过电除尘方式被收集下来,未被捕集的已荷电粉尘,再均匀进入后级袋除尘区。由于前级电除尘区可将烟气中的 90% 左右的粉尘捕集下来,后级滤袋仅收集剩下 10% 左右的粉尘。因此,电袋复合除尘的除尘效率能达 99.9% 以上,可实现出口粉尘排放浓度低于 30 mg/m³。而且由于粉尘荷电后,由静电力作用的增强,细微粒子的捕集效率也有所增强。另外,电袋复合式除尘器的性能不受煤种和烟气飞灰特性影响。

2. 能保持长期、稳定、高效运行

常规电除尘器的除尘效率受煤种、锅炉负荷和工况、粉尘比电阻等诸多因素的影响,造成稳定性差甚至不能正常工作。电袋一体化复合除尘器能发挥袋式除尘单元对煤种适应范围广泛、受锅炉负荷变化及烟气量波动影响小、不受粉尘比电阻的影响等特性,能保持长期、稳定高效运行。

3. 运行阻力较低,滤袋使用寿命长

从电除尘区域进入布袋收尘区域的粉尘为绝大部分带负电的粉尘,由于电荷效应,粉尘在滤袋表层颗粒排列有序,缝隙率高,滤袋形成的粉尘层对气流的阻力小,易于清灰,在运行过程除尘器可以保持较低运行阻力。电袋复合式除尘器与常规布袋除尘器相比,单位时间内相同滤袋面积上沉积的粉尘量少,滤袋的清灰周期时间长;在实际运行中可采用在线清灰方式,使滤袋气布比波动量减少,滤袋运行阻力低,滤袋的强度负荷小;滤袋上粉尘清灰容易,清灰压缩空气压力低,清灰对滤袋的影响较小;粉尘对滤袋的撞击损坏和摩擦损坏较小;在气溶胶效应各个滤袋各处粉尘浓度均匀。以上特点都有利于延长滤料使用寿命。

4. 结构紧凑,除尘费用低

从结构上来看,电袋复合除尘器结构更为紧凑。相对于静电除尘器,复合除尘器只保留了一级电场而去除了效率较低的二、三级电场,取而代之的是高效的布袋除尘单元。同时,由于复合除尘器的静电除尘单元除去了大部分的粉尘,因而可以选择较高的过滤风速,所需滤袋数量少,结构紧凑,占地面积减少。由于电除尘单元只设一级电场,可以避免静电除尘器高昂的设备费和土建费;布袋除尘单元中,所需滤袋少,滤袋以及相应设施的费用也大大减少,因此,电袋复合除尘器的初次投资低。在运行费用上,阻力小,能耗低,滤袋更换周期增长,总的运行费用比同容量的静电除尘器和布袋除尘器都低。

(二) 电袋复合式除尘器的技术的不足

① 增加辅助设备的资金投入。为设备维护和检修、保证机组运行的可靠性,需要增加

辅助设备及相应的控制系统。如较袋式除尘器而言阻力有所降低,但仍然较高,在新建和改造时必然要增加吸风机;为满足机组单侧运行以备维护,须为在除尘器的入口和出口增设一定数量的关断阀门并安装旁路烟道等。

② 在初次投运和机组熄火时必须采取预涂灰措施,否则对后部的布袋会造成损坏,使系统阻力增大,严重时使粉尘排放量增加。

(三) 电袋复合除尘器需要改进的关键技术

电袋复合除尘系统作为一种新的除尘方式,它具有许多优点,但由于还没有一种成熟的理论能够对电袋复合除尘技术进行系统的量化,所以电袋复合除尘技术需要通过进一步的探索予以解决的问题,以提高起的整体性能和扩大其的适应范围。现今,电袋复合除尘技术需要改进的关键技术有:

① 电袋复合式除尘器内部的气流均布技术。合理的安排静电除尘单元和布袋除尘单元的结合问题,提高结合间的烟气分布均匀性。

② 优化静电除尘单元的静电作用,使荷电后的粉尘在进入布袋除尘单元时,最大化的发挥对布袋除尘单元的减阻与清灰作用。

③ 提高布袋过滤风速技术,使除尘效率显著提高。

④ 对不同性质的烟气,建立不同的控制和运行模式。

⑤ 合理分配静电除尘单元和布袋除尘单元的负荷,提高除尘效率。

本章习题

6.1 袋式除尘器的工作原理?

6.2 影响袋式除尘器除尘效率的主要因素有哪些?

6.3 各类袋式除尘器的结构原理是什么?

6.4 除尘器系流的处理烟气量为 $10\ 000\ m^3 N/h$ 初始含尘浓度为 $6\ g/m^3$,拟采用逆气流反吹风清灰袋式除尘器选用涤纶绒布滤料要求进入除尘器的气体温度不超过 $393\ K$,除尘器压力损失不超过 $1\ 200\ Pa$,烟气性质近似于空气,试确定:

(1) 过滤速度(m/min);

(2) 粉尘负荷(kg/m²);

(3) 除尘器的压力损失 ΔP;

(4) 最大清灰周期;

(5) 滤袋面积;

(6) 滤袋的尺寸(直径 d 和长度 l)和滤袋系数 n。

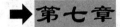

湿式除尘器

　　湿式除尘器是用水或其他液体与含尘废气相互接触,从而实现分离捕集粉尘粒子和吸收有害气体的装置。它主要利用液网、液膜或液滴来去除废气中的尘粒,并兼备吸收有害气体的作用。湿式除尘器具有结构简单、耗用钢材少、投资低、运行安全等特点,已得到广泛应用。

第一节　湿式除尘器的除尘机理及分类

一、湿式除尘器的捕尘体型式

　　在湿式除尘器中,气体中的粉尘颗粒是在气液两相接触过程中被捕集的。气液两相接触表面的型式及大小,对除尘效率有非常重要的影响。表 7-1 列出了几种常见湿式除尘器的主要接触表面及捕尘体型式。

表 7-1　　　　　　　几种常见湿式除尘器的主要接触表面及捕尘体型式

除尘器名称	气液两相接触表面型式	捕尘体型式
喷淋塔除尘器	液滴外表面	液滴
旋风水膜除尘器	液滴与液膜表面	液滴与液膜
冲击水浴除尘器	液滴与液膜表面	液滴与液膜
机械动力湿式除尘器	液滴与液膜表面	液滴与液膜
文丘里湿式除尘器	液滴与液膜表面	液滴与液膜
填料塔湿式除尘器	液膜表面	液膜
活动填料(溜球)塔洗涤除尘器	气体射流、气泡和液膜表面	气体射流、气泡和液膜
旋流板塔除尘器	气体射流与气泡表面	气体射流与气泡

　　应当指出,在表 7-1 中列出的各类湿式除尘器接触表面和捕尘体是这种湿式除尘器最有特征的型式,在实际中,大多数湿式除尘器气体和洗涤液不只是一种类型的接触表面和捕尘体,而是同时存在两种或两种以上的接触表面和捕尘体的型式。

二、湿式除尘器除尘机理

　　从湿式除尘器的理论基础考虑,其除尘机理涉及方面较多,包括气液两相的接触表面、捕尘体形成以及粉尘颗粒在捕尘体上的沉降等，非常复杂。简言之，湿式除尘器主要是利用惯性碰撞和拦截作用，扩散、凝聚和静电作用是次要的，只有捕集粒径很小的颗粒才会较为显著。以下简要说明湿式除尘器的除尘机理。

1. 惯性碰撞

粉尘颗粒与液滴之间的惯性碰撞是湿式除尘器最基本的除尘机理。一般认为，气流中的粉尘颗粒随气流一起运动，几乎不产生滑动，若含尘气流在运动过程中遇到液滴，在液滴前 x_d 处气流开始改变方向，绕过液滴继续流动。气流的运动轨迹由直线变为曲线，其中细小的粉尘随气流一起绕流，但粒径较大（大于 $0.3~\mu m$）和重量较大的粉尘颗粒具有较大的惯性，便脱离气流的流线而保持原来的运动方向，继而与液滴碰撞而被捕集。如图 7-1(a) 所示，如果粉尘从脱离流线到停止运动所移动的距离大于粉尘脱离流线的点到液滴的距离，粉尘就会和液滴碰撞，从而被捕集。

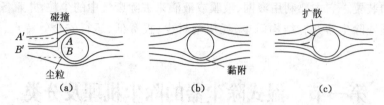

图 7-1　三个主要的除尘机理
(a) 碰撞；(b) 黏附；(c) 扩散

定义粉尘从脱离流线到惯性运动结束时所移动的直线距离为粒子的停止距离 x_s，x_s 与液滴直径 D_c 的比值为惯性碰撞参数 N_I，对斯托克斯粒子有：

$$S_t = N_I = \frac{x_s}{D_c} = \frac{d_p^2 \rho_p (u_p - u_D) C_u}{18\mu D_c} \tag{7-1}$$

式中　u_D——液滴的速度，m/s；

　　　u_p——在流动方向上粒子的速度，m/s。

对于粒径小于 $5.0~\mu m$ 的粒子，必须考虑肯宁汉校正系数 C_u。

根据碰撞参数的物理意义可知，N_I 值越大，粒子惯性越大，碰撞捕集效率越高。针对势流和黏性流，捕集效率可以根据惯性碰撞参数 N_I 进行计算。约翰斯顿（Johnstone）等人的研究结果是：

$$\eta = 1 - \exp(-KL \sqrt{N_I}) \tag{7-2}$$

式中　K——关联系数，其值取决于设备几何结构和系统操作条件；

　　　L——液气比，$L/1~000~m^3$ 气体。

2. 拦截

当尘粒沿气体流线直接向液滴运动时，由于气流流线离液滴表面的距离在 $d_p/2$ 范围以内，则该尘粒与液滴接触并被捕集，如图 7-1(b) 所示。在拦截机制中，起作用的是颗粒的大小而不是惯性，并且与气流速度无关，该捕集机理与袋式除尘中粉尘被纤维黏附作用类似。

3. 扩散（布朗扩散）

当微细粉尘颗粒受气流的夹带作用围绕液滴运动时，在气体分子的碰撞下，微小颗粒像气体分子一样，做复杂的布朗运动，在运动过程中，粉尘和液滴接触而被捕集，如图 7-1(c) 所示。尘粒越小,布朗扩散越强烈,在分析 $d_p < 2\ \mu m$ 的尘粒沉积时,通常要考虑这种机制。

4. 凝集

由于粉尘颗粒和液滴成为凝聚核心,颗粒体积逐渐增大,直至呈团状,利于气液分离。凝集有两种情况:一种是以微小粉尘颗粒为凝结核,由于水蒸气的凝结而使微小颗粒凝集增大;另一种是由于扩散漂移的综合作用,颗粒向液滴移动并凝集增大,增大后的颗粒通过惯性作用加以捕集。

5. 难黏合区

粉尘颗粒粒径在 $0.01 \sim 0.3\ \mu m$ 的范围时,较难被液滴黏合,称为难黏合区。图 7-2 为粉尘颗粒因碰撞或扩散而黏合的效率与粉尘直径的关系。如图 7-2 所示,对于湿法除尘,粒径大于 $0.3\ \mu m$ 的粉尘主要是由于相互碰撞而黏合,除尘效率随粉尘直径增加而增大;粒径小于 $0.3\ \mu m$ 的粉尘因扩散而黏合,而其中小于 $0.01\ \mu m$ 的粉尘除尘效率较高,并且随着粉尘直径的减小而迅速增加;粒径在 $0.3 \sim 0.01\ \mu m$ 间的粉尘最难黏合。因此在湿式除尘器的设计和应用中应考虑这一特殊情况。

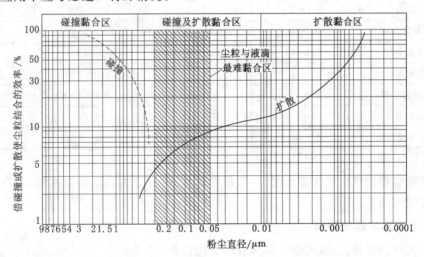

图 7-2　粉尘的黏合效率与其直径的关系

三、湿式除尘器分类

(1) 按不同能耗分类

工程上也可以按除尘设备阻力高低,将湿式除尘器分为低能耗、中能耗和高能耗三类。低能耗湿式除尘器的压力损失为 $200 \sim 1\ 500$ Pa,包括喷淋塔和旋风除尘器等,在一般运行条件下的耗水量(液气比)为 $0.5 \sim 3.0$ L/m³,对粒径大于 $10\ \mu m$ 粉尘颗粒的净化效率可达 $90\% \sim 95\%$,常用于焚烧炉、化肥制造、石灰窑、化铁炉的除尘,但主要用于废气治理。中能耗湿式除尘器的压力损失为 $1\ 500 \sim 3\ 000$ Pa,包括动力除尘器和冲击水浴除尘器。高能耗湿式除尘器的压力损失为 $3\ 000 \sim 9\ 000$ Pa,净化效率可达 99.5% 以上,如文丘里湿式除尘器,常用于炼钢、炼铁、造纸烟气粉尘的去除。

(2) 按结构型式和净化机理分类

湿式除尘器种类繁多,按其结构型式和除尘机理可以大致分为图 7-3 所示的七种类型。根据不同的除尘要求,可以选择不同类型的除尘器。目前国内应用较为广泛的除尘器有水膜除尘器、文丘里除尘器和喷淋除尘器等。表7-2为主要湿式除尘器的性能、操作范围。

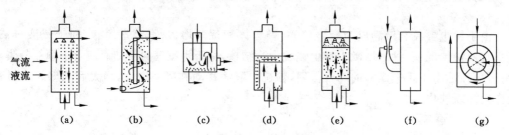

图7-3　常见七种类型湿式除尘器工作示意图

(a)重力喷雾除尘器;(b)旋风水膜除尘器;(c)贮水式冲击水浴除尘器;(d)板式塔除尘器;
(e)填料塔除尘器;(f)文丘里除尘器;(g)机械动力洗涤除尘器

表 7-2　　　　　　　　　一些主要湿式除尘器的性能和操作范围

除尘器名称	气体流速/(m/s)	液气比/(L/m³)	压力损失/Pa	分割直径/μm
喷淋塔除尘器	0.1~2	2~3	100~500	3.0
自激喷雾除尘器	10~20	0.07~0.15	800~2 000	3.0
板式塔除尘器	1.5~4	1~3	600~1 500	1.0
填料塔除尘器	0.5~1	2~3	1 000~2 500	1.0
旋风水膜除尘器	15~45	0.5~1.5	1 200~1 500	1.0
冲击式除尘器	10~20	10~50	0~150	0.2
文丘里除尘器	60~90	0.3~1.5	3 000~8 000	0.1

湿式除尘器的净化气体排出时,一般都带有水滴,为了去除这部分水滴,常在湿式除尘器后附有脱水装置。

四、湿式除尘器的特点

与其他除尘器相比,湿式除尘器具有以下优点:

① 在耗用相同能耗的情况下,湿式除尘器的除尘效率比干式除尘器的除尘效率高;

② 可以处理高温、高湿、高比电阻、易燃和易爆的含尘气体;

③ 在去除含尘气体中粉尘粒子的同时,还可以去除气体中的水蒸气及某些有毒有害的气态污染物,具有除尘、冷却和净化的作用。

其缺点是:

① 从湿式除尘器排除的沉渣需要处理,澄清的洗涤水应重复使用,否则会造成二次污染,浪费水资源;

② 净化含有腐蚀性的气态污染物时,洗涤水(或液体)具有一定的腐蚀性,金属设备容易被腐蚀;

③ 不适于净化含有憎水性和水硬性粉尘的气体;

④ 在寒冷地区使用湿式除尘器容易冻结;

⑤ 能耗比较大。

五、湿式除尘器的选择

选择湿式除尘器时应综合考虑性能指标、操作范围、泥浆处理、运行及维护等方面,具体依据如下：

①　分级效率曲线。分级效率曲线是一项最重要的性能指标。但要注意，分级效率曲线仅适用于一定状态下的气体流量和特定的污染物，气体的状态对捕集效率有直接影响。

②　操作弹性。任一操作设备都要考虑到它的负荷在气体流量超过或低于设计值时对捕集效率的影响。同时，还要掌握含尘浓度不稳定或连续高于设计值时将如何操作。

③　泥浆处理。泥浆处理是湿式除尘器必然遇到的问题，应当力求减少污染的危害程度。

④　运行和维护。一般应避免在除尘器内部安装运动或转动部件，避免气体通过流道横断面时引起堵塞。

第二节　喷淋塔除尘器与旋风水膜除尘器

一、喷淋塔除尘器

喷淋塔除尘器是湿式除尘器中最简单的一种，它一般不用于单独除尘。当气体需要除尘、降温或在除尘的同时要求去除有害气体时，使用这种设备。这类除尘器具有结构简单、压力损失小（一般小于 0.25 kPa）、操作稳定方便等特点，但净化效率低，耗水量及占地面积大。该除尘器与高效除尘器如文丘里除尘器联用，可以起到预净化、降温和加湿作用。

（一）喷淋塔除尘器的构造

湿式除尘器的结构是一个里面设置喷嘴的圆形或方形截面空心塔体，依靠喷嘴产生的分布在整个截面上的大量液滴，来清洗通过塔体的含尘烟气。喷嘴可以安装在同一个截面上，也可以分几层安装在几个截面上，有的在一个截面上设置十几个喷嘴，有的只沿中心轴安装喷嘴。

喷淋塔中的流动有顺流、逆流和错流三种型式。所谓顺流，就是气体和水滴以相同的方向流动；逆流是指液体与气流方向相反，如图 7-4 所示；错流则是在垂直于气流的方向上喷淋液体，如图 7-5 所示。

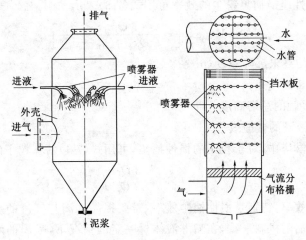

图 7-4　逆流喷淋塔

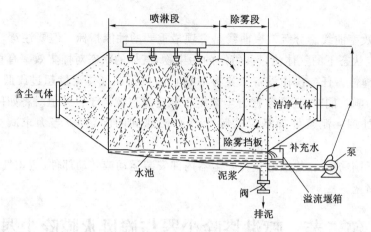

图 7-5　错流喷淋塔

（二）喷淋塔除尘器的除尘机理

最常用的是逆流喷淋塔，如图 7-4 所示，含尘气体从喷淋除尘器的下部进入，通过气流分布格栅，使气流均匀进入除尘器。液体通过喷嘴从上向下喷淋，喷嘴可以设在一个截面上，也可以分几层设在几个截面上。液滴通过与尘的碰撞、接触，捕获尘粒。净化的气体通过挡水板以去除气体带出的液滴。

喷淋塔的除尘机理是将水滴作为捕尘体，在惯性碰撞、扩散、黏附等作用下将粉尘捕集，其中以惯性碰撞作用为主。因此，喷淋塔的除尘效率取决于液滴大小、颗粒的空气动力学直径、液气流量比以及气体性质。当喷水量一定时，喷雾愈细，下降水滴布满塔断面的比例愈大，通过拦截来捕集尘粒的效率愈大。就气体之间的相对运动速度而言，细水滴要比粗水滴小，这是因为细水滴的沉降速度较小。可以知道，通过惯性碰撞来捕集尘粒的概率会随水滴直径的减小而减小。此外，严格控制喷雾液滴大小均匀，对提高除尘效率是很重要的。

为了预估喷淋塔的除尘效率，通常假定所有液滴具有相同直径，且进入洗涤器后立刻以终末沉降速度沉降，液滴在整个过气断面上分布均匀，无聚结现象。在这些假设基础上，立式逆流喷淋塔靠惯性碰撞捕集粉尘的效率可用式（7-3）表示：

$$\eta = 1 - \exp\left[-\frac{3\,Q_l u_t z\,\eta_d}{2\,Q_g\,d_D(u_t - v_g)}\right] \tag{7-3}$$

式中　u_t——液滴的终末沉降速度，m/s；

v_g——空塔断面气速，m/s；

z——气液接触的总塔高度，m；

η_d——单个液滴的碰撞效率。

错流型式的喷淋塔中，对于粒子的惯性捕集，可用式（7-4）估算粒子的总通过率：

$$P_t = \exp\left(-\frac{3\,Q_l z\,\eta_d}{2\,Q_g\,d_D}\right) \tag{7-4}$$

为了提高捕尘效率，特别是惯性捕尘效率，需要提高水滴与气流的相对速度，同时要减小水滴的大小。就黏附机制来看，在喷淋液体量一定的情况下，喷出的水滴越细，则塔的截面上有液滴通过的部分越大，因而粉尘颗粒由于黏附而被捕集的机会也越大。就惯性碰撞机制来看，由于惯性碰撞效率和粉尘与液滴的相对速度成正比，和液滴直径成反比，所以，要碰撞效率高,就得加大粉尘和液滴的相对速度、减小液滴直径。由于粉尘和液滴相比,一般要小得多,故可取液滴的自由降落速度作为粉尘与液滴的相对速度,这样就出现了加大粉尘与液滴的相对速度和缩小液滴直径这两个要求之间的矛盾。因此,液滴有一个最佳直径。

一般来说,在喷淋一定量液体的情况下,对每一种粒径的粉尘颗粒有一最佳液滴直径,就较小的粉尘而言,最佳液滴直径是 $200 \sim 1\ 000\ \mu m$。但是,应当注意到,由于喷出水滴的凝聚以及与塔壁碰撞的影响,与气体接触的水滴量及水滴尺寸是很难估计的。另外,喷淋塔中液滴的降落时间取决于液滴的大小和气体上升速度,在一定的喷淋液体量和一定的液滴尺寸下,逆流喷淋塔中的液滴降落时间,即液滴在塔内的停留时间,随着气体速度的增加而延长。孤立地看,这一现象可以增加捕集粉尘颗粒的机会,因为塔内的水滴数量增加了,但是,这一现象也增加了液滴被气流带走的可能性。

喷淋塔的压力损失一般为 $250 \sim 500\ Pa$,若不考虑洗涤器中挡水板及气流分布板的压力损失,则其压力损失大约为 $250\ Pa$,因此喷淋塔的能耗较低。喷淋塔的除尘效率对于 5 μm 以上的粉尘较好,对于小于 5 μm 的粉尘则迅速下降。此外,液气流量比对除尘效果也有较大影响,为了提高操作时的液气比,液体应循环使用,为此应设置沉淀池。

喷淋塔具有结构简单、压力损失小、操作稳定等特点,经常与高效洗涤器联用捕集粒径较大的颗粒。与大多数其他类型洗涤器一样,严格控制喷淋过程,保证液滴大小均匀,对有效的操作是很有必要的。

二、旋风水膜除尘器

在干式旋风除尘器内部以环形方式安装一排喷嘴,使旋风除尘器的内壁上形成一薄层水膜,可以有效防止粉尘在器壁上的反弹、冲刷而引起的二次扬尘,从而大大提高旋风除尘器的效率。相同大小干、湿两种普通旋风除尘器分级效率比较,对于 5 μm 的粉尘,湿式除尘效率可高达 87%,而干式的除尘效率仅 70% 左右,可见湿式旋风除尘器较干式的效率有明显提高。在离心力作用下,水雾所受的力远高于喷淋塔。离心力作用下水滴对粒径为 $2 \sim 5$ μm 的粉尘颗粒的除尘效率比单纯重力作用时要大得多。

（一）立式旋风水膜除尘器

这种除尘器的结构型式很多,可以采用切向进气,也可从中心进气,通过导流叶片而获得旋转运动。从喷水方式分,可以有四周喷雾、中心喷雾或上部周边淋水等方式。

1. CLS 型除尘器

立式旋风水膜除尘器是应用比较广泛的一种湿式除尘器,国内所用的型号为 CLS 型,如图 7-6 所示。CLS 型除尘器运行简单、维护管理方便。这种除尘器在筒体的上部以环形方式安装一排喷嘴,喷雾沿切向喷向筒壁,使筒体内壁形成一层很薄的不断下流的水膜。含尘气体由筒体下部切向导入,旋转上升,由于离心力作用,甩向壁面的粉尘颗粒被水膜黏附,沿筒壁流下。

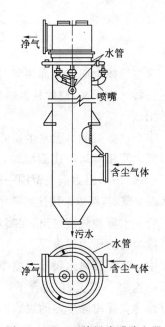

图 7-6　CLS 型旋风水膜除尘器

粉尘颗粒随污水由除尘器底部排污口排出,净化后的气体由筒体上部排出。为了防止除尘器在运动中带水,可以在其上部设挡水圈。

CLS型除尘器的净化效率一般可达90%以上,其入口最大允许浓度为2 g/m³,若含尘气体的浓度大于此浓度,应在其前设一预除尘器,以降低进气含尘浓度。此除尘器按规格不同设有3～6个喷嘴,喷水压力为30～50 kPa,液气比为0.1～0.3 L/m³,压力损失为500～750 Pa。该除尘器的净化效率随气流入口速度增大而提高,入口速度范围为15～22 m/s;且随筒体直径减小、高度增加而提高,筒体高度一般不大于5倍筒体直径。

2. 中心喷雾旋风水膜除尘器

立式旋风水膜除尘器的另一种形式如图7-7所示,常称为中心喷雾旋风水膜除尘器。

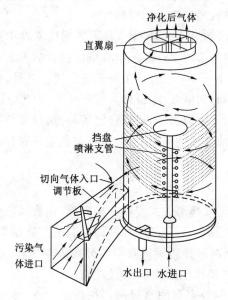

图7-7　中心喷雾旋风水膜除尘器

含尘气体由筒体下部切向引入,水通过轴上安装的多头喷嘴喷出,径向喷出的水雾与螺旋形旋转气流相碰,使颗粒被捕集下来。如果在喷雾段上面有足够的高度,也能起一定的除雾作用。

中心喷雾旋风水膜除尘器的入口风速通常为15～45 m/s,随着入口速度的提高,气流与液滴之间相对运动速度增加,最高进气速度可达60 m/s。除尘器的横断面风速通常为1.2～2.4 m/s,阻力损失范围一般为500～1 500 Pa。由于该除尘器内气流的旋转运动使其带水现象减弱,可以采用比喷雾塔中更细的喷嘴,用于净化气体的耗水量为0.5～1.5 L/m³。为了防止水雾被气流带出,在喷水管的上部设有挡水圆盘,在除尘器的顶部装有整流叶片以降低除尘器的压力损失。

中心喷雾旋风水膜除尘器净化5 μm以下颗粒是有效的,对于0.5 μm以下粉尘的捕集效率可达95%以上,它适合于处理烟气量大和含尘浓度高的场合。它既可以单独采用,也可以作为文丘里除尘器的脱水器。

3. 麻石水膜除尘器

在某些工业含尘气体中不仅含有粉尘颗粒,而且还含有有毒、有害气体,如锅炉燃烧含硫煤时,燃烧烟气中除含有粉尘颗粒之外,还含有 SO_2、SO_3、H_2S、NO_x 等有毒有害气体。这类有害气体即使在干燥状态,特别是高温干燥状态下,也能与制造除尘器的金属材料发生不同程度的化学反应。而在湿式除尘器中,就要考虑烟气中上述有害气体对金属材料的腐蚀。为了解决钢制湿式除尘器的化学腐蚀问题,常常采用在钢制湿式除尘器内涂装衬里,但在施工安装时较为麻烦,而麻石水膜除尘器从根本上解决了除尘防腐的问题。

麻石水膜除尘器是立式旋风水膜除尘器的一种,它是用耐磨、耐腐蚀的麻石砌筑的。其特点是:抗腐蚀性好,耐磨性好,经久耐用;不仅能净化抛煤机和燃煤炉烟气中的粉尘,而且还能净化煤粉炉和沸腾炉含尘浓度高的烟气;除尘效率高,一般可达 90% 左右;麻石可以就地取材,节省投资和钢材。存在的问题是:采用安装环形喷嘴形成筒壁水膜,喷嘴易被烟尘堵塞;液气比大,废水含有的酸需处理后才能排放;不适宜急冷急热的除尘过程,处理烟气温度不超过 100 ℃为宜。

麻石水膜除尘器是一种立式水膜除尘器,如图 7-8 所示。它是由外筒体(用耐磨麻石花岗岩砌筑)、环形喷嘴(或溢水槽)、水封、沉淀池等组成。含尘气体由下部进气管以 16～23 m/s 的速度切向进入筒体,形成急剧上升的旋转气流,粉尘颗粒在离心力的作用下被推向外筒体的内壁,并被筒壁自上而下流动的水膜湿润和黏附。然后随水流入锥形灰斗,经水封池和排灰(水)沟冲至沉淀池。净化后的烟气从除尘器的出口排出,经排气管、烟道、吸风机后再由烟囱排入大气。

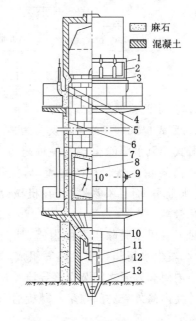

图 7-8　麻石水膜除尘器结构图
1——环形集水管;2——扩散管;3——挡水槽;
4——水越入区;5——溢水槽;6——筒体内壁;
7——烟道进口;8——挡水槽;9——通灰孔;
10——锥形灰斗;11——水封池;
12——插板门;13——灰沟

4. 麻石水膜除尘器的应用

工业锅炉燃煤对大气造成严重污染,采用文丘里除尘器和麻石水膜除尘器两级除尘,可以有效控制工业锅炉烟气对大气的污染。

经过文丘里除尘器净化过一次的烟气,再以较高速度从麻石水膜除尘器下部以切线方向进入麻石水膜除尘器中筒体瓶,沿筒壁呈螺旋式上升,而洗涤水在负压的作用下从溢水槽吸入水越入区,至筒体内壁缝隙口形成水环,自下而上在筒体内壁产生水膜。烟尘在离心力的作用下,被甩至筒壁经水膜湿润捕获后,随水流入锥形灰斗,通过水封锁气器将含灰尘的水排入灰水沟。经两次净化的烟气,由引风机送入烟囱排入大气,经测试,烟尘黑度在林格曼 1.5 级以下,可达到消烟除尘净化的目的,文丘里、麻石水膜除尘器流程见图 7-9。

该除尘过程,废水经沉淀处理和中和后再用于除尘器,除尘废水闭路循环不外排,防止了除尘废水对地面水源的污染,较好地解决了麻石水膜除尘器所排放的废水污染问题。除尘废水经净化处理达到了再利用的目的,节约了能源,也为麻石水膜除尘器增添了新的活力,具有较好的环境效益和经济效益。

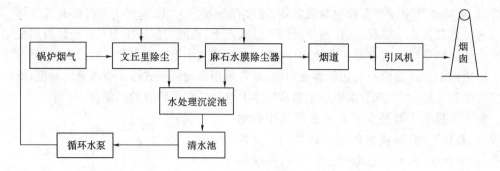

图 7-9 文丘里、麻石水膜除尘器流程示意图

(二)卧式旋风水膜除尘器

1. 卧式旋风水膜除尘器及其构造

卧式旋风水膜除尘器是一种阻力不高而效率比较高的除尘器。其结构简单,操作维护方便,耗水量小,而且不易磨损,在机械、冶金等行业使用较多。

卧式旋风水膜除尘器由内筒、外壳、螺旋导流叶片、集尘水箱和排水设施等组成,如图 7-10所示。内筒和外壳之间装螺旋导流叶片,螺旋导流叶片使内筒外壳的间隙呈一螺旋通道,筒体下部接灰浆斗。

2. 卧式旋风水膜除尘器的除尘原理

含尘气流由除尘器的一端切向高速进入,经螺旋导流叶片的导流,在外壳与内筒间沿螺旋导流片做螺旋运动前进,烟尘中较大颗粒的一部分

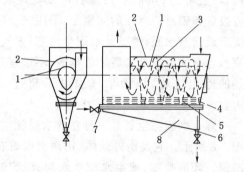

图 7-10 卧式旋风水膜除尘器示意图
1——内心;2——外壳;3——螺旋导流片;
4——静水位;5——运转时动水位;
6——排灰浆管;7——供水管;
8——灰浆斗

在烟气中多次冲击水面时,由于惯性力的作用沉留在水中。而较细的粉尘,被烟气多次冲击水面时溅起的水泡、水珠所润湿、凝聚,然后在随烟气做螺旋运动中受离心力作用加速向外壳内壁位移,最后被水膜黏附。被捕集到的粉尘最后在灰浆斗内靠重力作用而沉淀,并通过排浆阀定期排出除尘器。而经过净化的烟气通过堰板或旋风脱水后由除尘器的另一端排出。

卧式旋风水膜除尘器的除尘效率与其结构尺寸有关,特别是与螺旋导流叶片的螺距、螺旋直径有关。导流叶片的螺旋直径和螺距越小,除尘效率越高,但其压力损失也越大。实际运行表明这种卧式水膜除尘器的除尘效率可达 85%～92%。

3. 卧式旋风水膜除尘器的性能及特点

① 螺旋通道内断面烟气流速以 8～18 m/s 为宜,除尘器的压力损失为 300～1 000 Pa,液气比一般为 0.06～0.15 L/m³,气体流量允许波动范围为 20%左右;

② 除尘器横截面以倒梨形为佳,内筒与外壳直径比以 1∶3 为宜,三个螺旋圈应为等螺距;

③ 在卧式水膜除尘器的筒底,水位高度应以 80～150 mm 为宜,水平管道上应设泄水

管,用于排出由于操作等原因而排出除尘器的水。

第三节 自激式除尘器

一、自激式除尘器

自激式除尘器是将具有一定能动的含尘气体直接冲击到液体表(水)面上以形成雾滴,达到除尘目的。自激式除尘器与喷淋除尘器和湿式旋风除尘器不同,后两者是喷雾水滴直接通过供水管,采用喷头或喷嘴等装置实现的,喷雾水滴的大小影响到除尘效果。而自激式除尘器的除尘效果与喷嘴喷雾不同,其优点是:高含尘浓度时能维持高的气流量,液气比小,一般低于 0.3 L/m³,压力损失范围为 500~4 000 Pa,净化效率一般可达 85%~95%。自激式除尘器广泛应用于气体除尘上,常见的有冲击水浴式和冲激式两种。

(一)冲击水浴式除尘器

冲击水浴式除尘器的结构很简单,如图 7-11 所示。

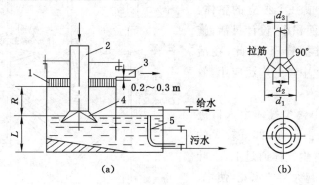

图 7-11 冲击水浴式除尘器

(a)除尘器;(b)喷头

1——挡水板;2——进气管;3——排气管;4——喷头;5——溢流管

它由挡水板,进、排气管,喷头和溢流管等组成。它的除尘过程可分为三个阶段:连续进气管的喷头是淹埋在器内的水室里,含尘气流经喷头高速喷出,冲击水面并急剧改变方向,气流中的大尘粒因惯性与水碰撞而被捕集,即冲击作用阶段;粒径较小的尘粒随气流以细流的方式穿过水层,激发出大量泡沫和水花,进一步使尘粒被捕集,达到二次净化的目的,为泡沫作用阶段;气流穿过泡沫层进入筒体内,受到激起的水花和雾滴的淋浴,得到了进一步净化,即淋浴作用阶段。

这种除尘器的除尘效率和压力损失与下列因素有关:喷头喷射的气流速度;喷头在水室的淹没深度;喷头与水面接触的周长 S 与气流量 Q 之比值 S/Q 等。在一般情况下,随着喷射速度,淹没深度和比值 S/Q 的增大,除尘效率提高,压力损失也增大。当喷射速度和淹没深度到一定值后,除尘效率几乎不变,而压力损失急剧增大。因此,提高除尘效率的经济有效途径是改进喷头形式,增大 S/Q 比值。表 7-3 列出了对不同性质的粉尘应采用的最适宜的插入深度和冲击速度,关于喷头型式,圆管喷头最简单,但效果不好。冲击水浴式除尘器喷头淹没深度为 0~30 mm,喷射速度为 1.4~8.0 m/s,除尘效率一般达 85%~95%,压力损失为 1 000~1 500 Pa。

表 7-3　　　　　　　　　净化不同性质粉尘最适宜的插入深度和气流冲击速度

粉尘性质	喷头插入深度/mm	气流冲击速度/(m/s)
密度大,颗粒粗	0~50	10~40
	−30~0	10~14
密度小,颗粒细	−30~−50	8~10
	−50~−100	5~8

注:"+"表示距水面的高度;"−"表示插入水层的深度。

这种结构的除尘器可因地制宜用砖和混凝土砌筑,液气比一般为 0.1~0.3 L/m³,但除去细小粒子的效率不高,清理沉渣较困难。

(二) 冲激式除尘器

冲激式除尘器的构造如图 7-12 所示。冲激式除尘器是由洗涤除尘室及清灰、水位控制等组合成一个独立的整体,结构简单紧凑,占地面积小,设计灵活,施工安装方便,易于维护管理,因此,在冶金、化工、铸造等工业中得到广泛应用,效果良好。

冲激式除尘器中含尘气体由入口进入,气流转弯向下冲击水面,部分较大的尘粒落入水中。当含尘气体通过上、下叶片的 S 形通道时,激起大量的水花,使水、气接触,绝大部分微细的粉尘颗粒混入水中,使含尘气体得以净化。经由 S 形通道后,由于离心力的作用,获得粉尘的水又返回漏斗。净化后的气体由分雾室挡水

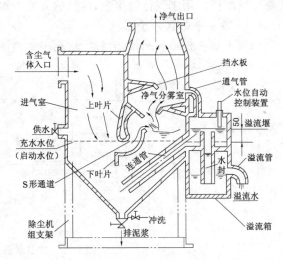

图 7-12　冲激式除尘器

板除掉水滴后经净气出口及通风机排出除尘器,泥浆则由漏斗的排浆阀连续或定期排出,新水则由供水管路补充。

对于一般的除尘系统,控制溢流堰水位高出上叶片底缘 50 mm。除尘器入口风速一般取 15~20 m/s,进气室的下降流速为 3~4 m/s,通过 S 型通道的气流速度为 18~35 m/s,除尘效率可达 99%,压力损失为 1 000~1 600 Pa。单位长度叶片的处理气量一般为 5 000~7 000 m³/(h·m),处理大气量可采用双叶片的结构形式。

二、自激式除尘器在焦化厂的应用

① 除尘系统工艺流程。焦化厂成型煤冷却机及煤运点抽出的烟气中,含有煤尘、焦油烟及水蒸气。根据污染物的特点,选用自激式除尘器。烟气经风管进入湿式除尘设备,净化后的空气由风机、消声器、排气筒排入大气。

② 该除尘器型号为 ROTO-CLONE 型,该设备工作原理及内部构造基本上与 CCJ/A 型自激式除尘器相同。它由进气口、气压均衡箱、S 形板、水位控制器、挡水板、出口气流稳

压箱等组成。

图 7-13 是 ROTO-CLONE 除尘器工作原理示意图。该设备利用含烟尘气体通过 S 形板的曲折通道时，与水充分接触，从而使气体中的烟尘被水捕集。S 形板用不锈钢制造。除尘器的一端设有检查门，检查人员可以通过检查门进入除尘器内部，定期清除设备内积聚的污泥。与同类设备的区别是该设备上没有水位自动控制继电器，而是靠水位控制器中不断溢流保持器内水位。除尘器底部设胶管排泥浆阀，其优点是不易堵塞，排泥浆量可随意调节，且结构简单。

③ 技术特点及效果。烟气中含有煤尘、沥青烟及水蒸气，用任何干式除尘器除尘净化都有一定困难，选用湿式除尘器较为合适。自激式除尘器除尘效率较高，阻力较低，对除尘

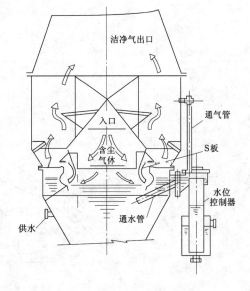

图 7-13　除尘器的工作原理

系统是适宜的。该除尘器投产以来，运行稳定，排气中含尘浓度低于 50 mg/m³。

第四节　文丘里除尘器(脱水装置)

一、文丘里除尘器

文丘里除尘器是一种高效湿式除尘器，含尘气体以高速通过喉管，在喉管处注入并被高速气流雾化，尘粒与液(水)滴之间相互碰撞使尘粒沉降。它既可用于高温烟气降温，也可净化含有微米和亚微米粉尘颗粒及易于被洗涤液体吸收的有毒有害气体。文丘里除尘器具有效率高、体积小、投资省等优点。

(一)文丘里除尘器的构造及除尘机理

文丘里除尘器的结构如图 7-14 所示，包括文丘里管(文氏管或喉管)和分离器(旋风水膜除尘器或脱水器)两部分。文丘里管是整个除尘器的预处理部分，由进气管、收缩管、喷嘴、喉管、扩散管、连接管组成，如图 7-15 所示。分离器上端有排气管，用于排出净化后的气体；下端有排尘管道接沉淀池，用于排出泥浆。

文丘里除尘器的除尘过程包括雾化、凝聚和脱水三个阶段，前两个阶段在文氏管内进行，后一个阶段在分离器内完成。含尘气体由进气管进入收缩管后流速增大，在喉管气体流速达到最大值，在收缩管和喉管中气液两相之间的相对流速很大。从喷嘴喷射出来的水滴，在高速气流(一般在 50 m/s 以上)冲击下雾化，气体湿度达到饱和。粉尘颗粒表面附着的气膜被冲破，使粉尘被水润湿，粉尘与水滴，或粉尘与粉尘之间发生激烈的凝聚。在扩散管中，气流速度减小，压力回升，以粉尘为凝结核的作用加快，凝聚成较大的含尘水滴，更易于捕集。粒径较大的含尘水滴进入分离器后，在重力、离心力等作用下，从气流中分离出来，达到除尘的目的，净化后的烟气经除雾器后排放。

文氏管的结构型式是除尘效率高低的关键。文氏管有多种构造型式。按喉口断面形状

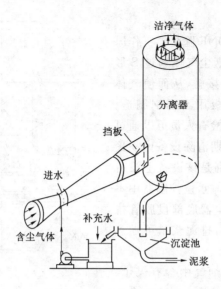

图 7-14　文丘里除尘器

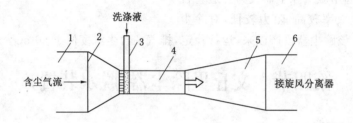

图 7-15　文丘里管结构示意图

1——进气管；2——收缩管；3——喷嘴；4——喉管；5——扩散管；6——连接管

可分为圆形和矩形文氏管两类。按喉口尺寸是否变化分：定径文氏管——喉口无调节装置，喉口尺寸是固定不变的；调径文氏管——喉口部分有调节装置，喉口尺寸可随烟气量的变化而变化。按喷嘴安装位置分：内喷文氏管——喷嘴安装在收缩管中心，雾滴由中心向四周喷射，一般多采用锥形或碗形喷嘴；外喷文氏管——喷嘴安装在收缩管四周，雾滴由周边向中心喷射，一般多采用直喷嘴或反溅式喷嘴。按水雾化方式分，有预雾化（用喷嘴喷成水滴）和不预雾化（借助高速气流使水雾化）两种方式。按供水方式，有径向内喷、径向外喷、轴向喷雾和溢流供水四类。溢流供水是在收缩管顶部设逆流水箱，使溢流水沿收缩管壁流下形成均匀的水膜。这种溢流文氏管，可以起到清除干湿界面上黏灰作用。各种供水方式皆以利于水的雾化并使水滴布满整个喉管断面为原则。

　　文丘里除尘器的除尘效率取决于雾化液滴的直径、气流通过喉口的速度及水气比等，而设备的阻力亦与喉口的速度及水气比有关。对于除尘效率要求严格、烟气量随工艺而变化的场合，一般多采用调径文丘里除尘器，以保证喉管流速不变。对矩形文氏管，可采用两侧翻转的翻板式或能左右移动的滑块式调节喉口的开度；对于圆形文氏管一般采用重砣式，通过重砣的上下移动来调节喉口的开度。图 7-16 为喉口断面可调式文氏管构造示意图。

　　充分的雾化是实现高效除尘的基本条件，通常假设：① 微细颗粒以与气流相同的速度

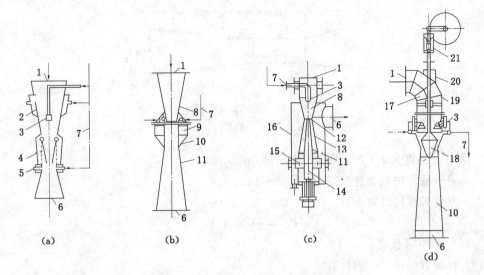

图 7-16　喉口断面可调式文氏管

(a) 翻板式；(b) 滑块式；(c) 推杆式；(d) 重砣式

1——含尘气体入口；2——溢流槽；3——喷嘴；4——调节翻板；5——下层喷嘴；6——净气出口；7——供水系统；
8——渐缩管；9——滑板；10——排泥孔；11——渐扩管；12——喉管；13——调节锥；14——导向推杆；
15——离心脱水器；16——筒体；17——弯管；18——重砣；19——拉杆；20——密封圈；21——连接环

进入喉管；② 洗涤液滴的轴向初速度为零，由于气流曳力在喉管部分被逐渐加速。在液滴加速过程中，由于液滴与颗粒之间惯性碰撞，实现微细颗粒的捕集。当液滴速度接近气流速度时，液滴与颗粒之间相对速度接近零。在喉管下游，惯性碰撞的可能性迅速减小。因为碰撞捕集效率随相对速度增加而增加，因此，气流入口速度必须高。在扩散管中，气流速度减小和压力的回升，使以颗粒为凝结核的凝聚作用的速度加快，形成直径较大的含尘液滴，以便于被低能洗涤器或除雾器捕集下来。

(二) 文丘里除尘器的设计与计算

文丘里除尘器的设计包括两个主要内容：确定净化气体量和文氏管的主要尺寸。

1. 净化气体量 Q 的确定

净化气体量可根据生产工艺物料平衡和燃烧装置的燃烧计算求得，也可以采用直接测量的烟气量数据。对于 Q 量的设计计算均以文氏管前的烟气性质和状态参数为准，为了简化设计计算，计算时可以不考虑其漏风系数、烟气温度的降低及烟气中水蒸气对烟气体积的影响。

2. 文氏管几何尺寸的确定

需要确定的几何尺寸有收缩管、喉管和扩张管的截面积，圆形管的直径或矩形管的高度和宽度，收缩管和扩张管的张开角等。截面为圆形的文氏管计算如下，文氏管几何尺寸如图 7-17 所示。

(1) 喉管直径的计算

$$D_0 = 0.018\ 8\sqrt{\frac{Q_t}{v_t}} \tag{7-5}$$

式中　D_0——喉管直径，m；

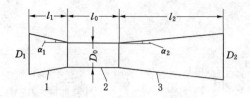

图 7-17　文氏管几何尺寸

1——渐缩管；2——喉管；3——渐扩管

Q_t——温度为 $t\ ℃$ 时，进口气体流量，m^3/h；

v_t——喉管中气流速度，一般为 $50\sim120\ m/s$。

（2）喉管长度的计算

$$L_0 = (1 \sim 3)D_0 \tag{7-6}$$

式中　L_0——喉管长度，m。

（3）收缩管进口直径的计算

$$D_1 = 2D_0 \tag{7-7}$$

式中　D_1——收缩管进口直径，m。

（4）渐缩管长度的计算

$$L_1 = \frac{D_1 - D_0}{2}\cot\alpha_1 \tag{7-8}$$

式中　L_1——渐缩管长度，m；

α_1——收缩角，一般为 $12.5°$。

（5）渐扩管出口直径的计算

$$D_2 \approx D_1 \tag{7-9}$$

式中　D_2——渐扩管出口直径，m。

（6）渐扩管长度的计算

$$L_2 = \frac{D_2 - D_0}{2}\cot\alpha_2 \tag{7-10}$$

式中　L_2——渐扩管长度，m；

α_2——扩张角，一般为 $3.5°$。

3. 文氏管的压力损失

文氏管内高速气流的动能主要用于雾化和加速液滴，因而气流的压力损失自然大于其他湿式和干式除尘器。文氏管的压力损失是一个很重要的性能参数。影响压力损失的因素很多，如文氏管的结构型式尺寸，特别是喉管尺寸，各管道加工安装精度、喷雾方式和喷水压力、液气比、气速及气体流动动况等。所以估算文氏管的压力损失是一个比较复杂的问题，有很多经验公式，下面介绍两种推算公式，供设计时参考。

为了计算文氏管的压力损失，卡尔弗特等人假定气流的全部能量损失仅用于在喉管处将液滴加速到气流速度，并由此导出文氏管压力损失的近似表达式为：

$$\Delta p = 1.03 \times 10^{-6}v_t^2 L \tag{7-11}$$

式中　Δp——文氏管的压力损失，cmH_2O；

v_t——喉管气速，cm/s；

L——液气体积比，L/m^3。

根据由多种形式文丘里除尘器得到的实验数据间的关系，海斯凯茨（Hesketh）提出了如下计算 Δp（Pa）的经验方程式：

$$\Delta p = 0.863\rho_g A^{0.133} v_t^2 L^{0.78} \tag{7-12}$$

式中　Δp——文氏管的压力损失，Pa；

　　　A——喉管的横断面积，m^2；

　　　v_t——喉管气速，m/s；

　　　L——液气体积比，L/m^3；

　　　ρ_g——含尘气体密度，kg/m^3。

4. 文丘里除尘器的除尘效率

文丘里除尘器的除尘效率取决于文氏管的凝聚效率和脱水效率。凝聚效率系指因惯性碰撞、拦截和凝聚等作用，使尘粒被水滴捕集的百分率。脱水效率是指尘粒与水分离的百分数。关于脱水效率的计算可参照有关除尘公式进行，而文氏管的凝聚效率就要依赖经验公式。卡尔弗特等人作了一系列简化后提出下式，以计算文丘里除尘器的通过率：

$$P_{t0} = \exp\left(\frac{-6.1 \times 10^{-9}\rho_L\rho_p C_u d_p^2 f^2 \Delta p}{\mu_g^2}\right) \tag{7-13}$$

式中　P_{t0}——文丘里除尘器的通过率；

　　　ρ_L, ρ_p——分别为洗涤液和颗粒的密度，kg/m^3；

　　　μ_g——含尘气体黏度，$Pa \cdot s$；

　　　d_p——粉尘颗粒直径，m；

　　　f——经验常数，在该表达式中为 $0.1 \sim 0.4$；

　　　C_u——肯宁汉修正因子。

文丘里除尘器的除尘效率：

$$\eta = (1 - P_{t0}) \times 100\% \tag{7-14}$$

对于 5 μm 以下的粉尘颗粒的去除效率，可按海斯凯茨公式计算：

$$\eta = (1 - 452\ 5.3\Delta p^{-1.3}) \times 100\% \tag{7-15}$$

（三）文丘里除尘器存在的主要问题

① 文丘里除尘器的烟气阻力偏高，并且随喉管烟气流速和单位耗水量的增加而增加。要想继续提高除尘效率，必然会带来烟气阻力增加，导致耗电量增加。文氏管部分耗水量约为 0.21 kg/m^3，总耗水量更大，尤其对缺水地区，应用问题更为突出。

② 液滴雾化装置要求水质干净无杂质，否则容易引起喷嘴堵塞。对于内喷雾装置，一旦出现堵塞，在锅炉运行过程中不便于检测维护。由于 CaO 与烟气中 SO_2 作用生成的 $CaSO_3$ 在排灰水中会达到饱和而析出，形成黏附性很强的硬垢，它们黏附在除尘器内壁，难于清除，影响正常运行。因此，要求烟尘中 CaO 含量不超过 20%。

③ 含尘废水容易引起污染转移。为了避免出现这种情况，应经过慎重处理后方可排放，但使系统复杂化，且投资增加。

④ 经过文丘里除尘器的烟气温降较大，为 $55 \sim 75$ ℃，这会降低烟气的热浮力，对烟气的扩散不利。净化后烟气的含湿量大，并随单位耗水量和负荷的增大而增大，这对长期运转的引风机不利，尤其是经文丘里除尘器处理的烟气排出温度较低，烟气中的 SO_2 容易形成亚

硫酸溶液,造成尾部金属设备和附件的腐蚀。

二、脱水装置

当用湿法治理粉尘和其他有害气体时,从处理设备排出的气体常常夹带有粉尘和其他有害物质的液滴,如果气体把它们带出除尘器外,就会降低除尘效率。为了防止含有粉尘和其他有害物质的液滴进入大气,在洗涤器后面一般都装有脱水装置,把液滴从气流中分离出来。常用的脱水方法分为三种,介绍如下。

(一)重力脱水器

重力脱水器是一种利用气流速度的降低和方向的改变,让液滴依靠重力沉降下来,使液滴与气流分离的脱水装置,其优点是脱水器构造简单,缺点是需要的空间比较大。图 7-18 为重力脱水器。

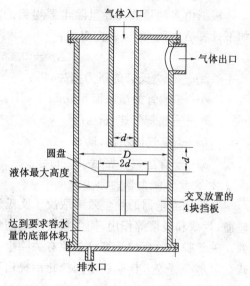

图 7-18　重力脱水器

在这一装置中,对着进气管出口设置的圆盘是为了避免进来的气体冲击在已被捕集的液体上形成溅沫,而且气体中携带的液滴冲击在圆盘上以后,有很多就向侧面移动,到达器壁,然后流向底部。为了不让气流把捕集到的液滴再次带出,气流上升速度一般小于 0.3 m/s。

(二)挡水板脱水器

曲折的挡水板即液滴捕集装置如图 7-19 所示。其工作原理是:当气体沿切线方向进入后,经曲折挡板,液滴在离心力和重力作用下与气流分离,也有一些液滴直接与挡板碰撞失去动能而与气体分离。当空塔气流速度在 2.5 m/s 以下时,6 折 90°挡水板可获得良好的脱水效果。如果要求不很高,也可以用 4 折的。挡板脱水器的优点是阻力低,一般在 100 Pa 左右。其缺点是较易被泥浆堵塞。

挡水板脱水器的挡板数量和角度是影响脱除雾滴效果的两个关键环节。通常挡板数量为 2~5 层,挡板角度与气流呈 40°~60°角。如果只用一层挡板,其倾斜安装的角度(亦即气流与之碰撞的角度)和脱水效果很有关系。用两层以上挡板时,相邻两块板之间的距离会影响阻力和效果,因此,挡板间的距离在 20~50 mm 为宜。

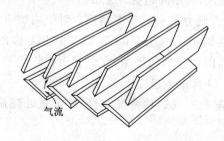

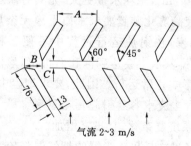

图 7-19　挡水板

类似挡水板的装置是丝网脱水器,可以用直径为 0.25～0.35 mm 的尼龙丝或金属丝编结成网,孔眼为 2～4 mm,然后把若干层堆叠到一定的厚度(60～150 mm)即成。它捕集液滴的效能较好,阻力也不大,但处理含有固体颗粒的气体容易堵塞,较少用在除尘器中。因为挡水板捕集效率随着气流速度的增加而提高,所以,通常可考虑 0.8 m/s 为最小速度。

(三)离心式脱水器

离心式脱水器有各种不同的形式,普通的旋风除尘器也是其中一种,有些文丘里除尘器也是用它作为液滴捕集装置的。但在用普通的旋风除尘器捕集液滴时,有一些情况需要注意:液膜可能在上部涡流的影响下爬过分离器顶盖内壁,再沿排气管外壁下行,然后被带入排气管。因此,应该参照旋风除尘器的性能进行设计和选用。

作为旋风脱水器的改进型式的离心脱水器有以下两种。

1. 叶轮脱水器(或称旋流板除雾器)

它利用旋转气流的离心作用,将气流中夹带的液滴甩向脱水器周围而除去。实际上就是一种从底部轴向进气、顶部排气的直流式旋风脱水器。这种脱水装置可以装在洗涤器顶部或者管道内,结构如图 7-20 所示。

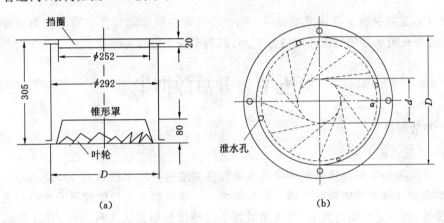

图 7-20 叶轮脱水器
D——脱水器本体直径;d——盲板直径

它由三部分组成:① 叶轮(旋流板),其作用在于使气体产生旋转运动,叶片仰角为 22.5°～30°,中心盲板面积约为脱水器本体截面积的 1/9;② 锥形罩,其作用在于防止沿壁面流下的液体再被旋转气流带走;③ 挡圈,其作用在于挡住被旋转气流沿壁面夹带上去的液滴,以免外逸。

根据试验,如果叶轮脱水器内叶轮入口和脱水器本体气流上升速度相同,脱水效率较低,而当叶轮入口和脱水器本体的气流上升速度不同,后者直径大于前者时,效率就改善。叶片和脱水器中心线之间的夹角为 45°。当入口速度为 14 m/s 时,脱水器本体速度为 3.5 m/s,脱水效果最好。

2. 弯头脱水器

图 7-21 所示为弯头脱水器。它比旋风脱水器小,脱水效率不如旋风脱水器。一般把它安装在由二级文氏管组成的气体净化系统中,作为第一级的脱水装置。其叶片间的气体流速应小于 13 m/s,以防水滴被气流带走。在气体含尘浓度比较高时,这种脱水器的压力损

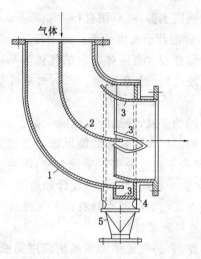

图 7-21　弯头脱水器

1——外壳；2——叶片；3——泄水管；4——集液管；5——排液导管

失约 100 Pa，是各种脱水器压力损失最小的。设计弯头脱水器要注意弯头截面积应逐渐变大，使通过弯头脱水器的气流速度逐渐变小，以利于脱水过程的完成。

第五节　开放源抑尘

一、开放源粉尘

（一）开放源粉尘

目前开放源粉尘对环境空气中可吸入颗粒物浓度的贡献率已达到 40%～80%，成为城市或工矿企业环境空气中微粒子的主要来源之一。普遍意义上的微粒子开放源指表面没有覆盖物覆盖，在一定的动力扰动下，表面微粒子易被扬起而进入大气环境，并在气流动力作用下扩散一定的距离，造成微粒子排放的粉体物料堆场及裸露地面等。大气颗粒物开放源（open-source）虽尚无明确、公认的统一定义，但可以将其理解为各类不经过固定排气筒、无规则、无组织排放大气颗粒物的污染源类。开放源涉及的范围比较广泛，是一种复合源类，具有污染范围广泛、排放间断及源强变化等特点，因此，治理开放源粉尘相对治理排放系统的粉尘更具有挑战性与意义。

（二）开放源粉尘来源

开放源粉尘是相对于封闭空间粉尘而言的。煤矿、金属矿、冶金厂、采石场、建筑施工工地、港口、垃圾回收场、火电厂等工业生产领域的破碎车间、筛分车间、皮带、落料、堆料等作业环节，随着物料的破裂、移动，粉尘颗粒产生，大部分以不规则的形式弥散到空气中，导致作业现场开放源粉尘污染，造成较大危害与影响。

二、开放源抑尘技术

（一）传统湿式抑尘方法

水喷淋降尘是最常用的一种抑尘方式，通过对扬尘区域进行均匀用水喷洒，扬尘吸水变重降至地面，达到抑尘目的；运行稳定，投资少，建设周期短；有一定的水耗、能耗，覆盖留有死角,洒水喷头、管道易堵塞,维护成本高。生产实践表明,单独用水作为一种抑尘剂使用时,只有在水分未蒸发时方有效,否则抑尘条件将不断恶化,还存在水资源浪费、冬季易结冰等问题。

(二)添加抑尘剂湿式抑尘方法

为了增强湿式抑尘效果,延长喷淋水的润湿时间,可以在喷淋水中添加抑尘剂。抑尘剂多由新型多功能高分子材料构成,其材料中分子间的作用力,能产生较强的吸附性,可以粘连各种粒径的颗粒,有效地固定粉尘微粒,同时具有良好的成膜特性。

该方法在散煤外层形成防护膜,抑制煤粉颗粒被吹离车体。其具有以下特点:能够吸附空气中 2.5 μm 以上的粉尘颗粒,有效地净化空气,保护周围人群的健康;可生物降解,不会造成二次污染;水溶性好,适用于各种类型的喷洒设备。

比如,对于煤炭的跨地域列车运输,在煤炭上喷洒煤炭抑尘剂,使其表面形成一定厚度的固化层,能够有效地降低和减少运输过程中的物料损耗,大大节省资源,又不影响煤炭的物理与化学性质,是我国解决现有铁路煤炭运输粉尘的可行方法。

三、开放源抑尘案例

(一)在装煤车除尘中的应用

1. 除尘系统工艺流程

一个焦炉装煤车可同时向焦炉的 5 个装煤孔装煤,在装煤过程中形成粉尘污染源。在装煤车上经过预除尘,降温后的烟气约 75 ℃,由活动接管引入固定风管,接入地面除尘系统,经过二级文丘里除尘器和分离器脱水后,再经风机外排。文丘里除尘器捕集到的粉尘,由泥浆泵送至废水池,污泥经真空脱水后,煤渣送至污泥添加装置。该除尘系统净化效率为98.3%,设有两级文丘里除尘器、两台风机,工艺流程如图 7-22 所示。

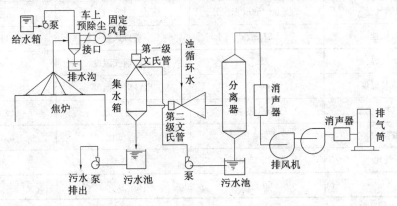

图 7-22　装煤车除尘系统工艺流程图

2. 文丘里除尘器特点及性能

装煤车集尘系统文丘里除尘器,是一种可变喉口截面积的矩形文丘里除尘器。它利用一种可调节插入深度的闸板,调节通过喉口的气流速度。给水经过流量计计量后进入均压箱,并由均压箱以高速喷到喉口两侧的反击板上,水柱在反击板上被打散成小水滴,继而随气流进入喉口与烟气混合,捕集烟尘,且随烟气排出。该文丘里的喉口如图 7-23 所示。

进入文丘里除尘器的烟气,由于和洗涤水热交换而降温,同时一部分水蒸发,使烟气成

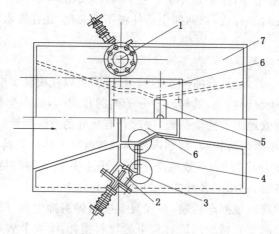

图 7-23　文丘里的喉口

1——供水管;2——均压箱;3——喷嘴;4——反击板;5——闸板;6——检查孔;7——侧板

为饱和状态。计算通过文丘里除尘器的实际烟气流量时,要考虑饱和水蒸气分压力的影响。

图 7-19 所示的文丘里除尘器除了具有可调截面大小的矩形喉口之外,在每一个喷水嘴上还配设一个标准的可伸缩附件,它可以防止喷水嘴被堵塞。

装煤车除尘系统由两级文丘里除尘器组成,基本参数如表 7-4 所列。

表 7-4　　　　　　　　　　　　　　　文丘里除尘器的参数

第一级文丘里除尘器的参数		第二级文丘里除尘器的参数	
处理烟气量	735 m³/min(标况)	处理烟气量	735 m³/min(标况)
喉口风速	57 m/s	喉口风速	110 m/s
入口烟气温度	75 ℃	入口烟气温度	60 ℃
出口烟气温度	60 ℃	出口烟气温度	45 ℃
烟气入口含尘量	3 g/m³(标况)	设备阻力	22 720 Pa
设备阻力	1 980 Pa	液/气比	0.7 L/m³
液/气比	0.52 L/m³	供水量	50 t/h
供水量	50 t/h		

3. 除尘器特点与效果

本除尘系统中被控制的污染物是荒煤气和煤尘燃烧后的残留物质。由于烟气在装煤车上经预除尘和降温,故含有大量水蒸气,水蒸气压力为 857 Pa。由于烟尘中含有水蒸气,加上该系统排出烟气中又要求含尘量小于 50 mg/m³(标况),故采用二级文氏管作为除尘设备。由于系统阻力大,故采用两台风机串联。

系统中两级文氏管多年来使用正常,满足环保要求,但能耗大是该系统不容忽视的缺点。

（二）在炼焦厂成型煤除尘中的应用

1. 炼焦厂除尘系统工艺流程

焦化厂的混煤机、分配槽、成型机及冷却输送机等生产环节同时产生煤尘、焦油烟及水蒸气。将整个生产车间视为开放源，采用开放源分区域多点集气的思路，由吸尘罩经风管进入文丘里除尘器，净化后经风机由烟囱排入大气。该流程的特点是：污染物为煤尘、焦油烟气及水蒸气，根据其特点选用文丘里湿式除尘器。为防止烟尘堵塞管道，在集尘管道上安装清扫孔和减少水平集尘管段。该除尘系统净化效率大于 90%，设有四套文丘里除尘器、一台离心式排风机，并且四套除尘器并联共用一台排风机，工艺流程如图 7-24 所示。

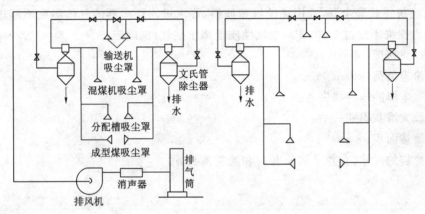

图 7-24　炼焦厂成型煤除尘系统图

2. 除尘系统特点

该装置是文丘里除尘器与节流型除尘器的改良结果。在该装置的喉口附近，设置一个能使气体通道面积改变的回转子—R 形挡板。回转子改变回转角度后，会使通过喉口的气流速度随之变化。R 形挡板可以防止通过喉口的气流在扩散管内产生不必要的涡流，结果是气体压力损失减少。R 形挡板是一种椭圆形截面的调节板，当 R 形挡板全开启时，喉口气流速度为 41 m/s；当 R 形挡板全闭时，喉口气流速度可达 89 m/s。挡板的驱动转矩（T）按下式计算：

$$T = C_T \Delta p \frac{a^2 b}{2} + d \qquad (7-16)$$

式中　T——挡板驱动转矩，N·m；

　　　C_T——R 形挡板的转矩系数，最大时 $C_T = 0.6$；

　　　Δp——R 形挡板的压损，Pa；

　　　a——R 形挡板椭圆截面直径的一半，m；

　　　b——R 形挡板长度，m；

　　　d——轴和轴封摩擦产生的转矩，N·m。

3. 除尘效果

除尘器的运行阻力小于 2 500 Pa，排放气体含尘质量浓度小于 50 mg/m³。表明该除尘器系统的实际运行状况比预计的要好，对开放源具有很好的除尘效果。

本 章 习 题

7.1　简述袋式除尘器的工作原理。

7.2　影响袋式除尘器除尘效率的主要因素有哪些?

7.3　各类袋式除尘器的结构原理是什么?

7.4　表面过滤模式与深层过滤模式的机理有何区别?

7.5　除尘器系统的处理烟气量为 10 000 m³/h,初始含尘浓度为 6 g/m³,拟采用逆气流反吹风清灰袋式除尘器,选用涤纶绒布滤料,要求进入除尘器的气体温度不超过 393 K,除尘器压力损失不超过 1 200 Pa,烟气性质近似于空气,试确定:

(1) 过滤速度(m/min);

(2) 粉尘负荷(kg/m²);

(3) 除尘器的压力损失 ΔP;

(4) 最大清灰周期;

(5) 滤袋面积;

(6) 滤袋的尺寸(直径 d 和长度 l)和滤袋系数 n。

吸收法净化气态污染物

　　气态污染物是指在常温、常压下以分子状态存在的污染物，包括气体和蒸汽。气体是某些物质在常温、常压下以气态形式存在，常见的有 CO、SO_2、NO_2、NH_3、H_2S 和 HF 等。蒸汽是某些固态或液态物质受热后，引起固体升华或液体挥发而形成的气态物质，例如汞蒸汽、苯、硫酸蒸汽等。气态污染物又可以分为一次污染物和二次污染物。一次污染物是指直接从污染源排到大气中的原始污染物质；二次污染物是指由一次污染物与大气中已有组分，或几种一次污染物之间经过一系列化学或光化学反应而生成的与一次污染物性质不同的新污染物质。在大气污染控制中受到普遍重视的一次污染物有硫氧化物、氮氧化物、碳氧化物以及有机化合物等；二次污染物有硫酸烟雾和光化学烟雾等。

　　对于气态污染物的控制，常用方法包括吸收法、吸附法、催化转化法、燃烧法、冷凝法、生物法等。吸收法在化工生产中是一个重要的单元操作，也常用于气态污染物的处理，例如含 SO_2、H_2S、NO_x、HF 等污染物的工业废气都可以用吸收法加以处理。与化工生产中的吸收过程相比较，吸收法净化气态污染物具有处理气体量大、吸收组分浓度低、要求的吸收效率和吸收速率较高等特点。此外，吸收法还可以使其转化为有用的产品，并且还具有设备简单、一次性投资低等优点。因此，在气态污染物控制中，吸收法的应用最为广泛。根据上述气态污染物吸收净化的特点，本章在介绍吸收过程气液平衡的基础上，重点讨论化学吸收过程的基本理论和计算，以及吸收法在气态污染物控制过程中的应用。

第一节　吸收过程中的气液平衡

　　气体吸收是利用液态吸收剂处理气态混合物以除去其中某一种或几种气体的过程。它是利用混合气体中不同组分在液态吸收剂中溶解度的不同，或者利用与吸收剂发生选择性化学反应来达到分离的目的。参与吸收过程的吸收剂和被吸收的吸收质分别为液相和气相。在吸收过程中，物质从气相到液相或从液相到气相发生传质过程。

　　根据吸收过程中发生化学反应与否，气体吸收可分为物理吸收和化学吸收两类。物理吸收是在吸收过程中仅仅是被吸收组分简单地溶于液体，而没有发生化学反应，如用水吸收 HCl、CO_2 等。化学吸收则是被吸收的气体组分和吸收剂或已溶解在吸收剂中的其他组分之间发生了明显的化学反应，如用碱液吸收 SO_2 等。

　　在大气污染治理过程中，处理对象往往具有风量大、浓度低、污染物成分复杂等特点，单纯使用物理吸收很难达到越来越严格的排放标准要求。而化学反应可增强吸收传质系数或推动力,从而加大吸收速率,因而通常多采用化学吸收法。

一、物理吸收的气液相平衡

（一）气体在液相中的溶解度

当含有被吸收组分(吸收质)的混合气体和液相吸收剂相接触时,会同时发生吸收和解吸两个质量传递过程。所谓吸收过程,是气体中被吸收组分向液相吸收剂进行质量传递的过程;而解吸过程是液相中的组分向气相逸出,与吸收过程相比是反向质量传递过程。实际上,吸收过程就是气体溶解于液体的过程,而解吸过程是气体从液体中逸散的过程。吸收过程和解吸过程同时进行。在一定的温度和压力下,吸收过程的传质速率等于解吸过程传质速率时,气相和液相中组分的浓度就不再发生宏观的变化,气液两相也不发生宏观变化,两相中组分传递达到了相际间的动态平衡状态。平衡时液相上方的组分分压称为该组分的平衡分压。溶解度是系统的温度、总压和气相组成的函数。在总压为几个大气压的范围内,它对溶解度的影响可以忽略。温度对气体溶解度有较大影响,一般随着温度升高,溶解度下降。当温度、总压和气相组成条件一定时,液相吸收剂中所溶解被吸收组分的最大浓度称为平衡溶解度,平衡溶解度是吸收过程的极限。

溶解度与气体的性质、分压、温度等因素有关,当温度一定时,溶解度只是气相组成的函数,可表示为:

$$C_A^* = f(P_A) \tag{8-1}$$

式中　P_A——组分 A 在气相中的分压。

若以组分 A 在液相中的浓度为自变量,则

$$P_A^* = F(C_A) \tag{8-2}$$

也可以用曲线形式表示气液两相呈平衡时的组成,图 8-1 为几种常见气体在水中的平衡溶解度。

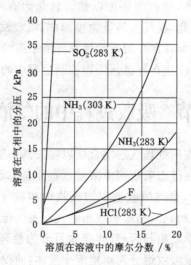

图 8-1　几种常见气体在水中的平衡溶解度

由图 8-1 可知,在同一温度、同一分压的条件下,不同性质的气体在同一溶剂中,其溶解度是不同的,甚至相差很大。如 NH_3 和 SO_2 两种气体在温度 10 ℃,分压为 14 kPa 时,其在水中的溶解度分别为 0.17 和 0.007(摩尔分数)。显然,二者在水中的溶解度相差很大,将

近两个数量级。从图 8-1 还可以看出，SO_2 气体相对较难溶于水，而 NH_3 较易溶于水，HCl 则易溶于水。同时可知，在同一分压条件下，随着温度的上升多数气体的溶解度降低，如氨气在较低温度时的溶解度比高温时要大。

因此，采用溶解性强、选择性好的吸收剂，提高总压和降低温度，有利于增大溶质的溶解度。故加压和降温有利于吸收操作，反之，升温和减压有利于解吸过程。

（二）理想溶液的相平衡

在理想溶液中，可以认为每一组分分子间及不同组分分子间的相互作用力都彼此相等。在此种情况下任一组分由液相逸入气相的倾向，都与溶液中其他组分的存在无关，而仅由该组分在溶液中的含量所决定。在低压或常压条件下，在一定温度下，理想溶液气液相平衡关系遵从亨利定律，即：

$$P_i^* = E_i X_i \tag{8-3}$$

式中　P_i^* —— i 组分在气相中平衡分压，Pa；

　　　X_i —— i 组分在液相中的摩尔分数；

　　　E_i —— i 组分的亨利系数，单位与 P^* 相同。

常见气体在水中不同温度下的亨利系数值见表 8-1。

表 8-1　　　　　　　　　　常见气体在水中的亨利系数值

气体	温度（℃）															
	0	5	10	15	20	25	30	35	40	45	50	60	79	80	90	100
$E\times10^{-4}$(atm)																
空气	4.32	4.88	5.49	6.07	6.64	7.20	7.71	8.23	8.70	9.11	9.46	10.1	10.5	10.7	10.8	10.7
CO	3.52	3.96	4.42	4.89	5.36	5.80	6.20	6.59	6.96	7.29	7.61	8.21	8.45	8.45	8.46	8.46
O_2	2.55	2.91	3.27	3.64	4.01	4.38	4.75	5.07	5.35	5.63	5.88	6.29	6.63	6.87	6.99	7.01
CH_4	2.24	2.59	2.97	3.37	3.76	4.13	4.49	4.86	5.20	5.51	5.77	6.26	6.66	6.82	6.92	7.01
NO	1.69	1.93	2.18	2.42	2.64	2.87	3.10	3.31	3.52	3.72	3.90	4.18	4.38	4.38	4.52	4.54
$E\times10^{-3}$(atm)																
CO_2	0.728	0.876	1.04	1.22	1.42	1.64	1.86	2.09	2.33	2.57	2.83	3.41	—	—	—	—
C_2H_2	0.72	0.84	0.96	1.08	1.21	1.33	1.46									
Cl_2	0.268	0.33	0.394	0.455	0.53	0.596	0.66	0.73	0.79	0.85	0.89	0.96	0.98	0.96	0.95	—
H_2S	0.268	0.315	0.376	0.413	0.483	0.545	0.609	0.676	0.745	0.814	0.884	1.03	1.19	1.35	1.44	1.48
$E\times10^{-2}$(atm)																
SO_2	0.165	0.2	0.242	0.29	0.35	0.408	0.479	0.56	0.652	0753	0.86	1.10	1.37	1.68	1.98	—

理想溶液的亨利系数只与温度有关，随温度增高而增大（此时，气体的溶解度减小），而与溶液的总压和组成无关。

根据道尔顿（Dalton）分压定律

$$P^* = P_T Y^* \tag{8-4}$$

式中　P_T ——气相总压；

　　　Y^* ——溶质在气相中的摩尔分率。

由式(8-3)和式(8-4)得

$$Y^* = \frac{E}{P_T}X = mX \tag{8-5}$$

式(8-5)就是亨利定律最常见的形式之一,称为气液相平衡关系式,m 为相平衡常数,是一无因次常数。

当溶质在溶液中的含量以浓度 C_i(kmol/m³)表示时,亨利定律可以表示为另一种常用形式

$$C_i = H_i P_i^* \tag{8-6}$$

式中　H_i——i 气体在溶液中的溶解度系数,kmol/(m³·Pa),易溶气体的 H 值很大,难溶气体的 H 值很小。H 值一般随温度升高而减小。

亨利定律表明了气体中某种组分的分压与溶剂中该组分的浓度之间存在正比的关系,比例系数为亨利系数。易溶气体的亨利系数值很小,难溶气体的亨利系数值很大,一般亨利系数值随温度升高而增大。

亨利定律仅适用于理想溶液,任何极稀的溶液都近似于理想溶液,所以,亨利定律同样也适用于稀溶液,且溶液越稀越准确。亨利定律也较好地适用于难溶、较难溶的气体。对于易溶和较易溶的气体,亨利定律只能用于液相浓度较低的情况。再就是亨利定律适于常压或低压下的物理吸收,即溶质在气相和液相中的分子状态相同,如果被吸收的气体分子在溶液中有化学反应或解离、聚合等变化时,就会发生对于理想溶液的显著偏差,这时,亨利定律只适用于溶液中未发生化学反应的那部分溶质分子浓度。

二、化学吸收的气液平衡关系

与物理吸收不同的是,化学吸收过程由于吸收质在液相中与反应组分发生化学反应,降低了液相中纯吸收质的含量,因而增加了化学吸收过程的推动力,从而提高了吸收速率。同时,由于化学吸收的作用,吸收剂表面上的被吸收组分浓度越来越低,被吸收组分的平衡分压逐渐降低,增大了吸收剂的吸收能力。在物理吸收过程中,因无化学反应发生,故吸收速率取决于吸收质在气膜和液膜中的扩散速率。而在化学吸收过程中,因为化学反应的发生,吸收速率不仅与扩散速率有关,而且还与化学反应速率有关。也即化学吸收过程既是气液相间的吸收过程,同时也是化学反应的过程。因此,化学吸收过程既遵从气液相平衡关系,也遵从化学平衡关系。在此情况下,亨利定律仅适用于被溶解气体没有发生变化的分子浓度,此浓度取决于溶液中进行反应的平衡条件。

设被吸收气体组分 A 与吸收剂中的组分 B、C…发生相互反应时,其生成物为 M、N…:

$$a\text{A}_{气}$$
$$\Updownarrow$$
$$a\text{A}_{液} + b\text{B} + c\text{C} + \cdots \Longleftrightarrow m\text{M} + n\text{N} + \cdots$$

式中,$a,b,c\cdots,m,n\cdots$ 为参加化学反应的反应物和生成物的计量系数。这个反应的平衡常数 K 为:

$$K = \frac{[\text{M}]^m [\text{N}]^n \cdots}{[\text{A}]^a [\text{B}]^b [\text{C}]^c \cdots} \tag{8-7}$$

由式(8-7)可得:

$$[A] = \left\{ \frac{[M]^m [N]^n \cdots}{K [B]^b [C]^c \cdots} \right\}^{\frac{1}{a}} \tag{8-8}$$

其中，[A]为吸收液中未参与化学反应的气体组分 A 的浓度。

而在被吸收组分浓度及各反应组分浓度较低的情况下，对于吸收液中未参与化学反应的气体组分 A 也遵从亨利定律，即：

$$[A] = H_A \cdot P_A^* \tag{8-9}$$

由式(8-8)和式(8-9)可得：

$$P_A^* = \frac{1}{H_A} \left\{ \frac{[M]^m [N]^n \cdots}{K [B]^b [C]^c \cdots} \right\}^{\frac{1}{a}} \tag{8-10}$$

在有化学反应发生时，溶于吸收剂中的吸收质的量 C_A 由两部分组成：与气相浓度物理平衡相对应的吸收质的量以及由于化学反应而消耗的吸收质的量，即：

$$C_A = [A]_{物理平衡} + [A]_{化学消耗} \tag{8-11}$$

化学吸收过程常见的情况有三种：① 被吸收组分与吸收剂的相互作用；② 被吸收组分在溶液中反应的生成物发生离解；③ 被吸收组分与吸收剂中活性组分的相互作用。下面就这三种情况下的化学吸收的相平衡与化学平衡的关系分别予以简要介绍。

1. 被吸收组分与吸收剂的相互作用

被吸收组分与吸收剂的相互作用的化学反应式可表示为：

$$A_{气}$$
$$\Updownarrow$$
$$A_{液} + B_{吸收剂} \Longleftrightarrow M_{液}$$

组分 A 在溶液中的总浓度为 C_A，为生成物 M 和溶解在溶液中但未发生化学反应的组分 A 的浓度之和，由式(8-11)得：

$$C_A = [A] + [M] \tag{8-12}$$

吸收反应前，[M]＝0(因无反应)，当被吸收组分 A 从气相溶入液相后，与吸收剂 B 进行化学反应生成 M，最后达到平衡状态。

被吸收组分 A 的气液相平衡关系遵从亨利定律时，即：

$$[A] = H_A \cdot P_A^* \tag{8-13}$$

根据化学平衡关系：

$$K = \frac{[M]}{[A][B]} \tag{8-14}$$

由式(8-12)、式(8-13)和式(8-14)三式可得：

$$P_A^* = \frac{C_A}{H_A(1 + K[B])} \tag{8-15}$$

当吸收剂中组分 A 的浓度不高时，式中[B]和 K 可视为常数，也就是说 $H_A \cdot (1 + K[B])$ 为近似常数，则式(8-15)在形式上与亨利定律相符。但由于化学反应的存在使溶解度系数增大了 $1 + K[B]$ 倍，从而使过程有利于对气体组分 A 的吸收。用水吸收氨即属于此类情况。

2. 被吸收组分在溶液中反应的生成物发生离解

化学吸收过程中，被吸收组分与吸收剂之间的相互作用多是比较复杂的反应关系。若上述反应产物 M 又发生离解，则情况又会不同，平衡关系应按离解反应平衡来确定。设离解反应式为：

$$M \Longleftrightarrow L^+ + N^-$$

其中 L^+ 和 N^- 是解离后的阳离子和阴离子。这种情况可表示为：

$$A_{气}$$
$$\Updownarrow$$
$$A_{液} + B \Longleftrightarrow M \Longleftrightarrow L^+ + N^-$$

根据式(8-11)，被吸收组分 A 在吸收液中的总浓度为：

$$C_A = [A] + [L^+] + [M] \tag{8-16}$$

根据化学平衡关系，吸收平衡时的离解常数为：

$$K_1 = \frac{[L^+][N^-]}{[M]} \tag{8-17}$$

当溶液中没有相同离子存在时，$[L^+]=[N^-]$，代入式(8-17)，得：$[L^+]=\sqrt{K_1[M]}$，

则：
$$C_A = [A] + \sqrt{K_1[M]} + [M]$$

$[M]$ 可以表示为 $K[A][B]$，且 $[A] = H_A \cdot P_A^*$，所以吸收液中 A 的总浓度 C_A 为：

$$C_A = [A] + K[A][B] + \sqrt{K_1 K[A][B]}$$

解此方程得

$$[A] = \frac{(2C_A + K_a) - \sqrt{K_a(4C_A + K_a)}}{2(1 + K[B])}$$

其中

$$K_a = \frac{K_1 K[B]}{1 + K[B]}$$

把 $[A]$ 代入亨利定律表达式中，得：

$$P_A^* = \frac{1}{H_A} \cdot \frac{(2C_A + K_a) - \sqrt{K_a(4C_A + K_a)}}{2(1 + K[B])} \tag{8-18}$$

由式(8-18)可知，P_A^* 与 C_A 不呈直线关系。CO_2 和 SO_2 在水中的溶解即属按式(8-18)进行反应的典型。

3. 被吸收组分与吸收剂中活性组分的相互作用

在气态污染物治理领域，广泛采用被吸收气体组分 A 与吸收剂中活性组分 B 相互作用，得到反应产物 M。在这种吸收过程中，吸收液中含有未被反应的气体组分 A、活性组分 B 和惰性溶剂。即：

$$A_{气}$$
$$\Updownarrow$$
$$A_{液} + B_{液} \Longleftrightarrow M_{液}$$

假设溶液中活性组分 B 的初始浓度为 C_B^0，如果平衡转化率为 x，那么吸收液中活性组分 B 的浓度为：$[B]=C_B^0(1-x)$，生成物 M 的平衡浓度为：$[M]=C_B^0 \cdot x$，由化学平衡关系式得：

$$K = \frac{[M]}{[A] \cdot [B]} = \frac{x}{[A] \cdot (1-x)} \tag{8-19}$$

依据亨利定律有$[A] = H_A \cdot P_A^*$和式(8-19)可得：

$$P_A^* = \frac{x}{K \cdot H_A \cdot (1-x)} \tag{8-20}$$

在有化学反应发生的吸收过程,物理溶解量与化学溶解量相比可以忽略不计,仅考虑化学溶解,则：

$$C_A^* = C_B^0 \cdot x = C_B^0 \frac{K H_A P_A^*}{1 + K H_A P_A^*} \tag{8-21}$$

由上式可知,溶液的吸收能力随分压P_A^*增大而提高,也随K的增大而增大。另外,溶液吸收能力还受活性组分起始浓度C_B^0的限制。因为式(8-21)后端的第二个因子的值总是小于或无线趋近于1,也即C_A^*只能趋近于而不能超过C_B^0的值。

例 8-1 已知 10 ℃下氨水浓度为 10 gNH_3/100 gH_2O 时,NH_3 的平衡分压为 0.055 atm,在此浓度范围内,平衡关系符合亨利定律,试计算亨利系数 E、溶解度系数 H 和相平衡常数 m。已知总压为 100 kPa。

解 由于 10 ℃下氨水浓度为 10 gNH_3/100 gH_2O,可近似取氨水的密度等于水的密度为 1 000 kg/m³,NH_3 的摩尔质量为 17 kg/kmol,则溶液的摩尔浓度：

$$C = \frac{10/17}{(10+100)/1\ 000} = 5.35\ (\text{kmol/m}^3)$$

则

$$H = \frac{p^*}{C} = \frac{5.35}{0.055} = 97.09\ [\text{kmol}/(\text{atm} \cdot \text{m}^3)]$$

溶剂(水)的摩尔质量 $M_s = 18$ kg/kmol,密度 $\rho_s = 1\ 000$ kg/m³,则

$$E = \frac{\rho_s}{H M_s} = \frac{1\ 000}{97.09 \times 18} = 0.572\ (\text{atm})$$

可计算出相平衡常数

$$m = \frac{E}{P} = \frac{0.572}{100/103.3} = 0.580$$

m 值也可由下式直接计算,因

$$y^* = \frac{p^*}{P} = \frac{0.055}{100/101.3} = 0.055\ 7$$

则

$$m = \frac{y^*}{x} = \frac{0.055\ 7}{0.096} = 0.580$$

第二节　伴有化学反应的吸收动力学

在实际生产和气态污染物治理中,伴有化学反应的吸收过程称为化学吸收。气态污染物净化过程中,化学吸收法是较常用的方法之一。故本节主要讨论化学吸收的基本原理及有关计算。

一、双膜理论

气体吸收是溶质从气相传递到液相的相际间传质过程。对于吸收机理的解释有双膜理

论、溶质渗透理论、表面更新理论等,但应用最多的是双膜理论。双膜理论因概念简明并且数学处理方便,实际广为应用。它不仅适于物理吸收过程,也适于发生气液相反应的化学吸收过程。对于化学吸收来说,其传质过程机理仍可用双膜理论来解释。双膜理论模型示意图如图 8-2 所示。

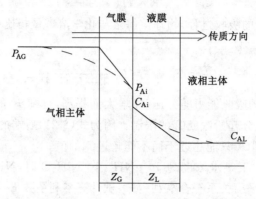

图 8-2 双膜理论模型示意图

双膜理论的基本要点为:

(1)在相接触的气液两相间存在一稳定的相界面,界面两侧分别存在一稳定的滞流膜或静止膜,气相一侧的滞流膜称为气膜,液相一侧的滞流膜称为液膜。在滞流膜内流态为层流,即使气液两相主体内为湍流,膜内仍保持层流。

(2)气膜和液膜分别把各相主体流与相界面隔开。气液相质量传递过程是气相主体流中的吸收质先以湍流扩散的方式扩散到气膜表面,然后再以分子扩散的方式通过气膜到相界面,之后进入液膜,又以分子扩散的方式在液膜内扩散,经湍流扩散由液膜进入液相主体流中。在吸收质量传递的同时,也进行着相反的解吸质量传递,直到气液两相达到动态平衡。

(3)在两相质量传递过程中,只有通过气液膜时有分子扩散阻力;在气液两相主体流中由于湍流不存在浓度梯度,因而不存在传质阻力。在相界面上,气液两相随时都处于平衡状态。

二、化学吸收的过程及特点

(一)化学吸收过程

化学吸收的机理远比物理吸收过程复杂。对于典型的气液相反应:$A_{气相} + bB_{液相} \rightarrow rR$,可以将化学吸收过程大体上归纳为五个连续过程:

(1)气相反应物 A 从气相主体通过气膜向气液界面传递(吸收质在气相中的扩散机理与物理吸收是相同的);

(2)气相反应物 A 从气液界面向液相传递;

(3)组分 A 在液膜或液相主体内与反应物 B 相遇发生反应;

(4)反应生成的液相产物向液相主体扩散,留存于液中;若生成气相产物则向相界面扩散;

(5)气相产物从相界面通过气膜向气相主体扩散。

（二）化学吸收的特点

（1）由于被吸收的气体吸收质和吸收剂中的某种或某些组分发生了化学反应而生成了新的化合物。所以,液相中的吸收质的游离浓度就比没有化学反应的纯物理吸收时为低,因而增大了吸收过程的推动力,降低了吸收剂上方被吸收组分的平衡分压,从而有利于提高气体净化深度。

（2）当吸收过程的化学反应速率很快时,在气液相界面处就能生成新的化合物,那么,气体吸收质向液膜中扩散所受阻力将大大减小,甚至降至零,因而扩散就变得比较容易,这会使整个吸收过程的总传质吸收系数增大,从而提高吸收速率。

（三）吸收传质速率方程

气体吸收质在单位时间内通过单位面积相界面而被吸收的量称为吸收速率。在稳态吸收操作中,吸收质通过气膜的吸收速率和通过液膜的吸收速率相等,也就是从气相主体流传递到界面的吸收质的通量等于从界面传递到液相主体的吸收质的通量,在界面上没有吸收质的积累和亏损。

吸收传质速率方程的一般表达式为:传质速率＝传质推动力×传质系数,或者:传质速率＝传质推动力/传质阻力。由于传质推动力表示方法有多种,因而传质速率方程也有多种表示方式。

（1）气相分传质速率方程

设组分 A 从分压为 P_{AG} 的气相传递到液相中,则气相分传质速率方程可表示为

$$N_A = \frac{D_{AG}}{Z_G}(P_{AG} - P_{Ai}) = k_{AG}(P_{AG} - P_{Ai}) \tag{8-22}$$

式中　N_A——被吸收组分 A 的传质速率,kmol/(m² · s);

　　　D_{AG}——组分 A 在气相中的分子扩散系数,kmol/(m² · s · Pa);

　　　Z_G——气膜厚度,m;

　　　P_{AG},P_{Ai}——组分 A 在气相主体和气液相界面处的分压,Pa;

　　　k_{AG}——气膜传质分系数,kmol/(m² · s)。

（2）液相分传质速率方程

以$(C_{Ai} - C_{AL})$为传质推动力,则液相分传质速率方程可表示为

$$N_A = \frac{D_{AL}}{Z_L}(C_{Ai} - C_{AL}) = k_{AL}(C_{Ai} - C_{AL}) \tag{8-23}$$

式中　D_{AL}——组分 A 在液相中的分子扩散系数,m²/s;

　　　Z_L——液膜厚度,m;

　　　C_{AL},C_{Ai}——组分 A 在液相主体和气液相界面处的浓度,kmol/m³;

　　　k_{AL}——液膜传质分系数,m/s;

（3）稳态吸收过程的总传质速率方程

因组分 A 在气液相界面上始终遵循亨利定律,且组分 A 通过气膜的传质速率必等于通过液膜的传质速率,故利用亨利定律消除式（8-22）和式（8-23）的界面条件 P_{Ai} 和 C_{Ai},即可得到稳定吸收过程的总传质速率方程

$$N_A = K_{AG}(P_{AG} - P_A^*) = K_{AL}(C_A^* - C_{AL}) \tag{8-24}$$

式中　P_A^*——液相主体中被吸收组分 A 的平衡分压,Pa;

C_A^*——与气相中 A 组分分压成平衡关系时的液相中吸收质 A 的浓度，$kmol/m^3$；

K_{AG}——以 $P_{AG}-P_A^*$ 为推动力的气相总传质吸收系数，$mol/(m^2 \cdot s \cdot Pa)$；

K_{AL}——以 $C_A^*-C_{AL}$ 为推动力的液相总传质吸收系数，m/s。

而且可得到总传质系数与分传质系数的关系：

$$\left.\begin{array}{l} \dfrac{1}{K_{AG}} = \dfrac{1}{k_{AG}} + \dfrac{1}{H_A k_{AL}} \\[3mm] \dfrac{1}{K_{AL}} = \dfrac{H_A}{k_{AG}} + \dfrac{1}{k_{AL}} \end{array}\right\} \tag{8-25}$$

气相总传质吸收系数与液相总传质吸收系数之间的关系：

$$K_{AG} = H_A K_{AL} \tag{8-26}$$

由式(8-25)可知，气膜阻力和液膜阻力的大小取决于组分 A 的溶解度系数 H_A。对于易溶气体，H_A 很大，$1/K_{AG} \approx 1/k_{AG}$，即总阻力近似等于气膜阻力，这种情况称为气膜控制。对于难溶气体，H_A 很小，$1/K_{AL} \approx 1/k_{AL}$，即总阻力近似等于液膜阻力，这种情况称为液膜控制。对于中等溶解度的气体，气膜阻力与液膜阻力处于同一数量级，二者均不可忽视。表8-2 列出了不同吸收系统的控制膜。

表 8-2　　　　　　　　　　　　　不同吸收系统的控制膜

气膜	液膜	气膜和液膜
1. 水或氨水吸收氨 2. 从氨水中气提氨 3. 水蒸气在强酸中的吸收 4. 浓硫酸吸收三氧化硫 5. 水或稀盐酸吸收氯化氢 6. 酸吸收 5% 的氨 7. 碱溶液或氨水吸收二氧化硫 8. 液体的蒸发或冷凝 9. 稀苛性碱溶液中硫化氢	1. 水或弱碱液吸收二氧化碳 2. 水吸收氧气 3. 水吸收氢气	1. 水吸收二氧化硫 2. 水吸收丙酮 3. 浓硫酸吸收氧化氮 4. 水吸收氨

由上述可知，化学吸收的总速率既取决于传质速率的大小，又决定于化学反应速率的快慢。在吸收过程中，当传质速率远远大于化学反应速率时，则实际的吸收过程速率取决于化学反应速率，称为动力学控制；反之，若化学反应速率比传质速率快得多时，则过程速率由传质速率的大小所控制，称为扩散控制；若二者速率差别不大，则过程速率由两者共同决定。

三、增强系数 α

液相中发生化学反应时，传质速率的表示有两种方法。如果选取与物理吸收相同的推动力($\Delta C_A = C_{Ai} - C_{AL}$)，则采用加大的液相分传质系数 k'_L 表示；如果选取与物理吸收相同的传质分系数 k_L，则采用增大的推动力($\Delta C_A + \delta$)表示，即

$$N_A = k_L (\Delta C_A + \delta) = k'_L \Delta C_A \tag{8-27}$$

通常取 k'_L 与 k_L 之比为增强系数，也即与物理吸收相比，由于化学反应而使传质系数或推动力增加的倍数。

对于不可逆反应：

$$A + bB \longrightarrow C$$

则化学反应动力学方程为：

$$N = r_{mn} C_A^m C_B^n \tag{8-28}$$

式中　m, n——不可逆反应的级数。

如果忽略液相主体中组分 A 的浓度，即 $C_A = 0$，则：

$$\alpha = \frac{a}{\mathrm{th}a} \tag{8-29}$$

式中　$\mathrm{th}a$——双曲线正切函数，$\mathrm{th}a = \dfrac{\exp a - \exp(-a)}{\exp(a) + \exp(-a)}$。

该式中参数 a 可由下式确定：

$$a = R \sqrt{\left(1 - \frac{\alpha - 1}{M}\right)^n} \tag{8-30}$$

其中：

$$R = \frac{1}{k_{AL}} \sqrt{\frac{2}{m+1} D_A r_{mn} C_{Ai}^{m-1} C_B^n} \tag{8-31}$$

$$M = \frac{C_B}{bC_{Ai}} \cdot \frac{D_B}{D_A} \tag{8-32}$$

参数 R 表示双膜理论中组分 A 在液膜中的反应速率与通过液膜的扩散速率的比值，M 表示组分 B 与 A 通过液膜的扩散速率的比值。

实际上，增强系数的计算是困难的，因 α 是 a 的函数，而 a 本身又与 α 有关。α 值通常由文献中的图表求得。

四、各类化学吸收的速率方程

1. 快速不可逆化学反应的吸收速率方程

对快速不可逆化学反应，以 A+B→rR 为例，反应结果在双膜理论模型中形成三种形式的浓度分布，如图 8-3 所示。

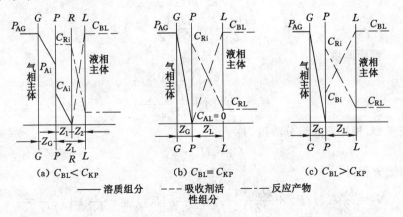

图 8-3　快速不可逆化学反应两相中三种形式浓度分布示意图

由图 8-3 可知，化学吸收开始后，气体组分 A 由气相主体经过气膜到达气液相界面，经相界面扩散到液膜或液相主体后，立即与活性组分 B 进行化学反应。因反应为快速不可逆化学反应,因而可认为其是化学吸收过程的开始阶段,反应就在液膜中靠近界面处进行,且造成了液相主体和相界面处活性组分 B 的浓度梯度,组分 B 开始向界面方向扩散。当组分 B 由液相主体向液膜内的 RR 面(反应界面)扩散的速率恰好与组分 A 由相界面向 RR 面的扩散速率相当,也就是说,同时到达 RR 面的组分 A 与 B 的化学计量比,恰好符合完全反应要求时,吸收过程达到稳定状态,RR 面保持不动,反应维持在 RR 面上进行。在 RR 面上,组分 A 和 B 的浓度均为零。

此时,若维持活性组分 B 的浓度不变,增加气相组分 A 在气相中的浓度(分压),则推动力 $(P_{AG}-P_{Ai})$ 增大,RR 面左侧 C_{Ai} 浓度随之增加,为了保证 RR 面组分 A 和活性组分 B 保持化学计量比关系进行完全反应,RR 面必然会向右侧移动。反之,若维持气相组分 A 的分压不变,增加活性组分 B 的浓度,则推动力 $(C_{AL}-C_{Ai})$ 增大,RR 面右侧 C_{Ai} 浓度随之增加,为了保证 RR 面组分 A 和活性组分 B 保持化学计量比关系进行完全反应,RR 面必然会向左侧移动。若继续增加活性组分 B 的浓度,则推动力 $(C_{AL}-C_{Ai})$ 继续增大,RR 面右侧 C_{Ai} 浓度随之增加,RR 面继续向左侧移动,直至 RR 面与 PP 面(气液相界面)重叠。

由以上理论分析可知,这种液相中伴有快速不可逆化学反应的吸收过程,就是气相组分 A 和活性组分 B 分别由 RR 面两侧向 RR 面扩散,以及反应产物 R 由 RR 面向液相主体或气相主体扩散的过程。假设 RR 面在液膜内,RR 面与相界面之间的距离为 Z_{L1},反应面右侧液膜厚度为 Z_{L2},则吸收质 A 通过气膜的扩散速率为:

$$N_A = k_{AG}(P_{AG}-P_{Ai})$$

当达到稳态后,N_A 也等于组分 A 通过反应面左侧厚度为 Z_{L1} 的液膜的扩散速率,对不可逆快速反应,吸收质 A 在反应面处浓度可看作为零。

则:

$$N_A = \frac{D_{AL}}{Z_{L1}}(C_{Ai}-0)$$

$$N_B = \frac{D_{BL}}{Z_{L2}}(C_{BL}-0)$$

因组分 A 与 B 的反应计量比为 b,即:

$$N_B = bN_A$$

所以:

$$\frac{bD_{AL}C_{Ai}}{Z_{L1}} = \frac{D_{BL}C_{BL}}{Z_L-Z_{L1}}$$

式中 Z_L——液膜厚度。

又:

$$N_A = k'_L(C_{Ai}-0)$$

所以:

$$k'_L = \frac{D_{AL}}{Z_L}(1+\frac{D_{BL}C_{BL}}{bD_{AL}C_{Ai}})$$

对气液平衡,相界面处组分浓度为:

$$C_{Ai} = H_A \cdot P_{Ai}$$

联解以上方程得:

$$N_A = \frac{D_{AL}}{Z_L}(H_AP_{Ai}+\frac{D_{BL}\cdot C_{BL}}{bD_{AL}}) = \frac{D_{AL}}{Z_L}\left[H_A(P_{AG}-\frac{N_A}{k_{AG}})+\frac{D_{BL}C_{BL}}{bD_{AL}}\right]$$

整理后,得:

$$N_A = \frac{H_AP_{AG}+(\frac{D_{BL}}{D_A})\frac{C_{BL}}{b}}{\frac{Z_L}{D_{AL}}+\frac{H_A}{k_{AG}}}$$

又：
$$k_{AL} = \frac{D_{AL}}{Z_L}$$

所以：
$$N_A = \frac{P_{AG} + \frac{1}{b H_A} \frac{D_{BL}}{D_{AL}} C_{BL}}{\frac{1}{k_{AG}} + \frac{1}{H_A k_{AL}}} = K_{AG}(P_{AG} + \frac{1}{b H_A} \frac{D_{BL}}{D_{AL}} C_{BL}) \qquad (8\text{-}33)$$

令：
$$\gamma = \frac{1}{b H_A} \frac{D_{BL}}{D_{AL}}$$

则：
$$N_A = K_{AG}(P_{AG} + \gamma C_{BL}) \qquad (8\text{-}34)$$

式(8-34)就是反应常数处于液膜时的传质速率方程。将式(8-18)代入(8-34)可得：
$$P_{Ai} = \frac{P_{AG} k_{AG} - \frac{1}{b} \frac{D_{BL}}{D_{AL}} k_{AL} \cdot C_{BL}}{H_A k_{AL} + k_{AG}} \qquad (8\text{-}35)$$

令式(8-35)中 $P_{Ai} = 0$，则此时求出的 C_{BL}，称为组分 B 的临界浓度，用 C_{kp} 表示，则：
$$C_{kp} = C_{BL} = b \cdot \frac{D_{AL}}{D_{BL}} \cdot \frac{k_{AG}}{k_{AL}} \cdot P_{AG} \qquad (8\text{-}36)$$

应指出，式(8-34)只适用于 $P_{Ai} > 0$ 的情况，也就是说，式(8-34)存在的必要条件是：$C_{BL} < C_{kP}$。

当反应带与相界面重合，即反应面与相界面重合，且 $C_{Ai} = 0$，$C_{Bi} = 0$，则 $P_{Ai} = 0$，此时 $C_{BL} = C_{kP}$，过程转为气膜控制，其传质速率为：
$$N_A = k_{AG} \cdot P_{AG} \qquad (8\text{-}37)$$

如果反应带与相界面重合，但 $C_{Bi} > 0$，且 $C_{Ai} = 0$，则 $C_{BL} > C_{kP}$，此时 $P_{Ai} < 0$，显然 P_{Ai} 不可能小于零。此种情况仍为气膜控制，传质速率方程式仍为式(8-37)。

由上可知，当 $C_{BL} \geqslant C_{kP}$，化学吸收过程可按气膜扩散控制的物理吸收处理，按式(8-37)计算，例如硫酸吸收氨即属于此类情况。

2. 液相中伴有慢速化学反应的吸收过程

慢反应的特点是反应速率小，被吸收组分经过液膜扩散时，其反应不在一条狭窄的反应区(反应面)中进行，而吸收质 A 与 B 的反应是通过液膜的整个扩散过程或在液相主体中逐步完成的。对于到达液相主体后完成反应的吸收，由于化学反应进行得极慢，可以认为液相传质速率系数 k_{AL} 不因化学反应的存在而显著增加，即增强系数接近于 1，此类吸收过程可按物理吸收过程进行计算。对于化学反应主要是在液膜内完成的吸收过程，化学吸收速率既取决于 A 与 B 的扩散速率，也取决于两者的化学反应的速率，而且一般而言，化学反应的速率影响更大，这种过程的吸收速率计算十分复杂，尽管也有不少文献对此作了分析和推导工作，但其局限性很大，往往不能解决实际问题。因此，对于这类吸收过程的计算目前都采用实测数据。

例 8-1 用硫酸溶液从氨吸收塔回收气体混合物中的氨，试计算塔底和塔顶的吸收速度 N_{A2} 和 N_{A1}。已知：气体混合物中氨的分压在进口处为 5 066.25 Pa，在出口处为 1 013.25 Pa，吸收剂中 H_2SO_4 的浓度在进口处为 0.6 kmol/m³，在出口处为 0.5 kmol/m³，气液两相逆流接触，气体加入量 $G = 45$ kmol/h，$k_{AG} = 3.45 \times 10^{-6}$ kmol/m² · Pa · h，$k_{AL} = 0.005$

m/h,亨利系数:$H_A = 7.40 \times 10^{-4}$ kmol/(m³·Pa),总压 $P = 1.013\ 25 \times 10^5$ Pa,$D_{AL} = D_{BL}$。

解 硫酸吸收氨的反应为瞬间化学反应:

$$NH_3 + H_2SO_4 \longrightarrow (NH_4)_2SO_4$$

所以 $b = 0.5$。

在塔顶处:$P_{AG1} = 1\ 013.25$ Pa,$C_{BL1} = 0.6$ kmol/m³

在塔底处:$P_{AG2} = 5\ 066.25$ Pa,$C_{BL2} = 0.5$ kmol/m³

塔顶:$C_{kP} = b \times (k_{AG}/k_{AL}) \times (D_{AL}/D_{BL}) \times P_{AG1}$

$\qquad = 0.5 \times [(3.45 \times 10^{-6})/(5.0 \times 10^{-3})] \times 1 \times 1\ 013.25$

$\qquad = 0.35$ (kmol/m³)

因 $C_{kP} = 0.35$ kmol/m³ $< C_{BL1} = 0.6$ kmol/m³,所以:

$\qquad N_{A1} = k_{AG} \times P_{AG} = 3.45 \times 10^{-6} \times 1\ 013.25 = 0.003\ 5$ [kmol/(m²·h)]

塔底:$C_{kP} = b \times (K_{AG}/K_{AL}) \times (D_{AL}/D_{BL}) \times P_{AG2}$

$\qquad = 0.5 \times [(3.45 \times 10^{-6})/(5.0 \times 10^{-3})] \times 1 \times 5\ 066.25$

$\qquad = 1.75$ (kmol/m³)

因 $C_{kP} = 1.75$ kmol/m³ $> C_{BL2} = 0.5$ kmol/m³,所以:

$N_{A2} = \{P_{AG} + [1/(b \times H_A)] \times (D_{BL}/D_{AL}) \times C_{BL}\}/[1/(k_{AG}) + 1/(H_A \times k_{AL})]$

$\qquad = \{5\ 066.25 + [1/(0.5 \times 7.4 \times 10^{-4})] \times 0.5\}/[1/(3.45 \times 10^{-6}) +$

$\qquad \quad 1/(7.4 \times 10^{-4} \times 0.005)]$

$\qquad = 0.011\ 45$ (kmol/m²·h)

第三节 吸收物料衡算与操作线方程

在气态污染物治理的吸收操作中,都是将混合气中少量的可溶部分吸收下来,这些溶质即使全部吸收,进出塔的气体和液体的流量也改变很小,因此塔内的气体和液体的流量可视为常数,这个特点使吸收的有关计算大为简化。物料平衡是吸收设备计算的基础,由于吸收通常采用逆流操作,所以在此分别对物理吸收和化学吸收重点讨论逆流操作的物料平衡。

一、物理吸收的物料衡算和操作线方程

如图 8-4 所示,逆流吸收塔内任取 mn 截面,在截面 mn 与塔顶间对溶质 A 进行物料衡算:

$$GY + LX_2 = GY_2 + LX \qquad (8\text{-}38)$$

或

$$Y = \frac{L}{G}X + \left(Y_2 - \frac{L}{G}X_2\right) \qquad (8\text{-}39)$$

式中 G——单位时间通过任一塔截面惰性气体的量,kmol/s;

$\qquad L$——单位时间通过任一塔截面的纯吸收剂的量,kmol/s;

$\qquad Y$——任一截面上混合气体中溶质的摩尔比;

$\qquad X$——任一截面上吸收剂中溶质的摩尔比。

若在塔底与塔内任一截面 mn 间对溶质 A 作物料衡算,则得到:

$$GY_1 + LX = GY + LX_1 \qquad (8\text{-}40)$$

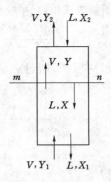

图 8-4　逆流吸收操作线推导示意图

或

$$Y = \frac{L}{G}X + (Y_1 - \frac{L}{G}X_1) \tag{8-41}$$

由全塔物料衡算知,方程(8-38)与(8-39)等价,称为逆流吸收操作线方程。如图 8-5 所示,其斜率为 $\frac{L}{G}$,称为吸收操作的液气比。

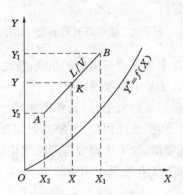

图 8-5　逆流吸收操作线

在全塔范围内,对溶质 A 作物料衡算得:

$$GY_1 + LX_2 = GY_2 + LX_1 \tag{8-42}$$

或

$$G(Y_1 - Y_2) = L(X_1 - X_2) \tag{8-43}$$

在吸收塔设计中,要处理的废气流量、进出塔气体浓度(即 G、Y_1、Y_2)均由设计任务而定,吸收剂的种类和进塔浓度 X_2 由设计者选定,而吸收剂用量 L 和出塔溶液中吸收质浓度 X_1 则需通过计算确定。

如图 8-6 所示,若增大吸收剂用量,操作线的 B 点将沿水平线 $Y = Y_1$ 向左移动。在此情况下,操作线远离平衡线,吸收的推动力增大,若欲达到一定吸收效果,则所需的塔高将减小,设备投资也减少。但液气比增加到一定程度后,塔高减小的幅度就不显著,而吸收剂消耗量却过大,造成输送及吸收剂再生等操作费用剧增。考虑吸收剂用量对设备费和操作费两方面的综合影响,实际应用中取最小液气比的一定倍数。

最小液气比可根据物料衡算采用图解法求得,当平衡曲线符合图 8-6(a)所示的情况时,有

$$\left(\frac{L}{G}\right)_{\min} = \frac{Y_1 - Y_2}{X_1^* - X_2} \tag{8-44}$$

如果平衡线出现如图 8-6(b)所示的形状,则过点 A 作平衡线的切线,水平线 $Y = Y_1$ 与切线相交于点 $D(X_{1,\max}, Y_1)$,则可按下式计算最小液气比:

$$\left(\frac{L}{G}\right)_{\min} = \frac{Y_1 - Y_2}{X_{1,\max} - X_2} \tag{8-45}$$

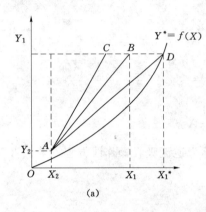 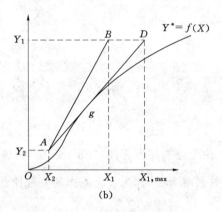

图 8-6 吸收塔的最小液气比

总之,吸收剂用量的大小决定了吸收剂出塔的组成;反之,若吸收剂出塔组成已定,则吸收剂用量也被确定,但其值应大于最小吸收剂用量。

对某一吸收塔而言,吸收剂用量的大小,与设备费和操作费密切相关,在吸收剂实际用量 L 大于最小用量 $L_{\min}$ 的前提下,吸收剂用量大,塔高可以低些,但操作费用大;反之,吸收剂用量小,操作费用小,但塔高增加;故应选择合适的液气比,以使两项费用之和为最小。据生产实践认为,一般,取吸收剂用量 L 为最小用量的 $1.1 \sim 2.0$ 倍较为适宜。即:

$$L = (1.1 \sim 2.0)L_{\min} \tag{8-46}$$

二、化学吸收的物料衡算和操作线方程

化学吸收过程和物理吸收一样,通过对吸收塔进行物料平衡计算,可得出相应的吸收操作线方程。

在逆流吸收塔内(图 8-7),自塔底通入含有被吸收组分 A 的气体;塔顶喷淋含有活性组分 B 的吸收液。设在塔内进行的化学吸收反应仍为 $A + b{\rm B} \rightarrow {\rm R}$(极快不可逆反应)。随着吸收反应的不断进行,气体中组分 A 不断被吸收,因而出塔气体中 A 组分浓度随之降低。同样,由于反应消耗了液相中活性组分 B,导致出塔吸收液中 B 组分浓度也不断降低,但通过塔的惰性气体流量和吸收液中惰性组分流量是不变的。为讨论方便,令

G——单位时间内通过塔任一截面混合气体摩尔流率,$\mathrm{kmol/(m^2 \cdot s)}$;

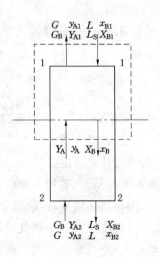

图 8-7 化学吸收操作线示意图

L——单位时间内通过塔任一截面吸收液的摩尔流率，$kmol/(m^2 \cdot s)$；

y_A——任一截面上混合气体中 A 组分的摩尔分数；

p_A——任一截面上混合气体中 A 组分的分压，atm；

P——混合气体总压，atm；

x_B——任一截面上吸收液中 B 组分的摩尔分数；

C_B——任一截面上吸收液中 B 组分的浓度，$kmol/m^3$；

C_T——吸收液的总浓度，$kmol/m^3$；

G_B——单位时间内通过塔任一截面的惰性气体摩尔流率，$kmol/(m^3 \cdot s)$；

$$G_B = G(1 - y_A)$$

L_S——单位时间内通过塔任一截面吸收液中惰性组分摩尔流率，$kmol/(m^2 \cdot s)$；

$$L_S = L(1 - x_B)$$

Y_A——任一截面上混合气体 A 组分的摩尔数与惰性气体摩尔数之比，则 $Y_A = \dfrac{y_A}{1 - y_A}$；

X_B——任一截面上吸收液中 B 组分的摩尔数与惰性组分摩尔数之比，则 $X_B = \dfrac{x_B}{1 - x_B}$。

以吸收塔顶为 1—1 截面，吸收塔底为 2—2 截面，在塔任一截面与塔顶 1—1 截面之间（图 8-8 中虚线所划的范围）进行物料平衡计算，由于反应极快，溶入液相的 A 组分即刻与液相中 B 组分进行反应，即

气相中 A 组分减少量＝液相中 B 组分消耗量

塔中 A 组分和 B 组分的浓度变化应满足 A 与 B 进行反应的计算量关系，则

$$G_B(Y_A - Y_{A1}) = -\frac{1}{b}L_S(X_B - X_{B1}) \tag{8-47}$$

将上式变形，则得

$$Y_A = -\frac{L_S}{bG_S}X_B + \left(Y_{A1} + \frac{L_S}{bG_B}X_{B1}\right) \tag{8-48}$$

式(8-47)或式(8-48)即为化学吸收的操作线方程，也称物料平衡方程。它反映了吸收塔任一截面上气相中被吸收组分 A 的浓度与液相中活性组分 B 的浓度间的关系。

在塔顶 1—1 截面与塔底 2—2 截面间（全塔范围）内进行物料平衡计算，则有

$$G_B(Y_{A2} - Y_{A1}) = -\frac{1}{b}L_S(X_{B2} - X_{B1}) \tag{8-49}$$

根据式(8-49)，当规定出塔吸收液相中 B 组分浓度 X_{B2} 后，即可计算出吸收剂用量，即

$$L_S = bG_B \frac{Y_{A2} - Y_{A1}}{X_{B1} - X_{B2}} \tag{8-50}$$

若出塔溶液中 B 组分浓度为零($X_{B2} = 0$)，即液相中 B 组分完全用于与溶入液相 Ai 组分进行反应，此时，吸收剂用量为最小，则有

$$(L_S)_{min} = bG_B \frac{Y_{A2} - Y_{A1}}{X_{B1}} \tag{8-51}$$

对于低浓度的气体吸收($y < 10\%$)，液相中 B 组分的浓度往往也较低，此时，$Y_A \approx y_A$，$X_B \approx x_B$，且通过塔任一截面上混合气体流率等于惰性气体流率，即 $G \approx G_B$，同理，$L \approx L_S$，将这些关系代入式(8-50)和式(8-51)，而 $y_A = \dfrac{p_A}{P}$，$x_B = \dfrac{C_B}{C_T}$，因此式(8-50)、式(8-51)可变为

$$L = \frac{bGC_T}{P} \frac{p_{A2} - p_{A1}}{C_{B1} - C_{B2}} \tag{8-52}$$

$$L_{min} = \frac{bGC_T}{P} \frac{p_{A2} - p_{A1}}{C_{B1}} \tag{8-53}$$

例 8-2 1 atm,20 ℃时在逆流吸收塔内用 NaOH 溶液吸收硫酸尾气中 SO₂。尾气流量为 10 000 m³/h,SO₂ 浓度为 2%(体积),NaOH 溶液浓度为 0.6 kmol/m³,要求 SO₂ 回收率为 95%,设吸收剂用量为最小用量的 2 倍,试计算 NaOH 溶液的用量及出塔 NaOH 溶液的浓度。

解 吸收反应为 $SO_2 + 2NaOH \longrightarrow Na_2SO_3 + H_2O$

由上式可以看出 $b = 2$

由于入塔气体浓度较低,出入口气体浓度可作如下计算:

入口气体浓度 $p_{A2} = y_{A2} \cdot P = 0.02 \times 1 = 0.02$ (atm)

出口气体浓度 $p_{A1} = y_{A1} \cdot (1-\eta) = 0.02 \times 1 = 0.02 \times (1-0.95) = 0.001$ (atm)

入口吸收液浓度 $C_{B1} = 0.6$ (kmol/m³)

吸收液总浓度可近似用溶剂(水)浓度代替,则

$$C_T = \frac{\rho_s}{M_s} = \frac{1\,000}{18} = 56 \text{ (kmol/m}^3\text{)}$$

混合气体摩尔流量 $G = \frac{10\,000}{36 \times 22.4} \times \frac{273}{273+20} = 0.116$ (kmol/s)

由式(8-53),计算最小吸收剂用量,则有

$$L_{min} = \frac{bGC_T}{P} \frac{p_{A2} - p_{A1}}{C_{B1}} = \frac{2 \times 0.116 \times 56}{1} \cdot \frac{(0.02-0.001)}{0.6} = 0.411 \text{ (kmol/s)}$$

实际吸收剂用量为

$$L = 2L_{min} = 2 \times 0.411 = 0.822 \text{ (kmol/s)} \approx 14.8 \text{ (kg/s)}$$

出塔 NaOH 溶液的浓度,根据式(8-52)则有

$$C_{B2} = C_{B1} - \frac{bC_T}{P} \frac{G}{L}(p_{A2} - p_{A1}) = 0.6 - \frac{2 \times 56}{1} \times \frac{0.116}{0.822}(0.02 - 0.001) = 0.3 \text{ (kmol/m}^3\text{)}$$

第四节 吸收塔的设计计算

一、吸收设备的基本要求及类型

(一)吸收设备的基本要求

为了强化吸收过程,提高传质系数和传质推动力,降低吸收设备的投资和运行费用,吸收设备一般需要满足如下基本要求:

(1)气液之间有尽可能大的接触面积和一定的接触时间,以保证吸收充分;

(2)气液湍流程度高,吸收阻力小,吸收效率高;

(3)操作稳定且有弹性,气流通过吸收设备时的压降小;

(4)结构简单,造价低廉,制造维修方便;

(5)具有较强的抗腐蚀和防堵塞能力,使用寿命长。

(二)吸收设备类型和特点

目前,使用的气体吸收设备主要为塔式反应器,主要包括喷淋塔(俗称空塔)、填料塔、板式塔、湍球塔、鼓泡塔等,其中填料塔、喷淋塔等应用较广,在一些场合也应用板式塔及其他塔型。

常见的塔式吸收设备及其特点如表8-3所列。

表 8-3　　　　　　　　　　　　　常见塔式吸收设备的类型及特点

设备结构		特　点
填料塔		1. 结构简单,填料可以用陶瓷塑料等耐腐蚀材料制造; 2. 气液接触效果好; 3. 压降小; 4. 操作稳定性较好,空塔气速一般为 0.3～1.0 m/s; 5. 要有足够的液体喷淋量以保证填料表面被液体湿润,一般喷淋密度不小于 10 m³/(m²·h); 6. 不适于含尘量大的气体的吸收,堵塞后不易清扫
板式塔		泡罩塔 1. 气液接触良好,吸收速率大; 2. 可以在塔板上安装冷却蛇管,或将液体从塔板导出进行冷却; 3. 操作稳定性好,气液流量可以在较大范围内变动; 4. 结构较复杂,制造加工较困难; 5. 压降大。 筛板塔 1. 塔板上开 3～6 nm 的筛孔,结构简单; 2. 处理能力大。 浮阀塔 1. 结构比泡罩塔简单,处理能力大; 2. 操作稳定性良好
湍球塔		1. 在栅板上放置空心塑料球,塑料球在气流吹动下湍动; 2. 由于球的湍动,使球表面上的液面不断更新,气液接触良好,吸收效率高,塔型小而生产能力大,空塔气速 2.5～5 m/s; 3. 不易堵塞,可用于处理带尘埃的气体及生成沉淀的吸收过程,也可用于气体的湿法除尘

设备结构	特 点
喷洒吸收塔	1.结构简单; 2.气体压降小; 3.液气比根据吸收剂的类型而异,例如石灰石-石膏湿法脱硫的液气比一般为 10~20 L/m³; 4.可兼作气体冷却,除尘设备; 5.喷嘴易堵塞,不适于处理污浊液体时做吸收剂
文丘里管	1.喷入文丘里喉管中的液体吸收剂被高流速的气体分散成小的雾滴,气液接触面积大; 2.可以用小型设备处理大量气体; 3.液气比为 0.3~1.5 L/m³,适于吸收剂用量小的吸收操作; 4.气体在喉管部的流速大(40~80 m/s),压降大; 5.可兼用作冷却除尘设备

在选用吸收设备时,需要考虑的因素很多。在下述情况下,应优先考虑选用填料塔:

(1) 所处理的气相组分具有很强的腐蚀性。因为填料形体简单,可以选择用陶瓷、玻璃、石墨、塑料等化学稳定性较强的材料制造。

(2) 为了降低吸收过程的压降。因为填料塔的运行压损要比板式塔低得多。

(3) 吸收过程的阻力源于气相传质,吸收过程受气膜控制。由于在填料塔中气相处于较强的湍流状态,有助于降低气相传质阻力。

(4) 容易产生泡沫的气相组分。板式塔在处理此类气相组分时很容易出现液泛现象。

(5) 设备直径较小的吸收塔。如果板式塔的直径太小,制造难度较大,导致生产成本高,而填料塔的经济性则更明显。

在下述情况下,优先选用板式塔:

(1) 对于生产能力大的塔,即采用较大塔径时,宜采用板式塔,因为板式塔以单位面积计的价格随塔径增大而减少。对于大塔而言,板式塔检修、清理比填料塔容易。

(2) 含有固体颗粒物的气态污染物很容易导致填料塔堵塞,此时宜选用板式塔。

(3) 吸收过程的传质阻力受液膜控制,采用板式塔有利于降低液膜阻力,提高传质系数和推动力。

(4) 对于操作弹性要求高的场合。

(5) 在占地面积受限的情况下,用板式塔为宜,因为同样的处理量填料塔直径更大。

二、吸收设备的设计

(一)吸收设备的设计计算依据和步骤

1. 设计计算依据

设计计算依据主要有:① 单位时间内所处理的气体流量;② 气体的组成成分;③ 被吸收组分的吸收效率或者净化后气体的浓度;④ 使用吸收剂的种类;⑤ 吸收操作条件,如工作压力、操作温度等。

2. 设计计算步骤

(1) 选择吸收剂。对吸收剂的要求是：① 对气态污染物的溶解度大；② 对溶质的选择性好；③ 挥发性低；④ 黏度小；⑤ 便于再生，或者价廉易得。同时尽可能无毒、无腐蚀、不易燃、不发泡。常见的气态污染物与适宜的吸收剂组合如表 8-4 所列。

表 8-4　　　　　　　　　常见气态污染物与适宜的吸收剂(水溶液)的组合

污染物	适宜的吸收剂	污染物	适宜的吸收剂
氯化氢	水、氢氧化钙	氯气	氢氧化钠、亚硫酸钠
氟化氢	水、碳酸钙	氨	水、硫酸、硝酸
二氧化硫	氢氧化钠、亚硫酸铵、氢氧化钙	苯酚	氢氧化钠
氧化氢氧化物	氢氧化钠、硝酸＋亚硫酸钠	有机酸	氢氧化钠
硫化氢	二乙醇胺、氨水、碳酸钠	硫醇	次氯酸钠

(2) 温度和压力。通常情况下，温度越低、压力越高，气体的溶解度越大。从这个角度看，在低温、高压下吸收更有利。但有时吸收塔前是高温低压的操作过程，若为了增大吸收能力而采取降温和升压措施，则需要考虑降温、冷却的费用及工艺上造成的经济效益问题。

(3) 确定吸收剂用量。吸收剂用量取决于适宜的液气比，而适宜的液气比是由设备费用和操作费用两个因素决定的。根据生产经验，一般取最小液气比的 1.1～2 倍，即：$L = (1.1～2)G(L/G)_{min}$。最小吸收剂用量可根据吸收操作线和平衡线求得。

(4) 确定吸收设备的主要尺寸。可据物料平衡、相平衡、传质速率方程式和反应动力学方程式确定。

(5) 计算压力损失。

(二) 填料吸收塔的设计计算

对气态污染物的吸收效率取决于很多因素，其中包括：① 污染物在给定溶剂中的溶解性；② 浓度；③ 温度；④ 气液比；⑤ 接触面的表面积；⑥ 解吸效率等。

吸收设备参数(如吸收塔直径、高度等)的确定，取决于具体的污染物和溶剂系统的气液平衡关系和所用的吸收装置类型(填料塔或板式塔等)。由于通常用于大气污染控制的是填料塔，故下面讨论填料吸收塔的设计计算。

填料塔的设计需要进行填料的选择，确定塔径、填料层高度和填料吸收塔的压力降。

1. 填料的选择

选择填料应满足以下基本要求：① 具有较大的比表面积和良好的润湿性；② 空隙率大 ($n = 0.45 - 0.95$)；③ 气流阻力小；④ 耐腐蚀、机械强度大、稳定性好等。

2. 塔径的计算

塔径即填料塔的直径，它与需处理的气量 $Q(m^3/s)$ 以及空塔速率 $v_0(m/s)$ 有关。

$$D_T = \sqrt{\frac{4Q}{\pi v_0}} \quad (m) \tag{8-54}$$

式中　D_T——为塔径，m。

其中的气量 Q 可根据实际的工业过程来确定，而 v_0 一般由填料塔的液泛速度 v_t 来计算,一般 $v_0 = 0.6 \sim 0.7 v_t$。所谓的液泛速度是指能使塔内发生液泛的最低操作气速,是填料塔正常操作气速的上限。当空塔气速超过液泛气速时,填料塔持液量迅速增加,压降急剧上升,气体夹带液沫严重,填料塔的正常操作被破坏。液泛速度的值可从有关手册中查到。

3. 化学吸收时填料层高度计算

设填料塔内进行的吸收过程为:$A_气 + bB_液 \to \tau R_液$,设 L_s、G_s 分别为不含吸收组分 B 的液相惰性组分流量和不含被吸收组分 A 以外的气相惰性组分流量(mol/m² · s),Y_{A1}、Y_{A2} 分别为组分 A 在塔顶和塔底的气相浓度,它是组分 A 与气相惰性组分的摩尔数之比,X_{B1} 和 X_{B2} 分别为组分 B 在塔顶和塔底的液相浓度,它是组分 B 和液相惰性组分摩尔数之比,C_s、C 分别是液相里惰性组分浓度和液相总浓度(mol/m³),P_s 和 P 分别是气相中惰性组分的分压和气相总压 P_a,那么:

$$G_s dy_A = -\frac{1}{b} L_s dX_B = N_A a d \tag{8-55}$$

其中 a 是单位填充层中填料的面积。

填料层高度为:

$$H = G_s \int_{y_{A2}}^{y_{A1}} \frac{dy_A}{N_A a} = \frac{G_s}{P_s} \int_{P_{AG2}}^{P_{AG1}} \frac{dP_{AG}}{N_A a} \tag{8-56}$$

$$H = -\frac{L_s}{b} \int_{X_{B1}}^{X_{B2}} \frac{dX_B}{N_A a} = -\frac{L_s}{b} \int_{C_{BL1}}^{C_{BL2}} \frac{dC_{BL}}{N_A a} \tag{8-57}$$

一般情况下,气态污染物的浓度低,选用的化学吸收剂或活性组分的浓度也低,此时 $P_s \approx P, G_s \approx G, C_s \approx C, L_s \approx L$,则:

$$H = \frac{G}{P} \int_{P_{AG2}}^{P_{AG1}} \frac{dP_{AG}}{N_A a} = -\frac{L}{b} \int_{C_{BL1}}^{C_{BL2}} \frac{dC_{BL}}{N_A a} \tag{8-58}$$

4. 填料吸收塔的压力降

填料吸收塔压力降的计算可根据经验公式进行,常用的是特里包尔公式:

$$\frac{\Delta P}{H} = \frac{mG}{\rho_G \cdot \rho_L} \times 10^{(n \cdot L - 8)} \tag{8-59}$$

式中 ρ_G, ρ_L——气体、液体密度,kg/m³;

   L, G——吸收塔内液体和气体的质量流率,kg/(m² · s);

   m, n——与填料有关的经验常数,可从有关手册中获取。

第四节   吸收法净化气态污染物的应用

一、吸收法净化 SO₂ 废气

1. SO₂ 的危害

SO₂ 是当今人类面临的主要大气污染物之一,其污染源分为天然污染源和人为污染源两大类。天然污染源由于量少、面广、易稀释和净化,对环境的危害不大,而人为污染源由于量大、集中、浓度高,对环境造成严重危害。大气中 SO₂ 的来源主要包括化石燃料燃烧、火山爆发和微生物分解等。随着现代工业的快速发展,原油、煤炭等含硫燃料的燃烧和生产工艺过程中采用含硫原料等均产生大量的 SO_2,排放至大气极易造成 SO_2 污染。

SO_2 为一种无色、具有强烈刺激性的气体,易溶于人体体液和其他黏性液体,长期暴露在含一定 SO_2 浓度的空气中会危害人类健康,导致多种疾病。据有关研究表明,当硫酸盐年均浓度在 $10 \mu g/m^3$ 左右时,每减少 10% 的浓度能使死亡率降低 0.5%。动物 SO_2 慢性中毒后,机体的免疫力受到明显抑制。当 SO_2 浓度在 $(10 \sim 15) \times 10^{-6}$ 范围时,呼吸道纤毛运动和黏膜的分泌功能均受到抑制。当 SO_2 浓度达 20×10^{-6} 时,会引起咳嗽并刺激眼睛。浓度达到 400×10^{-6} 时,可使人产生呼吸困难。

当 SO_2 吸附在飘尘表面时,飘尘气溶胶微粒会把 SO_2 带至肺部,其使毒性增加 $3 \sim 4$ 倍。如果飘尘的表面还吸附有金属微粒,在金属微粒的催化作用下,大气中 SO_2 会被催化氧化为硫酸烟雾,其对人体的刺激作用要比 SO_2 气体增强约 1 倍。长期生活在含有 SO_2 污染的大气环境中,由于飘尘和 SO_2 共同作用,可导致肺泡壁纤维的增生,最终可导致纤维断裂形成肺气肿。苯并(a)芘的致癌作用也会由于 SO_2 的存在而增强。动物试验表明,在苯并(a)芘和 SO_2 的联合作用下,动物肺癌的发病率要高于单个因子导致的发病率,而且在短期内即可诱发肺部扁平细胞癌。因此,大气中 SO_2 的存在具有促癌作用。

研究表明,在高浓度 SO_2 的影响下,植物也易发生急性危害,这会造成其产量下降、品质变坏。大气中的 SO_2 对金属也会产生影响,主要是对钢结构的腐蚀,每年给国民经济带来巨大损失。据统计,发达国家每年因金属腐蚀而带来的直接经济损失,占国民经济总产值的 $2\% \sim 4\%$。SO_2 形成的酸雨和酸雾危害也相当大,主要对湖泊、地下水的 pH 值造成影响,对建筑物、森林、古文物和公共交通等造成腐蚀。同时,长期的酸雨作用还将对土壤和水质产生不可估量的经济损失。

2. SO_2 的治理技术分类

燃烧前脱硫技术主要包括煤炭的洗选、煤炭转化(煤气化、液化)、水煤浆技术。一般包括选煤技术、煤炭转化技术、水煤浆技术、型煤、动力配煤。

燃烧中脱硫指煤在炉内燃烧的同时,向炉内喷入脱硫剂(常用的有石灰石、白云石等),脱硫剂一般利用炉内较高温度进行自身锻烧,锻烧产物(主要以 CaO、MgO 为主)与煤燃烧过程中产生的 SO_2、SO_3 反应,生成硫酸盐、亚硫酸盐,以灰的形式排出炉外,减少 SO_2、SO_3 向大气排放,达到脱硫的目的。主要有型煤固硫技术、煤粉炉直接喷钙脱硫技术、流化床燃烧脱硫技术等。

燃烧后脱硫(烟气脱硫)主要是利用吸收剂或吸附剂去除烟气中的 SO_2,并使其转化为稳定的硫化合物或硫。最早的烟气脱硫技术在 20 世纪初就已经出现。近几十年来,国外对烟气的脱硫、脱硝进行了大量的研究。在工业发达国家,工业脱硫装置的应用发展很快。我国近十多年来也开展了烟气脱硫技术的研究。烟气脱硫(Flue Gas Desulfurization,简称FGD),是目前应用最广、效率最高的脱硫技术。烟气脱硫技术的种类非常多,按脱硫的方式和产物的处理形式一般可分为干法、湿法和半干法三大类。

(1) 干法烟气脱硫技术(DFGD 技术)

干法烟气脱硫是反应在无液相介入的完全干燥的状态下进行的,反应产物也为干粉状。该法具有无污水废酸排出、设备腐蚀小,烟气在净化过程中无明显温降、净化后烟气温度高、利于烟囱排气扩散、不存在腐蚀、结露等优点,但存在脱硫效率低,反应速度较慢、设备庞大等问题。干法主要有炉膛干粉喷射脱硫法、高能电子活化氧化法、荷电干粉喷射脱硫法

（CDSl）、活性炭（焦）或粉煤灰吸附法、流化床氧化铜法等。干法烟气脱硫技术由于能较好地回避湿法烟气脱硫技术存在的腐蚀和二次污染等问题，近年来得到了迅速的发展和应用。

（2）湿法烟气脱硫技术（WFGD 技术）

含有吸收剂的溶液或浆液在湿状态下脱硫和处理脱硫产物。湿法 FGD 工艺已有几十年的发展历史，技术上日趋成熟、完善。据有关资料介绍，国外应用的脱硫工艺 85% 是湿法，特别是日本，几乎全部采用湿法脱硫工艺。根据吸收剂的不同，湿法脱硫工艺又有多种不同工艺，常见的有石灰石/石灰-石膏法、简易石灰石（石灰）-石膏法、间接石灰石（石灰）-石膏法、海水法、氨（NH_3）法、磷铵复合肥法（PAFP 法）、双碱法、氢氧化镁［$Mg(OH)_2$］或 MgO 法、氢氧化钠（NaOH）法、WELLMAN-LORD（威尔曼-洛德法）等。湿法烟气脱硫因具有脱硫率高、操作稳定且经验多而成为目前国内外应用最多的一种方法，其中的石灰/石灰石法又是最常用的方法。湿法的缺点是易造成二次污染，脱硫后的烟气需要再加热，易造成腐蚀和结垢等问题。

（3）半干法烟气脱硫技术（SDFGD 技术）

半干法兼有干法与湿法的一些特点，是脱硫剂在干燥状态下脱硫在湿状态下再生或者在湿状态下脱硫在干状态下处理脱硫产物的烟气脱硫技术。特别是在湿状态下脱硫在干状态下处理脱硫产物的半干法，以其既有湿法脱硫反应速率快、脱硫效率高的优点，又有干法无污水废酸排出、脱硫后产物易于处理的优势而受到人们广泛的关注。其缺点是系统设计和设备制造要求相当精确，操作过程难以控制，不但要根据 SO_2 浓度迅速调节吸收剂投入量，而且根据烟气温度准确控制加水量。常见的半干法烟气脱硫技术有喷雾干燥法、烟气循环流化床烟气脱硫技术、增湿灰循环脱硫技术等，其中应用最广的是喷雾干燥法。

3. 湿法烟气脱硫技术

在干法脱硫、半干法脱硫和湿法脱硫三大类脱硫方法中，以湿法脱硫应用最为广泛。湿法脱硫又包括石灰石/石灰-石膏法、双碱法、镁法和氨法等，其中因石灰石/石灰-石膏法具有脱硫效率高、运行稳定、安全可靠性强、脱硫剂价廉易得且利用率高等优点而应用最多。

（1）石灰石/石灰-石膏法

石灰石/石灰-石膏湿法烟气脱硫系统的脱硫塔内主要发生如下反应：

水的离解：

$$H_2O \xrightleftharpoons{K_W} H^+ + OH^-$$

SO_2 的吸收：

$$SO_2(g) \xrightleftharpoons{H_2O} SO_2(aq)$$

$$SO_2(aq) + H_2O \xrightleftharpoons{K_{S_1}} H^+ + HSO_3^-$$

$$HSO_3^- \xrightleftharpoons{K_{S_2}} H^+ + SO_3^{2-}$$

$CaCO_3$ 的溶解：

$$CaCO_3(s) \xrightleftharpoons{K_{CP}} Ca^{2+} + CO_3^{2-}$$

$$CO_3^{2-} + H^+ \rightleftharpoons HCO_3^-$$

$$HCO_3^- + H^+ \rightleftharpoons H_2O + CO_2(aq)$$

$$CO_2(aq) \rightleftharpoons CO_2(g)$$

CaO 的溶解：

$$CaO + H_2O \longrightarrow Ca(OH)_2$$

$$Ca(OH)_2 \longrightarrow Ca^{2+} + 2OH^-$$

在有氧存在时，HSO_3^- 的氧化：

$$HSO_3^- + \frac{1}{2}O_2 \longrightarrow H^+ + SO_4^{2-}$$

$$H^+ + SO_4^{2-} \longrightarrow HSO_4^-$$

$CaSO_3$ 和 $CaSO_4$ 的结晶：

$$Ca^{2+} + SO_3^{2-} \overset{K_{SP1}}{\rightleftharpoons} CaSO_3 \cdot \frac{1}{2}H_2O(s)$$

$$Ca^{2+} + SO_4^{2-} \overset{K_{SP2}}{\rightleftharpoons} CaSO_4 \cdot 2H_2O(s)$$

除以上反应外还有其他反应存在，例如烟气中的 Cl^- 和 F^- 溶于水后形成的 HCl 和 HF 与 $CaCO_3/CaO$ 的反应，SO_2 氧化为 SO_3 后与 $CaCO_3/CaO$ 的反应等。

石灰石/石灰-石膏湿法脱硫系统包括烟气系统、吸收系统、浆液制备系统、石膏脱水系统、排放系统和热工自控系统。石灰石/石灰-石膏湿法烟气脱硫流程图如图 8-8 所示。

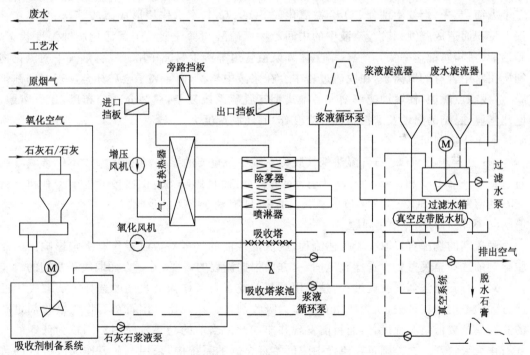

图 8-8　石灰石/石灰-石膏湿法烟气脱硫流程图

尽管石灰石/石灰-石膏湿法烟气脱硫的脱硫效率高，应用广泛，但在工业化应用中仍存在如下问题。

① 结垢和堵塞问题

石灰石/石灰湿法烟气脱硫系统中各工艺过程均采用浆状物料。对于造成结垢堵塞的原因，主要有如下 3 种方式：首先，因溶液或料浆中水分蒸发，导致固体沉积；其次，

$Ca(OH)_2$ 或 $CaCO_3$ 沉积或结晶析出,造成结垢;最后,$CaSO_4$ 或 $CaSO_3$ 从溶液中结晶析出,石膏晶种沉淀在设备表面生长而造成结垢。另外,系统的 pH 变化也会影响到系统的结垢。在 pH 值较高时,$CaSO_3 \cdot 1/2H_2O$ 溶解度随之发生了较大的降解,吸收塔内吸收的 SO_2 在浆液中所存在的 S(Ⅳ)离子主要以 SO_3^{2-} 形式存在,极易使亚硫酸钙的饱和度达到并超过其形成均相成核作用所需的临界饱和度,而在塔壁和部件表面上结晶,形成软垢。对于有石膏生成的浆液,当石膏终产物超过悬浮液的吸收极限,石膏就会以晶体的形式开始沉积,当相对饱和浓度达到一定值时,石膏将会以晶体按异相成核作用在悬浮液中已有的晶体表面上生长。当饱和度达到更高值时,即大于引起均相成核作用的临界饱和度时,就会在浆液中形成新的晶核,此时,微小晶核会在塔内表面上生成并逐步成长为硬垢。

脱硫系统特别是脱硫塔易结垢而影响系统的运行。脱硫系统结垢会给系统的运行带来一系列危害。垢体影响脱硫系统的物理过程和化学过程,造成系统阻力增加、脱硫率下降,甚至还会影响脱硫产物中脱硫剂的含量及系统的氧化效果;垢层达到一定厚度后,可能脱落,砸伤喷嘴和防腐内衬;而结垢现象严重时甚至造成设备堵塞、系统停运。

② 腐蚀问题

腐蚀是石灰石/石灰-石膏湿法烟气脱硫系统面临的一个重要问题。产生腐蚀的原因有三个方面:首先,烟气中部分 SO_2 会被氧化成 SO_3,SO_3 与水汽作用形成硫酸雾,硫酸雾在管壁上沉积而造成腐蚀;其次,浆液中的中间产物亚硫酸和稀硫酸处于其活化腐蚀温度状态,渗透能力强,腐蚀速率快,对脱硫塔主体和浆液管道等产生腐蚀作用;最后,烟气中的氯化物和所用水中含有的氯离子,在脱硫过程中会在浆液中累积,而氯离子会破坏金属表面的钝化膜,造成麻点腐蚀,使腐蚀速率增大。湿式烟气脱硫系统复杂,腐蚀介质分布广,化学腐蚀、电化学腐蚀、结晶腐蚀及磨损腐蚀等交互作用,防腐难度大。

③ pH 控制问题

pH 是石灰石/石灰-石膏湿法烟气脱硫系统中最重要的参数,浆液的 pH 不仅影响石灰石、$CaSO_4 \cdot 2H_2O$ 和 $CaSO_3 \cdot 1/2H_2O$ 的溶解度,而且影响 SO_2 的吸收。低 pH 有利于石灰石的溶解和 $CaSO_3 \cdot 1/2H_2O$ 的氧化,而高 pH 有利于 SO_2 的吸收。

④ 吸收剂的选择使用问题

脱硫剂的选择直接取决于工艺流程,脱硫剂性能的优劣对吸收操作有决定影响。因此脱硫剂的选择至关重要。选择脱硫剂,一方面根据流程的需要,另一方面取决于实用的可能性。对于石膏湿法烟气脱硫过程,是采用石灰石或者石灰作为吸收剂的选择主要取决于经济方面的考虑。在过去,认为使用石灰作为吸收剂将会达到比采用石灰石作为吸收剂更高的脱硫率及较低结垢程度,然而目前发现并非如此。当前的趋势是使用费用较为低廉的石灰石作为吸收剂。在美国正在建设中或已签订合同的系统中,采用石灰石作为吸收剂的数量是采用石灰作为吸收剂的两倍以上。

⑤ 气液接触效率问题

在对脱硫吸收塔内流体力学认识不断加深的过程中,人们发现采取一定措施增加塔内气液接触将有助于脱硫率的提高,降低液气比,在相同脱硫率情况下采用更小尺寸的塔及部件。系统传质性能越好,系统的脱硫率就越高。系统传质系数与物系、填料、操作温度、压力、溶质浓度、气、液、固的接触程度有关。选择合理的吸收塔,提高烟气流速,有利于提高系统传质速率,减少传质阻力,在提高脱硫率的同时,还能降低投资成本和运行成本。

（2）双碱法

双碱法是为了克服湿式石灰石/石灰-石膏法中结垢的缺点而发展起来的。烟气在塔中与溶解的碱（亚硫酸钠或氢氧化钠）溶液相接触，烟气中的 SO_2 被吸收掉，因而避免了在塔内结垢；脱硫废液再与第二碱（通常为石灰或石灰石）反应，使溶液得到再生，再生后的吸收液循环使用，同时产生亚硫酸钙（或硫酸钙）不溶性沉淀。根据脱硫过程中所使用不同的第一碱（吸收用）和第二碱（再生用），双碱法有多种组合。这里重点讨论最常用的钠钙双碱法，首先利用钠碱溶液吸收 SO_2，然后将吸收下来的 SO_2 沉淀为不溶性的亚硫酸钙，并使溶液得到再生，循坏使用。

① 双碱法脱硫原理

双碱法与石灰石/石灰法的总效果相同，从烟气中脱除 SO_2，消耗石灰石或石灰，产生亚硫酸盐或硫酸盐浆液。但中间步骤不一样，双碱法中 SO_2 的吸收和泥浆的沉淀反应完全分开，从而避免了吸收塔的堵塞和结垢问题。在吸收塔内发生以下 SO_2 吸收反应：

$$2NaOH+SO_2 \longrightarrow Na_2SO_3+H_2O$$
$$Na_2CO_3+SO_2 \longrightarrow Na_2SO_3+CO_2$$
$$Na_2SO_3+SO_2+H_2O \longrightarrow 2NaHSO_3$$

然后将吸收液送至石灰反应器进行吸收液再生和固体副产物的析出：

$$2NaHSO_3+Ca(OH)_2 \longrightarrow Na_2SO_3+CaSO_3 \cdot \frac{1}{2}H_2O \downarrow + \frac{3}{2}H_2O$$

$$\frac{1}{2}H_2O+Na_2SO_3+Ca(OH)_2 \longrightarrow 2NaOH+CaSO_3 \cdot \frac{1}{2}H_2O \downarrow$$

理论上，用石灰再生反应完全，而用石灰石再生反应不完全。采用石灰石做再生剂时：

$$CaCO_3+2NaHSO_3 \longrightarrow Na_2SO_3+CaSO_3 \cdot \frac{1}{2}H_2O \downarrow + \frac{1}{2}H_2O+CO_2 \uparrow$$

将再生过程生成的亚硫酸钙（$CaSO_3 \cdot 1/2H_2O$）氧化，可制得脱硫石膏（$CaSO_4 \cdot 2H_2O$）：

$$2CaSO_3 \cdot \frac{1}{2}H_2O+O_2+\frac{3}{2}H_2O \longrightarrow 2CaSO_4 \cdot 2H_2O$$

② 双碱法典型工艺流程

钠钙双碱法典型工艺流程如图 8-8 所示。将该法所得的亚硫酸钙滤饼（约含 60％H_2O）重新浆化为含 10％固体的料浆，加入硫酸降低 pH 值后，在氧化器内用空气进行氧化可制得石膏。亚硫酸钙滤饼也可直接抛弃。

③ 双碱法主要技术问题

首先，稀碱法和浓碱法的选用问题。钠碱双碱法依据吸收液中活性钠的浓度，可分为浓碱法与稀碱法两种流程。一般说来，浓碱法适用于希望氧化率相当低的场合，而稀碱法则相反。当使用高硫煤、完全燃烧并且控制过量空气在最低值时，如采用粉煤或油作为锅炉燃料时，宜采用浓碱法；当采用低硫煤或过剩空气量大时，如治理采用自动加煤机的锅炉烟气时，宜采用稀碱法。

其次，结垢问题。在双碱法系统中有两种可能会引起结垢，一种是硫酸根离子与溶解的钙离子产生石膏的结垢；另一种为碳酸盐的结垢。在稀碱法系统中采用"碳酸盐软化法"保持低的钙离子浓度，可避免石膏结垢。而浓碱法系统则不存在这个问题，因为高的亚硫酸盐浓度使钙离子保持在较低的浓度范围内。根据经验，溶液中只要保持石膏浓度在其临界饱

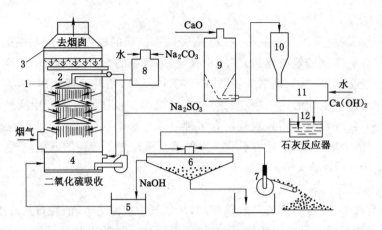

图 8-8　钠钙双碱法工艺流程

1——吸收塔;2——喷淋装置;3——除雾装置;4——瀑布幕;5——缓冲箱;6——浓缩器;7——过滤器;
8——Na_2CO_3 吸收液;9——石灰仓;10——中间仓;11——熟化器;12——石灰反应器

和度值 1.3 以下,即可防止它沉淀出来。碳酸盐在洗涤器中的结垢,是由于吸收了烟气中的 CO_2 所致,这种情况只有在洗涤液的 pH 值高于 9 时才会遇到。只要在洗涤器内控制好 pH 值,碳酸盐不会结垢。

再次,生成不易沉淀的固体问题。当溶液中的可溶性硫酸盐浓度过高(>0.5 mol/L)和镁离子浓度过高(>120 mg/L)时,固体的沉淀的性质显著恶化。

最后,钠耗问题。钠耗是双碱法的一个重要指标,这不仅从经济上而更应从产生可浸出的废渣如何去除来考虑。钠耗只占年操作费用的 2%,单单从运行费用的角度来看,钠耗可能不是一个重要的影响指标。但是如果钠从废渣中可以浸出来的话,则会对环境产生影响。

钠钙双碱法吸收剂采用钠碱,故吸收率较高,而且吸收系统内不生成沉淀物,没有结垢和堵塞问题。由于氧化副反应生成的 Na_2SO_4 较难再生,使碱的消耗量增加;再者,Na_2SO_4 的存在,将降低石膏质量。

(3) 氧化镁法

一些金属如 Mn、Zn、Fe、Cu 等的氧化物可作为 SO_2 的吸收剂,常见的有氧化镁法、氧化锌法、氧化锰法等。金属氧化物吸收 SO_2 可采用干法或湿法。干法属传统工艺,脱硫效率较低,目前各国正致力于研究如何增加其活性、提高吸收效率;湿法脱硫多采用浆液吸收,吸收 SO_2 后的亚硫酸盐-亚硫酸氢盐的浆液,在较高温度下易分解,释出 SO_2 气体,提供后续加工利用。

氧化镁法多用于治理电厂锅炉烟气,脱硫率可达 90% 以上,国外应用较多。本法采用氧化镁浆液作为吸收剂,吸收烟气中的 SO_2 后,吸收液可再生循环,同时副产高浓度 SO_2 气体,用于制硫酸或固体硫黄。氧化镁的脱硫机理与钙法脱硫机理相似,都是碱性氧化物与水反应生成氢氧化物,再与二氧化硫溶于水生成的亚硫酸溶液进行酸碱中和反应,氧化镁反应生成的亚硫酸镁和硫酸镁再经过回收 SO_2 后进行重复利用或者将其强制氧化全部转化成硫酸盐制成七水硫酸镁。

脱硫过程中发生的主要化学反应有:
$$MgO + H_2O \Longrightarrow Mg(OH)_2$$

$$Mg(OH)_2 + SO_2 \longrightarrow MgSO_3 + H_2O$$

$$MgSO_3 + H_2O + SO_2 \longrightarrow Mg(HSO_3)_2$$

$$MgSO_3 + 1/2O_2 \longrightarrow MgSO_4$$

氧化镁再生阶段发生的主要反应有

$$MgSO_3 \longrightarrow MgO + SO_2$$

$$MgSO_4 \longrightarrow MgO + SO_3$$

$$Mg(HSO_3)_2 \longrightarrow MgO + H_2O + 2SO_2$$

$$SO_2 + 1/2O_2 \longrightarrow SO_3$$

$$SO_3 + H_2O \longrightarrow H_2SO_4$$

当对副产物进行强制氧化制 $MgSO_4 \cdot 7H_2O$ 出售时,反应如下:

$$MgSO_3 + 1/2O_2 \longrightarrow MgSO_4$$

$$MgSO_4 + 7H_2O \longrightarrow MgSO_4 \cdot 7H_2O$$

氧化镁法脱除烟气 SO_2 的工艺流程如图 8-9 所示。

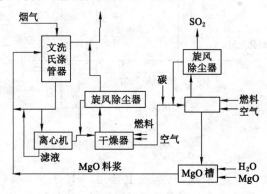

图 8-9　氧化镁法脱除烟气 SO_2 的工艺流程

（4）氨法

湿式氨法烟气脱硫采用氨作为吸收 SO_2 的吸收剂,主要优点是脱硫剂利用率和脱硫效率高,且可以生产副产品。但氨易挥发,使吸收剂消耗量增加,产生二次污染,此外还存在成本高、易腐蚀、净化后尾气中的气溶胶等问题。根据吸收液再生方法不同,可分为氨-酸法、氨-亚硫酸铵法和氨-硫铵法等。

① 氨法脱硫原理

通常氨法烟气脱硫过程分为 SO_2 的吸收和吸收液处理两部分。首先将氨水通入吸收塔中,使其与含 SO_2 的废气接触,发生吸收反应,其主要反应为:

$$NH_3 + H_2O + SO_2 \longrightarrow NH_4HSO_3$$

$$2NH_3 + H_2O + SO_2 \longrightarrow (NH_4)_2SO_3$$

$$(NH_4)_2SO_3 + H_2O + SO_2 \longrightarrow 2NH_4HSO_3$$

随着吸收过程的进行,循环液中 NH_4HSO_3 增多,吸收能力下降,需补充氨使部分 NH_4HSO_3 转变为 $(NH_4)_2SO_3$:

$$NH_4HSO_3 + NH_3 \longrightarrow (NH_4)_2SO_3 + H_2O$$

$$(NH_4)_2SO_3 + H_2O \longrightarrow (NH_2)_2SO_3 \cdot H_2O(结晶)$$

若烟气中有 O_2 和 SO_3 存在,可能发生如下副反应:

$$(NH_4)_2SO_3 + 1/2O_2 \longrightarrow (NH_4)_2SO_4$$

$$2(NH_4)_2SO_3 + SO_3 + H_2O \longrightarrow (NH_4)_2SO_4 + 2NH_4HSO_3$$

氨法脱硫工艺流程如图 8-10 所示。

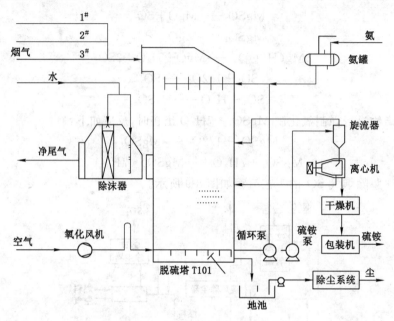

图 8-10　氨法脱硫工艺流程示意图

氨吸收法的典型工艺是氨-酸法,它实质上是用 $(NH_4)_2SO_3$ 吸收 SO_2 生成 NH_4HSO_3,循环槽中用补充的氨使 NH_4HSO_3 再生成 $(NH_4)_2SO_3$ 循环脱硫;部分吸收液用硫酸(或硝酸、磷酸)分解得到高浓度 SO_2 和硫铵(或硝铵)、磷铵化肥。我国一些较大的化工厂用该法处理硫酸尾气中的 SO_2。

② 影响吸收液组成的因素

影响吸收液组成的因素之一为蒸气压,$(NH_4)_2SO_3$-NH_4HSO_3 水溶液上的平衡分压 P_{SO_2} 及 P_{NH_3} 分别与 SO_2 吸收效率及 NH_3 的消耗有关。pH 值为 $4.71 \sim 5.96$ 时,实验得到的蒸气压值存在如下关系式:

$$P_{SO_2} = M \frac{(2C_{SO_2} - C_{NH_3})^2}{C_{NH_3} - C_{SO_2}}$$

$$P_{NH_3} = N \frac{C_{NH_3}(C_{NH_3} - C_{SO_2})}{2C_{SO_2} - C_{NH_3}}$$

式中　C_{SO_2}——SO_2 的浓度,mol SO_2/100 mol 水

　　　C_{NH_3}——NH_3 的浓度,mol NH_3/100 mol 水

M、N 与吸收液组成有关,工业应用范围内可认为仅与温度有关。

$$\lg M = 5.865 - \frac{2\,369}{T}$$

$$\lg N = 13.680 - \frac{4\,987}{T}$$

而在实际吸收系统中,由于氧的作用,吸收液内存在硫酸盐,分压方程式变成:

$$P_{SO_2} = M \frac{(2C_{SO_2} - C_{NH_3} + 2C_{(NH_4)_2SO_4})^2}{C_{NH_3} - C_{SO_2} - 2C_{(NH_3)_2SO_4}}$$

$$P_{NH_3} = N \frac{C_{NH_3}(C_{NH_3} - C_{SO_2} - 2C_{(NH_4)_2SO_4})}{2C_{SO_2} - C_{NH_3} + 2C_{(NH_4)_2SO_4}}$$

式中　$C_{(NH_4)_2SO_4}$——硫酸铵浓度,mol SO_4^{2-}/100 mol 水。

由$(NH_4)_2SO_3$-NH_4HSO_3水溶液的平衡蒸汽压关系可知,对于 100 mol 水含 22 mol NH_3的溶液(C_{NH_3}—22),P_{SO_2} 和 P_{NH_3} 都随温度升高而增加,但 P_{SO_2} 随 C_{SO_2}/C_{NH_3} 增高而增加,P_{NH_3} 则相反。

影响吸收液组成的因素之二为 pH 值,约翰斯顿(H. F. Johnstone)提出$(NH_4)_2SO_3$-NH_4HSO_3水溶液 pH 值的计算式为:

$$pH = -4.62(C_{SO_2}/C_{NH_3}) + 9.2$$

其适用范围是 C_{SO_2}/C_{NH_3} 为 0.7~0.9。当 NH_4HSO_3-$(NH_4)_2SO_3$(摩尔比)为 2：1(即 $C_{SO_2}/C_{NH_3} = 0.75$)时,pH 值约为 5.7。pH 值是 NH_4HSO_3 水溶液组成的单值函数,工业上采用控制吸收液的 pH 值以获得稳定的吸收组分。

③ 氨法脱硫技术特点

首先,氨法脱硫可实现 SO_2 资源化,无二次污染。氨法脱硫技术是将回收的 SO_2、氨全部转化为化肥或其他工业产品,不产生任何废水、废液和废渣,没有二次污染,是一项真正意义上的将污染物全部资源化。该项脱硫技术也符合我国循环经济的要求。

其次,氨法脱硫的副产物经济效益明显。氨法脱硫装置的运行过程即是硫酸铵的生产过程,每消耗 1 t 液氨可脱除约 2 t SO_2,生产出 4 t 硫酸铵,按照常规价格液氨 2 000 元/t、硫酸铵 700 元/t 估算,则烟气中每吨 SO_2 产生了约 400 元的价值。因此该法的运行费用小,并且煤中含硫量愈高,运行费用愈低。企业可利用价格低廉的高硫煤,同时大幅度降低燃料成本和脱硫费用。

再次,氨法脱硫的装置阻力小,动力费用低。利用氨法脱硫的高活性,使 L/G 较常规湿法脱硫技术降低。脱硫塔的阻力仅为 850 Pa 左右,无加热装置时包括烟道等阻力脱硫塔总阻力在 1 000 Pa 左右;配蒸汽加热器时脱硫塔的总设计阻力也只有 1 250 Pa 左右。因此,氨法脱硫装置可以利用原锅炉引风机的潜力,大多无需新配增压风机;即便原风机无潜力,也可适当进行风机改造或增加小压头的风机即可。系统阻力较常规脱硫技术节电 50% 以上。另外,循环泵的功耗降低了近 70%。

最后,氨法脱硫的装置设备占地小。氨回收法脱硫装置无需原料预处理工序,副产物的生产过程也相对简单,总配置的设备在 30 台套左右,且处理量较少,设备选型无需太大。脱硫部分的设备占地与锅炉的规模相关,脱硫液处理即硫铵工序占地与锅炉的含硫量有关,但相关系数不大,特别适合于新建中小型锅炉脱硫和老锅炉除尘脱硫技术改造。

氨法是用氨水洗涤含 SO_2 的烟气,形成$(NH_2)SO_3$-NH_4HSO_3-H_2O 的脱硫液体系。该溶液中的$(NH_4)_2SO_3$对 SO_2 具有很好的吸收能力,也是氨法中的主要脱硫剂。吸收 SO_2 以后的脱硫浆液可用不同的方法处理,获得不同的工业产品,从而也就形成了不同的氨法脱硫方法。其中比较成熟的为氨-酸法、氨-亚硫酸铵法和氨-硫铵法。在氨法的类似脱硫方法中,其脱硫的原理和过程是类似的,不同之处仅在于对脱硫浆液处理的方法和工艺技术路线。

二、吸收法净化 NO$_x$ 废气

从排烟中去除 NO$_x$ 的过程简称为"排烟脱氮"或"排烟脱硝"。排烟中的 NO$_x$ 主要是 NO，用吸收法脱氮之前应将 NO 氧化。由于所选的吸收剂不同，吸收法净化 NO$_x$ 又可分为水吸收法、酸吸收法、碱吸收法、吸收还原法、氧化吸收法、络合吸收法等多种。在此主要介绍酸吸收法、碱吸收法与氧化还原吸收法。

1. 酸吸收法净化 NO$_x$ 废气

浓硫酸和稀硝酸都可以用来吸收废气中的 NO$_x$。用浓硫酸吸收 NO$_x$ 的反应为：

$$NO + NO_2 + 2H_2SO_4（浓）\longrightarrow 2NOHSO_4 + H_2O$$

其生成物为亚硝基硫酸，它可用于硫酸生产。

稀硝酸吸收 NO$_x$ 是利用 NO$_x$ 在稀硝酸中有较高的溶解度来进行吸收。由于 NO 在12％以上硝酸中的溶解度比在水中大 100 倍以上，故可用硝酸吸收 NO$_x$ 废气。硝酸吸收 NO$_x$ 以物理吸收为主，最适用于硝酸尾气处理，因为可将吸收的 NO$_x$ 返回原有硝酸吸收塔回收为硝酸。

影响吸收效率的主要因素有：

① 温度。温度降低，吸收效率急剧增大。温度从 38 ℃降至 20 ℃，吸收率由 20％升至 80％。

② 压力。吸收率随压力升高而增大。吸收压力从 0.11 MPa 升至 0.29 MPa 时，吸收率由 4.3％升至 77.5％。

③ 硝酸浓度。吸收率随硝酸浓度增大呈现先增加后降低的变化，即有一个最佳吸收的硝酸浓度范围。当温度为 20～24 ℃时，吸收效率较高的硝酸浓度范围为 15％～30％。

此法工艺流程简单，操作稳定，可以回收 NO$_x$ 为硝酸，但气液比较小，酸循环量较大，能耗较高。由于我国硝酸生产吸收系统本身压力低，至今未用于硝酸尾气处理。

2. 碱吸收法净化 NO$_x$ 废气

碱吸收法的实质是酸碱中和反应，在吸收过程中，首先，NO$_2$ 溶于水生成硝酸 HNO$_3$ 和亚硝酸 HNO$_2$；气相中的 NO 和 NO$_2$ 生成 N$_2$O$_3$，N$_2$O$_3$ 也将溶于水而生成 HNO$_2$。然后 HNO$_3$ 和 HNO$_2$ 与碱（NaOH、Na$_2$CO$_3$ 等）发生中和反应生产硝酸钠和亚硝酸钠。对于不可逆的酸碱中和反应，可不考虑化学平衡，碱液吸收效率取决于吸收速率。本法较适合于氧化度较大的硝酸尾气及硝化尾气的净化。碱性溶液和 NO$_2$ 反应生成硝酸盐和亚硝酸盐，和 N$_2$O$_3$ 反应生成亚硝酸盐，其反应为：

$$2MOH + NO + NO_2 \longrightarrow 2MNO_2 + H_2O$$
$$2MOH + 2NO_2 \longrightarrow MNO_3 + MNO_2 + H_2O$$
$$NO + NO_2 + Na_2CO_3 \longrightarrow 2NaNO_2 + CO_2 \uparrow$$
$$2NO_2 + Na_2CO_3 \longrightarrow NaNO_2 + NaNO_3 + CO_2 \uparrow$$

式中：M 可代表 Na$^+$、K$^+$、NH$_4^+$ 等。

碱液吸收法广泛用于我国的 NO$_x$ 废气治理，其工艺流程（图 8-11）和设备较简单，还能将 NO$_x$ 回收为有用的亚硝酸盐产品，但一般情况下吸收效率不高。考虑到价格、来源、不易堵塞和吸收效率等原因，碱吸收液主要采用 NaOH 和 Na$_2$CO$_3$，尤以 Na$_2$CO$_3$ 使用更多。但 Na$_2$CO$_3$ 效果较差，因为 Na$_2$CO$_3$ 吸收 NO$_x$ 的活性不如 NaOH，而且吸收时产生的 CO$_2$ 将影

响 NO_2 的溶解。

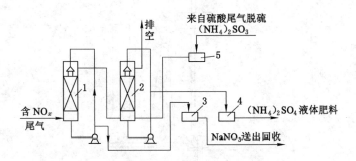

图 8-11　碱液亚硫酸铵溶液两级脱 NO_x 流程

1——碱液吸收塔；2——亚硫铵吸收塔；3——亚硝酸钠贮槽；4——硫铵贮槽；5——亚硫铵母液贮槽

3．氧化还原吸收法净化 NO_x 废气

酸吸收法与碱吸收法对 NO_x 的吸收率都不高，而氧化还原法可以改善吸收过程。用亚硝酸盐、亚硫酸盐、硫化物或尿素的水溶液作为吸收剂，吸收 NO_x 并将其还原为 N_2 的方法称为吸收还原法，本法净化效率很高。氧化吸收法是先将 NO_x 中的 NO 部分地氧化为 NO_2，再用碱吸收。常用的氧化还原剂有亚氯酸盐、高锰酸钾、亚硫酸盐以及尿素等水溶液。如用亚硫酸盐作为氧化还原剂，其反应式为：

$$2NO + 2(NH_4)_2SO_3 \longrightarrow N_2 + 2(NH_4)_2SO_4$$
$$NO_2 + 2(NH_4)_2SO_3 \longrightarrow N_2 + 2(NH_4)_2SO_4$$

以 N_2O_3 形式存在的少量 NO_x，其反应如下：

$$N_2O_3 + (NH_4)_2SO_3 + 3H_2O \longrightarrow 2N(OH)(NH_4SO_3)_2 + 4NH_4OH$$
$$N_2O_3 + 4(NH_4)HSO_3 \longrightarrow 2N(OH)(NH_4SO_3)_2 + H_2O$$
$$NH_4HSO_3 + NH_4OH \longrightarrow (NH_4)_2SO_3 + H_2O$$

三、其他气态污染物的吸收净化

1．吸收法净化含氟废气

含氟废气是指含有氟化氢、四氟化硅和氟化物粉尘的废气。含氟废气的吸收净化处理，所用吸收剂有水、氢氟酸溶液、氟硅酸溶液、碱性溶液（如 Na_2CO_3、NH_4OH、氟化铵等）、盐溶液（如 NaF、K_2SO_4 等）。下面介绍水吸收法和碱吸收法。

（1）水吸收-氟铝酸（或氨）处理法

本法先用水吸收含氟废气，然后再根据含氟洗液的不同成分，分别采用氟铝酸或氨处理加工。

用水吸收净化含氟废气，主要是基于 HF 和 SiF_4 都易溶于水的特性，HF 溶于水生成氢氟酸，SiF_4 溶于水生成氟硅酸。图 8-12 为采用喷射吸收装置水吸收净化含氟烟气的示意图，净化系统得到的含氟化物洗液，经回收处理，加工成氟盐副产品。

（2）碱吸收法

本法采用碱性物质 NaOH、Na_2CO_3、氨水来吸收含氟尾气，该法多以回收冰晶石为主。

2．吸收法净化含氯废气

含氯废气主要指含氯化氢、氯气和含氯化物的废气。常见的液体吸收法有水吸收法、碱

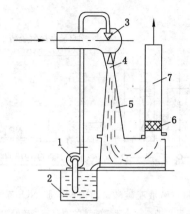

图 8-12　水吸收净化含氟烟气示意图

1——水泵；2——循环水池；3——喷嘴；4——喉管；5——渐扩管；6——除雾器；7——排气筒

吸收法，以及氯化亚铁或铁吸收法等。下面简要介绍氯化亚铁或铁屑吸收法。

用铁屑或氯化亚铁溶液吸收废气既可消除含氯废气的污染，又能得到三氯化铁产品。图 8-13 为某化工厂治理四氯化钛尾气的工艺流程。含氯废气经水喷淋、二氯化铁吸收、气液分离后达标排放。其主要反应为：

$$2HCl + Fe \longrightarrow FeCl_2 + H_2$$

$$FeCl_2 + Cl_2 \longrightarrow 2FeCl_3$$

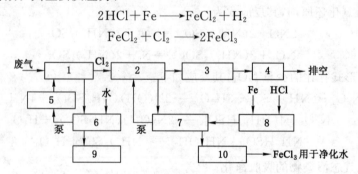

图 8-13　含氯废气处理工艺流程示意图

1——HCl 吸收塔；2——FeCl$_2$ 吸收塔；3——气液分离器；4——烟囱；5——冷却系统；
6——HCl 循环槽；7——FeCl$_2$ 循环槽；8——FeCl$_2$ 反应器；9——HCl 贮罐；10——FeCl$_3$ 贮槽

习　题

8.1　用硫酸溶液从氨吸收塔回收气体混合物中的氨，已知：气体混合物中氨的分压在进口处为 5 066.25 Pa，在出口处为 1 013.25 Pa，吸收剂中 H_2SO_4 的浓度在进口处为 0.6 kmol/m^3，在出口处为 0.5 kmol/m^3，气液两相逆流接触，气体加入量 $G = 45$ kmol/h，$k_{AG} = 0.35$ kmol/m^2·h·atm，$k_{AL} = 0.005$ m/h，亨利系数 $H_A = 75$ kmol/(m^3·atm)，总压 $P = 1.013\ 25 \times 10^5$ Pa，$D_{AL} = D_{BL}$。试计算所需的吸收接触面积。

8.2　用一逆流操作的填料塔将某一尾气中有害组分 A 从 0.1％ 的含量降低到 0.02％（体积比）。已知使用这种填料时，$k_{AG} \cdot a = 0.031\ 6$ mol/(h·m^3·Pa)；$k_{AL} \cdot a = 0.1$ h。用水中含组分 B 进行快速化学反应吸收，组分 B 浓度较高 $C_{BL} = 800$ mol/m^3，化学反应计量式为 A+B→C，$D_{BL}=D_{AL}$。液气流量分别为 $L_s=L=7\times10^5$ mol/h·m²，$G_s=G=1\times10^5$ mol/h·m²，总压 $P=101\ 325$ Pa，$H_A=12.6$ Pa·m³/mol，液体总浓度 $C_T=56\ 000$ mol/m³。计算填料塔的高度。

8.3　用 8.2 中的给定条件，试计算以下几种情况下吸收填料塔层的高度：(1) 使用纯水，$E_A=125\times10^{-6}\times1.013\ 25\times10^5$ Pa·m³/mol；(2) 使用低浓度吸收剂，$C_{BL}=128$ mol/m³；(3) 使用中等浓度吸收剂，$C_{BL}=128$ mol/m³。

8.4　用硫酸溶液从氨吸收塔回收气体混合物中的氨。已知气体混合物中氨的分压在进口处为 6 kPa，在出口处为 1.2 kPa，吸收剂中 H_2SO_4 浓度在进口处为 0.7 kmol/m³，在出口处为 0.4 kmol/m³，气液两相逆流，气体加入量 $G=50$ kmol/h，$k_{AG}=3.45\times10^{-4}$ kmol/(m²·h·atm)，$k_{AL}=0.005$ m/h，$H_A=7.4\times10^{-4}$ kmol/(m²·h·atm)，总压 $P=1.013\ 25\times10^5$ Pa，$D_{AL}=D_{BL}$，试计算塔底和塔顶处的吸收速率比用纯水吸收时增大多少倍。

8.5　用乙醇胺（MEA）溶液吸收 H_2S 气体，气体压力为 20×101.33 kPa，其中含 0.1% H_2S（体积）。吸收剂中含 0.25 kmol/m³ 的游离 MEA。吸收在 293 K 进行。

反应可视为如下的瞬时不可逆反应

$$H_2S+CH_2CHCH_2NH_2\longrightarrow HS^-+CH_2CHCH_2NH^+$$

已知：$k_{AL}\cdot a=108/h$，$k_{AG}\cdot a=2.13\times10^{-3}$ kmol/(cm³·h·Pa)，$D_{AL}=5.4\times10^{-6}$ m²/h，$D_{BL}=3.6\times10^{-6}$ m²/h，试求单位时间的吸收速度。

8.6　用 HNO_3 吸收净化体积比为 5% 的含 NH_3 废气，为了使吸收过程以较快的速度进行，必须使吸收过程不受 HNO_3 在液相中扩散速率所限制（也即液膜控制），试计算吸收时 HNO_3 浓度最低不得低于多少？已知 $k_{AG}=0.1$ kmol/(m²·h·atm)，$k_{AL}=0.72$ m/h，D_{HNO_3} 和 D_{NH_3} 在液相中相同。

第九章

吸附法净化气态污染物

当流体与多孔固体接触时,流体中某一组分或多个组分在固体表面处产生积累,此现象称为吸附。吸附也指物质(主要是固体物质)表面吸住周围介质(液体或气体)中的分子或离子现象。被吸附到固体表面的物质称为吸附质,吸附质附着于其上的物质称为吸附剂。吸附净化一般属于干法工艺,它与湿法净化工艺相比,具有流程较短、净化效率高、没有腐蚀性、没有二次污染等优点。吸附法因其自身的特点,在净化污染物方面的应用也日益受到重视。特别是在有毒、有害气体的净化及工业废水处理等环境工程领域得到了大量应用,如用吸附法回收或净化废气中的有机污染物、治理含低浓度二氧化硫尾气(烟气)以及治理废气中的氮氧化物等。吸附过程既能使尾气达到排放标准,又能回收有价值的气态污染物,实现废物资源化。

第一节　气体吸附原理与吸附剂

一、气体吸附的基本概念

1. 气体吸附过程

在用多孔性固体物质处理流体混合物时,利用固体表面存在的分子引力或化学键力把气体混合物中的某一或某些组分吸留在固体表面并浓集保持于其上,这种分离气体混合物的过程称为气体吸附。吸附只发生在两相的界面上,是一种复杂的固体表面现象。在进行气态污染物治理时,被处理流体为气体,属于气-固吸附。

在吸附过程中,被吸附到固体表面的物质(气体组分)称为吸附质,或被吸附物;起吸附作用的多孔固体物质称为吸附剂。吸附质被吸附到多孔固体表面的过程称之为吸附;而固体表面吸附了吸附质后,一部分被吸附的吸附质可从吸附剂表面脱离,逃逸到另一相中的过程叫解吸或脱附。

2. 气体吸附的分类和特点

对各种气体(或蒸气)在固体表面的吸附进行的机理研究表明,吸附只发生在吸附剂的表面(包括外表面和内表面)。这是由于固体表面存在着剩余的吸引力而引起的。根据吸附剂与吸附质之间发生吸附作用的力的不同性质,可将吸附分为物理吸附和化学吸附。

物理吸附主要是由吸附剂与吸附质之间的分子间相互吸引力,即由范德华力所引起的吸附,因而又称为范德华力吸附。例如,当固体与气体(或蒸气)之间的分子引力大于气体分子间的引力时,即使气体的压力低于与操作温度相对应的饱和蒸气压,气体分子也会冷凝在固体表面上。物理吸附具有以下特点：① 物理吸附通常是放热过程，但吸附热不大，其放热量相当于被吸附气体的升华热，一般为 20 kJ/mol 左右；② 物理吸附通常只取决于气体的物理性能及固体吸附剂的特性；③ 物理吸附受温度影响小，在低温条件下也能发生，且吸附速率相当快，参与吸附的各相之间迅速达到平衡；④ 物理吸附可以是单层吸附，也可以是多层吸附；⑤ 物理吸附无选择性，吸附剂本身的性质在吸附过程中保持不变，吸附过程可逆。在物理吸附时，吸附质与吸附剂之间不发生化学反应，二者之间吸附力不强，当气体中吸附质分压降低或温度升高时，被吸附的气体能比较容易地从固体表面逸出，而不改变气体原来的性状。

化学吸附，也即活性吸附，是由吸附质分子与吸附剂表面的分子发生化学反应而引起的一种吸附。它涉及分子中化学键的破坏与重新结合。化学吸附通常是靠化学键的亲和来实现的。化学吸附具有以下特点：① 化学吸附需要一定的活化能，其吸附热比物理吸附过程的吸附热大，其数量相当于化学反应热，一般为 84～417 kJ/mol；② 化学吸附速率受温度影响很大，随温度的升高而显著增加，因此化学吸附宜在较高温度下进行；③ 化学吸附有很强的选择性，仅能吸附参与化学反应的气体组分，且化学吸附较稳定，一般不可逆，被吸附的气体不易脱附；④ 从吸附层厚度来看，化学吸附总是单分子层或单原子层吸附。

特别说明的是，物理吸附和化学吸附之间没有严格的界限，吸附过程往往既有物理吸附又有化学吸附。同一物质在低温时物理吸附占主要地位，高温时化学吸附占主要地位，这是因为化学吸附需要吸附剂具备足够高的活化能才能发生。

二、吸附剂及其特性

（一）工业吸附剂选择必备条件

虽然所有的固体表面对于流体都或多或少地具有吸附作用，但满足工业需要的吸附剂并不多，不同类型的吸附剂决定了吸附分离的效果，也决定了能否满足工业应用需求。工业吸附要求吸附剂必须具备以下几个条件：

① 要有较大的内表面，而其外表面积要远小于内表面积，具有大的吸附容量。所谓吸附容量是指在一定温度和一定的吸附质浓度下，单位质量或单位体积吸附剂所能吸附的最大吸附质质量。吸附容量除与吸附剂表面积有关外，还与吸附剂的孔隙大小、孔径分布、分子极性及吸附剂分子上官能团性质等有关。

② 对不同的气体组分具有选择性吸附作用。一般情况下，吸附剂对吸附质的吸附能力，随着吸附质的沸点升高而增强，若是吸附多组分气体混合物，则沸点高的组分优先被吸附。在实际应用中，气体混合物中各组分的沸点差异越大，越容易实现吸附分离。

③ 具有一定的机械强度，抗磨损性好。在工业应用过程中，运输、安装、维护、再生等过程都会对吸附剂造成一定的影响，若吸附剂的机械强度低，则会出现破碎、变形等问题而影响实际应用效果。同时，在吸附过程中，气体混合物中可能会有颗粒物或者吸附过程的空塔气速较高，这些都容易导致吸附剂的磨损，影响吸附效果，缩短吸附剂寿命。

④ 有良好的物理及化学稳定性，耐热冲击，耐腐蚀；

⑤ 来源广泛，价格低廉，容易再生。随着吸附法的应用越来越多，且因更换周期短、吸附剂吸附饱和易成为危废、多因素导致吸附剂失活和再生成本高等原因，对吸附剂的需求量也越来越大，这就要求吸附剂来源广泛，且使用维护成本低，特别是容易再生且再生成本低。

（二）常用工业吸附剂及其特点

吸附剂的类型可大致分为两类，一类是天然的吸附剂，经过简单的加工即可利用，如硅藻土；另一类是人工制作的吸附剂。工业上应用最为广泛的吸附剂主要包括活性炭、活性氧化铝、硅胶和沸石分子筛四种（表9-1）。

表 9-1　　　　　　　　　　　　常用吸附剂的特性

	活性氧化铝	活性炭	硅胶	沸石分子筛
真密度$(\rho_e)/(g/cm^3)$	3.0～3.3	1.9～2.2	2.1～2.3	2.0～2.5
表观密度$(\rho_s)/(g/cm^3)$	0.8～1.9	0.7～1	0.7～1.3	0.9～1.3
填充密度$(\gamma)/(g/cm^3)$	0.49～1.0	0.35～0.55	0.45～0.85	0.60～0.75
孔隙率	0.40～0.50	0.33～0.55	0.40～0.50	0.30～0.40
比表面积$/(m^2/g)$	95～350	600～1 400	300～830	600～1 000
微孔体积$/(cm^3/g)$	0.3～0.8	0.5～1.4	0.3～1.2	0.4～0.6
平均微孔径/nm	4～12	2～5	1～14	—
比热$/[cal/(g \cdot K)]$	0.21～0.24	0.20～0.25	0.22	0.19
导热系数$/[kcal/(m \cdot h \cdot K)]$	0.12	0.12～0.17	0.12	0.042

1. 活性炭

活性炭，是最常用的吸附剂，具有非极性表面，比表面积较大，化学稳定性好，抗酸耐碱，热稳性高，再生容易。活性炭是黑色粉末状或块状、颗粒状、蜂窝状的无定形碳，也有排列规整的晶体碳。活性炭的主要原料几乎可以是所有富含碳的有机材料，如煤、木材、果壳、椰壳、核桃壳、杏壳、枣壳等。这些含碳材料在活化炉中，在高温和一定压力下通过热解作用被转换成活性炭。在此活化过程中，巨大的表面积和复杂的孔隙结构逐渐形成，而所谓的吸附过程正是在这些孔隙中和表面上进行的，活性炭中孔隙的大小对吸附质有选择吸附的作用，这是由于大分子不能进入比它孔隙小的活性炭孔径内的缘故。活性炭中除碳元素外，还包含两类掺和物：一类是化学结合的元素，主要是氧和氢，这些元素是由于未完全炭化而残留在炭中，或者在活化过程中，外来的非碳元素与活性炭表面化学结合；另一类掺和物是灰分，它是活性炭的无机部分，灰分在活性炭中易造成二次污染。活性炭材料是经过加工处理所得的无定形碳，具有很大的比表面积，对气体、溶液中的无机或有机物质及胶体颗粒等都有良好的吸附能力。活性炭材料主要包括活性炭（Activated Carbon，AC）和活性炭纤维（Activated Carbon Fibers，ACF）等。

活性炭材料作为一种性能优良的吸附剂，主要是由于其具有独特的吸附表面结构特性和表面化学性能所决定的。活性炭材料的化学性质稳定，机械强度高，耐酸、耐碱、耐热，不溶于水与有机溶剂，可以再生使用，已经广泛地应用于化工、环保、食品加工、冶金、药物精制、军事化学防护等各个领域。目前，改性活性炭材料被广泛用于污水处理、大气污染防治等领域，在治理环境污染方面越来越显示出其诱人的美好前景。

2. 硅胶

硅胶的分子式通常用$SiO_2 \cdot nH_2O$表示，是一种高活性吸附材料，属非晶态物质。硅胶的主要成分是二氧化硅，为透明或乳白色粒状固体，化学性质稳定，不燃烧，它的比表面积达

$800\ m^2/g$。硅胶有很强的吸附能力,对人的皮肤能产生干燥作用,因此,操作时应穿戴好工作服。若硅胶进入眼中,需用大量的水冲洗,并尽快找医生治疗。蓝色硅胶由于含有少量的氯化钴,有潜在毒性,应避免与食品接触和吸入口中,如发生中毒事件应立即找医生治疗。硅胶在使用过程中因吸附了介质中的水蒸气或其他有机物质,吸附能力下降,可通过再生后重复使用。

一般来说,硅胶按其性质及组分可分为有机硅胶和无机硅胶两大类。

(1) 无机硅胶

无机硅胶是一种高活性吸附材料,通常是用硅酸钠和硫酸反应,并经老化、酸泡等一系列后处理过程而制得。硅胶属非晶态物质,其化学分子式为 $m SiO_2 \cdot n H_2O$,不溶于水和任何溶剂,无毒无味,化学性质稳定,除强碱、氢氟酸外不与任何物质发生反应。各种型号的硅胶因其制造方法不同而形成不同的微孔结构。硅胶的化学组分和物理结构决定了它具有许多其他同类材料难以取代的特点:吸附性能高、热稳定性好、化学性质稳定、有较高的机械强度等。硅胶可以用来做干燥剂,而且可以重复使用。硅胶的吸附作用主要是物理吸附,可以再生和反复使用。

(2) 有机硅胶

有机硅胶是一种有机硅化合物,是指含有 Si—C 键且至少有一个有机基是直接与硅原子相连的化合物。习惯上也常把那些通过氧、硫、氮等使有机基与硅原子相连接的化合物当作有机硅化合物。其中,以硅氧键(—Si—O—Si—)为骨架组成的聚硅氧烷,是有机硅化合物中为数最多,研究最深、应用最广的一类,约占总用量的 90% 以上。

3. 活性氧化铝

活性氧化铝一般由氢氧化铝加热脱水制得。氢氧化铝也称水合氧化铝,其化学组成为 $Al_2O_3 \cdot n H_2O$,按所含结晶水数目不同可分为三水氧化铝和一水氧化铝。氢氧化铝加热脱水后,可以得到 $\gamma\text{-}Al_2O_3$,即活性氧化铝。其比表面积为 $200\sim500\ m^2/g$,用不同的原料,在不同的工艺条件下,可制得不同结构、不同性能的活性氧化铝。

活性氧化铝属于化学品氧化铝范畴,主要用于吸附剂、净水剂、催化剂及催化剂载体。活性氧化铝对气体、水蒸气和某些液体的水分可选择性吸附,吸附饱和后可在 175~315 ℃加热除去水而复活。吸附和复活可进行多次。除用作干燥剂外,活性氧化铝还可从污染的氧、氢、二氧化碳、天然气等中吸附润滑油的蒸气,并可用作催化剂、催化剂载体和色层分析载体,还可用作高氟饮水的除氟剂(除氟容量大),烷基苯生产中循环烷烃的脱氟剂,变压器油的脱酸再生剂,制氧工业、纺织工业、电子行业气体干燥,自动化仪表风的干燥,以及在化肥、石油化工干燥等行业做干燥剂、净化剂(露点可达−40 ℃,在空分行业变压吸附露点可达−55 ℃)。它是一种微量水深度干燥的高效干燥剂,非常适用于无热再生装置。

4. 沸石分子筛

分子筛是一类具有均匀微孔,主要由硅、铝、氧及其他一些金属阳离子构成的吸附剂或薄膜类物质,其孔径与一般分子大小相当,可据其有效孔径来筛分各种流体分子。沸石分子筛是指那些具有分子筛作用的天然及人工合成的晶态硅铝酸盐,它具有晶体的结构和特征,表面为固体骨架,内部的孔穴可起到吸附分子的作用。其孔穴之间有孔道相互连接,分子由孔道经过。由于孔穴的洁净性质,分子筛的孔径分布非常均一。分子筛依据其晶体内部孔穴的大小对分子进行选择性吸附,也就是吸附一定大小的分子而排斥较大物质的分子。

（1）吸附性能

沸石分子筛的吸附是一种物理变化过程。产生吸附的原因主要是分子引力作用在固体表面产生的一种"表面力"，当流体流过时，流体中的一些分子由于做不规则运动而碰撞到吸附剂表面，在表面产生分子浓聚，使流体中的这种分子数目减少，达到分离、清除的目的。由于吸附不发生化学变化，只要设法将浓聚在表面的分子去除，沸石分子筛就又具有吸附能力，这一过程是吸附的逆过程，叫解析或再生。由于沸石分子筛孔径均匀，只有当分子动力学直径小于沸石分子筛孔径时才能很容易进入晶穴内部而被吸附，所以沸石分子筛对于气体和液体分子就犹如筛子一样，根据分子的大小来决定是否吸附。由于沸石分子筛晶穴内还有着较强的极性，能与含极性基团的分子在沸石分子筛表面发生强的作用，或是通过诱导使可极化的分子极化从而产生强吸附。这种极性或易极化的分子易被极性沸石分子筛吸附的特性体现出沸石分子筛的又一种吸附选择性。

（2）离子交换性能

通常所说的离子交换是指沸石分子筛骨架外的补偿阳离子的交换。沸石分子筛骨架外的补偿离子一般是质子和碱金属或碱土金属，它们很容易在金属盐的水溶液中被离子交换成各种价态的金属离子型沸石分子筛。离子在一定的条件下，如在水溶液中或处于较高温度时比较容易迁移。在水溶液中，由于沸石分子筛对离子选择性的不同，则可表现出不同的离子交换性质。金属阳离子与沸石分子筛的水热离子交换反应是自由扩散过程。扩散速度制约着交换反应速度。

（3）催化性能

沸石分子筛具有独特的规整晶体结构，其中每一类都具有一定尺寸、形状的孔道结构，并具有较大比表面积。大部分沸石分子筛表面具有较强的酸中心，同时晶孔内有强大的库仑场起极化作用。这些特性使它成为性能优异的催化剂。多相催化反应是在固体催化剂上进行的，催化活性与催化剂的晶孔大小有关。沸石分子筛作为催化剂或催化剂载体时，催化反应的进行受到沸石分子筛晶孔大小的控制。晶孔和孔道的大小和形状都可以对催化反应起到选择性作用。在一般反应条件下沸石分子筛对反应方向起主导作用，呈现了择形催化性能，这一性能使沸石分子筛作为催化新材料具有强大生命力。

沸石分子筛由于其特有的结构和性能，已成为一门独立的学科。沸石分子筛的应用已遍及石油化工、环保、生物工程、食品工业、医药化工等领域。随着国民经济各行业的发展，沸石分子筛的应用前景日益广阔。

除了以上四种典型的常用吸附剂以外，有机树脂是近年来高分子领域里新发展起来的一种多孔性树脂，作为另外一种吸附剂，也越来越多地应用于工业吸附领域。

有机树脂吸附剂指的是一类高分子聚合物，单体的变化和单体上官能团的变化可赋予树脂各种特殊的性能。吸附树脂内部结构很复杂。从扫描电子显微镜下可观察到树脂内部像一堆葡萄微球，葡萄珠的大小在 $0.06 \sim 0.5~\mu m$ 范围内，葡萄珠之间存在许多空隙。研究表明葡萄球内部还有许多微孔，葡萄珠之间的相互黏连则形成宏观上球形的树脂。正是这种多孔结构赋予树脂优良的吸附性能，因此是吸附树脂制备和性能研究中的关键技术。常用的有聚苯乙烯树脂和聚丙烯酸酯树脂等高分子聚合物，可以制成强极性、弱极性、非极性、中性树脂，广泛用于废水处理、废气治理、维生素的分离及过氧化氢的精制等场合。

（1）非极性吸附树脂的制备

非极性吸附树脂主要是采用二乙烯基苯经自由基悬浮聚合制备的。为了使树脂内部具有预计大小和数量的微孔,致孔剂的选择十分关键。致孔剂一般为与单体互不相溶的惰性溶剂,常用的有汽油、煤油、石蜡、液体烷烃、甲苯、脂肪醇和脂肪酸等。将这些溶剂单独或以不同比例混合使用,可在很大范围内调节吸附树脂的孔结构。吸附树脂聚合完成后,采用乙醇或其他合适的溶剂将致孔剂洗去,即得具有一定孔结构的吸附树脂。也可采用水蒸气蒸馏的方法除去致孔剂。

(2) 极性吸附树脂的制备

极性吸附树脂主要含有氰基、砜基、氨基和酰胺基等,因此它们的制备可依据极性基团的区别采用不同的方法。

① 含氰基的吸附树脂

含氰基的吸附树脂可通过二乙烯基苯与丙烯腈的自由基悬浮聚合得到。致孔剂常采用甲苯与汽油的混合物。

② 含砜基的吸附树脂

含砜基的吸附树脂的制备可采用以下方法:先合成低交联度聚苯乙烯(交联度<5%),然后以二氯亚砜为后交联剂,在无水三氯化铝催化下于 80 ℃下反应 15 h,即制得含砜基的吸附树脂,比表面积在 136 m^2/g 以上。

③ 含酰胺基的吸附树脂

将含氰基的吸附树脂用乙二胺胺解,或将含仲氨基的交联大孔型聚苯乙烯用乙酸酐酰化,都可得到含酰胺基的吸附树脂。

④ 含氨基的强极性吸附树脂

含氨基的强极性吸附树脂的制备类似于强碱性阴离子交换树脂的制备。即先制备大孔性聚苯乙烯交联树脂,然后将其与氯甲醚反应,在树脂中引入氯甲基($-CH_2Cl$),再用不同的胺进行胺化,即可得到含不同氨基的吸附树脂。这类树脂的氨基含量必须适当控制,否则会因氨基含量过高而使其比表面积大幅度下降。

(三) 吸附剂的性能

吸附剂具有良好的吸附特性,主要是因为它是多孔结构且具有较大的比表面积。吸附剂的性能包括密度、比表面积和吸附容量,其中密度又包括填充密度、表观密度和真实密度。

1. 密度

① 填充密度 ρ_B(又称体积密度)是指单位填充体积的吸附剂质量。通常将烘干的吸附剂装入量筒中,摇实至体积不变,此时吸附剂的质量与该吸附剂所占的体积比称为填充密度。

② 表观密度 ρ_P(又称颗粒密度)为单位体积吸附剂颗粒本身的质量。

③ 真实密度 ρ_t 是指扣除颗粒内细孔体积后单位体积吸附剂的质量。

2. 吸附剂的比表面积

吸附剂的比表面积是指单位质量的吸附剂所具有的吸附表面积,单位为 m^2/g。吸附剂的孔径大小直接影响吸附剂的比表面积,特别是内比表面积的大小。吸附剂孔径的大小可分为三类:大孔、过渡孔、微孔。吸附剂的比表面积以微孔提供的表面积为主,常采用气相吸附法进行测定。

3. 吸附容量

吸附容量是吸附剂吸附饱和后所能吸附吸附质的最大量,它反映了吸附剂吸附能力的大小。吸附量可以通过计算吸附前后吸附质的量的变化得到,也可通过计算吸附前后吸附剂的量的变化得到,还可通过电子显微镜等观察吸附剂固体表面的变化测得。

(四)吸附剂的再生

当吸附剂进行一段时间的吸附使用之后,由于表面吸附质的浓集甚至达到饱和,其吸附能力明显下降,而不能满足吸附净化的要求时,为了重复使用吸附剂或回收有效成分,此时就需要采取一定措施,使吸附剂上已吸附的吸附质脱附,以恢复吸附剂的吸附能力,这个过程称之为吸附剂的再生。吸附剂再生技术是指在不破坏吸附剂原有结构的前提下,用物理或化学方法,使吸附于吸附剂表面的吸附质脱离或分解,恢复其吸附性能,使吸附剂可以重复使用的过程。通过再生可以实现吸附剂的循环使用,降低处理成本,减少废渣的生成。在实际工程应用中,正是利用吸附剂的吸附-再生-再吸附的循环过程,达到除去废气中的污染物质并回收有用组分的目的。

由于物理吸附是可逆的,因而对于物理吸附,只要将吸附热重新传给吸附剂,就能使吸附质从吸附剂表面上脱除,实现解吸。

对于化学吸附而言,要去掉吸附剂上的吸附质,除了提供解吸能外,还须提供反应热,以便清除通过较强化学力结合的吸附质分子,此过程称为吸附剂的再活化。

常用的再生方法有:

① 加热解吸再生法。该方法指通过外部加热、升高温度来提高吸附质分子的振动能,使吸附平衡关系发生改变,实现将吸附质从吸附剂中脱附或是热分解的方法。吸附剂在低温下吸附,而在升高温度后,吸附物可脱附,使吸附剂得到再生。几乎各种吸附剂均可加热解吸再生。不同的吸附过程所需温度不同,吸附作用越强,脱附时所需温度越高。

② 降压或真空解吸再生法。该方法是利用吸附容量在恒温下与气相的压力有关,随压力的降低吸附容量降低的特点,在加压或常压下吸附,在降压或真空下解吸。

③ 置换再生法。该方法是选择合适的气体(脱附剂),将吸附质置换与吹脱出来。该法较适用于对温度比较敏感的物质,对某些物质,如不饱和烃,在高温下容易聚合,所以可采用亲和力较强的试剂进行置换再生。

④ 溶剂萃取再生法。该方法是选择合适的溶剂,使吸附质在该溶剂中的溶解性能远远大于吸附剂对吸附质的吸附作用,而将吸附物溶解下来的方法。

⑤ 超声再生法。该方法指利用超声波的空化作用、直进流作用和加速度作用,对浸泡在一定溶剂中的饱和吸附剂进行冲刷,加速吸附质向溶剂扩散、溶解,以恢复吸附剂的吸附位点。超声再生法能耗低、操作简便、吸附剂损失小、再生效果均匀一致,可节省化学药剂投加量,可实现吸附质资源化。投加一定溶剂如表面活性剂以减少液体表面张力,可增强空化作用,强化再生效果。

⑥ 电化学再生法。该方法是指在电场作用下,在电化学反应器中吸附质、吸附剂和电解液组分在阳极上进行氧化反应,在阴极上进行还原反应。吸附质被氧化、还原或脱附,实现吸附剂再生。电化学法能将非生物降解有机物转化为可生物降解有机物,再生效率可高达100%且再生时间短。但针对不同吸附质需安排不同的再生过程;再生后吸附剂也需洗涤与烘干,操作较复杂,增加额外能耗;电解液废液处理不当会产生二次污染。

⑦ 生物再生法。该方法是指利用经过驯化培养的微生物处理吸附饱和的吸附剂,使吸附在吸附剂表面的吸附质被微生物降解为 CO_2 和 H_2O,从而恢复吸附剂的吸附容量,达到重复使用的目的。微生物再生法的效率主要与吸附质的种类相关,仅适用于易于被生物分解、具有吸附可逆性,且容易脱附的有机物作为吸附质的情况。由微生物解析下来的有机物必须可以一步分解成 CO_2 和 H_2O,然而矿化对于生物过程而言是非常困难的,如果不能矿化,那么降解的中间产物仍可能被吸附剂再吸附,使再生不够彻底,长时间累积吸附中间产物会降低吸附剂的吸附性能,导致最后需要热再生进行修复。由于许多污染物都是难生物降解的,对生物产生较大的毒性,再生过程对水质和水温的要求也较高,并且再生所需周期较长,所以生物再生法的应用受到了限制。

⑧ 湿式氧化再生法。该方法是 20 世纪 70 年代发展起来的一种再生工艺,利用空气中的氧在高温和高压条件下使吸附的有机物氧化的过程,适用于粉状吸附剂的再生。这种工艺是在完全封闭的系统中进行的,因此操作条件比较严格,吸附剂的再生效率和再生过程吸附剂的损失率与再生温度和再生压力有关。

实际生产中,上述几种再生方法可以单独使用,也可几种方法联合使用。如活性炭吸附有机蒸气后,可通入高温蒸气再生,也可用加热和抽真空的方法再生;沸石分子筛吸附水分后,可用加热吹氮气的方法再生,再生时通常采用逆流吹脱的方式。

三、影响气体吸附的因素

影响吸附过程的因素较多,主要有操作条件、吸附剂的性质、吸附质的性质以及吸附器的设计等。

1. 操作条件

操作条件包括温度、压力、气流速度等。对于物理吸收而言,总是希望在低温下操作。但对于化学吸附操作来说,提高温度有利于化学反应的进行,因而提高温度往往对吸附有力。一般情况下,加大气相主体中被吸附组分的分压有利于吸附,但如果压力过高,一方面耗能会增加,另一方面也对吸附设备或辅助设备有特殊的要求。吸附反应器空塔气速过大,使气体中的吸附质与吸附剂接触时间缩短,不利于吸附操作。如果气体流速过小,又会使设备体积增大,增加了反应器制造成本。所以在吸附操作设计时,应将气流速度控制在一定范围内,对于固定床吸附反应器,一般应将气流流速控制在 0.2~0.6 m/s 为宜。

2. 吸附剂的性质

被吸附气体的总量,随着吸附剂表面积的增加而增加。影响吸附剂表面积的因素包括孔隙率、孔径、颗粒度等。决定吸附剂吸附能力的一个重要指标是与表面积相关的"有效表面积",即吸附质分子能进入并被有效吸附的表面积。根据微孔尺寸分布数据,主要起吸附作用的是直径与被吸附分子大小相等的微孔。因此,吸附剂的有效表面积只存在于吸附质分子能够进入的微孔中。吸附剂的活性是表达吸附剂性能的一个常用指标,也即吸附剂上已吸附的吸附质的量与所用的吸附剂的量之比(百分比)来表示。其物理意义是单位吸附剂所能吸附的吸附质的量。

3. 吸附质的性质和浓度

吸附质的性质和浓度也影响着吸附过程和吸附量。吸附质分子的临界直径、相对分子质量、沸点、饱和性等都与吸附有关。一般来说,在其他条件相同的条件下,吸附质的相对分子质量愈大,沸点愈高,则被吸附的量就愈大。对结构类似的有机物,其相对分子质量越大、沸点越高,则被吸附的量越多。对结构和相对分子质量都相近的有机物,不饱和性越大,越易被吸附剂吸附。

吸附质在气相中的浓度越大,则被吸附剂吸附的量也越多。但浓度增加势必使同样的吸附剂在更短的时间内达到饱和,此时需要更多的吸附剂或频繁再生,引起操作上的繁琐。

4. 接触时间

吸附操作中,为了保证吸附效果,应保证吸附剂与吸附质有一定的接触时间,充分利用吸附剂的吸附能力。

此外,吸附反应器的性能,包括吸附反应器的结构型式和吸附操作模式等,也会影响吸附效果。

四、吸附反应器设计原则

在进行吸附操作时,除了操作条件、吸附质的性质与浓度、吸附剂的性质、接触时间等影响吸附反应效果以外,吸附反应器本身的设计也会明显影响吸附剂的有效吸附,因此,吸附反应器的设计需遵循以下原则。

① 在吸附反应器设计时,应保证足够的过气断面和吸附停留时间,确保吸附的充分进行;

② 在吸附质进入吸附剂床层时,应保证良好的气流分布,避免出现短流现象或局部气流速度过大的现象;

③ 做好吸附前的预处理工作,避免吸附剂污染而缩短吸附剂的有效吸附时间;

④ 对于气体中极易去除的组分,可有条件地先采用经济的方法加以去除,减轻吸附剂的吸附负荷;

⑤ 在吸附反应器设计时,结合实际应用要求,应考虑吸附操作的压力和温度可调节;

⑥ 在吸附反应器设计时,要考虑更换吸附剂的便捷性,易于操作和维护。

第二节 吸 附 理 论

一、吸附平衡

在一定的温度下,气固两相经过一定时间的充分接触后,吸附剂吸附吸附质的量不再增加,吸附相(吸附剂和已吸附的吸附质)与流体达到平衡,此为吸附平衡状态。在一定温度下,达到平衡时,单位吸附剂对吸附质的吸附达到饱和吸附量时为吸附剂的最大吸附量,也称静吸附量或静活性。动活性则是吸附过程还未达到平衡时单位吸附剂对吸附质的吸附量。吸附平衡关系常用不同温度下的平衡吸附量与吸附质分压或浓度的关系表示,其关系曲线称为吸附等温线。事实上,对于某一给定的吸附质,吸附剂的吸附能力经常是用吸附等温线来描述的。等温线是表示在恒定的温度下被吸附的吸附质的量与平均压力(或浓度)的关系。不同的学者对此等温线进行了模拟,得出了相应的模型。已观测到 5 种吸附类型的等温吸附线,如图 9-1 所示,其中化学吸附只有 Ⅰ 型,物理吸附 Ⅰ～Ⅴ 型都有。

典型的吸附等温线包括弗罗德里希方程、朗缪尔方程和 BET 方程三种,下面简要加以介绍。

1. 弗罗德里希(Freundlich)方程

对第 Ⅰ 型吸附等温线,弗罗德里希根据大量实验提出以下吸附指数方程:

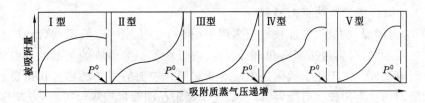

图 9-1　五种类型等温吸附线（P^0 为饱和压力）

$$X_T = KP^{\frac{1}{n}} \quad \text{（适用于中等温度）} \tag{9 1}$$

式中　X_T——吸附剂的吸附容量，g 吸附质/g 吸附剂；

　　　　P——平衡时，吸附质在气相中的平衡分压，Pa；

　　　　n, K——经验常数，与吸附剂、吸附质种类及吸附温度都有关，随温度而发生变化。

对式（9-1）两边取对数，则：

$$\lg X_T = \lg K + \frac{1}{n}\lg P$$

以 $\lg X_T$ 对 $\lg P$ 作图，可得一直线。由斜率 $1/n$ 和截距 $\lg K$ 可求出 n 和 K 值。若斜率在 $0.1 \sim 0.5$ 之间，吸附容易进行；斜率大于 2 吸附则难以进行。

弗罗德里希等温线适于吸附等温线的中压部分，常常用于低浓度气体的吸附，例如用活性炭脱除低浓度的醋酸蒸气。另外，也常用于未知组成物质的吸附，如有机物或矿物油的脱色及 CO 在活性炭上的吸附。在低压和高压区域与实验结果不符。另外，经验常数 n、K 物理意义不明确。

2. 朗缪尔（Langmuir）方程

朗缪尔认为固体表面因力场不饱和而存在表面能，在表面上的每一分子或原子具有某种剩余价力，当气体分子碰撞在此力场作用范围之内，就有可能被这种剩余价力所吸附。并认为这种吸附是一种松懈的化学反应。被吸附的气体分子与表面的作用力可看成化学价力的剩余价力。这种剩余价力的作用大约在分子直径的范围内，因而固体表面的吸附作用只能是单分子层的吸附。这就是朗缪尔的单分子层吸附理论。

设 ϑ 为任一瞬间吸附质对吸附剂表面的覆盖率，那么未覆盖率为 $(1-\vartheta)$，则气体的解吸速度与 ϑ 成正比。即：解吸速度 $=K_d\vartheta$，如以 γ_d 代表解吸速度，则：$\gamma_d = K_d\vartheta$。K_d 为在一定温度下的比例常数，而吸附速度则与 $(1-\vartheta)$ 成正比。同时吸附速度 γ_a 与气相中的分压成正比，即：$\gamma_a = K_a P(1-\vartheta)$。

当吸附达到平衡时，吸附速度与解吸速度相等，即 $\gamma_a = \gamma_d$，则：

$$K_a P(1-\vartheta) = K_d\vartheta$$

$$\vartheta = \frac{K_a P}{K_d + K_a P} = \frac{bP}{1+bP}$$

$$b = K_a / K_d$$

式中，K_a、K_d 分别为吸附和解吸速率常数。

如果以 X_T 和 x 分别表示每单位质量吸附剂的静吸附量和实际吸附量，则 $\vartheta = x/X_T$。

则：

$$x = \frac{X_T bP}{1+bP} = \frac{aP}{1+bP} \tag{9-2}$$

其中：$a = X_{\mathrm{T}}b$；a、b 由实验估算而得到。

式(9-2)为朗缪尔方程，它能较好地适用于图 9-1 的 I 型等温吸附线，即吸附平衡压力增大到一定程度时，吸附量达到饱和，也就是吸附量在某一数值收敛类型的等温线，称之为朗缪尔吸附等温线。由于化学吸附是由吸附质和固体表面的原子的相互作用引起的，能够进行表面吸附的吸附位数目有限，所以多数化学吸附是朗缪尔型等温吸附，或者与外表面相比孔道对吸附的贡献占绝对优势的活性炭或分子筛的吸附也是朗缪尔型等温吸附，但不能适用多分子层吸附的等温吸附线。

朗缪尔方程简便有效的验证方法是将方程两边同时除以 P，再取倒数，即得到：

$$\frac{P}{x} = \frac{1}{a} + \frac{b}{a}P$$

由于 a 和 b 为常数，作出(P/x)对 P 的曲线后，得到一条直线，其斜率为 b/a，与纵坐标的截距为 $1/a$。

由朗缪尔等温式得到的结果与许多实验现象相符合，能够解释许多实验结果，因此，朗缪尔等温式目前仍是常用的基本等温式。

3. BET 方程

BET 多分子层吸附理论是由 Brunauer、Emmett 和 Teller 三人共同提出，与单分子层吸附理论不同的是，该理论认为：在吸附表面吸附了一层分子以后，因范德华力的作用还可以吸附多层分子，而且在第一层达到饱和之前就可进行下一层的吸附，各层之间存在着动态平衡。事实上，第一层的吸附与以后各层的吸附是有本质上的区别的，第一层吸附是气体分子与固体表面直接发生联系，而以后各层则是气体分子之间的相互作用。

在多层吸附的情况下，气体的吸附量等于各层吸附量的总和。BET 吸附等温方程式为：

$$\frac{P}{V(P_0 - P)} = \frac{1}{V_{\mathrm{m}} \cdot C} + \frac{(C-1)P}{V_{\mathrm{m}} \cdot C \cdot P_0} \tag{9-3}$$

或：

$$X_{\mathrm{T}} = \frac{X_{\mathrm{e}}CP}{(P_0 - P)[1 + (C-1)P/P_0]}$$

式中　V——在压力为 P，温度为 T 条件下被吸附气体的体积；

　　　V_{m}——吸附条件下全部吸附剂表面为单分子层铺满时的气体体积；

　　　P_0——在实际吸附温度下吸附质的饱和蒸气压；

　　　X_{T}——在压力 P 下吸附质质量与吸附剂质量之比；

　　　X_{e}——吸附剂表面为单分子层铺满时的饱和吸附量，g 吸附质/g 吸附剂；

　　　C——常数，其与吸附质的汽化热有关。

C 可近似表示为：

$$C = \exp[(E_1 - E_{\mathrm{L}})/RT]$$

式中　E_1——第一层吸附热；

　　　E_{L}——气体的汽化热(或凝聚热)。

当 $E_1 > E_{\mathrm{L}}$，气体吸附质与吸附剂之间的吸引力大于液化状态中气体分子之间的吸引力，此时等温线为 II 型；当 $E_1 < E_{\mathrm{L}}$，吸附质与吸附剂之间的吸引力较小时，此时等温线为 III 型。

$$\frac{P}{X_{\mathrm{T}}(P_0-P)}=\frac{1}{X_e C}+\frac{(C-1)P}{X_e C P_0}$$

或：

以 $P/(P_0-P)X_{\mathrm{T}}$ 或 $P/V(P_0-P)$ 对 P/P_0 作图，可得到一条直线，该直线的斜率为 $(C-1)/(X_eC)$ 或 $(C-1)/(V_mC)$，截距为 $1/X_eC$ 或 $1/V_mC$。由此可作图求解 X_e、V_m 和 C 的值，据此可以测定和计算固体吸附剂的比表面积。

BET 方程应用范围较广，适用于图 9-1 的第 Ⅰ、第 Ⅱ 和第 Ⅲ 型等温线。很多实验表明，当 $P/P_0=0.05\sim0.35$ 时，BET 方程是比较准确的。BET 理论能很吻合地适用于硅胶吸附剂的吸附，但不能很好地适用于活性炭的吸附，因为活性炭的孔隙大小非常不均匀。常常利用一定温度下的氮气吸附来计算固体比表面积（BET 法）。

以上介绍的三种吸附等温方程，应用范围和使用对象各不相同，且等温线的形状与吸附剂和吸附质的性质有关，即使同一化学组成的吸附剂，由于制造方式或制造条件的不同，吸附剂的吸附性能也会有所不同，只能对具体情况做具体分析，至今还没有一个普适性的方程式或模型。

二、吸附速率与吸附速率方程

吸附平衡只表明了吸附过程进行的极限，且达到吸附平衡所需要的时间很长，但在实际生产操作中，因体积的限制、运行成本限制和运行效率的要求，气固两相的接触时间是极其有限的。即在实际运行中，在要求较高的吸附速率的同时，需要在单位时间内所吸附的吸附量达到最大值。吸附量大小取决于吸附速率，而吸附速率又因吸附剂和吸附质的性质不同而有很大不同。

1. 吸附速率公式

所谓吸附速率，是指吸附质吸附在吸附剂上的量随时间的变化率，或指在单位时间内单位体积吸附剂所能吸附的吸附质的量。吸附速率公式有很多种形式，在此仅介绍其中两种有代表性的吸附速率公式。

(1) 班厄姆（Bangham）公式

如果在时间 t 内的吸附量以 $x(\mathrm{kg/m^3})$ 表示，那么在一定的压力下，其吸附速率可用以下公式表示：

$$\frac{\mathrm{d}x}{\mathrm{d}t}=\frac{x}{mt}$$

将上式积分可得到：

$$x=kt^{\frac{1}{m}}$$

(2) 鲛岛公式

鲛岛把多孔物质的吸附速率公式分成两个阶段，即大孔径的初始吸附和小孔径的后期吸附，并导出了各阶段的吸附速率公式。对于大孔径的吸附来说，在很短的时间里吸附就完成了，而此时小孔径的吸附还在继续缓慢地进行。

在定压下吸附初始阶段的吸附速率可以表达为：

$$A\ln\frac{A}{A-x}-x=Kt$$

吸附后期的吸附速率表示为：

$$x = a \lg t + k$$

式中　A——吸附初始阶段结束时的吸附量；

K, a, k——吸附常数。

用活性炭吸附氨，用硅胶吸附氨、己烷、丙酮、四氯化碳和苯等的吸附速率均可用上式表示。

2. 吸附过程与控制步骤

从吸附操作开始到结束，气体混合物中被吸附组分的浓度或分压逐渐减小，吸附剂上被吸附的吸附质量逐渐增多。在吸附初始阶段，因吸附推动力最大，吸附速率也最大。随着吸附质在吸附剂表面上的聚集，吸附推动力逐渐减小，吸附速率也随之逐渐减慢，相反脱附速率逐渐增大，最终吸附速率与脱附速率相等，吸附过程达到一种动态平衡状态，气相中被吸附组分的浓度或分压和吸附剂上所吸附的吸附质的量在宏观上保持恒定。气固两相之间的吸附平衡是吸附过程进行的极限，一般情况下，吸附平衡需要经过很长的吸附时间才能实现。

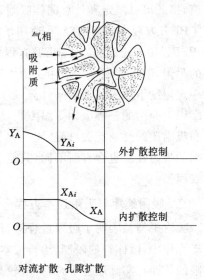

图 9-2　气固吸附过程与浓度关系示意图

通常情况一个吸附过程由三个阶段组成，包括外扩散、内扩散和吸附过程，如图 9-2 所示。

① 外扩散：吸附质从气相主体中通过湍流扩散（无浓度梯度）的形式扩散至固体颗粒周围的气膜外侧，通过分子扩散的形式穿过气膜到达吸附剂颗粒的外表面。因为流体与固体接触时，在紧贴固体表面处有一层滞流膜，所以这一步的速率主要取决于吸附质以分子扩散通过这一滞流膜的传递速率。

② 内扩散：到达吸附剂颗粒外表面的吸附质通过分子扩散的形式扩散到颗粒的微孔道内，到达微孔表面。

③ 吸附：到达微孔表面的吸附质被吸附剂吸附。若吸附为化学吸附，则有化学反应的发生。脱附的吸附质或化学吸附后的气态反应产物则会沿微孔道逆方向离开微孔到达颗粒外表面，经气膜后扩散到气相主体。

对于总吸附速率而言，以上几个过程都有一定影响。其中吸附速率最小的环节（或阻力最大的环节）对总速率起控制作用，决定了总吸附速率的大小，称为控制步骤。对于物理吸附，控制步骤可能是内扩散过程，也可能是外扩散过程；而对于化学吸附而言，其控制步骤可能是内扩散过程或外扩散过程，也可能是化学动力学控制。通常情况下，吸附本身的速率是很快的，吸附速率主要由扩散速率决定。

3. 内、外扩散传质速率方程

吸附质的外扩散传质速率可表示为：

$$\frac{\mathrm{d}q_A}{\mathrm{d}t} = k_y a_P (y_A - y'_A) \tag{9-4}$$

式中　$\mathrm{d}q_A$——$\mathrm{d}t$ 时间内吸附质 A 从气相主体扩散到固体表面的质量，$\mathrm{kg/m^3}$；

k_y——外扩散吸附分系数，$kg/(h \cdot m^2 \cdot \Delta Y)$；

a_P——单位体积吸附剂颗粒的外表面积，m^2/m^3；

y_A, y'_A——吸附质 A 在气相中及固体表面的比质量浓度，$kg(吸附质)/kg(流体)$。

吸附质的内扩散传质速率可表示为：

$$\frac{dq_A}{dt} = k_x a_P (x'_A - x_A) \tag{9-5}$$

式中　k_x——内扩散吸附分系数，$kg/(h \cdot m^2 \cdot \Delta X)$；

x_A, x'_A——吸附质 A 在吸附剂颗粒内表面及外表面比质量浓度，$kg(吸附质)/kg(吸附剂)$。

在气固吸附达到平衡状态时，吸附速率也可表示为：

$$\frac{dq_A}{dt} = K_y a_P (y_A - y_A^*) = K_x a_P (x_A^* - x) \tag{9-6}$$

式中　K_y, K_x——分别为气相与吸附相总传质系数；

y_A^*, x_A^*——分别为吸附平衡时气相及吸附相中吸附质 A 的浓度。

设吸附过程中吸附质在吸附剂上的吸附达到平衡时，气相浓度与吸附相中吸附质浓度有如下关系：

$$y_A^* = m x_A \tag{9-7}$$

式中　m——平衡曲线斜率。

则：

$$\frac{1}{K_y a_P} = \frac{1}{k_y a_P} + \frac{m}{k_x a_P} \tag{9-8}$$

$$\frac{1}{K_x a_P} = \frac{1}{k_x a_P} + \frac{1}{k_y a_P^m} \tag{9-9}$$

由此可得：

$$K_x = m \cdot K_y \tag{9-10}$$

由式(9-8)可知，当 $k_y \gg k_x/m$ 时，$K_y = \dfrac{k_x}{m}$，即外扩散的阻力可忽略不计，整个吸附过程的阻力以内扩散阻力为主；当 $k_y \ll k_x/m$ 时，$K_y = k_y$，则内扩散阻力可忽略不计，总传质系数等于外扩散分系数。

对于一般粒度的活性炭吸附蒸气的过程，总传质系数可用下式计算：

$$K_y \cdot a_P = 1.6 \cdot \frac{DV^{0.54}}{\nu^{0.54} d_P^{1.46}} = K_v \tag{9-11}$$

式中　D——扩散系数，m^2/s；

V——气相混合物流速，m/s；

ν——运动黏度，m^2/s；

d_P——吸附剂颗粒直径，m。

对于一般吸附过程，吸附初始阶段因为推动力最大，吸附速率也最快；随着吸附过程的进行，推动力受到的影响也越来越大，吸附速率随之逐渐变慢。由于吸附机理较为复杂，传质系数目前还常从经验公式求得。在吸附反应器设计时，吸附速率数据多凭经验获得，或通过模拟实验后获得。

第三节　吸附反应器及其计算方法

目前,吸附法净化气态污染物常用的设备主要有三种,包括固定床吸附反应器、移动床吸附反应器和流化床吸附反应器。

一、吸附设备

1. 固定床吸附反应器

在固定床吸附反应器内,吸附剂固定在反应器内保持不动,气体混合物从进口流入经过床层完成吸附过程。固定床吸附反应器是目前应用最为广泛的吸附设备。固定床吸附反应器具有结构简单、加工容易、操作方便灵活、吸附剂不易磨损、物料返混少、分离效率高、回收效果好等优点,广泛用于回收或去除气体混合物中某一种组分,特别适合小型、分散、间歇性的污染源治理,在连续性的污染源治理中应用也相当普遍。通常固定床的吸附过程与再生过程在两个反应器中交替进行,如图 9-3 所示。

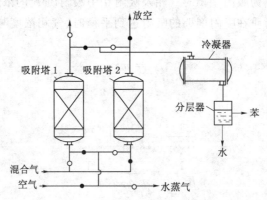

图 9-3　固定床吸附过程和再生操作流程示意图

固定床吸附反应器按照床层截面形状不同可分为方型和圆型两种,按照安装形式可分为立式和卧式两种,按吸附剂层的厚薄可分为厚床吸附器和薄床吸附器。反应器内部吸附剂床层可设计成单层、双层或四层等。常见的固定床吸附反应器如图 9-4 所示。

在实际应用过程中,多采用立式厚床吸附反应器或立式多层吸附反应器,其优点是空间利用率高,不易产生沟流和短路,装填和更换吸附剂较为简单;其缺点是压降较大,气流通过面积较小。为减少气体混合物通过吸附反应器的动力消耗,可以采用卧式吸附反应器,其吸附剂厚度可大大减少,其缺点是操作过程中容易产生吸附剂分布不均,引起沟流和短路,导致吸附效率降低。当需要较大的过气面积和较小的压降时,则采用圆环形、圆锥形吸附器或其他薄床吸附器。

固定床吸附反应器的缺点是,如果采用一个固定床吸附反应器时,实际操作只能为间歇性操作,在吸附剂再生或更换时吸附操作无法进行。因此,为保证吸附过程的连续运行,在工艺流程设计时,需采取两台或多台吸附反应器,确保吸附反应器间的功能切换,在一台吸附反应器吸附的同时,另一台吸附反应器在进行吸附剂再生或更换,实现吸附工艺系统的连续工作。

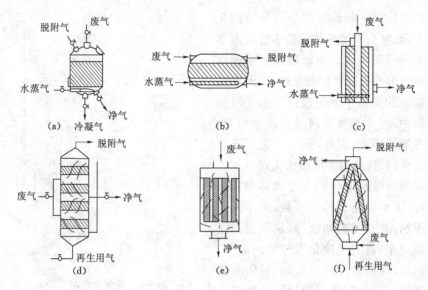

图 9-4 常见的固定床吸附反应器

(a) 立式；(b) 卧式；(c) 圆环型；(d) 立式多层；(e) 卧式薄床；(f) 圆锥形薄床

2. 移动床吸附器

与固定床吸附反应器不同的是，移动床吸附反应器在吸附操作时固体吸附剂在床层中不断移动，固体吸附剂由上而下移动，而气体则由下而上流动，形成逆流操作。在与吸附剂接触时，吸附质被吸附，已达饱和的吸附剂从塔下连续或间歇排出，同时在塔的上部补充新鲜的或再生后的吸附剂。与固定床相比，移动床吸附操作因吸附和再生过程在同一个塔中进行，所以设备投资费用少，其缺点是动力和热量消耗较大，吸附剂磨损严重。移动床吸附反应器结构如图 9-5 所示。

3. 流化床吸附器

在吸附器中，当气体以不同流速通过吸附剂细颗粒床层时，可出现不同流化状态。当气体以很小的流速从下而上穿过吸附剂床层时，固体颗粒静止不动。随着气体流速的逐渐增大，固体颗粒将缓慢地松动，但仍然保持相互接触，床层高度保持不变，这种情况属固定床操作。随着气体流速的继续增大，颗粒将作一定程度的移动，床层膨胀，高度变大，进入临界流化态。当气速大于临界气速时，颗粒便悬浮于气体之中，并作上下浮动，形成流化状态。

流化床吸附器可分为气固、液固和气液固

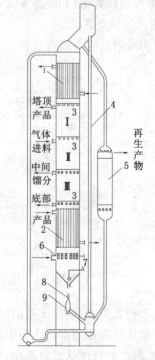

图 9-5 移动床吸附反应器结构

1——冷却器；2——脱附塔；3——分配板；
4——提升管；5——再生器；
6——吸附剂控制机构；7——固粒料面控制器；
8——封闭装置；9——出料阀门

三相流化床。图 9-6 所示为典型的气固流化床吸附反应器,它由带溢流装置的多层吸附器和移动式脱附器所组成。在脱附器的底部直接用蒸汽对吸附剂进行脱附和干燥,吸附和脱附过程在单独的设备中分别进行。由于流化床操作过程中,气体与吸附剂混合非常均匀,床层中没有浓度梯度,因此,当一个床层不能达到净化要求时,可使用多床层来实现。

流化床吸附器的优点是:由于流体与固体的强烈搅动,大大强化了传质系数;由于采用小颗粒吸附剂,并处于流动状态,从而提高了界面的传质速率,适宜于净化大气量的废气;吸附床体积小;床层温度分布均匀;吸附与再生为连续操作。流化床吸附器的最大缺点是吸附剂的机械磨损造成其损耗。

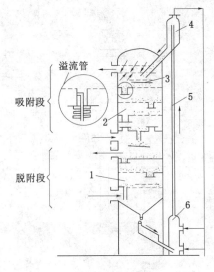

图 9-6　流化床吸附反应器示意图

1——脱附器;2——吸附器;

3——分配板;4——料斗;

5——空气提升机构;6——冷却器

二、固定床吸附反应器设计计算

固定床吸附反应器设计计算方法包括穿透曲线法(理论计算法)和希洛夫法(实验测试法)两种。

1. 穿透曲线计算法

固定床吸附反应器吸附过程的浓度变化情况如图 9-7 所示。

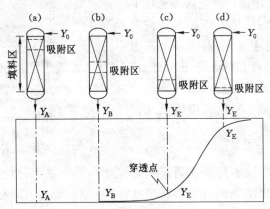

图 9-7　固定床吸附反应器吸附过程的浓度变化

在吸附初始阶段,固定床吸附反应器内吸附剂未吸附任何吸附质,为纯净的吸附质。当气体混合物从反应器顶端流入吸附床层,与无吸附质的吸附剂接触时,吸附质被吸附剂所吸附,不含吸附质的气体从出口流出。随着吸附过程的进行,靠近进气口处的吸附剂最先吸附饱和,失去吸附能力,这部分吸附饱和的区段称为平衡区或饱和区。随着吸附时间的增加,饱和区高度越来越大,吸附区则不断下移。在吸附区以下部分,也即靠近出气口端的吸附剂还未与吸附质进行接触,具有完全的吸附能力,该区域称为未用区。吸附区又叫传质区,在该区域发生吸附剂和吸附质之间的吸附作用。当传质区的下边缘刚好到达床层底端

［图 9-7(c)］，此时吸附反应器出口刚好能够检测到吸附质的出现，这就是穿透现象，出现穿透现象的点称为穿透点（或叫破点）。从开始进气到出现穿透现象的这段时间称为穿透时间。当整个吸附床层均达到吸附饱和状态时，此时所有吸附剂均失去全部的吸附能力，吸附反应器出口吸附质的浓度与进口吸附质的浓度一样，这就是吸附剂吸附能力耗竭的现象，出现耗竭现象的点称为耗竭点［图 9-7(d)］。穿透曲线的形状和穿透时间取决于固定床吸附反应器的操作方式。操作过程的实际速率和机理、吸附平衡性质、气体流速、污染物入口浓度，以及床层厚度等都影响穿透曲线的形状。

　　固定床吸附过程的计算主要从吸附平衡和吸附速率两方面考虑。由于影响吸附过程的因素很多，考虑所有因素则无法进行计算或计算工作极其复杂，因此在计算时多采用简化计算方法，固定床吸附反应器简化计算方法一般采用穿透曲线计算法。穿透曲线计算方法做如下假设：① 被处理的气体中，所含被吸附的组分，也就是吸附质含量低，即气相中吸附质的浓度小；② 吸附过程是在等温下进行；③ 吸附等温线是线性的；④ 传质区的高度要比吸附器床层高度小得多。目前工业上应用的固定床吸附反应器一般都满足这些简化限制条件，可以用穿透曲线法进行相关计算。

　　图 9-8 是入口气体混合物中吸附质初始浓度为 Y_0，通过吸附反应器床层所得到的理想透过曲线（穿透曲线）。假设气体混合物的流速为 G_s［kg 无溶质气体/（m³·s）］，吸附过程到达破点时的流出物总量为 W_B（此时出口吸附质的浓度为 Y_B）。当流出物中吸附质的浓度 Y_E 接近 Y_0 时，表明吸附剂已基本失去吸附能力，也即到达耗竭点。以 Y_B 作为破点时浓度，则从 Y_B 到 Y_E 浓度变化的那一部床层就是传质区高度 Z_a，通过 Z_a 段的流出物量为 $W_A = W_E - W_B$。

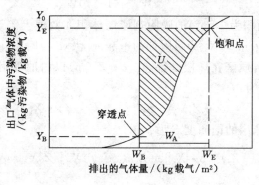

图 9-8　穿透曲线

（1）传质区高度及饱和度的确定

令 τ_a 为传质区向前移动的距离正好等于传质区高度时所需的时间，则有：

$$\tau_a = \frac{W_E - W_B}{G_s} = \frac{W_A}{G_s}$$

那么传质区形成并移出床层所需时间 τ_E 为：

$$\tau_E = \frac{W_E}{G_s}$$

设 τ_F 为传质区形成所需的时间，那么传质区移动距离等于床层总高度 Z 时所需的时间为 $\tau_E - \tau_F$，所以，传质区高度为：

$$Z_a = Z \frac{\tau_a}{\tau_E - \tau_F} \tag{9-12}$$

气体在传质区中,从破点到吸附剂基本上失去吸附能力所吸附的吸附质的量为 U(kg 吸附质/m²),它是图 9-8 中的阴影面积。

$$U = \int_{W_B}^{W_E} (Y_0 - Y) dW \tag{9-13}$$

当传质区中吸附剂全部饱和时,吸附量为 $Y_0 \cdot W_A$。当传质区仍在床层内,刚出现破点时,传质区内的部分吸附剂仍然具有吸附能力,这个吸附能力通常用部分吸附能力与全部吸附能力的比值 f 来表示,即:

$$f = \frac{U}{Y_0 \cdot W_A} = \frac{\int_{W_B}^{W_E} (Y_0 - Y) dW}{Y_0 \cdot W_A} \tag{9-14}$$

如果 $f = 0$,则表示吸附波形成后传质区已完全饱和,床层传质区的形成时间 τ_F 应该等于传质区移动一段距离(等于传质区高度)所需的时间(τ_a)。如果 $f = 1$,也就是形成吸附波后,传质区中吸附剂基本不含吸附质,这表明传质区形成的时间很短,基本为零。在此情况下可得:

$$\tau_F = (1 - f)\tau_a \tag{9-15}$$

由式(9-12)及式(9-15)得:

$$Z_a = Z \frac{\tau_a}{\tau_E - (1 - f)\tau_a} \tag{9-16}$$

或

$$Z_a = Z \cdot \frac{W_A}{W_E - (1 - f)W_A}$$

高度为 Z(m)、截面积为 1(m²)的吸附剂床层体积在数值上等于 Z(m³)。设床层中吸附剂的堆积密度为 ρ(kg/m³),X_e 为吸附剂的饱和浓度(kg 吸附质/kg 吸附剂),那么到达破点时,高度为 Z_a(m)的传质区在床层底部,在 $Z - Z_a$(m)以内的吸附剂已基本全部饱和,此时床层中吸附质的质量为:

$$(Z - Z_a)\rho X_e + Z_a \cdot \rho \cdot (1 - f) \cdot X_e$$

当破点出现时,全床层的饱和度 S 为:

$$S = [(Z - Z_a) \cdot \rho \cdot X_e] + Z_a \rho (1 - f) X_e] / Z \rho X_e = \frac{Z - f Z_a}{Z} \tag{9-17}$$

则床层高度为:

$$Z = \frac{f \cdot Z_a}{1 - S} \tag{9-18}$$

(2) 传质区中传质单元数的确定

如图 9-9 所示,假定传质区在床层一定高度上不动,而固体吸附剂以足够的速度与流体逆向运动,图中表示离开床层顶部的吸附剂与进口气体平衡,而出来的气体中的所有吸附质已被吸附。

以全床层作物料平衡计算,得:

$$G_s(Y_0 - 0) = L_s(X_T - 0) \tag{9-19}$$

在床层的任一截面上,吸附质在气相中的浓度(Y)与吸附质在固体上的浓度(X)之间的关系为:

$$YG_s = XL_s \tag{9-20}$$

式(9-20)为一条通过原点和点(Y_0, X_T),斜率为$\dfrac{L_s}{G_s}$的直线方程[图 9-9(b)],即操作线方程。

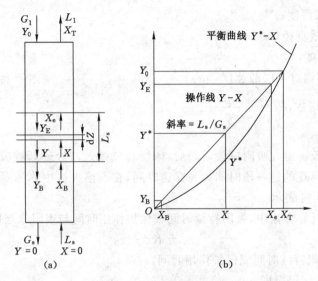

图 9-9　固定床物料平衡图

在床层内取微元高度 dZ 作物料衡算,则在单位时间单位面积的 dZ 高度内,气体吸附质的减少量应等于固体吸附剂所吸附的吸附量。

$$G_s \cdot dY = K_Y \cdot a_P \cdot (Y - Y^*)dZ \tag{9-21}$$

式中　K_Y——流体相的总传质系数,kg 吸附质/(hm^2·ΔY);

a_P——单位容积床层中全部吸附剂固体颗粒的表面积,m^2/m^3;

Y^*——与 X 成平衡的气相浓度,kg 吸附质/kg 气。

对于传质区,气相传质单元数为:

$$N_{OG} = \int_{Y_b}^{Y_e} \frac{dY}{(Y - Y^*)} = \frac{Z_a}{\dfrac{G_s}{K_Y a_P}} = \frac{Z_a}{H_{OG}} \tag{9-22}$$

$$H_{OG} = \frac{G_s}{K_Y a_P} \tag{9-23}$$

式中　H_{OG}——传质区中传质单元的高度。

若在 Z_a 范围内 H_{OG} 为一常数,不随浓度而变化,则

$$\frac{Z}{Z_a} = \frac{W - W_B}{W_a} = \frac{\displaystyle\int_{Y_0}^{Y} \frac{dY}{Y - Y^*}}{\displaystyle\int_{Y_B}^{Y_E} \frac{dY}{Y - Y^*}} \tag{9-24}$$

据式(9-24),可绘出透过曲线。

(3) 固定床吸附装置压力降

气流通过固定床吸附剂层时会产生一定的压力降,因影响压力的因素较多,目前尚无统

一的计算公式，一般多以经验公式计算或通过实测获得。常用的经验公式为：

$$\Delta P = \left[\frac{150(1-\omega)}{Re} + 1.75\right] \cdot \frac{(1-\omega)v^2\rho}{\varepsilon^3 d_P} \cdot L \tag{9-25}$$

式中　ΔP——气体压降，Pa；

　　　L——床层厚度；

　　　d_P——有效直径，m；

　　　ε——空隙度，m^3/m^3；

　　　v——气体通过床层的速度，m/s；

　　　Re——雷诺数，$Re = \dfrac{d_P \cdot \rho \cdot v}{\mu g}$。

2. 希洛夫法

固定床吸附反应器在吸附一段时间后，床层自气体入口处逐渐被吸附质吸附饱和。从吸附开始到破点出现的这一段时间称为穿透时间，在希洛夫法中称为吸附持续时间或保护作用时间，一般用 τ_B 表示。

在希洛夫法计算方法中，吸附持续时间或保护作用时间与吸附床层厚度具有如下关系：

$$\tau_B = KZ - \tau_D \tag{9-26}$$

式中　τ_B——吸附持续时间或保护作用时间，s；

　　　Z——吸附床层厚度，m；

　　　τ_D——保护作用时间损失，s；

　　　K——吸附床层保护作用系数，s/m。

式(9-26)称为希洛夫方程，式中 K 的物理意义为，当浓度分布曲线进入平移阶段后，浓度分布曲线在吸附床层中移动单位距离所需要的时间，$1/K$ 表示该浓度分布曲线在吸附剂床层中移动的线速度(m/s)，K 值可由下式求得：

$$K = \frac{a\rho_b}{uC_0} \tag{9-27}$$

式中　a——平均静活性，%；

　　　ρ_b——吸附剂的堆积密度，kg/m^3；

　　　u——气体流速，m/s；

　　　C_0——吸附质的初始浓度，kg/m^3。

式(9-26)还可改写为：

$$\tau_B = K(Z - Z_0) \tag{9-28}$$

式中　Z_0——吸附剂的高度损失，或称为死层，也即吸附床层中未被利用的吸附剂高度。

τ_D 和 Z_0 符合以下关系：

$$\tau_D = KZ_0 \tag{9-29}$$

τ_D 和 Z_0 的值一般可通过实验确定。

因希洛夫法简洁实用，工业上关于固定床吸附反应器的设计往往优先采用该方法。在运用希洛夫法进行计算时，一般按照以下步骤开展设计计算。

① 根据工业应用要求和气体混合物性质，通过对比选择合适的吸附剂；

② 基于所选择的吸附剂，结合生产工艺特点，确定固定床吸附反应器运行操作条件，如温度、压力、气体流速等。

③ 根据气体组分的排放标准要求,可确定破点(穿透点)的浓度。对于选定的吸附剂,可通过实验获取不同气体流量、不同吸附剂床层高度和穿透时间之间的对应关系。以吸附剂床层高度为横坐标,穿透时间为纵坐标,标出所有实验测定值,得到一条直线,直线的斜率即为 K,截距为 τ_D。

④ 根据所选吸附剂的特点和吸附质的性质选择和确定合适的脱附方法和脱附再生时间,继而设定每组固定床吸附反应器的操作周期,综合考虑确定穿透时间 τ_B。用希洛夫公式计算所需吸附剂床层高度 Z。若求出的高度太高,可分为 n 层布置或分为 n 个串联吸附床布置。为便于制造和操作,通常取各吸附剂层厚度相等,串联层数 $n \leqslant 3$。

⑤ 根据所处理气体流量和空塔气速,结合吸附剂床层截面积形状,可计算出吸附剂床层的截面积和界面尺寸。

⑥ 根据固定床吸附反应器的高度和截面积,结合吸附剂的堆积密度,可求出所需吸附剂的用量,可采用下式进行计算:

$$m = AZ\rho_b \tag{9-30}$$

其中,A 为吸附反应器的截面,m^2;Z 为吸附反应器的有效高度,m;ρ_b 为吸附剂堆积密度,kg/m^3。

考虑到在装填过程中,吸附剂会发生洒落、破碎等现象导致吸附剂装填损失,故实际吸附剂用量也比理论值多 $10\% \sim 20\%$。

⑦ 在确定固定床吸附反应器尺寸和吸附剂用量的基础上即可计算吸附床层的压降。压降可利用式(9-25)计算得出,若压降值超过允许范围,可采取增大吸附床层的截面积、减小床层高度的办法使压降降低。

除以上设计计算内容以外,固定床吸附反应器的设计还包括辅助装置和构件,如吸附剂的支撑与固定装置、气流分布装置、吸附器壳体、各连接管口及进行脱附所需的设备等。

例 9-1 某厂用活性炭吸附废气中的 CCl_4,已知气量 $Q = 1\,000\ m^3/h$,浓度为 $4 \sim 5\ g/m^3$,活炭直径 $d_p = 3\ mm$,堆积密度 $\rho_b = 300 \sim 600\ g/L$,空隙率 $\varepsilon = 0.33 \sim 0.43$,废气以 20 m/min 的速度通过床层,并在 20 ℃ 和 $1.013\,25 \times 10^5\ Pa$ 操作,测得实验数据如表 9-2 所列:

表 9-2

床层高度 Z/m	0.1	0.15	0.2	0.25	0.3	0.35
穿透时间 τ_B/min	109	231	310	462	550	651

试求:穿透时间 $\tau_B = 48\ h$ 的吸附器床层高度及压力降。

解 (1) 以 Z 为横坐标,τ_B 为纵坐标,将实验数据在 τ_B-Z 图上标出,连接各点得到如下的直线(希洛夫法直线)。

由图 9-10 解得到:

$$K = (650-200)/(0.35-0.14) = 2\,143\ (min/m)$$

$$\tau_D = 95\ min$$

(2) 计算床层高度:

$$Z = (\tau_D + \tau_B)/K = (48 \times 60 + 95)/2\,143 = 1.388\ (m)$$

取:$Z = 1.4\ m$

(3) 采用立式圆筒床进行吸附,其直径为:

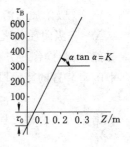

图 9-10　例 9-1 图

$$D=[4Q/(\pi V)]^{1/2}=(4\times1\,000/(\pi\times20\times60))^{1/2}=1.03\ (\text{m})$$

取：$D=1.0\ \text{m}$

（4）所需吸附剂量：

$$m=AZ\rho_b=(\pi/4)\times1.0^2\times1.4\times(1/2)\times(300+600)=494.8\ (\text{kg})$$
$$m_{\max}=(\pi/4)\times1.0^2\times1.4\times600=659.7\ (\text{kg})$$

考虑到装填损失，取损失率为 10%，则每次新装吸附剂时需准备活性炭 545～726 kg。

（5）压力降：

查得：$20\ ℃$ 时，$1.013\ 25\times10^5$ Pa 大气压下空气密度为 $1.2\ \text{kg/m}^3$，平均孔隙率 $\varepsilon=0.38$，干空气黏度 $\mu=1.81\times10^{-5}\text{Pa}\cdot\text{s}$，则：

$$G_s=(1\,000/3\,600)\times1.2/[(\pi/4)\times1.0^2]=0.424\ [\text{kg/(m}^2\cdot\text{s})]$$
$$Re_p=d_p\cdot G_s/\mu=0.003\times0.424/(1.81\times10^{-5})=70.3$$

所以：$\Delta P=[150(1-\varepsilon)/Re_p+1.75]\times[(1-\varepsilon)G_s^2/(\varepsilon^3 d_p\rho)]\times Z$

$$=[150(1-0.38)/70.3+1.75]\times(1-0.38)\times0.424^2/(0.38^3\times0.003\times1.2)\times1.4$$
$$=2\,427\ (\text{Pa})$$

三、移动床吸附反应器设计计算

移动床吸附器中，流体与固体均以恒定的速度连续通过吸附器，在吸附器内任一截面上的组成均不随时间而变化。因此可认为移动床中吸附过程是稳定吸附过程。对单组分吸附过程而言，其计算过程与二元气体混合物吸收过程类似，应用的基本关系式也是物料衡算（操作线方程）、相平衡关系和传质速率方程。为简化讨论，现以单组分等温吸附过程为例，讨论其计算原理。

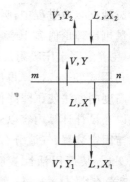

图 9-11　移动床吸附反应器逆流操作线推倒示意图

连续逆流吸附装置如图 9-11 所示，对装置上部作吸附质的物料衡算，可得出连续、逆流操作吸附过程的操作线方程：

$$Y=\frac{L}{G}(X-X_2)+Y_2 \tag{9-31}$$

式中　G——不包括吸附质的气相质量流速，$\text{kg/(m}^2\cdot\text{s})$；

$\quad\quad L$——不包括吸附质的吸附剂质量流速，$\text{kg/(m}^2\cdot\text{s})$；

$\quad\quad Y$——吸附质与溶剂的质量比；

$\quad\quad X$——吸附质与吸附剂的质量比。

显然，吸附操作线方程为一直线方程。

取吸附装置的微元段 $\text{d}h$ 作物料衡算，得：

$$L\text{d}X=G\text{d}Y \tag{9-32}$$

根据总传质速率方程式，$\text{d}h$ 段内传质速率可表示为：

$$G\text{d}Y=K_y a_p(Y-Y^*)\text{d}h \tag{9-33}$$

式中　K_y——以 ΔY 表示推动力的总传质系数，$\text{kg/(m}^2\cdot\text{s})$；

$\quad\quad a_p$——单位体积吸附床层内所有吸附剂颗粒的表面积，m^2/m^3；

$\quad\quad Y^*$——与吸附剂组成 X 呈平衡的气相组成，kg 吸附质/kg 惰性气。

若 K_y 可取常数，则式(9-33)积分可得吸附剂床层高度为：

$$H = \frac{G}{K_y a_p} \int_{Y_2}^{Y_1} \frac{\mathrm{d}Y}{Y - Y^*} \tag{9-34}$$

与吸收过程类似，定义传质单元高度为：

$$H_{OG} = \frac{G}{K_y a_p} \tag{9-35}$$

传质单元数由积分决定，即：

$$N_{OG} = \int_{Y_2}^{Y_1} \frac{\mathrm{d}Y}{Y - Y^*} \tag{9-36}$$

由式(9-34)、式(9-35)和式(9-36)可知，若要求出吸附剂床层高度 H，必须先求出传质单元高度 H_{OG} 和传质单元数 N_{OG}。

对于传质单元数的计算，一般通过图解积分法求出。当平衡线也是直线时，可利用对数平均的方法估算 N_{OG}，如下式所示：

$$N_{OG} = \frac{Y_1 - Y_2}{\Delta Y_{LM}} \tag{9-37}$$

$$\Delta Y_{LM} = \frac{(Y_1 - Y_1^*) - (Y_2 - Y_2^*)}{\ln\left[\dfrac{(Y_1 - Y_1^*)}{(Y_2 - Y_2^*)}\right]} \tag{9-38}$$

对于移动床吸附反应器传质单元高度的计算，由式(9-35)可知，必须先求出传质总系数 K_y，目前一般采用固定床吸附反应器的数据估算。但在移动床吸附反应器中，吸附剂颗粒始终处于运动状态，其传质阻力要小于固定床吸附反应器，因此，这也是一种近似求法。

第四节　吸附法净化气态污染物的应用

与吸收法不同的是，吸附法不仅可实现对气态污染物中的一种或几种组分实现吸附净化，还可以通过脱附的形式对所吸附的吸附质进行回收再利用，吸附饱和的吸附剂通过再生也可实现循环再利用。因此，吸附法在废气治理领域、在化工回收单元都得到了广泛应用。本节主要介绍吸附法净化主要大气污染物 SO_2、NO_x、含氟废气和有机蒸气等。

一、吸附法净化 SO_2 气体

由吸收法净化气态污染物的应用可知，SO_2 的净化采用吸收法具有效率高、运行稳定、吸收剂价廉易得等优点，而吸附法净化 SO_2 也是一种常用的方法，因 SO_2 是一种易被吸附的气体，故采用吸附法净化 SO_2 也具有净化效率高的优点。常用的吸附剂有活性炭、沸石分子筛和硅胶等。其中以活性炭吸附应用较多。

活性炭吸附 SO_2 包括物理吸附和化学吸附。当烟气中无水蒸气和氧存在时，主要发生物理吸附。在有水蒸气和氧存在时，除了发生物理吸附外，还会发生一系列的化学反应，增加了活性炭吸附吸附质的量。物理吸附和化学吸附的机理可以用以下反应式表示：

$$SO_2 \longrightarrow SO_2^* （物理吸附）$$

$$O_2 \longrightarrow O_2^* （物理吸附）$$

$$2SO_2^* + O_2^* \longrightarrow 2SO_3^* （化学反应）$$

$$SO_3^* + H_2O \longrightarrow H_2SO_4^* （化学反应）$$

$$H_2SO_4^* + nH_2O^* \longrightarrow H_2SO_4 \cdot nH_2O^* \text{（稀释作用）}$$

以上各方程式中的 * 表示在活性炭上所处吸附状态。

利用活性炭吸附净化 SO_2，覆盖在活性炭表面上的硫酸会大大降低活性炭的吸附能力，需要采取一种脱附方法或几种脱附方法联合进行再生，在再生的同时可以回收这些硫酸。例如采用加热法再生活性炭，其原理如下式所示：

$$2H_2SO_4 + C \longrightarrow 2SO_2 + 2H_2O + CO_2$$

再生得到的 SO_2 可回收生产硫酸制品。但该方法的缺点是在再生的过程中，会有部分活性炭消耗，变成 CO_2 释放至气体混合中去，活性炭的损失量约为从气体混合物中去除 SO_2 重量的 10% 左右。

为了增加吸附剂吸附 SO_2 的能力，在试验研究中可以用金属盐浸渍吸附剂，例如铜、铁、镍、钴、锰、铬和铈等金属盐，但多数研究结果认为浸渍后的吸附剂增加 SO_2 吸附量的机理是发生了催化氧化作用。

活性炭吸附净化 SO_2 气体具有以下特点：

① 过程比较简单，再生过程的副反应很少；

② 吸附容量有限，常须在低气速（0.3～1.2 m/s）下运行，因而吸附器体积较大；

③ 活性炭易被废气中的 O_2 氧化而导致损耗；且长期使用后，活性炭会产生磨损，并因微孔堵塞而丧失活性。

活性炭脱硫的工艺流程常见的有固定床吸附流程和移动床吸附流程。图 9-12 给出了一种活性炭吸附 SO_2 的工艺流程示意图。

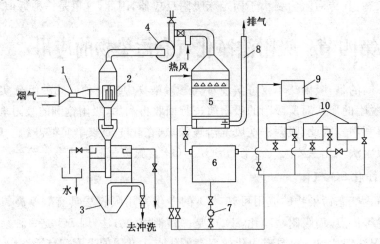

图 9-12　活性炭吸附 SO_2 工艺流程示意图

1——喷管；2——复式挡板脱水器；3——澄清池；4——风机；5——吸附反应器；6——中间酸箱；
7——酸洗泵；8——放空管；9——半成品酸箱；10——酸槽

烟道气经喷管 1 和复式挡板脱水器 2 进行除尘和脱水，含尘的水由澄清池 3 澄清后循环使用。气体由风机 4 抽入活性炭吸附塔 5，在吸附塔 5 中进行吸附反应，净化后的气体由放空管 8 排入大气。当活性炭饱和后，进行再生处理。再生时关闭进气阀，打开水洗阀，喷水洗涤活性炭，洗涤下来的稀硫酸进入酸箱 6，再通过酸洗泵 7 打入塔顶循环洗涤，当洗下来的酸浓度达到 15%～20% 时，将酸压入半成品酸箱 9 中，然后用热风或蒸汽吹，使其恢复活性,再进行下一次循环。

二、吸附法净化 NO_x 气体

我们通常所说的氮氧化物(NO_x)主要包括:N_2O、NO、N_2O_3、NO_2、N_2O_4 和 N_2O_5。大气中 NO_x 主要是以 NO 和 NO_2 形式存在。NO_x 来源包括自然源和人为源,自然源是由自然界中的固氮菌、雷电、火山爆发等自然过程所产生,每年约生成 5.0×10^8 t;人为源是由人为活动所产生,每年全球的产生量多于 5.0×10^7 t。对于自然过程产生的 NO_x 不是大气污染控制的重点,而人为过程产生的 NO_x 才是我们所关注的。人类活动产生的 NO_x 主要是由于燃烧所致,此外,硝酸生产、各种硝化过程、氮肥、合成纤维生产、炸药生产及表面硝酸处理等过程都会产生一定数量的 NO_x 排入大气。而在燃烧排出的烟气中约 95% 以上为 NO,其余的主要为 NO_2。对于燃煤 NO_x 的控制主要有三种方法:① 燃烧前脱硝(即燃料脱氮);② 燃烧中脱硝;③ 烟气脱硝。前两种方法是减少燃烧过程中 NO_x 的生成量,第一种方法是将燃料中的氮燃烧前直接去除,达到减少 NO_x 产生;而第二种方法是通过改进燃烧方式和生产工艺达到减少燃烧过程中 NO_x 的生成量;第三种方法则是对燃烧后烟气中的 NO_x 进行治理。吸附法净化 NO_x 气体是利用吸附剂对 NO_x 的吸附量随温度或压力的变化而变化的原理,通过周期性地改变反应器内的温度和压力,来控制 NO_x 的吸附,以达到将 NO_x 从气源中分离出来的目的。吸附法既能比较彻底地消除 NO_x 的污染,又能将 NO_x 回收利用。常用的吸附剂有分子筛、硅胶、活性炭、氧化铝和泥煤等。

(一) 活性炭吸附净化 NO_x

1. 活性炭吸附原理

活性炭是一种很细小的炭粒,有很大的表面积,而且炭粒中还有更细小的孔——毛细管。这种毛细管具有很强的吸附能力,由于炭粒的表面积很大,所以能与气体(杂质)充分接触。当这些气体(杂质)碰到毛细管时被吸附,起净化作用。

2. 影响活性炭吸附的因素

① 活性炭吸附剂的性质

其表面积越大,吸附能力就越强;活性炭是非极性分子,易于吸附非极性或极性很低的吸附质;活性炭吸附剂颗粒的大小、细孔的构造和分布情况以及表面化学性质等对吸附也有很大的影响。

② 吸附质的性质

吸附质的性质取决于其溶解度、表面自由能、极性、吸附质分子的大小和不饱和度、吸附质的浓度等。烟气中的氮氧化物大多是极性的,单纯的活性炭吸附效果可能不是很理想,但是经过酸碱或盐溶液等改性后吸附效果就大大提高了。

③ 共存物质

共存多种吸附质时,活性炭对某种吸附质的吸附能力比只含该种吸附质时的吸附能力差。烟气中的氮氧化物是多种气体的共存物,用活性炭吸附会比单纯吸附某一物质的效果稍差点。

④ 温度

温度对活性炭的吸附影响较小。但是温度过高或过低会对活性炭的吸附影响大,尤其是过高的温度,活性炭在过高的温度下容易燃烧,故要避免高温或在无氧条件下进行。

⑤ 接触时间

应保证活性炭与吸附质有一定的接触时间，使吸附接近平衡，充分利用吸附能力。活性炭吸附氮氧化物的接触时间是通过空速来衡量的，空速越大，接触时间越少，吸附效果越差。

3. 活性炭脱硝机理

利用活性炭的微孔结构和官能团吸附 NO_x，并将反应活性较低的 NO 氧化为反应活性较高的 NO_2。活性炭对 NO_x 的吸附包括物理吸附和化学吸附。在烟气中无 SO_2 气体存在的条件下，活性炭具有较高的脱氮效率，当活性炭达到动态吸附平衡时，脱氮效率大于 75%；当烟气中同时存在 SO_2 和 NO_x 时，活性炭吸附 SO_2 的容量及吸附饱和时间均增加，而脱硫效率、吸附速率和吸附带长度则变化很小。由于物理吸附的 NO 被 SO_2 置换解析，活性炭吸附 NO_x 的容量和动态吸附平衡时间急剧下降，脱氮效率很低，吸附带长度增加，吸附速率下降。关于活性炭吸附 NO_x 的机理，研究人员之间还存在较大的分歧。活性炭吸附法工艺流程如图 9-13 所示。

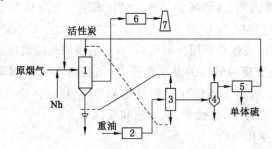

图 9-13　活性炭吸附法工艺流程图

1——吸收器；2——热风炉；3——脱吸器；4—— SO_2 还原炉；5——冷却器；6——除尘器；7——烟囱

4. 活性炭吸附脱硝的优缺点

（1）优点

① 活性炭材料本身具有非极性、疏水性、较高的化学稳定性和热稳定性，可进行活化和改进性，还具有催化能力、负载性能和还原性能以及独特的孔隙结构和表面化学特性。

② 在近常温下可以实现一体化联合脱除 SO_2、NO_x 和粉尘，SO_2 脱除率可达到 98% 以上，NO_x 的脱除率可超过 80%。同时吸收塔出口烟气粉尘含量 $20\ mg/m^3$。

③ 吸附剂可循环使用，处理的烟气排放前不需要加热，投资省、工艺简单、操作方便、可对废气中的 NO_x 进行回收利用，占地面积小。

（2）缺点

① 活性炭价格目前相对较高；强度低，在吸附、再生、往返使用中损耗大；挥发分较低，不利于脱硝。

② 吸附剂吸附容量有限，常须在低气速（$0.3\sim1.2\ m/s$）下运行，因而吸附器体积较大；活性炭易被烟气中的 O_2 氧化导致损耗；长期使用后，活性炭会产生磨损，并会因微孔堵塞而丧失活性，从而需要再生处理。

③ 过程为间歇操作，投资费用高，能耗大。

（二）分子筛吸附净化 NO_x

1. 吸附原理

分子筛是人工水加热后黏合成的硅铝酸盐结晶体，其硅铝比不一样，生成的各种分子筛型号也不一样,如 A 型、X 型、Y 型等,并通过交换不一样的金属阳离子则成为同类型不一样门类的分子筛。根据结晶体内里孔穴体积吸附或摈斥不一样的事物分子,同时依据不一样事物分子极性或可极化度而体现吸附的强弱,达到离合的效果,故而被形象地称为"分子筛"。以天然丝光沸石分子筛为例,其吸附原理为:当含氮氧化物的尾气通过丝光沸石分子筛床层时,因 H_2O 和 NO_2 分子的极性很强,被选择性地吸附在分子筛表面上,二者在表面生成硝酸并放出 NO。

$$NO_2 \xrightarrow{\text{吸附}} NO_2^* \quad H_2O \xrightarrow{\text{吸附}} H_2O^*$$

$$NO_2^* + H_2O^* \longrightarrow 2HNO_3^* + NO$$

放出的 NO 连同尾气中的 NO,与氧气在沸石分子筛表面上被催化氧化为 NO_2,并与被吸附的 H_2O 作用,进一步反应:

$$NO \xrightarrow{\text{吸附}} NO^* \quad O_2 \xrightarrow{\text{吸附}} O_2^*$$

$$2NO^* + O_2^* \longrightarrow 2NO_2 \quad 3NO_2^* + H_2O \longrightarrow 2HNO_3^* + NO$$

这样经过一定床层高度后,尾气中的 NO_x 和水均被吸附。当温度升高时,丝光沸石分子筛对 NO_x 的吸附能力大大降低,此时可用水蒸气将被吸附的 NO_x 脱附置换出来,脱附后丝光沸石分子筛经干燥再生。

丝光沸石分子筛吸附 NO_x 工艺流程如图 9-14 所示,含 NO_x 尾气首先进入冷却塔 3 冷却,然后经过丝网过滤器 4 进入吸附器 5。吸附后的净气排空,当净气中的 NO_x 含量达一定浓度时,切换为再生操作,待净化尾气通入另一吸附器。再生则由升温、脱附、干燥、冷却几个步骤构成。先把蒸汽通入吸附器内,使床层升到一定的温度,再由吸附器顶部直接通入蒸汽,把被吸附的硝酸和 NO_x 脱附,经冷却器 7 使气液分离,冷凝下来的稀硝酸经过计量槽 8 回到硝酸贮槽。

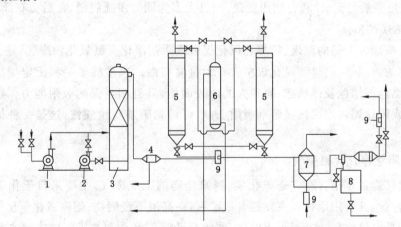

图 9-14　丝光沸石分子筛吸附 NO_x 工艺流程示意图

1——风机;2——酸泵;3——冷却塔;4——丝网过滤器;5——吸附器;6——加热器;7——冷凝冷却器;
8——酸计量槽;9——转子流量计

2. 分子筛吸附的特点

① 具有极高的深度干燥分离度;

② 可以有效地避免分离时所产生的共吸附现象,提高产品得率;

③ 可以在同一系统中同时完成干燥和物质的纯化；

④ 在较高的温度条件下，同样具有一定的吸附容量；

⑤ 分子筛系统较其他干燥和分离装置，设备投资低，运转成本低。

（三）硅胶吸附法净化 NO_x

硅胶是二氧化硅微粒子的三维凝聚多孔体的总称，化学组成为 $SiO_2 \cdot xH_2O$，属于无定形体，由 Si—O 四面体为基本单元相互堆积而成，比表面积一般为 $200\sim800\ m^2/g$。硅胶具有吸附性能高、热稳定性好、化学性质稳定、有较高的机械强度等特点。硅胶表面具有大量的硅羟基，这使其具有吸附选择性，因此硅胶可以优先吸附极性分子和不饱和的碳氢化合物。

以水玻璃先制得 $mSiO_2 \cdot nH_2O$，然后经老化脱水、成型、干燥、焙烧等工艺加工即可制得所需的各种类型的硅胶。燃烧后烟气中的 NO 因硅胶的催化作用被氧化成 NO_2，同烟气本身产生的 NO_2 一并被硅胶吸附，吸附到一定程度后可加热脱附再生。它的脱硝吸附机理与前述的活性炭有很多相似之处，在这里就不再赘述。

（四）氧化铝吸附法

氧化铝是一种用途广泛的化学品，有很多种形态。到目前为止已知它有 8 种以上的形态。常用作吸附剂的是 $\gamma\text{-}Al_2O_3$，比表面积为 $100\sim200\ m^2/g$。活性氧化铝具有很好的吸附性能，并且再生工艺简单，可循环使用，是最早得到工业化应用的吸附剂之一。关于活性氧化铝的吸附性能，Pevi 等曾提出一个模型，模型指出活性氧化铝的活性中心可以吸附水、氨、烃等多电子化合物。

活性氧化铝最常用的制备方法是将氢氧化铝加热使其脱水。起始氢氧化铝的形态（如晶型、力度），加热时的气氛与速率，杂质含量等均会对最后制得的氧化铝的形态产生很大的影响。Al_2O_3 一般与 CuO 联合使用脱硝，而且大多为同时脱硫脱硝，在后文有详细介绍。

（五）泥煤吸附法

利用某些地方天然的泥煤、褐煤和风化煤做吸附剂净化含氮氧化物废气，是一种因地制宜的净化方法。泥煤、褐煤和风化煤中含有大量腐殖酸。腐殖酸是一种无定型高分子化合物，通常呈黑色或棕色胶体状态，有很大的内表面积，具有相当强的吸附能力。经过氨化的泥煤、褐煤或风化煤再用来做吸附剂吸附 NO_x 可得到硝基腐殖酸铵，这是一种优质的有机肥料。

三、吸附法净化含氟废气

含氟废气通常是指含有气态氟化氢、四氟化硅的工业废气，主要来自于化工、冶金、建材、热电等行业，其所用原材料主要是含氟矿石，在高温下经煅烧、熔融或化学反应产生含氟废气。特别是电解铝厂、水泥厂、火电厂、磷酸及磷肥厂等是含氟废气的主要来源。氟是人体需要的微量元素之一，有助于身体正常代谢；牙齿治疗和保健也需用到含氟药物，但氟是限量元素，摄入过多将对人体有害，甚至产生毒性反应引起病变。人体氟元素主要是通过水和食物正常摄取，按尿检规定的氟正常值，成人应低于 $1.6\ mg/L$（人均氟离子总量/尿液量）；而吸入气态氟化物却对人体有害，虽然生产性含氟废气的排放量不及含硫（SO_x）含硝（NO_x）废气的排放量大，但氟污染的毒性却较大。因为 HF 是具有强刺激性气味和强腐蚀性的有毒气体，SiF_4 是窒息性气体，它们对人的危害要比 SO_2 气体大 20 倍左右；而氟对人的危害比 HF 更严重,低浓度吸入即会引起呼吸道疾病。生产性氟及其化合物对从业者所致氟病,已列入中国"职业病目录",属于法定的 56 种职业中毒疾患之一。

目前,国内外铝厂含氟废气均采用电解铝的原料氧化铝作为吸附剂进行净化,该净化方法具有下列特点:净化效率高,一般在 98％以上;吸附氟化氢后的氧化铝可直接进入电解铝生产中,代替冰晶石,减少冰晶石用量;吸附剂不用再生,无回收流程;干法净化无废水的二次污染和设备腐蚀问题;基建费用和运行费用都比较低,适于各种气候条件,在北方冬季也不存在保温防冻问题。

氧化铝颗粒细、微孔多、比表面积人,又具有两性化合物的特性,是较好的吸附剂。氧化铝对 HF 的吸附主要是化学吸附,同时伴有物理吸附,吸附的结果是在氧化铝表面生成表面化合物——氟化铝,其具体过程包括如下几个步骤:

① HF 在气相中的扩散;

② 扩散的 HF 通过氧化铝表面的气膜到达其表面;

③ HF 被吸附在氧化铝的表面上;

④ 被吸附的 HF 与氧化铝发生化学反应,生成表面化合物(AlF₃)。

其主要反应如下:

$$Al_2O_3 + 6HF \underset{\lg K_{1\,250\,K}=1.64}{\overset{\lg K_{400\,K}=37.2}{\rightleftharpoons}} 2AlF_3 + 3H_2O$$

在较低的温度下有利于上述反应向右进行。由于这种化学吸附反应速率快,所以用氧化铝吸附 HF 属于气膜控制,HF 浓度越高,气相传质推动力越大,越有利于吸附过程的进行。因此加强铝电解槽的密闭性,防止泄漏,尽量提高烟气中 HF 浓度,既有利于吸附,又改善了车间内的操作环境。

氧化铝的性质对吸附含氟废气的影响有以下几点:

① 氧化铝晶型对吸附容量有很大影响,γ 型氧化铝的吸附容量大;

② 氧化铝的比表面积越大,吸附容量也越大;

③ 氧化铝湿度大小直接影响吸附净化能力。

另外,分子中的结晶水也影响吸附能力,可在一定温度下进行焙烧,脱去部分结晶水以增强活性,但当分子中的水全部失掉后,γ-Al₂O₃ 将转变成 α-Al₂O₃,吸附能力则大大降低。

实际中常采用输送床净化工艺流程,而固定床净化工艺因所需床面面积过大,工业上很少应用。输送床吸附净化工艺流程如图 9-15 所示。

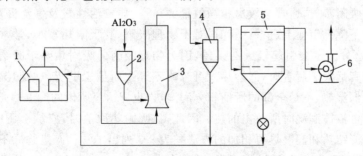

图 9-15　输送床吸附净化含氟废气工艺流程

1——铝电解槽;2——加料器;3——输送床;4——旋风分离器;5——袋式过滤器;6——风机

铝电解槽的烟气经排气管道进入反应管道(即输送管),同时反应管道内添加氧化铝,加入的氧化铝由定量给料装置控制,使气固两相相互混合接触反应。从反应管出来的烟气经布袋过滤器(或静电除尘器)进行气固分离。经气固分离后的氧化铝一部分返回反应管循环利用,也可不循环,而全部送料仓进电解槽。净化后的烟气从气固分离器出来,经风机和烟囱排入大气。

四、吸附法净化有机蒸气

吸附法净化回收有机蒸气,既能防治环境污染,又能回收有价值的成分。吸附法净化有机蒸气常用的吸附剂是活性炭,活性炭可从混合气流中回收多种有机溶剂,包括汽油或石油醚之类的烃类,甲醇、乙醇、异丁醇、丁醇及其他醇类,二氯乙烷、二氯丙烷,酯类,酮类,醚类,芳香类,苯、甲苯、二甲苯等,以及其他许多有机化合物。工业上普遍应用固定床净化流程。

图 9-16 为一固定床吸附反应器净化回收有机蒸气的典型工艺流程。局部排风罩收集来的有机溶剂蒸气经管道送入吸附净化系统。流程中设过滤器,用于滤去固体颗粒物。从风机出来的蒸气-空气混合物可在水冷却器中冷却,也可在加热器中加热。冷却在活性炭需要降温或进行吸附操作时使用,加热在干燥活性炭层时使用。

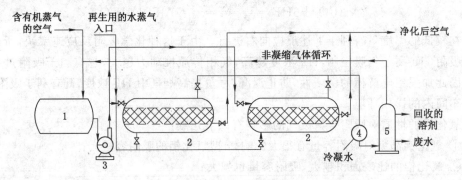

图 9-16　固定床吸附反应器净化回收有机蒸气工艺流程图

吸附器由两个并联的吸附床组成,两个床轮流进行吸附及再生操作。再生时采用蒸气解吸。由吸附器中放出的水汽和有机溶剂的混合物,导入用水冷却的冷凝器中,从冷凝器中放出有机冷凝液和水的混合物送到回收液处理系统。

用活性炭吸附蒸气,通常会放出相当数量的热量,导致活性炭及气流温度升高,使活性炭的吸附能力下降。工业上进行计算时,对于物理吸附,其吸附热较小,常常取吸附热等于其凝结热,但这种假定会引起较大的误差,因为物理吸附的吸附热等于凝结热与润湿热之和。只有当前者远大于后者时,润湿热才可忽略不计。而且这里所说的润湿热是指某个阶段的所谓微分润湿热,不是全部的所谓积分润湿热,也即这里所说的润湿热是活性炭固体颗粒的局部表面被液体润湿时所放出的热。因此,在吸附热取值时,应从手册中直接查取,而不能采用查取凝结热和润湿热再相加的方法。表 9-3 列出了常见有机物质不同温度时在活性炭上的吸附热(用 500 kg 活性炭吸附 1 kmol 蒸气)。

表 9-3　　　　　　　　　　　　常见有机物质不同温度时在活性炭上的吸附热

有机物质	分子式	吸附热/(kJ/mol)	
		273 K	298 K
氯乙烷	C_2H_5Cl	50.16	64.37
二硫化碳	CS_2	52.25	64.37
甲醇	CH_3OH	54.76	58.16
溴乙烷	C_2H_5Br	58.10	—
碘乙烷	C_2H_5I	58.52	—
氯甲烷	CH_3Cl	38.46	38.46
氯仿	$CHCl_3$	60.61	60.61
四氯化碳	CCl_4	63.95	64.37
二氯甲烷	CH_2Cl_2	51.83	53.50
甲酸乙酯	$HCOOC_2H_5$	60.61	—
苯	C_6H_6	61.45	57.27
乙醇	C_2H_5OH	62.70	65.21
乙醚	$(C_2H_5)_2O$	64.79	60.61
氯代异丙烷	$Iso\text{-}C_3H_7Cl$	54.76	66.04
氯代正丁烷	$n\text{-}C_4H_9Cl$	—	48.49
氯代正丙烷	$n\text{-}C_3H_7Cl$	61.03	65.21
2-氯丁烷	$Sel\text{-}C_4H_9Cl$	—	62.70

　　实际计算有机蒸气的吸附热时,可以忽略温度的影响。对一些有机化合物,吸附热与吸附蒸气量的关系可利用以下经验公式进行估算:

$$q = ma^n \tag{9-39}$$

式中　　q——吸附热,kJ/kg 活性炭;

　　　　a——已吸附蒸气量,m^3/kg 活性炭;

　　　　m,n——吸附常数,其取值如表 9-4 所列。

表 9-4　　　　　　　　　　　　式(9-39)中常数 m、n 的取值

物质名称	分子式	n	m
氯乙烷	C_2H_5Cl	0.915	1 716
二硫化碳	CS_2	0.920 5	1 816
甲醇	CH_3OH	0.938	2 021
溴乙烷	C_2H_5Br	0.900	1 885
碘乙烷	C_2H_5I	0.956	2 273
氯仿	$CHCl_3$	0.935	2 210
甲酸乙酯	$HCOOC_2H_5$	0.907 5	2 083
苯	C_6H_6	0.959	2 342
乙醇	C_2H_5OH	0.928	2 214
四氯化碳	CCl_4	0.930	2 301

习　题

9.1　某活性炭床被用来净化含 C_6H_5Cl 的废气,其操作条件是:废气流量为 20 m³/min,温度为 25℃,压力为 1 atm,C_6H_5Cl 的初始含量为 $850×10^{-6}$(体积分数),床深 0.5 m,空塔气速为 0.4 m/s。假定活性炭的装填密度为 400 kg/m³,操作条件下的吸附容量为饱和吸附容量的 40%,试验测得其饱和容量为 0.432 kg(C_6H_5Cl)/kg(活性炭),求:

(1) 当吸附床长宽比为 2∶1 时,试确定床的过气截面;

(2) 计算吸附床的活性炭用量;

(3) 试确定吸附床穿透前能够连续操作的时间。

9.2　在 305 K 及 101 kPa 下,湿度为 10% 的空气通过硅胶固定床进行等温吸附。设出口空气的破点浓度 Y_B = 125 ppmH_2O,床层失去吸附能力的饱和点浓度 Y_E = 2 250 ppmH_2O,床层的气相传质系数 $K_y a_p$ = 1 260 $G_s^{0.455}$ (kg/hm³ ΔY),G_s 为气体质量流速(kg/hm²),平衡关系如图 9-19 所示。试求:(1) 传质区内传质单元数;(2) 空气表观速度为 1 055 kg/(hm²)时,所需不含吸附质的吸附剂量 L_s;(3) 假定 $K_x a_p$ 近似等于 $K_y a_p$ 的 15%,求气相总传质单元高度;(4) 当达到破点时,床层的饱和度为 90%,求此时的床层高度;(5) 床层的堆积密度为 720 kg/m³,求破点发生的时间。

9.3　用活性炭固定床吸附废气中的 CCl_4,废气中的 CCl_4 含量为 0.15 kg/m³,气体流速为 5 m/min,已知在流过 220 min 后,吸附质达到 0.1 m 处,505 min 后达到 0.2 m 处,设床层高度为 1 m,试计算吸附最长能够工作多少时间而不使 CCl_4 蒸气逸出。

9.4　某堆积密度为 495 kg/m³ 的活性炭固定吸附床,活性炭颗粒直径为 3 mm,将含四氯化碳浓度 0.018 g/m³ 的空气混合物通入床层,气体速度 5 m/min,在气流通过 210 min 后,吸附质达床层 0.1 m 处,500 min 后达到 0.2 m 处。如床层高度为 0.9 m,则吸附床达到吸附饱和且四氯化碳不溢出的最长操作时间为多少?

9.5　利用活性炭吸附处理脱脂生产中排放的废气,排气条件为 294 K,$1.38×10^5$ Pa,废气量 25 400 m³/h。废气中含有体积分数为 0.02 的三氯乙烯,要求回收率 99.5%。已知采用的活性炭的吸附容量为 28 kg(三氯乙烯)/100 kg(活性炭),活性炭的密度为 577 kg/m³,其操作周期为 4 h,加热和解析 2 h,备用 1 h,试确定活性炭的用量和吸附塔尺寸。

9.6　采用活性炭吸附法处理含苯废气。废气排放条件为 298 K、1 atm,废气量 20 000 m³/h,废气中含有苯的体积分数为 $3.0×10^{-3}$,要求回收率 99.5%。已知活性炭的吸附容量为 0.18 kg(苯)/kg(活性炭),活性炭的密度为 580 kg/m³,操作周期为吸附 4 h,再生 3 h,备用 1 h。试计算活性炭的用量。

→ **第十章**

催化转化法净化气态污染物

第一节　概　述

一、催化转化法

催化转化法就是利用催化剂的催化作用,使废气中的污染物质转化成非污染物质或比较容易与载气分离的物质。

催化转化是将污染物质转化成非污染物质直接完成了对污染物的净化,它与吸收、吸附等净化方法的根本不同是无需使污染物与主气流分离而将其直接转化为无害物,既避免了其他方法可能产生的二次污染,又使操作过程得到简化。因而用催化转化法净化气态污染物已成为控制气态污染物的一种重要方法。目前,催化转化法已用于脱硫、脱硝、汽车尾气净化和恶臭物质净化等方面。

二、催化转化法分类

(一)催化氧化与催化还原

按机理催化转化法可简单地分为催化氧化和催化还原两大类。

1. 催化氧化转化法

催化氧化转化法是将各种废气中的气态污染物在催化剂的作用下被氧化。例如 NO 几乎不溶于水,而 NO_2 易溶于水,如果用活性炭做催化剂,先将 NO 氧化成 NO_2,然后就可以用水或碱性溶液加以吸收,以实现净化过程。又如高浓度的 SO_2 尾气可在 V_2O_5 的催化作用下,将 SO_2 氧化成 SO_3,再用水吸收,既可净化,又可制得硫酸。另外,催化燃烧是一种催化氧化过程,故工业生产中各种有机废气、制药生产中的臭味等均可采用催化燃烧的方法将其销毁。汽车尾气也可采用催化燃烧的方法使之得到净化。

2. 催化还原转化法

催化还原转化法是将污染物在催化剂作用下,与还原性气体反应,转化为非污染物。例如,废气中的 NO_x 在铂、钯等催化剂作用下,可与甲烷、氢、氨等发生还原反应,转化为氮气。

(二)均相催化和非均相催化

根据催化剂和反应物的物相,催化转化又可分为均相(单相)催化转化和非均相(多相)催化转化。

1. 均相催化

对均相催化转化来说,催化剂和反应物的物相相同,由于废气中污染物为气态,而能够促进转化的气态催化剂在实际中很少使用。均相催化的催化剂一般为酸、碱、金属络合物和有机金属化合物,催化剂和反应物分子在同一相中。均相催化已经建立了分子水平的催化反应理论,如酸碱催化理论、酶催化理论等。

相比之下,非均相催化转化一般催化剂为固态,可通过载体制成各种形状,如颗粒状、蜂窝状等,使其在气态污染物的净化得到较多的应用,尤其是汽车尾气治理,非均相的催化氧化在国内外得到了广泛应用。

2. 非均相催化

非均相催化中由于催化剂和反应物分子不在同一相中,催化反应机理比较复杂,至今尚未建立成熟的非均相催化反应理论。非均相催化中催化剂一般处于固相,所以非均相催化可以认为是固体表面上发生的物理和化学过程。

固体表面具有不同于固体内部物质的特殊性质,如固体表面上存在由于体相结构终止而造成的表面原子不饱和键,或称剩余价键。正是由于剩余价键的存在,吸附在表面上的分子可以解离成活性的表面新物种,或者分子发生化学或物理吸附而削弱了吸附分子原有的化学键。这些过程一般都会促进吸附分子自身的反应或与其他分子间的反应。一般催化剂表面反应过程遵循以下两种机理:Langmuir-Hinshelwood(L-H)机理和 Eley-Ridea(E-R)机理。

Langmuir-Hinshelwood(L-H)机理:假定表面是理想的,所有被吸附的气体分子(A 和 B)在表面上的吸附平衡都满足 Langmuir 吸附等温式。而且在反应速率的讨论分析中对吸附过程引用似平衡浓度法近似计算。此表面反应机理认为气相反应物分子 A 和 B 被吸附在表面形成表面络合物,这些被吸附的反应物之间通过相互作用进行反应转化为被吸附的产物分子,而被吸附的产物分子在理想表面脱附得到气相的产物。即反应物通过在催化剂表面相邻的活性中心上吸附而结合,大多数表面反应被认为是通过如下方程式完成的:

$$\text{A + B + } \underset{}{- S - S -} \longrightarrow \overset{A \quad B}{\underset{}{- S - S -}} \longrightarrow \overset{A - B}{\underset{}{- S - S -}} \longrightarrow - S - S - + \text{产物}$$
（活化络合物）

Eley-Rideal(E-R)机理:A 和 B 分子中只有一种分子被化学吸附在催化剂表面上,另一种分子(指从气相或以弱的物理吸附保持在表面上的分子)与吸附着的分子再起作用,形成活化络合物,最后转变为产物:

$$\text{A + B + } \underset{}{- S -} \longrightarrow \text{B + } \overset{A}{\underset{}{- S -}} \longrightarrow \overset{B \atop A}{\underset{}{- S -}} \longrightarrow - S - + \text{产物}$$
（活化络合物）

三、催化作用和环境催化

在化学反应中加入某种物质,使反应速率发生明显变化,而该物质的量和化学性质均不改变,这种物质称为催化剂或触媒,这种作用称为催化作用。

催化作用的发生与活化分子、活化能等密切相关。化学上将具有足够能量,能发生有效碰撞的分子称为活化分子,活化分子应具有的最低能量与分子平均能量的差值则称为活化能。催化作用就是通过降低活化能,增加活化分子数量,而使化学反应速率明显增加。

在环境催化领域，催化剂的使用条件更苛刻，例如需要反应温度窗口宽、空速大，反应物浓度很低且会随时间变化，这对催化剂的活性、选择性和稳定性提出了更高的要求。环境催化无论是研究对象还是工作条件都和通常的工业催化有很大的区别。表 10-1 从反应物浓度、反应毒物浓度以及反应条件 3 个方面总结了环境催化和工业催化的区别。

表 10-1　　　　　　　　　　　环境催化与工业催化的区别

	工业催化反应	环境催化反应
反应物浓度	>90%，并可加精制	数量级 ppb～ppm
反应毒物浓度	<1%，甚至可完全去除	5%～20%（是反应物浓度的数百倍至数万倍，不可能去除）
反应条件	可选择最合适的操作温度（423～773 K） 可选择最合适的空速（10 000～5 000 h⁻¹） 反应条件稳定可控	温度：300～1 273 K 空速：可达 1 000 000 h⁻¹ 反应条件经常变动

通常工业催化面对的反应物往往经过一定程度的精制，尽可能去除对反应有害的物质。而环境催化所面对的反应物经常是 ppm 级甚至于 ppb 级，这类浓度显然无法进行任何浓缩和精制，同时，对环境催化有害的物质却常常是反应物的数百倍甚至数万倍，且根本无法去除和避免。环境催化经常需要面对很高的空速，无法调整的温度条件，以及剧烈变动的反应负荷。面对如此苛刻的环境催化条件，如何在理论的指导下设计出高低温活性和高选择性的催化剂是唯一的选择。而这必然要求研究者对环境多相催化微观过程如反应机理和催化活性中心结构有深入了解。

第二节　　催化转化反应动力学

一、气固相催化过程及浓度分布

(一)催化过程

反应在催化剂表面上进行，反应物首先要从流体主体扩散到催化剂表面，表面反应完成之后，生成的产物需要从催化剂表面扩散到流体主体中去。所以气固相催化过程不仅需要考虑反应动力学因素，还要考虑传递过程的影响。

非均相催化过程可以分为以下七个阶段（图 10-1）：

(1) 反应物 A 由气相主体通过气膜向催化剂外表面扩散；

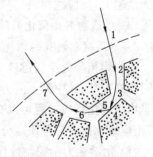

图 10-1　非均相催化过程

(2) 反应物 A 通过微孔向催化剂内表面扩散；

(3) 反应物 A 被催化剂内表面吸附；

(4) 反应物 A 在催化剂内表面发生化学反应；

(5) 生成物 R 从内表面脱附；

(6) 生成物 R 通过微孔向外表面扩散；

（7）生成物 R 通过气膜由催化剂外表面向气相主体扩散。

在上述七个步骤中，(1)和(7)称为外扩散过程，取决于气体流动状况；(2)和(6)称为内扩散过程，取决于微孔结构；(3)、(4)、(5)则称为化学动力学过程，取决于化学反应和催化剂性质、温度、气体压强等因素。

（二）浓度分布

1. 催化剂内外表面浓度分布

以球形催化剂为例，在催化过程中，如果以 C_{AG} 表示反应物 A 在气相主体中的浓度，C_{AS} 为催化剂外表面 A 的浓度，C_{AC} 为催化剂颗粒中心处 A 的浓度，C_A^* 为化学反应平衡浓度；再以气相主体离催化剂中心处的径向传质距离为横坐标，以浓度为纵坐标，则可得到如图 10-2 所示的浓度分布曲线。

针对图 10-2 催化剂内外表面浓度分布曲线，作以下几点说明：

（1）反应物 A 从气流主体扩散到颗粒外表面是一个单纯的物理过程，在球形颗粒外表面周围存在一层滞流边界层即气膜，反应物 A 通过此边界层时，它的浓度由 C_{AG} 递减到 C_{AS}。由于在扩散过程中无化学反应，其浓度递减 $C_{AG}-C_{AS}$ 可近似看成是常量，因此此浓度-径向传质距离图上，边界层中反应物 A 的浓度分布是一条直线。

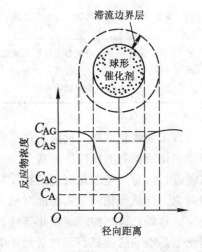

图 10-2　催化剂内外表面浓度分布

（2）反应物 A 在向内表面扩散时，同时就在内表面上吸附，并进行催化反应，消耗掉反应物。一般情况下，距离外表面越近，反应物 A 的浓度越大，越深入到催化剂颗粒内部，反应物消耗的量就越多，反应物浓度就越低，因此催化剂内部反应物的浓度梯度并不是常量，由催化剂内表面到中心处反应物 A 的浓度分布也就不可能是一条直线，而是一条曲线。通常催化剂活性越大，反应越快，反应物浓度下降越快，曲线就越陡。

（3）生成物 R 由催化剂颗粒中心向外表面扩散的浓度分布趋势则正好与反应物 A 相反。

2. 不同控制过程的浓度分布

在非均相催化反应过程中，虽然总阻力是由上述三部分组成的，但往往三者之间并非具有同等的程度，其中某一阻力可能较其他阻力大得多，成为反应过程总阻力的主要方面，因此非均相催化反应过程可以有三种控制类型，即：化学动力学控制、外扩散控制和内扩散控制，相应地也就有三种浓度分布。

（1）化学动力学控制过程。在此过程中，外扩散阻力、内扩散阻力都相对较小，总阻力主要集中在化学吸附和化学反应上，显然在气膜、外表面和内表面都可近似看作不存在浓度梯度，所以其浓度分布如图 10-3(a)所示。由图 10-3(a)可以看出：$C_{AG}\approx C_{AS}\approx C_{AC}\gg C_A^*$。

（2）内扩散控制过程。在此过程中，由于内扩散阻力很大，而其他阻力很小，所以仅在催化剂内表面存在浓度梯度，而在其他部位基本没有浓度梯度存在，所以其浓度分布可以用图 10-3(b)来表示。由图 10-3(b)可以看出：$C_{AG}\approx C_{AS}\gg C_{AC}\approx C_A^*$。

（3）外扩散控制过程。此过程的阻力主要集中在气膜，因而其浓度仅在气膜中有梯度，而在其他部位可看成常量,如果以 C_A^* 表示 A 组分在催化反应下的平衡浓度,则可得到如图 10-3(c)所示的一条浓度分布图。由图 10-3 可以看出,在外扩散控制下,$C_{AG} \gg C_{AS} \approx C_{AC} \approx C_A^*$。

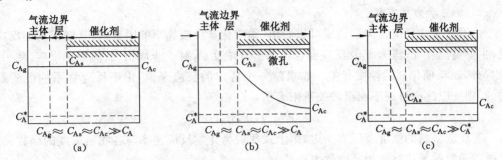

图 10-3　不同控制过程反应物 A 的浓度分布

(a) 化学动力学控制;(b) 内扩散控制;(c) 外扩散控制

二、表面化学反应速率和反应动力学过程

1. 表面化学反应速率

在气固两相催化反应中,表面化学反应往往起决定作用,整个过程一般都是受化学动力学控制。对于均相物系,化学反应速率一般用单位时间内单位体积混合物中反应组分 A 的减少量来表示反应速率,即:

$$r_A = -\frac{\mathrm{d}(n_A/V)}{\mathrm{d}\tau} \tag{10-1}$$

当 v 不变时:

$$r_A = -\frac{\mathrm{d}C_A}{\mathrm{d}\tau} \tag{10-2}$$

式中　v——反应混合物体积,m³;

　　　n_A——反应物的瞬时量,kmol;

　　　τ——反应时间,S。

对于连续流动的气态反应物,由于在反应过程中,实际反应时间 τ 不易确定,式(10-1)实际应用起来较困难,所以通常改用单位体积内某反应物质量流量的变化率来表示反应速率,即:

$$r_A = -\frac{\mathrm{d}N_A}{\mathrm{d}V} \tag{10-3}$$

式中　N_A——反应物 A 的质量流量,kmol/s。

对于气固非均相体系来说,由于催化反应是在催化剂表面进行的,因此式(10-3)中的反应空间体积可改用相应的催化剂参数来表示,因而采用了三种常见的形式:

$$r_A = -\frac{\mathrm{d}N_A}{\mathrm{d}V_R} \tag{10-4}$$

$$r_A = -\frac{\mathrm{d}N_A}{\mathrm{d}S_R} \tag{10-5}$$

$$r_A = -\frac{\mathrm{d}N_A}{\mathrm{d}W_R} \tag{10-6}$$

式中　V_R——催化剂体积，m^3；

　　　S_R——催化剂表面积，m^2；

　　　W_R——催化剂质量，kg。

2. 反应动力学方程

由表面化学反应速率表达式可以看出，影响化学反应速率的因素很多，对于均相反应来说，主要是温度 T、压力 P 及反应混合物的组分浓度 C，对于非均相气-固催化反应，除了 T、P、C 外，还与催化剂的性质有关。如果就一个特定的反应来说，由于反应物系的性质是相同的，则反应速率可用下面函数关系来表示：

$$r = f(T,P,C) \tag{10-7}$$

若反应系统的温度及压力一定，则上式便成为化学反应速率与各物质浓度的函数关系，这样的函数关系式就称为动力学方程式。

化学动力学研究表明，化学反应遵循质量作用定律，反应速率与反应物浓度成指数函数关系，那么对于反应

$$n_1 A + n_2 B \Longrightarrow n_3 D + n_4 E$$

如果反应是可逆的，其反应速率为

$$r_A = k_1 C_A{}^{n_1} C_B{}^{n_2} - k_2 C_D{}^{n_3} C_E{}^{n_4}$$

如果反应是不可逆的，其反应速率为

$$r_A = k_1 C_A{}^{n_1} C_B{}^{n_2}$$

三、气固催化反应宏观动力学

在气固催化反应过程中，两相之间的质量传递及热量传递与气体流动状况和催化剂性质密切相关，并与反应过程同时进行，互相影响。所以，气固两相催化反应过程的总速率既取决于催化剂表面的化学反应，又与气体流动、内外扩散、传热传质等物理过程有关。所以把研究包括外扩散、内扩散等物理过程在内的气固催化反应动力学，称之为宏观动力学。

（一）催化剂有效系数

催化剂微孔内的扩散过程对反应速率有很大影响，当反应物进入微孔内，边扩散边逐渐反应，造成反应物的浓度沿孔长而降低，使反应速率也逐渐下降。当反应物浓度降为零时反应速率也等于零。因此催化剂内表面积虽大，却不能像外表面那样全部有效，因此应该采用催化剂有效系数对此进行定量表示。催化剂有效系数，也称为催化剂内表面利用率，定义为受内扩散影响时的反应量（或反应速率）与不受内扩散影响的反应量（或反应速率）之比。

由催化剂颗粒内部反应物浓度分布可知，在发生化学反应的范围内，催化剂外表面反应物浓度 C_{AS} 最高，因而反应速率和反应量都最大，所以在不受内扩散影响的情况下，按颗粒外表面上的反应组分浓度 C_{AS} 及催化剂颗粒内表面积进行计算的理论反应量 N 应为：

$$N = k_A S_i f(C_{AS}) \tag{10-8}$$

式中　k_A——表面反应速率常数，其单位视反应级数而定；

　　　S_i——单位体积催化剂内表面积，m^2/m^3；

在实际情况下，存在内扩散阻力的影响，所以实际反应量 N' 应该按每一处实际反应速率进行计算，即：

$$N' = \int_0^{S_i} k_A f(C_A) \mathrm{d}S \tag{10-9}$$

所以,根据催化剂有效系数的定义有:

$$\eta = \frac{\int_0^{S_i} k_A f(C_A) \mathrm{d}S}{k_A S_i f(C_{AS})} \tag{10-10}$$

式中　η——催化剂的有效系数。

由此可见,催化剂有效系数 η 的大小反映了内扩散对总反应速率的影响程度。

当 $\eta \approx 1$ 时,$N' \approx N$,表面内扩散影响很小,过程为化学动力学控制。

当 $\eta \ll 1$ 时,$N' \ll N$,表明内扩散影响显著,颗粒微孔内浓度与外表面外浓度相差很大,过程为内扩散控制。

工业上粒状催化剂的有效系数一般在 0.2~0.8 之间。

（二）宏观动力学方程式

宏观动力学方程式是包括表面化学反应速率和扩散速率在内的总反应速率方程式。当反应器内操作稳定时,反应物在每一处都不会积累,因此单位时间内从气流主体扩散到催化剂外表面反应组分的量,必等于催化剂颗粒内实际反应量,也就是说外扩散速率必等于实际表面化学反应速率,并都与总反应速率 r_A 相等。因此有:

$$r_A = D_G S_e \varphi (C_{AC} - C_{AS}) = k_A f(C_{AS}) S_i \eta \tag{10-11}$$

式中　D_G——外扩散传质系数,m/s;

S_e——单位体积催化剂的外表面积,m²/m³;

φ——催化剂颗粒的形状系数,对于球形,外表面全部都可加以利用,所以 $\varphi = 1$,对于圆柱状、无定形状,$\varphi = 0.90$;对于片状 $\varphi = 0.81$;

k_A——按单位内表面积计算的表面化学反应速率常数,m/s。

另外式(10-11)的 $f(C_{AS})$ 是与反应级数有关的浓度函数表达式,在这里主要讨论一级反应的情况。

若催化剂反应为一级不可逆反应,则 $f(C_{AS}) = C_{AS}$。由式(10-11)可解得:

$$C_{AS} = \frac{D_G S_e \varphi}{D_G S_e \varphi + k_A S_i \eta} \tag{10-12}$$

将式(10-12)代入 $r_A = k_A f(C_{AS}) S_i \eta$ 得:

$$r_A = (k_A S_i \eta) \frac{D_G S_e \varphi}{D_G S_e \varphi + k_A S_i \eta} \times C_{AG}$$

$$= \frac{1}{\dfrac{1}{k_A S_i \eta} + \dfrac{1}{D_G S_e \varphi}} \times C_{AG} \tag{10-13}$$

令 $K_T = \dfrac{1}{\dfrac{1}{k_A S_i \eta} + \dfrac{1}{D_G S_e \varphi}}$,即 $\dfrac{1}{K_T} = \dfrac{1}{k_A S_i \eta} + \dfrac{1}{D_G S_e \varphi}$,则

$$r_A = K_T C_{AG} \tag{10-14}$$

式(10-14)即为一级不可逆气固相催化反应的宏观动力学方程式。

K_T 称为表观反应速率常数,显然它的物理意义与反应速率常数完全相同。

在 $\dfrac{1}{K_T} = \dfrac{1}{k_A S_i \eta} + \dfrac{1}{D_G S_e \varphi}$ 中,$\dfrac{1}{D_G S_e \varphi}$ 称之为外扩散阻力,$\dfrac{1}{k_A S_i \eta}$ 则表示了内扩散阻力和表面化学反应阻力之和。

若催化剂反应是一级可逆反应,则 $f(C_{AS}) = C_{AS} - C_A^*$

$$r_A = k_A S_i \eta (C_{AS} - C_A^*)\qquad(10\text{-}15)$$

由 $k_A S_i \eta (C_{AS} - C_A^*) = D_G S_e \varphi (C_{AG} - C_{AS})$ 解得

$$C_{AS} = \frac{D_G S_e \varphi C_{AG} + k_A S_i \eta C_A^*}{D_G S_e \varphi + k_A S_i \eta}\qquad(10\text{-}16)$$

将式(10-16)代入式(10-15),则有

$$
\begin{aligned}
r_A &= k_A S_i \eta (C_{AS} - C_A^*)\\
&= K_T (C_{AG} - C_A^*)
\end{aligned}\qquad(10\text{-}17)
$$

当 $\dfrac{1}{k_A S_i \eta} \ll \dfrac{1}{D_G S_e \varphi}$ 时,$K_T = D_G S_e \varphi$,内扩散和表面化学反应阻力很小,过程为外扩散控制。

当 $\dfrac{1}{D_G S_e \varphi} \ll \dfrac{1}{k_A S_i \eta}$ 时,外扩散阻力很小,此时又分为两种情况:

当 $\eta \approx 1$ 时,内扩散阻力很小,主要是表面化学反应阻力,此时属于化学动力学控制。

当 $\eta \ll 1$ 时,外扩散阻力很小,而内扩散阻力较大,此时过程为内扩散控制。

第三节　催化剂及其再生

催化剂是催化转化反应的关键,也是影响催化反应器性能的重要因素。催化剂作为烟气净化系统核心,其性能直接关系到系统的运行效率与运行成本,在实际工程中,催化剂所需成本要占到其建设投资成本的 20% 左右。所以必须对催化剂的组成与性能,催化剂的失活及再生等有一个全面的了解。

一、催化剂组成与种类

(一)催化剂组成

工业催化剂通常是由多种物质组成的复杂体系,也有的只是一种物质。一般情况下工业催化剂均为固体催化剂,其组成可以分为主活性物质、助催化剂和载体等三部分,有的还加入成型剂和造孔物质,以制成所需要的形状和孔结构。

1. 主活性物质

主活性物质是催化剂的主体,能单独对化学反应起催化作用,因而可作为催化剂单独使用。主活性物质种类很多,具体见(二)催化剂种类。

2. 助催化剂

助催化剂本身不具有催化性能,少量加入能明显提高主活性物质的催化性能。加入助催化剂虽能提高催化剂的性能,但同时还会带来成本增加、制造复杂和使用范围有可能受一定的限制等有关问题,所以目前人们往往不通过加入助催化剂来提高催化剂的性能,而是通过改善其他方面来提高催化剂活性,如选择合适的制造方法、选择良好的多功能载体等。

3. 载体

一般把用于承载主活性物质和助催化剂的物质称为载体。

将活性物质载附于表面积很大的惰性载体上,既可节省主活性物质,又可使催化剂分

散,从而增大与气体直接接触的表面积。载体还可以使催化剂具有一定的机械强度,并能减少活性组分被烧结的可能性。有的载体还能与活性物质发生化学作用,能明显提高催化剂加速化学反应的效能,良好的载体能明显提高催化剂的活性和稳定性。

常用的载体材料主要有氧化铝、铁钒土、陶土(陶瓷)、活性炭、硅胶和金属带片等。

载体形状主要有网状、球状、柱状和蜂窝状,另外还有片状、环状、条状、陶瓷棒嵌砖等。

（二）催化剂种类

催化剂的种类非常多,用于气态污染物净化的催化剂种类,一般情况下主要是金属和金属盐,可分为贵金属和非贵金属两大类。

1. 贵金属

这里所说的贵金属是指元素周期表中第Ⅷ族中的铂系元素,即钌、钯、铑、铂等元素。其中钯和铂是气体污染物催化转化上用得较多的两种贵金属。由于铂和钯的催化性能很好,因而在催化剂中的含量就很低。例如用于汽车尾气净化的粒状催化剂,如果用 Cu、Fe、Mn 等金属氧化物,其含量要占催化剂的 $50\%\sim90\%$;若用 Pt 和 Pd,则只占 $0.1\%\sim0.2\%$。

2. 非贵金属

可以用于气态污染物催化转化的非贵金属(包括氧化物)主要有铜、稀土金属、铬、钼、锰及铁系金属等。这些非贵金属一般都是以 Al_2O_3 和硅藻土做载体,其金属含量只有在 50% 左右才能表现出较高的活性,在实际应用中才有效。也有些催化剂如铜-铬催化剂($Cu_2Cr_2O_5$)也可以制成骨架形而不用载体。

（三）催化剂的形状特性

催化剂表面积会影响外扩散,是催化剂老化程度的表征。催化剂孔结构会影响内扩散,也是催化剂老化程度的表征。孔结构可用颗粒的孔隙率表示,其定义为:

$$\varepsilon_p = \frac{孔隙体积}{总体积} \times 100\% \tag{10-18}$$

需要注意的是床层空隙率 ε 与颗粒的孔隙率 ε_p 不同。

对颗粒床而言:

$$\varepsilon = \frac{床层的空隙体积}{床层体积} \times 100\% \tag{10-19}$$

对单一颗粒而言:

$$\varepsilon_p = \frac{颗粒内部的孔体积}{颗粒体积} \times 100\% \tag{10-20}$$

催化剂的形状特性对催化床的温度分布和控制及反应器的结构和阻力有很大影响。

工业催化剂往往根据不同的使用要求而做成不同的形状,如粉状、颗粒状(包括无定形、球形、环形、丸形等)、片状、网状和整体蜂窝状等。网状和整体蜂窝状又称催化剂模屉,如图10-4 所示。一般来说,颗粒状加工容易,与气流接触紧密性好,床层布置灵活,结构和装卸都较简单,因而最常用。但颗粒状催化剂传热性差,颗粒层间有明显的温差,床层阻力也较大。催化剂模屉的出现使催化剂使用性能得到了很好的改善。催化剂模屉是用金属丝做成丝网屉,或带状、蓬球状,然后将活性组分(如 Pd、Pt 等)电镀或沉积在丝网或金属带上,或者在致密无孔陶瓷支架上,涂上一层 α-氧化铝薄层(载体),再沉积上活性组分。

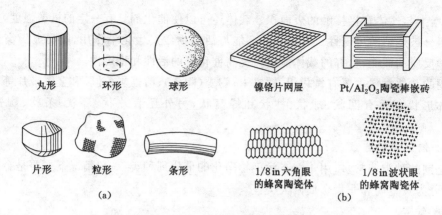

图 10-4　不同形状的颗粒催化剂和催化剂模屉
（a）颗粒催化剂；（b）催化剂模屉

二、催化剂性能

催化剂的性能主要是活性、选择性和稳定性等三项指标，其中前两项是直接反映催化剂对反应动力学影响大小的关键参数，而稳定性则是直接表示催化剂寿命的参数。

1. 活　性

催化剂的活性是衡量催化剂加快化学反应速率程度的一种量度，即催化剂对化学反应促进作用的强弱。活性大小直接反映了催化剂的优劣。在工业上，催化剂的活性常用单位数量催化剂在一定反应条件下、单位时间内所得的产品数量来表示。

$$A = W/(t \cdot W_R) \tag{10-21}$$

式中　A——催化剂的活性，$kg/(h \cdot g)$；

W——产品质量，kg；

W_R——催化剂质量，g；

t——反应时间，h。

另外，人们为了研究上的方便，在催化剂的研制和筛选时，通常采用比活性的概念来评价和比较其活性。其定义为：

$$A_S = A/S_m \tag{10-22}$$

式中　A_S——催化剂的比活性，$kg/(h \cdot m^2)$；

S_m——催化剂的比表面积，m^2/g。

此外，催化剂活性还可用其他方式表示，常用的包括以下几种：

（1）反应速率

反应速率能直接反映出催化剂的活性强弱，1979 年国际纯粹与应用化学联合会（IU-PAC）将反应速率定义为：

$$v = \frac{\mathrm{d}\xi}{\mathrm{d}t} (\mathrm{mol/s}) \tag{10-23}$$

式中，v 为化学反应速率，ξ 为反应进度，由于反应速率还与催化剂的体积、质量和表面积有关，所以常用比速率来表示化学反应速率。

（2）转化率

对于活性的表达方式，还有一种更直观的指标，即转化率，常被用来比较催化剂的活性。转化率的定义为：

$$X_A = \frac{反应物 A 转化的物质的量}{反应物 A 起始的物质的量} \times 100\% \qquad (10\text{-}24)$$

采用转化率表示催化剂活性时，必须注明反应物与催化剂的接触时间，即须在已知的气速下进行比较，工程应用中常用空速或空时来表示气速大小。

（3）起燃温度

起燃温度表示达到某一转化率所需要的最低温度，一般用达到 50% 转化率的最低温度表示。一般而言，起燃温度越低，催化剂的活性越好。环境催化往往要求催化剂有较好的低温活性和较宽的温度区间以保持较高的活性。例如汽车尾气净化催化剂，既要适应发动机启动时的低温尾气条件，又要在发动机高速运行的高温尾气中正常工作。

2. 选择性

某些反应在热力学上可以按照不同的途径得到几种不同的产物，选择性是指能使反应朝某一特定产物的方向进行的可能性。催化剂可通过优先降低某一特定的反应步骤的活化能，从而提高这一步骤为限速步骤的反应速率，继而对反应的选择性产生影响。

催化剂的选择性，也可以理解为只对某一反应起催化作用的特性。选择性的大小通常用反应所得的目的产物量与某反应物反应量之比（一般为摩尔数之比）来表示。显然催化剂的活性和选择性分别从不同方面反映了催化剂的性能，活性表示催化剂对提高产品产量的作用，而选择性则表示催化剂对提高原材料利用率的作用。

催化反应的选择性可以定义为：

$$S = \frac{所得目标产物的物质的量}{已转化的某一反应物的物质的量} \times 100\% \qquad (10\text{-}25)$$

从某种意义上说选择性比活性更为重要，在环境催化中，选择性指倾向于反应产物对环境不造成新的污染。

也可以用速率常数之比表示选择性。假设某个反应在热力学上有两个反应路径，其速率常数分别为 k_1、k_2，则催化剂对第一个路径反应的选择性为

$$S_{R,1} = \frac{k_1}{k_2} \times 100\% \qquad (10\text{-}26)$$

3. 稳定性

催化剂在实际使用过程中，由于化学和物理的种种原因，其活性和选择性均会下降，当活性和选择性下降到低于某一值后催化剂就被认为失活了。催化剂稳定性通常以寿命来表示。它是指催化剂在使用条件下，维持一定活性水准的时间（单程寿命）或经再生后的累积时间（总寿命）。

从理论上讲，催化剂的性质不会因反应而改变，但实际上催化剂在操作使用过程中，会因种种原因影响而逐渐失去活性，即通常所说的失活。催化剂的稳定性是指操作过程中保持活性的能力，主要包括耐热稳定性、机械稳定性和化学稳定性等三个方面。催化剂的寿命是反映稳定性的重要指标，正常情况下，催化剂的寿命一般在 20 000～30 000 h 之间。

（1）耐热稳定性

环境催化往往需要催化剂具有较高的耐热稳定性，高温反应是常见的环境催化反应，一种良好的催化剂应能在高温的反应条件下长期具有一定的活性。然而大多数催化剂都有自

己的极限温度,这主要是高温容易使催化剂活性组分的微晶烧结长大、晶格破坏或晶格缺陷减少。金属催化剂通常超过半熔温度就会烧结。当催化剂为低熔金属时,应当加入适量高熔点难还原的氧化物起保护隔离作用,以防止微晶聚集而烧结。改善催化剂耐热性的另一个方法是采用耐热的载体。

（2）机械稳定性

机械稳定性高的催化剂能够经受颗粒与颗粒之间、颗粒与流体之间、颗粒与器壁之间的摩擦与撞击,且在运输、装填及自重负荷或反应条件改变等过程中能不破碎或没有明显的粉化。一般以抗压强度或粉化度来表征。环境催化往往需要催化剂具有较高的机械强度。例如,用于燃煤电厂烟气脱硝的挤压成型 V_2O_5-WO_3 催化剂,必须具有很高的机械强度,以承受来自烟气中大量粉尘的机械冲刷。

（3）化学稳定性

由于毒物对催化剂的毒化作用,催化剂的活性、选择性或寿命降低的现象称为催化剂中毒。催化剂的中毒现象本质是催化剂表面活性中心吸附了毒物或进一步转化为较稳定的没有催化活性的表面化合物,使活性位被钝化或被永久占据。由于环境催化的特殊性,不能像工业催化中那样对反应物进行纯化和精制,所以反应体系中往往含有大量对催化剂有毒化作用的物质,如 SO_2、CO_2、重金属等。因此,抗毒稳定性是环境催化剂最重要的性质之一。

催化剂中毒一般分为两类:一类是可逆中毒或暂时中毒,这时毒物与活性组分的作用较弱,可通过撤除毒物或用简单方法使催化剂活性恢复;另一类是永久中毒或不可逆中毒,这时毒物与活性组分的作用较强,很难用一般方法恢复活性。以用于碳氢化合物选择性催化还原 NO_x 的催化剂为例,水蒸气导致的中毒就是可逆中毒,撤除水蒸气催化剂的活性立即可以得到恢复,而 SO_2 导致催化剂表面物种的硫酸盐化就是不可逆中毒。虽然净化反应体系、脱除毒物可以预防催化剂中毒,但这对于环境催化很难实现。

三、催化剂失活与再生

（一）催化剂失活

1. 催化剂老化或衰老

（1）破碎或剥落

破碎是指成型物的破碎和粉化,而剥落是指活性物质从载体上掉落。无论哪种现象,究其原因主要有两个方面,一是制造工艺或制备技术,二是气流的冲刷。催化剂在运行过程中,烟气中的飞灰颗粒会随气流不断冲刷催化剂表面,导致其表面活性物质的流失和强度的降低,最终造成催化剂的失活。催化剂的磨损程度与其原料、制备工艺、气流状况和飞灰特性等因素有关。

（2）催化剂烧结失活

当催化剂在 450 ℃以上高温下运行或长时间加热,催化剂活性位置会发生烧结和结晶。活性组分以及载体晶粒增大,微晶结构发生变化,造成表面积或晶格缺陷部分明显减少,导致催化剂表面发生熔融,这种现象也称为半融。催化剂一旦出现这种情况,比表面积就会减少,甚至完全失活。

（3）催化剂堵塞

催化剂的堵塞主要是其吸附与附着作用所致。系统长时间运行后,烟气中所含飞灰会导致催化剂的堵塞,包括孔堵塞和通道堵塞。孔堵塞是铵盐及飞灰小颗粒沉积在催化剂小孔中,覆盖催化剂表面活性位,阻碍反应物分子到达催化剂表面,使催化剂的活性降低。通道堵塞是指催化剂在长时间运行后,催化剂表面被一层污垢如废气中所含粉尘或油雾所覆盖,阻碍烟气流动,致使催化剂床层压降增加。

2. 催化剂中毒

催化剂的中毒主要是由于气体中含有的某种元素或化合物能够与催化剂中的活性组分牢固的结合或发生反应,导致催化剂反应活性显著下降。因中毒而失活的催化剂,用物理方法不能恢复它的活性。烟气飞灰中含有的碱金属、砷、钙、汞和铅等均对催化剂有一定的毒化作用。

(1) 碱金属中毒

碱金属沉积于催化剂表面后,会发生酸碱中和作用而减弱催化剂的表面酸性,进而造成失活。碱金属碱性越强,其氧化物对催化剂的毒化能力越强。在水溶性状态下,碱金属有很高的流动性,能够进入催化剂材料的内部,由于碱金属的移动性可以被整体式载体材料所稀释,因此,对于整体式的蜂窝陶瓷类的催化剂失活速率在一定程度上有所降低。

(2) 砷中毒

烟气中的气态砷(As_2O_3)会引起催化剂的中毒,其扩散进入催化剂表面的活性位或非活性位上及堆积在催化剂小孔中,并与其他物质发生反应,引起催化剂活性降低。在循环床锅炉中,添加一些石灰石,可以降低气态砷的浓度。在石灰石中,自由的 CaO 分子能够与气态砷发生反应,生成对催化剂无害的 $Ca(AsO_4)$ 固体。

(3) 钙中毒

烟气中的 CaO 也会造成催化剂的中毒,游离的 CaO 会迁移至催化剂表面的微孔中,与烟气中的 SO_3 反应生成 $CaSO_4$,覆盖在催化剂表面,阻止反应物向催化剂表面及微孔内扩散,导致催化活性下降。

(二) 催化剂再生及应用实例

1. 催化剂再生

目前失活催化剂的再生方法有:水洗再生、酸洗或碱洗再生和热再生或热还原再生等。

(1) 水洗再生

水洗再生较为简单,先用压缩空气冲刷催化剂表面,再用去离子水冲洗,最后进行干燥。再生过程能冲刷掉催化剂表面沉积飞灰颗粒以及部分可溶性的中毒物质。但由于催化剂中毒方式的不同,水洗再生对催化剂活性恢复的程度也不同。清洗过程中,催化剂中的一部分活性物质也会溶于水中,造成催化剂活性的下降。因此需要在含活性物质的溶液中浸泡进行补充,恢复原来的活性物质。对堵塞催化剂进行超声清洗、活性组分负载以后,其催化活性能得到较大的恢复。

(2) 酸洗或碱洗再生

催化剂表面沉积碱金属后,会使催化剂表面酸性减弱,导致催化活性降低。对于一些中毒失活的催化剂,水洗再生无法洗脱其中的毒性物质,这种状况下,酸洗再生比水洗再生效果更为明显。酸洗再生一方面能洗掉中毒物质,另一方面能够增加催化剂表面的酸性位点的数量和稳定性。对于酸洗过程,洗掉毒性物质的同时也会导致催化剂表面活性组分的流失,酸洗再生液 pH 越低,活性组分的流失越严重。

碱洗再生液对硫酸盐的溶解更加有效,同时对设备的腐蚀较小。碱洗再生能够恢复失活催化剂的部分孔隙率,显著增大比表面积,降低催化剂表面杂质含量。

(3)热再生或热还原再生

热再生是指在惰性气氛下,将催化剂升高到一定温度进行热处理,使催化剂表面的易分解物质分解,是催化剂活性得到恢复的一种技术手段,主要适用于催化剂铵盐堵塞的场合。热还原再生则是在热再生基础上通入一定量的还原性气体(如 NH_3),利用还原性气体将催化剂表面硫铵盐还原为 SO_2,实现催化剂的脱硫再生。

具体的再生方法要根据催化剂类型和失活原因决定。板式催化剂可采用水洗再生,也可以用热再生或热还原再生,蜂窝式或波纹式催化剂一般采用热还原再生更有效。实际工况下失活的催化剂,一般将上述方法结合使用。

2. SCR 脱硝催化剂的再生工艺

在 SCR 脱硝工艺中,仅 70%～80%的完整废催化剂可进行再生,20%～30%破损废催化剂无法用于再生,可破碎后加入新催化剂制造流程当中,作为原料得到回收。整个生命周期中,废烟气脱硝催化剂最多可再生 3～4 次。不能进行再生的废烟气脱硝催化剂,只能用于回收其中的金属或进行最终处置。

目前已投入运行的 SCR 脱硝催化剂中,75%采用蜂窝式催化剂,其属于均质催化剂,即催化剂本体全部是催化剂材料,因此其表面遭到灰分等的破坏磨损后,仍然能维持一定的催化性能,催化剂也可以再生。蜂窝式钒钛系废脱硝催化剂的典型再生回收工艺如图 10-5 所示,主要包括如下步骤:

(1)清灰分拣预处理:利用吸尘设备对回收的催化剂表面黏附及孔道内的粉尘进行吸尘处理,并根据是否破损的原则进行分拣,分为完整的催化剂和破损的催化剂。

(2)水清洗:分拣出的完整催化剂和破损催化剂分别进行水清洗,包括利用高压水冲洗或是超声波清洗,去除堵塞在催化剂内部的粉尘。

(3)化学清洗:通过检测废催化剂中所含不同杂质组分制定清洗方案,配制清洗液,常用的清洗液包括 HNO_3、H_2SO_4、EDTA、氨三乙酸等。由于废催化剂表面沉积了一定量的碱金属化合物,其中钠、钾金属化合物的沉积量较大,这些碱金属化合物会部分占据催化剂中的反应活性酸位,导致催化剂活性下降。经过清洗液清洗,碱金属含量与硫含量均有所减少,有利于催化剂脱硝活性的恢复。

(4)活性修复:将分拣出的完整催化剂经过清洗后进行活性物质检测,若活性物质 V_2O_5 流失量超过一定值,需要进行活性修复工序,常用的活性植入液为偏钒酸铵溶液。每个批次的废催化剂原料均需进行检测,根据检测结果制定有针对性的再生方案,主要区别在于配制不同的清洗液及是否进行活性材料植入工序。当检测结果表明 V_2O_5 流失量不超过 12%,或催化剂脱硝效率能满足设定值时,再生工艺过程不必进行材料植入工序。

(5)干燥煅烧:经过清洗或活性修复的废催化剂需经过干燥,其中再生的完整催化剂还需经过煅烧。

(6)粉磨:破损的催化剂经过干燥后需进行粉磨,达到一定粒径要求后可加入新催化剂制造流程,同钛白粉按照一定比例配比作为新催化剂制造的原料。

对于再生催化剂一般需要达到以下要求:

① 再生后的催化剂物理堵塞小于 5%;

② 修复受损的模块单元体和外部包装;

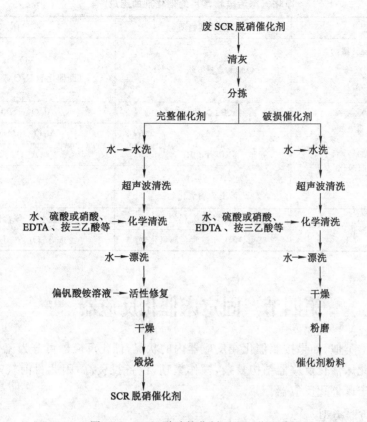

图 10-5　SCR 脱硝催化剂再生回收工艺流程

③ 更换受损的催化剂单元体；

④ 物理、化学性能恢复到接近新的催化剂的水平；

⑤ 机械强度能够承受运输和催化剂能够达到预期的使用寿命；

⑥ 脱硝率、SO_2/SO_3 转化率、氨逃逸率和压降的性能保证。

四、大气污染控制中常用的催化剂

对大气污染控制中使用的催化剂又有不同的特殊要求：

① 要求处理后有害物质的含量降到 10^{-6}(ppm)级甚至 10^{-9}(ppb)级，即要求催化剂具有极高的去除效率。

② 要求处理的气体或液体量极大，要求催化剂有高的活性外，还须具有能承受流体冲刷和压力降作用的强度。

③ 被处理的气体通常含有粉尘、重金属、含氮及含硫化合物、硫酸雾、卤化物、O_2、CO、CO_2 等，故要求催化剂应具有较高的抗毒性、高化学稳定性和好的选择性。

④ 要求使用催化剂的处理设备结构简单，占地少，经处理后的催化剂可恢复使用性能，不产生二次污染。

催化转化法净化气态污染物常用的催化剂的组成见表 10-2。

表 10-2 净化气态污染物常用的催化剂的组成

用 途	主活性物质	载 体
有色冶炼烟气制酸、硫酸厂尾气回收制酸等 $SO_2 \Longleftrightarrow SO_3$	V_2O_5 含量 6%～12%	SiO_2（助催化剂 K_2O 或 Na_2O）
硝酸生产等工业废气 $NO_2 \Longleftrightarrow N_2$	Pt、Pd 含量 0.5%	Al_2O_3—SiO_2
	$CuCrO_2$	Al_2O_3—MnO
碳氢化合物的净化 CO＋碳氢化合物—→CO_2＋H_2O	Pt、Pd、Rh	Al_2O_3
	CuO、Cr_2O_3、Mn_2O_3 稀土金属氧化物	
汽车尾气净化	Pt（含量 0.1%）	硅铝小球、蜂窝陶瓷
	碱土、稀土和过渡金属氧化物	α-Al_2O_3、γ-Al_2O_3

第四节 固定床催化反应器

与其他反应器类似,如果按照催化在反应器内的状况,催化反应器可分为流化床和固定床两种。由于流化床催化反应器结构复杂,操作繁琐,设备投资高,因此目前气态污染物的净化主要采用固定床催化反应器。

一、催化反应器类型

对于固定床催化反应器,按照换热要求和方式可以分为绝热式和换热式两大类,其中绝热式可以分为单段和多段两种。下面分别加以介绍。

(一)绝热式固定床催化反应器

1. 单段或简单绝热式

图 10-6 为单段或简单绝热式催化反应器。其外形一般是圆筒状,内有栅板承装催化剂。待净化气体一般从上部进入,不易造成床层松动,气体均匀通过催化剂床层,停留时间比较一致。单段绝热式固定床催化反应器一般适合下列情况:① 污染物浓度较低,反应热效应较小;② 反应过程温度的变化不敏感;③ 副反应较小的简单反应。

单段绝热式固定床催化反应器具有结构简单,气体分布均匀,空间利用率高,造价便宜等优点,但缺点也很突出,主要是反应器轴向温度分布不均匀,同时不适用于热效应大的反应。

2. 多段绝热式

多段绝热式固定床催化剂反应器分为反应器间设换热器[图 10-7(a)]和段间设换热构件[图 10-7(b)]两种。

前一种是在相邻单段反应器间设置换热装置,流

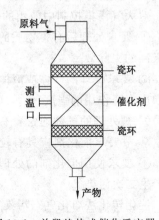

图 10-6 单段绝热式催化反应器

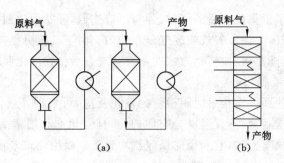

图 10-7 多段绝热式催化反应器

程复杂,占地面积较大。后一种是把催化剂分成若干层,在各段间进行换热,结构紧凑,占地面积较小。由于在每段床层间设置换热装置,可以保证每段床层的绝热温升或温降维持在允许范围之内,适用于具有中等热效应的反应。

多段绝热式固定床催化剂反应器的突出优点就是每一段的温度,可以按最佳反应温度的需要进行调节。目前化工生产中的 SO_2 的催化氧化,H_2、N_2 合成氨的反应多采用段间设换热构件的多段反应器。

(二)换热式固定床催化反应器

换热式固定床催化反应器目前主要是列管式反应器,其结构如图 10-8 所示。

由图 10-8 可以看出,它的结构是在反应器内设多根竖管,一般称为列管,在列管内装催化剂,在列管外通入换热介质,如待预热的原料气、空气等。反应原料气进入列管内催化剂层后,边进行催化反应,放出热量,边进行换热,即催化反应与换热同时进行,这是换热式与绝热式根本不同之处。

(三)其他催化反应器

除了上述几种结构类型外,固定床催化反应器还有径向反应器和薄层反应器等类型。

1. 径向反应器

如图 10-9 所示,径向反应器把催化剂装在圆筒形反应器中间,呈圆环状布置,在环状催

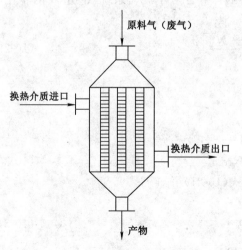

图 10-8 换热式催化反应器

图 10-9 径向催化反应器

化剂层中心的通道用于汇集反应后的气体,并与出口连通,环状催化剂层与反应器筒壁之间的环形空间则用于进气,并使原料气或废气分布均匀。由于气流沿径向通过催化床,因而它的气体流通截面大,压降小,径向流动方式非常符合气态污染物净化要求。

2. 薄层床催化反应器

对于反应速度极快而所需接触时间很短的催化反应,可根据其具体情况采用薄层床催化反应器。由于其床层很薄,不仅温度分布均匀,而且催化剂利用率高,对于昂贵催化剂而言经济效益明显。从根本上讲,它和径向反应器均属于单层绝热式催化反应器的特殊形式。

二、反应器主要参数

(一)空间速度

空间速度简称空速,是单位体积催化剂在单位时间内所能处理的气体体积。它反映了催化剂的处理能力大小。由于在反应过程中,废气的体积流量是随操作状态如温度、压力而变化的,而且在某些反应中,还随反应前后气体混合物的摩尔数变化而变化,因此,一般采用不含生成物的反应前标准状态气体体积流量为基准。根据前述定义,空间速度表示如下:

$$W = Q_N / V_R \tag{10-27}$$

式中　W——空间速度,s^{-1};

　　　Q_N——标准状态下原料气或废气初始体积流量,m^3/s;

　　　V_R——催化剂床层体积,m^3。

(二)接触时间

显然,空间速度 W 越大,停留时间越短。基于这种关系,一般把空间速度的倒数称为反应物与催化剂的接触时间,即:

$$T_N = 1/W = V_R/Q_N \tag{10-28}$$

式中　T_N——标准状态下反应物与催化剂的接触时间,s。

(三)转化率

计算反应速率时,须知道各组分的瞬时摩尔流量,但要实测任一瞬间各组分瞬时流量是困难的,因此常用反应物的转化率进行反应速率的计算。对于流动系统,组分 A 的转化率 x_A 被定义为:

$$x_A = \frac{N_{A0} - N_A}{N_{A0}} \tag{10-29}$$

式中　N_{A0}——组分 A 的初始流量,$kmol/s$;

　　　N_A——组分 A 的某一瞬时流量,$kmol/s$。

　　则

$$N_A = N_{A0}(1 - x_A)$$
$$dN_A = - N_{A0} dx_A \tag{10-30}$$

对于催化剂床层来说,由接触时间 τ 的定义式(10-21)可知

$$V_R = Q_0 \tau$$
$$dV_R = Q_0 d\tau \tag{10-31}$$

式中　Q_0——操作状态下废气初始体积流量,m^3/s;

　　　τ——操作状态下反应物与催化剂的接触时间,s。

将式(10-23)、(10-24)代入(10-4)式,可得:

$$r_A = \frac{N_{A0}\,\mathrm{d}x_A}{\mathrm{d}V_R} = \frac{N_{A0}\,\mathrm{d}x_A}{Q_0\,\mathrm{d}\tau} \tag{10-32}$$

又由于

$$\frac{N_{A0}}{Q_0} = C_{A0}$$

所以

$$r_A = C_{A0}\frac{\mathrm{d}x_A}{\mathrm{d}\tau} \tag{10-33}$$

如果以 C_{A0} 为操作状态下组分 A 的初始浓度，以 C_{A0}^N 为标准状态下组分 A 的初始浓度，则上式又可写为

$$Y_A = C_{A0}^N\frac{\mathrm{d}x_A}{\mathrm{d}\tau_N} \tag{10-34}$$

三、催化反应器的设计计算

固定床催化反应器的设计计算一般包括结构选型、床层参数计算、反应器外型尺寸设计等三大部分。其中结构选型可以根据所处理的对象加以确定，反应器的外形尺寸也可以根据床层参数而加以确定，关键是床层参数即床层体积、床层阻力、床层温升等需要详细计算才能合理地确定下来。所以这里分别介绍床层体积、床层阻力和床层温升等三大参数的计算。

（一）床层体积的计算

催化剂体积一般是指催化剂在床层中所占的体积，是决定固定床催化反应器主要尺寸的依据。其计算一般有两种方法，一种是理论计算法，又称数学模型法；另一种是经验计算法，又称定额计算法。

1. 理论计算法

在大气污染控制中，若用催化转化法净化气态污染物，由于废气中污染物浓度一般都很低，不仅反应进行得较慢，而且反应放出的热量也少，所以可以当作绝热过程。同时为了简化计算，固定床反应器也可看成是理想置换反应器，所以可以用"拟均相一维理想流动基础模型"进行反应器计算。

"拟均相一维理想流动基础模型"假定固定床内流体以均匀速度作理想流动，在径向上的速度、温度、浓度等均匀分布，轴向传热和传质仅由理想置换式的总体流动所引起。为了更清楚地表示拟均相一维理想流动基础模型，现结合理想置换反应器，用图 10-10 来表示。

由图 10-10 可以看出，虽然流体中的浓度在径向上是均匀一致的，由于催化反应的存在，浓度在轴向上是逐渐减少的，而化学转化率随着催化反应的进行和反应物浓度的减少是逐渐增加的。

设理想置换反应器入口温度为

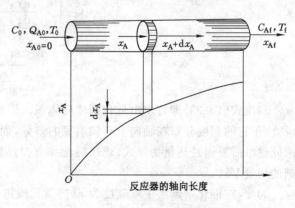

图 10-10　理想置换反应器模型

T_0，出口浓度为 C_{Af}，出口转化率为 x_{Af}，出口温度为 T_f，同时，在反应器内取一微元体积 dV_R，其两端面转化率分别为 x_A 和 $x_A + dx_A$，则 A 组分进入和移出微元体积的流量分别为

进入流量：$\qquad Q_0 C_{A0} - Q_0 C_{A0} x_A = Q_0 C_{A0}(1-x_A)$

移出流量：$\qquad Q_0 C_{A0} - Q_0 C_{A0}(x_A + dx_A) = QC_{A0}(1-x_A-dx_A)$

由式(10-4)得

$$dN_A = -r_A dV_R$$

对微元体积 dV_R 内的 A 组分进行物料平衡，则有

$$Q_0 C_{A0}(1-x_A) - Q_0 C_{A0}(1-x_A-dx_A) = |dN_A| = |-r_A dV_R|$$

$$Q_0 C_{A0} dx_A = r_A dV_R$$

$$dV_R = Q_0 C_{A0} \frac{dx_A}{r_A} \tag{10-35}$$

将式(10-35)对全床层进行积分则得到计算整个固定床反应器催化剂床层体积的公式为

$$V_R = \int_{x_{A0}}^{x_f} Q_0 C_{A0} \frac{dx_A}{r_A} \tag{10-36}$$

在式(10-36)中，必须先建立总反应速率 r_A 与转化率 x_A 之间的关系式，才能计算出催化剂床层体积。由于在不同的控制过程中，总反应速率 r_A 也不同，所以需要针对不同控制过程进行分别计算。

(1) 化学动力学控制时床层体积的计算

在化学动力学控制时，总反应速率与表面化学反应速率相等，因此可用表面化学反应速率代替总反应速率代入式(10-36)进行计算。

将式(10-33)代入式(10-36)得

$$V_R = \int_{x_{A0}}^{x_f} C_{A0} Q_0 \frac{dx_A}{C_{A0}\frac{dx_A}{d\tau}} = Q_0 \int_{x_{A0}}^{x_f} \frac{dx_A}{(\frac{dx_A}{d\tau})}$$

所以

$$V_R = Q_0 \tau \tag{10-37}$$

如果用标准状态下的参数进行计算，则

$$V_R = Q_N \int_{x_{A0}}^{x_f} \frac{dx_A}{(\frac{dx_A}{d\tau_N})} = Q_N \tau_N \tag{10-38}$$

$$\tau_N = \int_{x_{A0}}^{x_f} \frac{dx_A}{(\frac{dx_A}{d\tau_N})} \tag{10-39}$$

利用式(10-39)即可求出催化剂床层体积。但对于要求有较高转化率的催化反应器来说，由于它的温度分布在轴向上有较明显的差异，而这一差异对转化率又有着重要的影响。因此这时需要通过热量衡算式，求出转化率 x_A 与温度的关系，才能求出接触时间 τ 和催化剂的用量 V_R。

为此，在催化剂床层中取高度为 dl 的微元段进行热量衡算，如图 10-11 所示。

则：　带入热量(q_1)＋反应热＝带出热量(q_2)＋向外界传出的热量(dq_B)

$$N_T C_{pm} T + N_{T0} Y_{A0} dx_A(-\Delta H_R) = N_T C_{pm}(T+dT) + dq_B \tag{10-40}$$

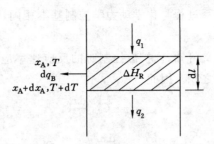

图 10-11　　微元段热量衡算示意图

式中　N_T——进入微元段 $\mathrm{d}l$ 的气体混合物流量，kmol/s；

N_{T0}——初始状态（以无生成物为基准）气体混合物流量，kmol/s；

Y_{A0}——初始状态气体混合物中组分 A 的摩尔分率；

C_{pm}——气体的平均定压摩尔热容，kJ/(kmol·K)；

ΔH_R——反应热，kJ/kmol；

q_1, q_2, q_B——分别为气体带入热量、带出热量和向外界传出的热量，kJ/s。

将式(10-40)整理后，得

$$N_T C_{pm} \mathrm{d}T = N_{T0} Y_{A0} \mathrm{d}x_A (-\Delta H_R) - \mathrm{d}q_B \tag{10-41}$$

在绝热情况下，$\mathrm{d}q_B = 0$，则上式又可简化为

$$N_T C_{pm} \mathrm{d}T = N_{T0} Y_{A0} \mathrm{d}x_A (-\Delta H_R)$$

$$\mathrm{d}T = \frac{N_{T0} Y_{A0} \mathrm{d}x_A (-\Delta H_R)}{N_T C_{pm}} \tag{10-42}$$

将上式积分

$$\int_{T_0}^{T_f} \mathrm{d}T = \int_{x_{A0}}^{x_f} \frac{N_{T0} Y_{A0} (-\Delta H_R)}{N_T C_{pm}} \mathrm{d}x_A$$

$$T_f - T_0 = \frac{N_{T0} Y_{A0} (-\Delta H_R)}{N_T C_{pm}} (x_f - x_{A0}) \tag{10-43}$$

令

$$\lambda = \frac{N_{T0} Y_{A0} (-\Delta H_R)}{N_T C_{pm}}$$

则

$$T_f - T_0 = \lambda (x_f - x_{A0}) \tag{10-44}$$

当 $x_f = 1, x_{A0} = 0$ 时，$x_f - x_{A0} = 1$，$T_f - T_0 = \lambda$，此时 λ 被称为绝热温升系数，即在绝热情况下，组分 A 全部转化时混合气体温度升高的数值。

由式(10-44)可得

$$x_f - x_{A0} = \frac{1}{\lambda} (T_f - T_0) \tag{10-45}$$

显然上式在 $x_A \sim T$ 图上是一条斜率为 $\frac{1}{\lambda}$ 的直线。

由式(10-45)所决定的反应转化率与温度的关系，代入式(10-36)后用图解积分法求出 τ_N，然后再由式(10-38)求出 V_R，即催化剂床层体积。

(2) 内扩散控制时床层体积的计算

内扩散控制情况下的计算过程与化学动力学控制基本相同,只是总反应速率 r_A 为内扩散控制时的总反应速率 r_A。

由催化剂有效系数的定义可知,内扩散控制时的反应速率应等于化学动力学控制时的反应速率与催化剂有效系数之积。因此

$$r_A = \eta \cdot C_{A0}^N \frac{\mathrm{d}x_A}{\mathrm{d}\tau_N} \tag{10-46}$$

$$V_R = Q_N \int_{x_{A0}}^{x_f} \frac{\mathrm{d}x_A}{(\eta \cdot \frac{\mathrm{d}x_A}{\mathrm{d}\tau_N})} = Q_N \cdot \tau_N \tag{10-47}$$

由于 $\eta < 1$,所以在内扩散控制情况下的接触时间比化学动力学控制时的接触时间长,因此在其他条件均相同的情况下,内扩散控制时所需反应器床层体积比化学动力学控制时所需反应器床层体积大。

(3) 外扩散控制时催化剂床层体积的计算

由宏观动力学方程式可知,外扩散控制时总反应速率为 $r_A = D_G S_e \varphi (C_{AG} - C_{AS})$,将其代入式(10-36)或式(10-37)进行计算时,需要知道 N_A、C_{AG}、C_{AS} 与 x_A 之间的函数关系。对于如下化学反应来说:

$$aA + bB \longrightarrow dD + eE$$

当催化反应为外扩散控制时,反应仅发生在催化剂表面极薄的一层内,此时床层可作为等温处理。通常情况下,因发生化学反应,气体流量发生变化,根据反应方程式,则有

$$Q = Q_0 + \frac{Q_0 C_{A0} x_A \delta_A}{\sum C_{i0}} \tag{10-48}$$

式中 δ_A——A 组分反应消耗 1 mol 时,反应混合物的摩尔数变化,

$$\delta_A = \frac{(d+e) - (a+b)}{a};$$

C_{i0}——各组分(包括惰性组分)的初始浓度,$kmol/m^3$。

令

$$\xi_A = \frac{C_{A0} \delta_A}{\sum C_{i0}}$$

则

$$Q = Q_0 + Q_0 x_A \cdot \xi_A = Q_0 (1 + \xi_A x_A) \tag{10-49}$$

因此

$$C_{AG} = \frac{N_A}{Q} = \frac{N_{A0}(1 - x_A)}{Q_0(1 + \xi_A x_A)} \tag{10-50}$$

$$C_{AS} = \frac{N_{A0}(1 - x_A^*)}{Q_0(1 + \xi_A^* x_A)} \tag{10-51}$$

式中 x_A^*——A 组分的平衡转化率。

将式(10-50)、式(10-51)代入外扩散控制时的总反应速率方程式:

$$r_A = -\frac{\mathrm{d}N_A}{\mathrm{d}V_R} = D_G S_e \varphi (C_{AG} - C_{AS})$$

$$\mathrm{d}V_R = -\frac{\mathrm{d}N_A}{D_G S_e \varphi (C_{AG} - C_{AS})}$$

$$= -\frac{N_{A0}}{D_G S_e \varphi} \cdot \frac{dx_A}{\dfrac{N_{A0}(1-x_A)}{Q_0(1+\xi_A x_A)} - \dfrac{N_{A0}(1-x_A^*)}{Q_0(1+\xi_A x_A^*)}}$$

所以

$$dV_R = -\frac{Q_0}{D_G S_e \varphi} \cdot \frac{dx_A}{\dfrac{1-x_A}{1+\xi_A x_A} - \dfrac{1-x_A^*}{1+\xi_A x_A^*}} \tag{10-52}$$

整理并积分

$$V_R = \frac{Q_0}{D_G S_e \varphi (1+\xi_A)} \int_{x_{A0}}^{x_f} \frac{(1+\xi_A x_A)(1+\xi_A x_A^*)}{x_A^* - x_A} dx_A \tag{10-53}$$

当反应为不可逆反应时，$C_A^* = 0$，$x_A^* = 1$，则

$$V_R = \frac{Q_0}{D_G S_e \varphi} \left[(1+\xi_A) \ln \frac{1-x_{A0}}{1-x_f} - \xi_A (x_f - x_{A0}) \right] \tag{10-54}$$

当反应为可逆反应，且体积变化可忽略，即 $d+e \approx a+b$，$\xi_A \approx 0$ 时，则

$$V_R = \frac{Q_0}{D_G S_e \varphi} \ln \frac{1-x_{A0}}{1-x_f} \tag{10-55}$$

2. 经验计算法

理论计算法虽然准确可靠，但因为过程烦琐，所需已知条件较多，有些参数往往不容易得到，因而在实际设计计算中实用性较差，为了弥补这一不足，人们又提出了经验计算法。经验计算法是根据人们在实验室范围内所取得的小试数据、中间试验装置所取得的中试数据和工厂现有装置的实际运行数据，选取最佳空间速度 W 或接触时间 τ_N，然后以此为依据，按 $V_R = Q_N/W$ 或 $V_R = Q_N \tau_N$ 计算出所需要的催化剂床层体积。

① 选取空间速度 W

目前用于废气催化转化的空间速度 W 的取值还没有一个准确的数值，要根据具体情况而定，一般在 $5.6 \sim 22.2\ s^{-1}$ 之间。计算时为留有余地，可在 $5.6 \sim 10\ s^{-1}$ 之间选取。由于不同的催化反应有不同的定额，即使是同一催化反应，因各厂的管理水平不同，定额也不会完全相等。所以取值时最好在这样一个前提条件下：新设计的反应器与提供数据的装置要有相同的操作条件，如催化剂性质、粒度、废气组成、气流速度、温度、压力等。

② 选取接触时间 τ

通常接触时间 τ 的数值可在 $0.05 \sim 0.20$ 之间依经验选取，净化要求低时选低限，净化要求高时选高限。对某一反应，若催化剂性能和反应条件都很好，则接触时间 τ 可选低些，反之则可高些。

截面积按废气流量和空塔气速进行计算。空塔气速通常可取 $1.0 \sim 2.0\ m/s$，如果气体流量大或净化要求不高，则空塔气速还可取得稍高一些。

(二) 床层压降的计算

由于固定床中的流体是在床层的空隙中，而床层的空隙往往是很不规则的，尤其对颗粒催化剂床层来说，颗粒间形成的空隙多是弯弯曲曲、相互交错的孔道，所以要准确计算流体在这些不断变化的孔道中的阻力是很难的。因此，目前多做简化处理，即将流体在管道中流动时的压降公式加以合理修正，使之更加接近实际情况。

1. 气体通过颗粒催化剂床层压降的计算

如果是颗粒催化剂床层，其压降可用欧根（Ergan）等温流动压降公式进行估算。

$$\Delta P = f \cdot \frac{H}{d_s} \cdot \frac{\sigma v^2 (1-\xi)}{\xi^3} \qquad (10\text{-}56)$$

其中修正后的摩擦阻力系数为

$$f = \frac{150}{Rem} + 1.75$$

而修正后的雷诺准数为

$$Rem = \frac{d_s v \rho}{\mu (1-\varepsilon)}$$

式中　ΔP——床层压降，Pa；

　　　H——床高，m；

　　　v——空床气速，m/s；

　　　ρ——气体密度，kg/m³；

　　　μ——气体黏度，Pa·S；

　　　d_s——颗粒的体积表面积平均直径，m；

　　　ε——床层空隙率。

2. 气体通过蜂窝催化剂床层压降的计算

气体通过蜂窝催化剂床层的压降可用下式计算。

$$\Delta P = \xi \frac{l}{d} \cdot \frac{\sigma v_c^2}{2} \qquad (10\text{-}57)$$

式中　d——蜂窝孔道直径，m；

　　　l——蜂窝孔道长度；

　　　v_c——气体在床层有效流通断面内的速度，m/s；

　　　ξ——阻力系数。

阻力系数主要取决于雷诺准数的大小，通常可按下列经验进行估算：

(1) $1\,500 < Re < 3\,500$：

$$\xi = \frac{0.65}{Re^{0.25}} \qquad (10\text{-}58)$$

(2) $500 < Re < 1\,500$：

$$\xi = \frac{3.95}{Re^{0.5}} \qquad (10\text{-}59)$$

(3) $100 < Re < 500$：

$$\xi = \frac{74.2}{Re^{0.973}} \qquad (10\text{-}60)$$

（三）床层温升计算

由前面式(10-44)计算出来的 $T_f - T_0$ 称为绝热温升。但由于在实际情况下，催化反应器不可能处于完全绝热情况下，因此由式(10-46)即 $\Delta T = T_f - T_0 = \lambda(x_{A0} - x_{Af})$ 计算出来的床层温升并不代表实际情况，而是比实际情况要高，为此，通常采用下式计算：

$$\Delta T = T_f - T_0 = \lambda(C_{A0} - C_{Af})$$

式中　λ——温升系数，实验值。

　　　其他符号意义同前。

例 10-1　用固定床催化燃烧处理含有机溶剂的废气,废气量为 1.38 m³/s,采用单元体尺寸为 0.05 m×0.05 m×0.05 m 的蜂窝体催化剂。催化剂层内气体温度为 573 K,相应的气体密度为 0.535 kg/m³,试确定催化床层尺寸及气体通过床层的压降。

解　由于本题所给已知条件较少,只能按经验计算法确定催化床层尺寸。

考虑到催化剂性能、燃烧器结构等因素影响,取空间速度 $W=8.0\ s^{-1}$,则床层体积

$$V_R = \frac{Q_N}{W} = \frac{1.38}{8.0} = 0.172\ 5\ (m^3)$$

取空塔气速 $v=1.2$ m/s,则床层截面积

$$F = \frac{Q_N}{v} = \frac{1.38}{1.2} = 1.15\ (m^2)$$

将床层横截面尺寸定为 1.15 m×1.0 m,相当于每层放置催化剂单元体 23×20 块,则床层高度

$$H = \frac{V_R}{F} = \frac{0.172\ 5}{1.15} = 0.15\ (m)$$

因蜂窝体催化剂高为 0.05 m,故需放置 3 层催化剂单元体。

取有效流通面积为床层横截面积的 50%,所以孔道内气体实际流速

$$v_c = \frac{v}{0.5} \times \frac{T}{273} = \frac{1.2}{0.5} \times \frac{573}{273} = 5.0\ (m/s)$$

$$Re = \frac{v_c d}{u} = \frac{5.0 \times 0.003}{49.9 \times 10^{-6}} = 300.6$$

因 Re 在 100~500 之间,故

$$\xi = \frac{74.2}{Re^{0.973}} = \frac{74.2}{(300.6)^{0.973}} = 0.288$$

气体通过床层的压降用式(10-52)计算

$$\Delta P = \xi \cdot \frac{l}{d} \cdot \frac{\rho v_c^2}{2} = 0.288 \times \frac{0.15}{0.03} \times \frac{(5.0)^2 \times 0.535}{2}$$

$$= 96.3\ (Pa)$$

第五节　催化转化法净化气态污染物的应用

一、催化转化法净化 SO_2 气体

SO_2 的催化转化主要有催化氧化和催化还原两大类,其中催化氧化又分为液相催化氧化和气相催化氧化。催化还原是用 CO 或 H_2S 做还原剂,在催化剂的作用下将 SO_2 转化成硫,由于在还原过程中易出现催化剂中毒,同时 H_2S 会产生二次污染,限制了该法在实际中的推广应用,这里不作详细介绍。

1. 液相催化氧化法

液相催化氧化法是利用溶液中的 Fe^{3+} 或 Mn^{2+} 等金属离子,将 SO_2 直接氧化成硫酸,即

$$2SO_2 + O_2 + 2H_2O \xrightarrow{Fe^{3+}} 2H_2SO_4$$

日本的千代田法烟气脱硫就是利用这一原理开发出来的,其工艺流程如图 10-12 所示。该法将 SO_2 氧化成稀硫酸后,可再与石灰石反应生成石膏。需要说明的是:由于烟气中

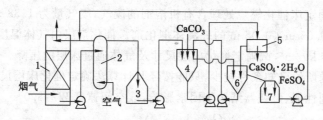

图 10-12　千代田法工艺流程图

1——吸收塔；2——氧化塔；3——储槽；4——结晶槽；5——离心机；6——增稠器；7——母液槽

的氧含量少，SO_2 在吸收塔中不能充分氧化，多数只溶于水生成了亚硫酸，须增设氧化塔。与其他烟气脱硫相比，该法技术并不复杂，流程简单，转化率也较高，并能制得石膏。但因稀硫酸对设备腐蚀性强，对设备材质要求高，需用钛、钼类特殊材质，加之气液比大，设备体积也大，造成设备制备成本很高。

2. 气相催化氧化法

气相催化氧化法是在接触法制硫酸工艺的基础上发展起来的，其关键反应是用 V_2O_5 做催化剂将 SO_2 氧化成 SO_3。该法处理高浓度 SO_2 烟气如有色冶炼烟气已比较成熟，但对处理低浓度烟气如电厂锅炉烟气则还有许多问题需要研究解决，如造价高，硫酸产品质量不高，使用价值低等。

由图 10-13 可以看出，烟气脱硫的催化氧化工艺流程与传统工艺流程相比有较大差别。它主要表现在三个方面：一是除尘，必须用高效的电除尘器或布袋除尘器将烟尘除去，才能保证催化剂的高活性。二是预热，锅炉烟气排放温度一般都在 200 ℃以下，必须将其预热到 400～600 ℃，才能达到钒催化剂的活性温度。三是便于更换，主要是催化反应器设计时要多加注意，以保证催化剂装卸简便，利于清灰和再生。

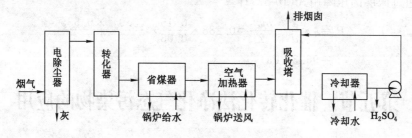

图 10-13　烟气脱硫的催化氧化流程

二、催化还原法净化 NO_x 气体

在一定温度和催化剂的作用下，利用不同还原剂将 NO_x 还原为氮气和水的工艺被称为催化还原法净化 NO_x。根据反应情况，它可分为非选择性催化还原和选择性催化还原两种。

1. 非选择性催化还原法

非选择性催化还原除 NO_x 是利用氢气、天然气（甲烷）、催化裂化干气、合成氨释放气等作为还原剂，通过两步反应将 NO_x 转化为 N_2 和 H_2O。

（1）氢做还原剂

主反应：

$$H_2+NO_x \longrightarrow H_2O+NO$$
$$H_2+1/2O_2 \longrightarrow H_2O$$
$$H_2+NO \longrightarrow H_2O+1/2N_2$$

副反应：

$$NO+5/2H_2 \longrightarrow NH_3+H_2O$$
$$NO_2+7/2H_2 \longrightarrow NH_3+2H_2O$$

（2）甲烷做还原剂

主反应：

$$CH_4+4NO_2 \longrightarrow 4NO+CO_2+2H_2O$$
$$CH_4+2O_2 \longrightarrow CO_2+2H_2O$$
$$CH_4+4NO \longrightarrow 2N_2+CO_2+2H_2O$$

副反应：

$$CH_4+2NO \longrightarrow N_2+CO_2+2H_2O$$
$$5CH_4+8NO+2H_2O \longrightarrow 5CO+8 NH_3$$

从上面两组反应式可以看出，NO_2被还原为 NO 称为脱色反应，NO 进一步被还原为 N_2 称为脱除反应。

非选择性催化还原一般用钯或铂做催化剂，活性组分含量在 0.1%～1% 之间。相比较而言，钯催化剂的活性较高，起燃温度低，价格又相对便宜，因而多用于硝酸尾气的净化。

工程上一般采用绝热式固定床反应器来完成对 NO_x 的催化还原，工艺流程是采用一段反应还是二段反应视具体情况而定，如图 10-14 所示。

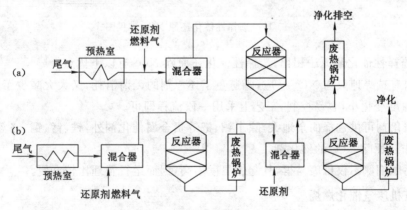

图 10-14　非选择性还催化原 NO_x 流程图
（a）一段反应流程；（b）二段反应流程

上述流程常用于硝酸尾气的催化还原，反应要放出大量热，因此既要考虑催化床温度急剧上升这一问题，又要考虑余热利用。若将上述工艺用于锅炉烟气净化，则需在流程前加装除尘和脱硫装置。

2. 选择性催化还原法

非选择性催化还原法通常是选用碳氢类可燃气体做还原剂，与 NO_x 和 O_2 不加选择地同时反应,而选择性催化还原法则是用氨做还原剂,在一定温度下只与 NO_x 反应,而不与 O_2 反应。其主要反应为:

$$8NH_3 + 6NO_2 \longrightarrow 7N_2 + 12H_2O$$
$$4NH_3 + 6NO \longrightarrow 5N_2 + 6H_2O$$

同时也有多个副反应发生:

$$6NH_3 + 8NO_2 \longrightarrow 7N_2O + 9H_2O$$
$$2NH_3 + 8NO \longrightarrow 5N_2O + 3H_2O$$
$$4NH_3 + 3O_2 \longrightarrow 2N_2 + 6H_2O$$
$$4NH_3 + 4O_2 \longrightarrow 2N_2O + 6H_2O$$

上述主、副反应随温度变化表现出两种互为相反的变化趋势,因此只要控制好反应温度范围,就能有选择地提高 NO_x 的转化率,限制与 O_2 副反应的发生。

选择性催化还原 NO_x 的流程与非选择性的一段流程基本相同,如图 10-15 所示。但也有两点不同,一是由于净化后的气体温度相对较低,可不设热量回收装置;二是把预热器改为燃烧器,采用直接混合燃烧而加热升温的方式。但因这种方式稀释了 NO_x 的浓度,需要增加催化剂的用量。由于该流程增加反应系统的总氧量,因而不宜用在非选择性的流程中。

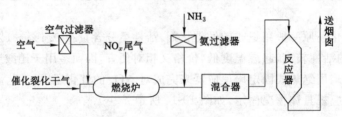

图 10-15 选择性催化还原 NO_x 流程图

与非选择性催化还原法相比,选择性催化还原除 NO_x 有以下优点:

(1) 因有选择地只与 NO_x 反应,既避免了还原剂的无谓消耗,又大大减少了反应热,因而催化床温度变化小,容易控制,工艺上采用一段流程即可。

(2) 催化剂可供选择的余地大,除了铂、钯等贵金属催化剂外,铁、锰、铜、铬等金属氧化物也可用作还原除 NO_x 的催化剂。

(3) 还原剂氨不仅价廉易得,且起燃温度不高,因而运行管理比较方便。

三、有机废气催化燃烧

很多产品如漆包线、印铁制品、自行车、绝缘材料等在生产过程中都要排放大量的有机废气。因这些废气中都含有一定量的碳氢化合物,且带有一定的刺激性和臭味,因而对人体有严重的毒害作用,同时在一定条件下还会与 NO_x 在大气中发生光化学反应,因此必须采取有效的净化措施控制其排放。

理论上,各种有机物都可以在 800 ℃ 左右的高温下完全氧化为 CO_2 和水,这就是通常所说的直接燃烧。但由于有机废气一般量大、浓度低,若直接燃烧不仅能耗多,设备也笨重,因此一般多用催化燃烧加以取代。催化燃烧是在催化剂的作用下,将有机物完全氧化为 CO_2 和水。与直接燃烧相比,它具有三个方面的突出优点,一是净化效率高;二是工作温度低(一般为 250 ℃～350 ℃),因而能量消耗少,操作简便,安全性较好;三是不产生二次污染。目前催化燃烧已成为净化有机废气的主要手段。

根据情况的不同,催化燃烧可有各种不同的工艺流程,但都大同小异。一般说来,需要净化的气体先经过预处理装置除去粉尘、油雾等物质,然后进入热交换器(若废气量小,可不设热交换器),接着进入预热器,预热到 250～350 ℃ 的有机废气在催化床中进行完全氧化反应,将有机物完全燃烧,反应后的气体再回到热交换器,最后排放。整个过程的动力源是风机,催化床是流程的中心,催化剂的选择是催化燃烧的关键。

四、汽车尾气的催化净化

汽车尾气污染成分比较复杂,主要有 CO、H_mC_n、NO_x、SO_2 微粒物质以及臭气等。汽车尾气污染对交通繁忙的大中城市来说,已成为石油型污染的祸首。

汽车尾气的治理在方法上分为机内净化和机外净化两种。机内净化是通过对空燃比和燃烧状态的控制,减少污染物的产生和排放,但要在燃烧阶段同时减少三种污染物的产生在技术上有很大难度,也受到很多限制。机外净化是对燃烧室排出的废气在未排入大气之前,通过催化净化器将有害成分转化为 CO_2、H_2O 和 N_2。

目前使用的催化净化器,由于制造厂家、汽车种类以及使用地点的不同而类型较多。初期的汽车排放标准,对 HC 和 CO 的限制较严,对 NO_x 的限制较宽,所以净化器内只使用了氧化型的催化剂如 Pt-Pd,对 NO_x 主要通过 EGR 方法来适当减少其排放。近年来随着发达国家如美国和日本对 NO_x 排放浓度的严格控制,能同时净化 HC、CO 和 NO_x 的三元催化剂随即出现,它既能完成对 HC 和 CO 的氧化,又能完成对 NO_x 的还原,所以又称为三效催化剂。

汽车尾气催化净化器的结构并不复杂,它主要由四个部分组成,即进出口、壳体、催化剂层及减振消声层。为了提高催化净化器的净化效率,降低成本,延长使用寿命,上述四个组成部分应达到如下要求。

1. 进出口

(1) 催化净化器的进出口应便于连接和装拆,进口应保证密封性好;

(2) 进口气流分布均匀,以利于净化效率的提高;

(3) 在进口处最好设置可更换的过滤器,以除去部分黑烟和油雾,保护催化剂层,延长催化剂寿命。

2. 壳体

(1) 壳体形状要合理,一般应做成扁平的腰圆形,以适合车底较窄的空间。

(2) 由于发动机排气温度一般较高,特别是发动机转速高时,排气温度可达 500 ℃ 以上,而污染物(HC 和 CO)氧化时又是放热反应,温度一般还会升高 100～200 ℃,所以和催化剂接触的部位一定要采用耐高温的钢材。

(3) 由于铁锈会大大降低催化剂的活性,所以进气管路上的钢材还要防锈。

(4) 为了减少催化净化器对汽车底板的高温辐射,防止进入加油站时引起火灾,同时避免路面积水飞溅对净化器的激冷损坏以及路面飞石造成的撞击损坏,壳体外面还应装有半周或全周的隔热罩。

3. 催化剂层

(1) 催化剂层应做成蜂窝体,使单位体积催化剂的处理能力比颗粒状催化剂的比表面积提高一倍,因而其阻力也明显低于颗粒状催化剂。

(2) 催化剂层还应具有很好的强度,保证汽车可跑于任何路面而不会振裂或磨损。

(3) 催化剂层应采用逐层分段放置,使其在相同空速下,气流线速度较低,有利于气流与催化剂接触。

(4) 汽车尾气净化用的催化剂应优先采用三元催化剂,但其净化性能受空燃比(A/F)的影响很大。当 $A/F < 14.6$ 时,NO_x 的净化效率虽高,但 HC 和 CO 的净化效率却较低;当 $A/F > 14.6$ 时,情况又正好相反。因此,要对三种成分都有较高的净化效率,必须严格控制空燃比。

(5) 贵金属催化剂虽然性能优越,但价格昂贵,因此应改用以稀土、非贵金属氧化物为主要活性组分的催化剂,如以 Co_3O_4、Mn_2O_3、CuO 为主要复合氧化物催化剂。这种催化剂具有良好的催化活性,其结构一般为钙钛矿型(ABO_3 型)。

(6) 由于汽车尾气成分复杂,含有多种毒物,因此所用催化剂应具有较强的抗毒能力。通常情况下,严格控制催化剂活性组分的浸透深度,采用多组分活性物质分层负载,改进载体的微孔特性,增大载体的微孔容积,都可大大提高催化剂的抗毒性。

4. 减振消声层

(1) 为达到减振、消声、缓解热应力、保温和密封等目的,在催化剂层与净化器壳体之间应设置减振消声层。

(2) 减振消声层可用膨胀云母、硅酸铝纤维棉和黏结剂制成。膨胀云母可占一半以上,它在第一次受热时体积明显膨胀,而在冷却时仅部分收缩,这样就使金属壳体与蜂窝催化剂之间的缝隙被均匀地填好,从而起到固定减振和密封作用。硅酸铝纤维棉一般占 30%～45%,由于它是很好的多孔吸声材料,因而能明显地起到消声的作用。

本 章 习 题

10.1 某化工厂采用选择性催化还原法净化 NO_x 废气,废气量为 10 000 m^3/h,温度为 220 ℃,NO_x 含量为 0.3%,选用固定床反应器,反应温度为 260 ℃,空间速度为 8.4 s^{-1},空塔气速为 1.5 m/s,$\mu = 2.78 \times 10^{-5}$ $kg/(m \cdot s)$,$\rho = 1.24$ kg/m^3,$\varepsilon = 0.92$,试求催化剂床层体积和床层阻力。

10.2 把处理量为 25 mol/min 某一污染物引入催化反应器中,要求达到 74% 的转化率,若采用长 6.1 m,直径为 4.8 cm 的管式反应器,求所需的催化剂量和反应管数。

10.3 对于例 10-1,若废气量为 2.5 m^3/s,采用蜂窝催化剂的单元尺寸为 0.1 m×0.1 m×0.1 m,空速为 9.0 s^{-1},空塔气速为 1.3 m/s,试确定床层体积和床层高度。

➡️ ## 第十一章

气态污染物的其他净化方法

第一节　燃 烧 净 化

燃烧净化是利用某些废气中污染物可燃烧氧化的特性,用燃烧的方法销毁有害气体,使之变成无害或易于进一步处理和回收的物质的方法。其发生的化学作用主要是燃烧氧化作用,少量情况下是高温下的热分解。该法简便易行,可回收热能、控制臭味、破坏有毒有害物质,常用于高浓度恶臭和有机溶剂废气的处理。由于大部分废气中可挥发分的浓度往往低于维持燃烧所必需的浓度,因此在燃烧过程中常需添加辅助燃料。

一、燃烧理论

1. 热力燃烧的基本原理

燃烧过程释放大量热量,因此在某一温度点可燃物质被点燃后,火焰会迅速向四周传播引起周围气体燃烧。火焰传播的理论目前有两种。一种是热传播理论(又称热损失理论),该理论认为,火焰是燃烧放出的热量,传播到火焰周围混合气体,使之达到着火温度而燃烧并继续传播的;另一种为自由基反应理论,该理论认为,在火焰中存在着大量的活性很强的自由基(H·、OH·、CH·等),它们极易与其他分子或自由基发生化学反应,在火焰中引起链反应,向四周传播。

根据燃烧的必要条件:一定的可燃物浓度、一定的温度、一定的氧浓度及活化能(E),可得出以下结论:

① 活性强的可燃气体较易于燃烧,着火温度较低,如乙炔比甲烷更易着火。

② 催化剂能降低反应的活化能(E),可降低着火温度,并加快反应速度,因而在处理同一种可燃混合物时,适合采用催化剂催化燃烧反应。

③ 可燃气体的浓度太低时不能着火或不易着火。此时,必须借助于高浓度辅助燃料的燃烧提供有害气体氧化分解所需热量和温度,即热力燃烧法。

④ 减少散热损失,如减少散热面积、采用保温材料、减少散热系数等,有利于可燃物的氧化燃烧。

⑤ 提高初始温度,更易于着火燃烧。

2. 爆炸浓度极限范围

爆炸浓度极限范围有下限和上限两个数值。空气中含有的可燃组分低于爆炸下限或高于上限时,由于发热量或氧气不足而不能引起燃烧爆炸。可燃组分的爆炸极限浓度范围可从有关手册中查得。爆炸浓度极限范围不是定值,而随温度、压强、含湿量、空间大小和气体流动情况的改变而改变。

多组分混合可燃气体的爆炸极限范围可用下式估算:

$$A = \frac{100}{\sum_{i=1}^{n} \frac{a_i}{A_i}} \tag{11-1}$$

式中　A——混合气体的爆炸极限;

　　　A_i——各组分的爆炸极限;

　　　a_i——混合气体中各组分的含量,%。

在燃烧净化中,常把废气中含可燃物的浓度,用爆炸下限浓度的百分数来表示,一般将废气中可燃物浓度控制在爆炸浓度下限的 25%,以防止爆炸或回火。

二、燃烧法分类

(一)直接燃烧

直接燃烧是用浓度高于爆炸下限的可燃废气做燃料,在一般的炉窑中直接燃烧并回收热能的方法。该法适用于与空气混合后浓度接近于燃烧下限,或不混入空气即可燃的气态污染物;也适用于可燃组分浓度较高,或燃烧后放出的热量较高的气态污染物。只有燃烧放出的热量能够补偿各种损失热,足以维持燃烧过程连续进行,可采用直接燃烧。直接氧化燃烧法的简略流程如图 11-1 所示,其主要设备是燃烧器,由燃烧室和换热器等组成。欲处理的污染气体首先进入间接换热器与出燃烧室的高温气体换热,加热后的气体进入燃烧炉,在燃烧炉顶部加入辅助空气与辅助燃料,燃料可用天然气或油。用间接式换热器一般可以回收 60%～80% 的热量,间接式换热器可以选用管壳式或板式。

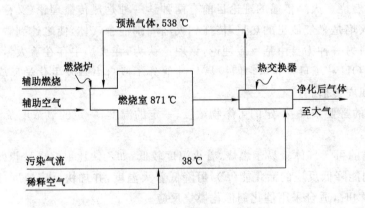

图 11-1　直接氧化燃烧法的简略流程

确定燃烧室的温度与反应气体在此温度条件下的停留时间是设计氧化燃烧系统的首要问题。这两个因素相互影响和关联,如减少停留时间,则达到一定分解率所需的温度就越高。表 11-1 列出某些化合物要达到 99.9% 的分解率,停留时间为 1 s 时的理论燃烧温度,实际生产上的分解率低于此值,停留的反应时间也少于 1 s,燃烧温度在 650～1 094 ℃ 之间。

表 11-1 某些化合物的理论燃烧温度(分解率 99.99%,停留时间 1 s)

化合物	温度/℃	化合物	温度/℃	化合物	温度/℃	化合物	温度/℃
丙烯腈	729	氯化苯	764	氯甲烷	869	氯乙烯	743
苯	732	1,2-二氯乙烷	742	甲苯	727		

(二) 热力燃烧

1. 热力燃烧条件

热力燃烧的"三 T"条件如下:

(1) 反应温度(Reaction Temperature)

反应温度不是反应可以进行的温度,是在一定的区域内,可燃组分的销毁达到设计要求所需要的温度。提高温度,反应就会加速。

(2) 驻留时间(Residential Time)

驻留时间是反应物以某种形式进行混合后在一定温度下所持续的时间。驻留时间充分,可以使有害气体的销毁更加充分。

(3) 湍流混合(Turbulence Mix)

湍流混合的目的是增大可燃组分的分子与氧分子或自由基的碰撞机会,使其处于分子接触的水平,以保证所要求的销毁率

需要注意的是,"三 T"条件之间具有内在联系,改变其一其他两个都会发生变化。延长驻留时间会使设备体积增大。提高反应温度会使辅助燃料的消耗增加。最经济的方法是改善湍流混合的情况。

2. 热力燃烧过程

热力燃烧过程可分为三个步骤(图 11-2):① 首先燃烧辅助燃料,提供热能,以便对废气进行预热;② 废气与高温燃气混合并达到反应温度;③ 在反应温度下废气中的可燃组分充分燃烧,氧化分解。

辅助燃料可以是燃料气、燃料油,也可用废气或外来空气助燃。辅助燃料的消耗量,可由热量衡算求得。其消耗量以满足将全部废气升温至反应温度(760~820 ℃)为准。

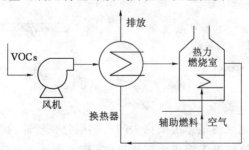

图 11-2 热力燃烧过程示意图

3. 热力燃烧装置

热力燃烧可以在专用的燃烧装置中进行,也可以在普通的燃烧炉中进行。专用的热力燃烧装置包括两部分:一是燃烧器,其作用是燃烧辅助燃料以产生高温燃气;二是燃烧室,其作用是使高温燃气与冷旁通的废气湍流混合,达到所需反应温度,并保持要求的停留时间。

热力燃烧装置分为配焰燃烧系统和离焰燃烧系统两大类。

① 配焰燃烧系统(图 11-3)。其特点是辅助燃料在配焰燃烧器中形成许多小火焰,废气分别围绕小火焰进入燃烧室,使废气与火焰充分接触,均匀混合,这样有利于燃烧反应,因而净化效率高。该系统适于含氧充足的废气净化。

② 离焰燃烧系统(图 11-4)。该系统火焰较长,易于控制,结构简单,但混合较慢,混合度低(尤其横向上),可采用轴向火焰喷射混合(图 11-5)或在燃烧室内设置挡板(图 11-6)等措施以改善混合条件。

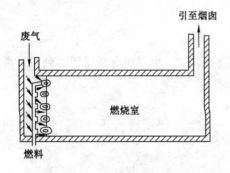

图 11-3 配焰燃烧系统

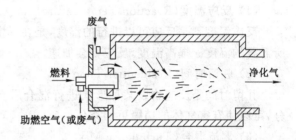

图 11-4 离焰燃烧系统

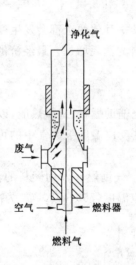

图 11-5 轴向火焰喷射混合

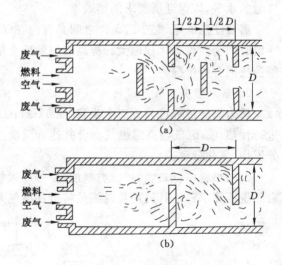

图 11-6 挡板装置

(三) 催化燃烧

催化燃烧是利用催化剂使气态污染物中的可燃组分在较低的温度下氧化分解的净化方法。催化燃烧是一种由气相进入固相的催化反应,其实质是在氧气的参与下进行的一种深度的氧化作用。在催化燃烧过程中,催化剂能降低反应气体的活化性能,同时催化剂表面具有吸附作用。反应气体在与催化剂接触过程中,气体分子聚集在催化剂表面,因而可以提高反应速率,同时催化剂可以降低有机废气的起燃条件,发生无火焰燃烧,并将其氧化分解为 CO_2 和 H_2O,同时放出大量热量。

催化燃烧和热力燃烧一样,需将待处理的气态污染物和催化剂先混合均匀并预热到催化剂的起燃温度,使其中的可燃组分开始氧化放热反应。不过催化燃烧法所需的燃烧温度更低,大大降低了能耗,而且在较低的温度下燃烧避免了 NO$_x$ 二次污染物的生成,同时几乎可以处理所有的烃类有机废气及恶臭气体,适用范围广。但是催化剂较易被含 S、P、As 等物质中毒而失去催化活性,另外催化剂的更换费用很高。

在催化氧化法中用作 VOCs 氧化的催化剂有纯铂、铂合金、铜-铬、氧化铜、氧化镁、镍等。工业上使用的催化剂分为二大类:铂金属系列和金属系列,用贵金属铂系列催化剂时气体的空速在 10 000 h^{-1} 到 60 000 h^{-1} 之间,用金属氧化物系列催化剂时气体的空速在 5 000 h^{-1} 到 15 000 h^{-1} 之间。

根据废气预热及富集方式,催化燃烧工艺流程可分为三种。

1. 预热式

预热式是催化燃烧工艺最基本的形式,如图 11-7 所示。当有机废气温度在 100 ℃ 以下时,其浓度较低,热量不能自给,在进入反应器前要在预热室加热。

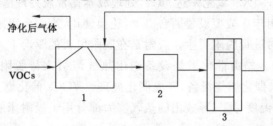

图 11-7　预热式催化燃烧流程图
1——热交换室;2——燃烧室;3——催化反应器

2. 自身热平衡式

自身热平衡式催化燃烧流程如图 11-8 所示。当有机废气排出温度高于起燃温度(在 300 ℃左右)且有机物含量较高,热交换器回收部分净化气体所产生的热量,在正常操作下能够维持热平衡,无需补充热量,通常需要在催化燃烧反应器中设置电加热器供起燃时使用。

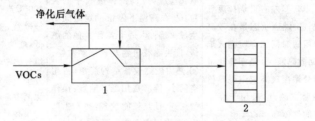

图 11-8　自身热平衡式催化燃烧流程图
1——热交换室;2——催化燃烧室

3. 吸附-催化燃烧式

吸附-催化氧化技术是将吸附法与催化氧化法相结合的一种污染物控制技术,充分发挥了两种工艺的优点,避免并弥补了各自的缺点和不足。其特点是将吸附和催化燃烧设备组合在一起形成净化系统。其工艺流程如图 11-9 所示。

该法的机理为:VOCs 进入吸附床进行吸附,通过加热吸附床,使吸附的 VOCs 脱附,脱附的 VOCs 进入催化氧化装置,在 300 ℃下进行催化氧化。该法适用于大气量、低浓度

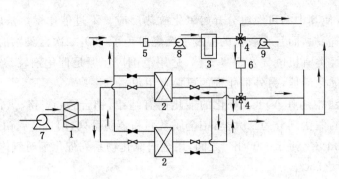

图 11-9　吸附-催化燃烧工艺流程

1——预滤器；2——吸附床；3——催化燃烧设备；4——四通阀；5——阻火器；
6——温度缓冲器；7——排风机；8——脱附风机；9——补冷风机

VOCs 处理。试验表明，VOCs 氧化率达 96%，处理成本比常规处理法低得多。

　　在实际应用中，吸附床一般要设置两台以上，轮换使用，当一台吸附饱和时，转换到第二台继续吸附，第一台同时进行脱附再生。脱附是在脱附风机的驱动下，使吸附床和催化燃烧系统连为一个循环系统。先由催化燃烧设备送出热气流引入待脱附的吸附床，使吸附的VOCs 脱附下来，并引入催化燃烧设备，完成催化处理。VOCs 催化燃烧产生的热量足以维持催化剂床层所需要的温度，尾气释放出的热气流大部分用于吸附床的脱附，以达到余热利用的目的。

　　从表 11-2 可知，对于大风量、低浓度 VOCs 处理，吸附-催化燃烧技术工艺的运行费用最低，更适合推广应用。

表 11-2　　　　　　　　　　各类燃烧净化方法的特点

燃烧类型	直接燃烧	热力燃烧	催化燃烧
特点	① 直接燃烧不需要预热，燃烧的温度在 1 100 ℃左右可烧掉废气中的炭粒；② 燃烧状态是在较高温度下滞留短时间的有明亮火焰燃烧，能回收热能；③ 适于净化可燃有害组分浓度较高或燃烧热值较高的气体。缺点：只用于高于爆炸下限的气体	① 需要预热到 600～800 ℃，进行氧化反应，可以烧掉废气中的炭粒；② 在高温下停留一定时间不生成火焰；③ 适于各种其他的燃烧，能去除有机物及超细颗粒物；④ 热力燃烧设备结构简单，占用空间小，维修费用低。缺点：操作费用高，预热耗能较多，易发生回火，燃烧不完全产生恶臭	① 需要预热，温度控制在 200～400 ℃进行催化氧化反应，为无火焰燃烧，安全性好；② 燃烧温度低，辅助燃料消耗少；③ 对可燃性组分的浓度和热值限制较小，但组分中不能含有尘粒、雾滴和易使催化剂中毒的气体。缺点：催化剂的费用高

第二节　冷凝净化

　　冷凝法是利用同一物质在不同温度下具有不同的饱和蒸气压或不同物质在同样温度下有不同的饱和蒸气压这一性质，采用降低系统的温度或提高系统的压力，使处于蒸气状态的污染物冷凝并从废气中分离出来的过程。该法多用于有机废气的回收，适于净化高浓度废气，特别是有害组分单纯的废气，如焦化厂回收沥青蒸汽，氯碱生产中回收汞蒸汽等；或作为吸附、燃烧等净化高浓度废气时的预处理,以便减轻这些方法的负荷,还可以用来净化含有大量水蒸气的高温废气。同时具有所需设备和操作条件比较简单,回收物质纯度高的优点。

一、冷凝净化原理

（一）露点温度和泡点温度

当气体的蒸气分压等于该温度下的饱和蒸汽压时,气体中开始出现第一个液滴的温度称为某一系统压力下的露点温度,简称露点,露点与压力和气体组成有关。泡点温度是指在恒压下加热液体,开始出现第一个气泡时的温度,简称泡点。冷凝温度一般在露点与泡点之间,冷凝温度越接近泡点,则净化程度越高。

（二）冷凝效率

冷凝所能达到的分离效率与废气总压强、气态污染物初始浓度和冷却后气态污染物的饱和蒸气压有关。

$$\eta = 1 - \frac{P_{vs}}{PC_{vl}} \tag{11-2}$$

式中　P_{vs}——废气中被冷凝组分冷却后的饱和蒸气压,Pa;

P——废气总压强,Pa;

C_{vl}——废气中被冷凝组分的初始体积分数。

其中饱和蒸气压 P_{vs} 可用下式计算

$$\lg P_{vs} = -\frac{a}{T} + b \tag{11-3}$$

式中　T——温度,K;

a,b——常数,可查相关手册表。

增高气态污染物浓度、提高废气总压强和降低冷却温度,都可以提高回收率。但是,提高废气总压强和降低冷却温度,既增加设备负担,也很不经济。因此,冷凝法的分离效率一般控制在 $30\%\sim50\%$ 之间。所以在处理高浓度废气时不能单独使用,一般作为燃烧法、吸附法的预处理。

二、冷凝设备与流程

（一）接触冷凝

接触冷凝又称直接冷却,是用冷却液(或冷冻液,通常采用冷水)与废气直接接触进行热交换,使蒸气态的污染物凝结出来的方法。几乎所有的吸收设备都能作为直接冷凝器,主要有喷淋塔、填料塔、文氏洗涤器、板式塔、喷射塔等。使用这类设备冷却效果好,设备简单,但要求废气中的组分不会与冷却介质发生化学反应,也不能互溶,否则难以分离回收。为防止二次污染,冷凝液要进一步处理。常用的接触冷凝器如图 11-10 所示。

（二）表面冷凝

表面冷凝又称间接冷却,是使用一间壁将冷却介质与废气隔开,使其不互相接触,通过间壁使废气冷却的方法。使用这类设备可回收被冷凝组分,无二次污染,但冷却效果较差。该法设备复杂,冷却介质用量大,要求被冷却污染物中不含有微粒物或黏性物,以免在器壁上沉积而影响换热。常用的表面冷凝器有翅管式冷凝器、螺旋式冷凝器、喷洒式蛇管冷凝器、列管式冷凝器等,如图 11-11 至图 11-14 所示。冷却介质有空气、水或氟利昂等。

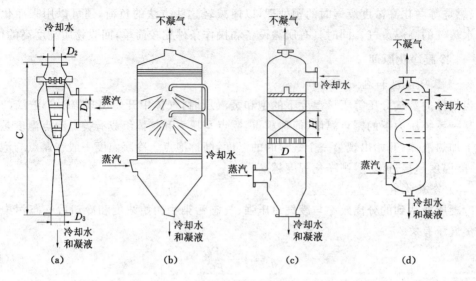

图 11-10　接触冷凝器

（a）喷射式；（b）喷淋式；（c）填料式；（d）塔板式

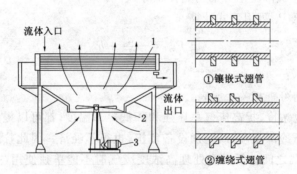

图 11-11　翅管式冷凝器

1——翅管；2——鼓风机；3——电动机

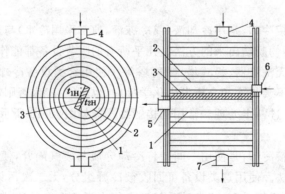

图 11-12　螺旋式冷凝器

1,2——金属片；3——隔板；4,5——冷流体连接管；6,7——热流体连接管

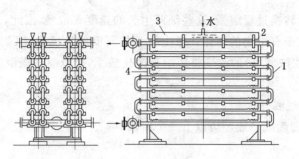

图 11-13　淋洒式冷凝器

1——形管；2——直管；3——水槽；4——热挡板

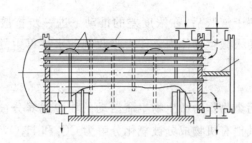

图 11-14　列管式冷凝器

1——壳体；2——挡板；3——隔板

第三节　生物净化

　　废气的生物净化是指利用微生物生命过程的生物化学作用使废气中气态污染物分解，转化成少害甚至无害物质，同时微生物获得其生命活动所需的能源和养分，不断繁殖自身，从而达到废气净化的一种处理方法。废气的生物净化法与其他处理方法相比，具有处理效果好、设备简单、运行费用低、安全可靠、无二次污染等优点，尤其在处理低浓度（＜3 mg/L）、生物降解性能好的气态污染物时更显其经济性，但不能回收利用气态污染物。

　　废气的微生物处理于 1957 年在美国获得专利，但到 1970 年才开始引起重视，直到 1980 年才在德国、日本、荷兰等国家有相当数量工业规模的各类生物净化装置投入运行。现该法已逐渐应用于废气治理和控制中，现阶段主要用来净化挥发性有机气体（VOCs），特别是除臭，用生物净化法处理和控制煤炭燃烧产生的 SO_2 量也取得了可喜的进展。同时，对微生物净化含 NO_x 废气的研究也引起广泛兴趣。

一、微生物净化气态污染物原理

（一）生物净化法中微生物

　　生物净化废气中有机污染物是利用微生物新陈代谢需要营养物质这一特点，把废气中的有害物转化成无害物。微生物分解有机物时，将一部分分解物同化合成为新细胞，而另一部分则产生能量以供其生长、运动和繁殖，最后转化成无害或少害物质。

　　用于生物净化的微生物分为两大类：自养菌和异氧菌。自养菌特别适用于无机物的转化。但是,由于能量转换过程缓慢,这些细菌生长的速度非常慢,因此,工业应用有一定的困难,而异养菌很适宜于有机物的转化。微生物生长所需的环境条件(如营养物供应、溶解氧量、温度、pH、有毒物浓度等)的改变将影响其净化效率,所以应根据微生物种类来选择适宜操作条件。

（二）生物净化过程

生物反应器处理废气一般经历以下三个阶段:

1. 溶解过程

废气与水或固相表面的水膜接触,污染物溶于水中成为液相中的分子或离子,完成由气膜扩散进入液膜的过程。

2. 吸着过程

有机污染物组分溶解于液膜后,在浓度差的推动下进一步扩散到生物膜,被微生物吸附、吸收,污染物从水中转入微生物体内。作为吸收剂的水被再生复原,继而再用以溶解新的废气成分。

3. 生物降解过程

进入微生物细胞的污染物作为微生物生命活动的能源或养分被分解和利用,从而使污染物得以去除。烃类和其他有机物成分被氧化分解为 CO_2 和 H_2O,含硫还原性成分被氧化为 S、SO_4^{2-},含氮成分被氧化分解成 NH_3,NO_2^- 和 NO_3^- 等。

二、生物净化工艺与设备

生物净化废气有两种方式,一种是将把污染物从气相中转移到水中,然后再进行废水的微生物处理,称为生物吸收法;另一种是直接用附着在固体过滤材料表面的微生物来完成,称为生物过滤和生物滴滤法。

（一）生物吸收装置

生物吸收装置整个处理系统主要包括吸收器和废水生物净化反应器两部分,如图11-15所示。废气从吸收器底部引入,水与废气逆流接触,废气中的污染物被水吸收后由吸收器顶部排出。吸收污染物的水从吸收器底部流出,进入生化反应器进行生化反应,此时需要通入

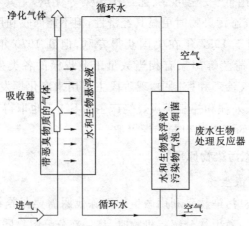

图 11-15 生物吸收装置简图

空气给细菌供氧,经生化反应再生后的水再进入吸收器循环使用。生化过程产生的废气经处理后排出。当反应器效率下降时,由营养物储罐向反应器内添加营养物。

（二）生物过滤装置（生物滤床）

生物过滤装置常用于有臭味废气的降解,其适用条件为:废气中所含污染物必须能被过滤材料所吸附,并被微生物所降解,且生物转化产物不妨碍主要转化过程。生物滤池具体由滤料床层（生物活性填充物）、砂砾层和多孔布气管等组成。多孔布气管安装在砂砾层中,在池底通过排水管排出多余的积水。按照所用固体滤料的不同,生物滤池分为堆肥滤池、土壤滤池及生物过滤箱。

1. 堆肥滤池

在地面挖浅坑或筑池作为堆肥滤池,在池的一侧或中央设输气总管,总管上再接出 125 mm 的多孔配气支管,并覆盖砂石等材料,形成厚 50～10 mm 的气体分配层,在分配层上再摊放厚 500～600 mm 的堆肥过滤层。滤料是可供微生物生长的培养基,多采用固体废弃物、堆肥等,堆肥滤层空隙率应大于 40%,含水量不低于 40%。为了使床层稳定,并增加接触时间,气体流速应控制在 1～10 cm/s,并定期松动和更换滤料。池底接排水管将多余水排走。图 11-16 所示的是处理肉类加工厂废气（含乙醇、氨、H_2S 等恶臭气）的堆肥滤池。

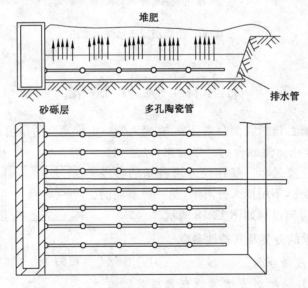

图 11-16　肉类加工厂废气生物（堆肥）滤池

2. 土壤滤池

土壤滤池的构造与生物滤池基本相同,土壤滤料层一般的混合比例是:黏土 1.2%,有机质沃土 15.3%,细砂土 53.9%,粗砂 29.6%,滤层厚度为 0.4～1 m 不等,通气速度取值范围为 0.1～1 m/min。土壤滤池特点是设备简单,运转费用低,管理方便,在土壤上还可以种植花草进行绿化;缺点是占地面积大,开放式的场地因下雨而使土壤透气性恶化而降低处理效果。

3. 生物过滤箱

生物过滤箱是封闭式装置,由箱体、生物活性床层、喷水器等组成。微生物一部分附着于载体表面,一部分悬浮于床层水体中。

（三）生物滴滤床

生物滴滤床系统如图 11-17 所示。生物滴滤床也是生物过滤法的一种，与生物滤床相比区别在于，使用填料不同，生物滴滤床使用的填料间空隙较大，且生物滴滤床在其添料上方喷淋循环水；与生物吸收装置相比，生物滴滤床增设了附着有微生物的填料，设备内除传质外还存在很强的生物降解作用。其特点是生物滴滤床中循环 pH 值易于监测和控制，因此比较适合对 pH 值较敏感的生物反应。它主要用于含易降解的挥发性有机物（VOC）及卤化物（如 CH_2CI_2 等）废气的生物处理。

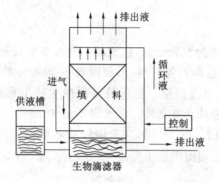

图 11-17　生物滴滤床系统示意图

第四节　膜　分　离　法

膜分离是以选择性透过膜为分离介质，在膜两侧一定推动力的作用下，使原料中的某组分选择性地透过膜，从而使混合物得以分离，以达到提纯、浓缩等目的的分离过程。气体膜分离技术的特点是：分离操作无相变化，不用加入分离剂，是一种节能的气体分离方法。其分离过程如图 11-18 所示。

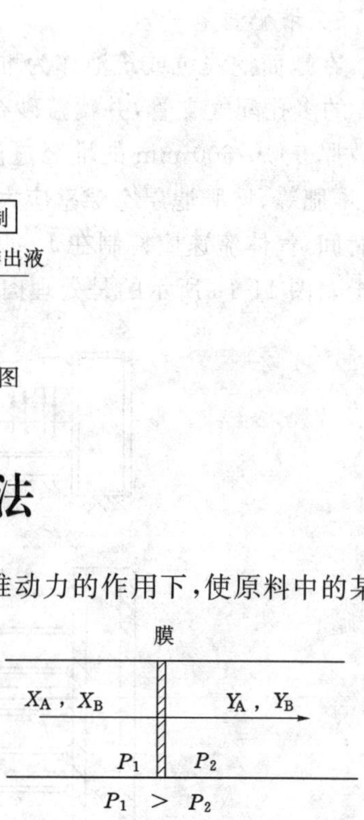

一、气体分离膜的分类及其特性参数

（一）气体分离膜的分类

膜材料的类型与结构对气体渗透有着显著影响。

图 11-18　气体膜分离过程示意图

例如，氧在硅橡胶中的渗透要比在玻璃态的聚丙烯腈中的渗透大几百万倍。根据构成膜物质的不同，气体分离膜主要有固体膜和液体膜两种。液膜技术是近二十年发展起来的，它可以分离废气中的 SO_2、NO_x、H_2S 及 CO_2 等。但这些方法还没有投入工业规模的运行。目前一些工业部门应用的主要是固体膜。固体膜又分以下几种：

① 按膜孔隙率的大小可分为多孔膜和非多孔膜。它们分别由无机物和有机高分子材料制成。多孔膜的孔径一般在 $0.50\sim3.00\ \mu m$，如烧结玻璃及多孔醋酸纤维素膜等；非多孔膜实际上也有小孔，只是孔径很小，如离子导电性固体、均质醋酸纤维、硅氧烷橡胶、聚碳酸酯等。

② 按膜的结构又可分为均质膜与复合膜。复合膜一般是由非多孔质体与多孔质体组成的多层复合体，如图 11-19 所示。

③ 按膜的形状又可分为平板式（图 11-19）、管式、中空纤维式（图 11-20）以及螺旋式等。

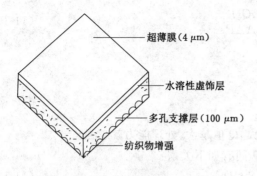

图 11-19　复合膜横截面示意图

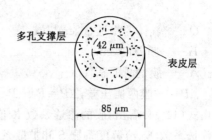

图 11-20　中空纤维膜截面示意图

④ 按膜的制作材料还可分为高分子材料和无机材料以及高分子-无机复合材料。

• 高分子材料

高分子材料分橡胶态膜材料和玻璃态膜材料两大类。玻璃态聚合物与橡胶态聚合物相比选择性较好。玻璃态膜材料的主要缺点是它的渗透性较低，橡胶态膜材料的普遍缺点是它在高压差下容易膨胀变形。目前，研究者们一直致力于研制开发具有高透气性和透气选择性、耐高温、耐化学介质的气体分离膜材料，并取得了一定的进展。

• 无机材料

无机膜的主要优点有：物理、化学和机械稳定性好，耐有机溶剂、氯化物和强酸、强碱溶液，并且不被微生物降解；操作简单、迅速、便宜。受目前工艺水平的限制，无机膜的缺点为：制造成本相对较高，大约是相同膜面积高分子膜的 10 倍；质地脆，需要特殊的形状和支撑系统；制造大面积稳定的且具有良好性能的膜比较困难；膜组件的安装、密封（尤其是在高温下）比较困难。

• 高分子-无机复合材料

采用高分子-陶瓷复合膜，以耐高温高分子材料为分离层，陶瓷膜为支撑层，既发挥了高分子膜高选择性的优势，又解决了支撑层膜材料耐高温、抗腐蚀的问题，为实现高温、腐蚀环境下的气体分离提供了可能性。采用非对称膜时，它的表面致密层是起分离作用的活性层。为了获得高渗透通量和分离因子，其表皮层应该薄而致密。实际上常常因为表皮层存在孔隙而使分离因子降低，为了克服这个问题可以针对不同膜材料选用适当的试剂进行处理。例如用三氟化硼处理聚砜非对称中空纤维膜，可以减小膜表面的孔隙，提高分离因子。气体分离用膜材料的选择需要同时兼顾其渗透性与选择性。

（二）气体分离膜的特性参数

1. 溶解度系数 S

溶解度系数 S 表示膜收集气体的能力。溶解度系数与压力、浓度有关，其关系式类似于理想气体溶于液体的亨利定律，即

$$C = S \cdot P \tag{11-9}$$

式中　C——气体在膜中的浓度；

　　　P——与膜相接触的气体分压。

除了与膜间相互作用较强的气体外，多数气体在膜中的溶解度遵循亨利定律。

2. 渗透系数 K

渗透系数 K 表示膜对气体的渗透能力。稳态下，K 值由下式计算：

$$K = \frac{QH}{A\Delta P} \tag{11-10}$$

式中　Q——气体的渗透量，cm^3/s；

　　　H——膜厚度，cm；

　　　A——膜的总面积，cm^2；

　　　ΔP——膜两侧压差，$\Delta P = P_1 - P_2$，Pa。

由式(11-11)看出，膜的渗透系数 K 值越大，Q 值越大，处理能力就越强。

渗透系数 K、溶解度系数 S 和扩散系数 D 间有如下关系：

$$K = S \cdot D \tag{11-11}$$

3. 分离系数 α

分离系数 α 表示膜对混合气体的选择分离能力。如图 11-20 所示，设组分 A、B 在渗透前的分子浓度分别为 X_A、X_B，通过渗透膜后的浓度分别为 Y_A、Y_B，渗透开始前，$Y_A = 0$，$Y_B = 0$，低压侧分子浓度比等于 AB 二组分渗透速率之比，即

$$\frac{Y_A}{Y_B} = \frac{Q_{A0}}{Q_{B0}} = \frac{K_A \Delta P_A}{K_B \Delta P_B} \tag{11-12}$$

将分离系数 α_{AB} 定义为

$$\alpha_{AB} = \frac{Y_A/Y_B}{X_A/X_B} = \frac{X_B}{X_A} \cdot \frac{Y_A}{Y_B} = \frac{X_B}{X_A} \cdot \frac{Q_{A0}}{Q_{B0}} = \frac{X_B}{X_A} \cdot \frac{K_A \Delta P_A}{K_B \Delta P_B} \tag{11-13}$$

分离系数 α 越大，其分离能力越强。一般应 $\alpha > 20$。

性能良好的膜应具有收集能力强，渗透量大，选择性分离能力强，耐高压和不受各种杂质影响，操作稳定的特点。

二、气体的膜分离机理

由于各种类型膜的结构及化学特性不同，气体膜分离机理也不相同，现介绍几种典型机理及模型。

(一) 多孔膜

多孔膜结构如图 11-21(a)所示。气体透过多孔膜与非多孔膜的机理是不同的。多孔膜是利用不同气体通过膜孔的速率差进行分离的，其分离性能与气体的种类、膜孔径等有关。气体通过多孔膜的传递机理可分为分子流、黏性流、表面扩散流、分子筛筛分机理、毛细管凝聚机理等。其中根据努森准数 K_n，气体通过多孔膜的流动分为黏性流和分子流。

当 $K_n = \lambda/d \geqslant 1$ 时，流动为分子流；$K_n = \lambda/d < 1$ 时，流动为黏性流。λ 为分子的平均自由程 (μm)；d 为微孔的直径 (μm)。

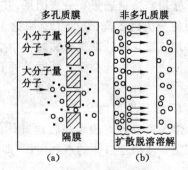

图 11-21　多孔膜与非多孔膜
分离机理

只有在 $K_n \geqslant 1$ 的分子流时，才能实现对气体的分离。此时组分 A 通过膜的通量可由下式计算：

$$Q_A = \frac{K_m}{\sqrt{M_A T}}(P_1 - P_2) \tag{11-14}$$

式中 K_m——膜常数；

　　M_A——A 的相对分子质量；

　　T——绝对温度，K；

　　P_1,P_2——膜两侧面的压力，Pa。

由式(11-13)和式(11-14)可得

$$\alpha_{AB} = \frac{X_B}{X_A} \cdot \frac{Q_{A0}}{Q_{B0}} \propto \sqrt{\frac{M_B}{M_A}} \tag{11-15}$$

由上式可看出，混合气体的相对分子质量差别越大，则分离系数越大，分离效果越好。

（二）非多孔膜

气体通过非多孔膜的传递机理可分为溶解-扩散和双吸收-双迁移机理等。如图11-21(b)所示，混合气体通过非多孔膜被分离净化的过程可用溶解机理来解释。首先是气体分子在膜表面被吸附、溶解，由于溶解产生浓度梯度，气体在膜中向膜的另一侧扩散，最后气体分子在膜表面解吸，分离出来。在迁移稳定情况下，可推出气体渗透量计算公式：

$$Q_A = \frac{K \cdot \Delta P \cdot A}{H} \tag{11-16}$$

由于气体是通过非多孔膜的分子结构间隙进行渗透的，所以气体迁移行为受膜组分、结构和形态性质的影响极大，这是与气体通过多孔膜时的行为所不同之处，提高温度，会使扩散加强，提高渗透速率。

（三）非对称膜

一般说来，多孔膜的渗透量大，但分离效果差；非多孔膜分离效果好，但渗透量小。为了克服上述两种膜的缺点，已制造出一种非对称膜，它是将一极薄(0.1～1 μm)的非多孔质支撑在多孔质的底材上形成的。这种膜既能维持较高的渗透量，又能保证有较高的分离效果。

三、影响渗透通量与分离系数的因素

① 压力。气体膜分离的推动力为膜两侧的压力差，压差增大，气体中各组分的渗透通量也随之升高。但实际操作压差受能耗、膜强度、设备制造费用等条件的限制，需要综合考虑才能确定。

② 膜的厚度。膜的致密活性层的厚度减小，渗透通量增大。减小膜厚度的方法是采用复合膜，此种膜是在非对称膜表面加一层超薄的致密活性层，降低可致密活性层的厚度，使渗透通量提高。

③ 膜材质。气体分离用膜多采用高分子材料制成，气体通过高分子膜的渗透程度取决于高分子是"橡胶态"还是"玻璃态"。橡胶态聚合物具有高度的链迁移性和对透过物溶解的快速响应性。气体与橡胶之间形成溶解平衡的过程，在时间上要比扩散过程快得多。因此，橡胶态膜比玻璃态膜渗透性能好，如氧在硅橡胶中的渗透性要比在玻璃态的聚丙烯腈中大几百万倍。但其普遍缺点是它在高压差下容易变形膨胀；而玻璃态膜的选择性较好。气体分离用高分子膜的选定通常是在选择性与渗透性之间取"折中"的方法，这样既可提高渗透通量又可增大分离系数。

四、气体的膜分离设备

（一）Prissm 气体分离器

如图 11-22 所示，该膜分离器采用聚砜中空纤维为原料，在其表面涂上一层厚度为 5～

$10~\mu m$ 的涂料,涂料为可硬化的聚二甲基硅烷,具有较高的渗透能力和选择性。其构造基本上与热交换器相仿,主要由外壳、中空纤维和纤维两头的管板组成。使用时,原料气进入外壳,易渗透组分经过纤维膜透入中心而流出。难渗组分则从外壳出口流出。

实际应用 Prissm 气体分离器具有代表性的实例为:除去反应回路中的惰性气体,调节合成气体的摩尔比,回收释放气中的氢气。图 11-23 是黑龙江化工厂化肥分厂利用二级膜分离法回收合成氨驰放气工艺流程图。该装置的处理能力为 $1~500~m^3/h$, H_2 的回收率约为 90%。

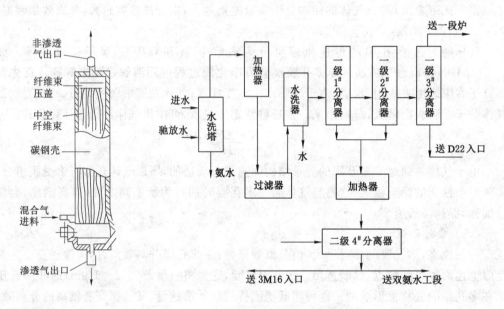

图 11-22 Prissm 气体分离器   图 11-23 合成氨驰放气工艺流程图

(二)平板旋卷式膜分离器

平板旋卷式膜分离器如图 11-24 所示。其中心有一多孔渗透管,膜和支撑物卷在多孔渗管外,高压原料气进入"高压道",而经过膜渗透出来的气体流经"渗透道"从渗透管中心流出(为分离出的组分),剩余气则从管外流道流出。膜和支撑物组成膜叶,其三面封闭,使原

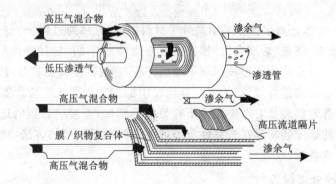

图 11-24 旋卷式膜分离器的膜片组件

料气与渗透气隔开。筒体直径为 200 cm,长为 1 m,耐压大于 8 MPa,原料气流量为 $6\times10^4 \sim 12\times10^4$ m³/h。醋酸纤维非对称膜的应用范围很广,可分离氢气,酸性气体 CO_2、H_2S 及水气、碳氢化合物和 O_2。

膜分离法适合于处理较浓的物流,即 VOCs 浓度大于 1 000 mg/m³。系统的费用与进口流量呈正比,与浓度关系不大。对大多数的间歇过程,由于温度、压力、流量和 VOCs 浓度在一个范围内变化,因此要求回收设备有较大的适应性,而膜分离系统能满足这一要求。

采用该法回收废气中的丙酮、四氢呋喃、甲醇、乙腈、甲苯等,回收率可达 97% 以上。目前,该法正迅速发展成为石油化工、制药、食品加工等行业回收 VOCs 的有效方法。

第五节　电子束照射法

电子束技术是利用电子加速器来产生高能电子。目前,已经达到工业示范阶段的主要是电子束辐照氨法烟气脱硫、脱氮工艺。电子束辐照氨法烟气脱硫、脱氮技术是一种无排水型干式排烟处理技术,始于 20 世纪 70 年代。该技术通过向锅炉排烟照射电子束和喷入氨气,能够同时除去排烟中含有的硫氧化物(SO_2)、氮氧化合物(NO_x),可分别达到 90% 和 80% 的脱除效率,能直接回收有用的氨肥(硫酸铵及硝酸铵混合物),无二次污染产生。

电子束辐照氨法烟气脱硫、脱氮技术的初投资和运行费用均较高,但仍低于石灰石/石膏湿法烟气脱硫,如果考虑联合脱硫、脱氮的效果以及产品的价值,其经济性还是比较好的。

一、电子束照射法脱硫脱氮机理

脱硫、脱氮整个反应的三个过程及机理如下。这三个过程在反应器内环环相扣,相互影响。

1. 生成具有氧化活性的物质

烟气在电子加速器产生的电子束辐照下将呈现非平衡等离子体状态,烟气中的 H_2O 和 O_2 被裂解成强氧化性的过氧化物(HO,HO_2)和原子态氧(O)等活性自由基因。反应式为:

$$N_2、O_2、H_2O \longrightarrow OH、O、HO_2 \tag{11-17}$$

2. SO_x 及 NO_x 的氧化

SO_x 及 NO_x 在这些自由基的作用下,在极短的时间内被氧化,并与水生成雾状中间产物硫酸(H_2SO_4)和硝酸(HNO_3)。其反应式为:

$$SO_x \longrightarrow H_2SO_4,NO_x \longrightarrow HNO_3 \tag{11-18}$$

3. 硫酸铵和硝酸铵的生成及捕集

硫酸与硝酸和共存的氨进行中和反应,生成粉状微粒,即硫酸铵$[(NH_4)_2SO_4]$和硝酸铵(NH_4NO_3)的混合微粒粉体。这些微粒从反应器进入收尘装置而被捕集回收。

二、电子束发生装置

如图 11-25 所示,电子束发生器由直流高压电源和电子束加速管组成,两者之间用高压电缆连接。在高真空下,由加速管端部的灯丝发射出来的热电子,在高压静电场作用下,使热电子加速到任意能级。高速电子束的有效照射空间,可通过调节 x、y 方向的磁场作用来控制,高速电子束通过照射窗进入反应器内,使废气中的 SO_x 和 NO_x 强烈氧化。

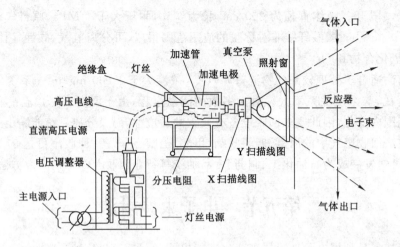

图 11-25　电子束发生装置

三、电子束照射净化法的特点及应用现状

电子束照射处理废气技术有如下特点：

① 能够实现在一套烟气处理装置内同时进行脱硫、脱硝过程，并且反应迅速，脱除效率高，适合处理高浓度 SO_2 和 NO_x 的烟气，对烟气条件的变化和锅炉负荷变动的适应性较强。

② 电子束辐照烟气净化是干式处理工艺，不需要排水处理装置，不存在腐蚀问题。

③ 所产生的副产品可以直接作为化肥使用，不产生废弃物。

④ 厂用电率高，对于大型火电机组，烟气净化装置运行的电力消耗大致为机组发电功率的 2.5% 左右。

⑤ 电子束装置运行时需采取防护措施，以防止对人体造成损害。

中国工程物理研究院自行设计和建造了我国第一套电子束照射脱硫脱氮工业化试验装置。该试验装置建于四川绵阳科学城热电厂，在其 3 000 kW 热电联产锅炉水平主烟道上抽取部分烟气供试验装置处理用。试验装置工艺流程图如图 11-26 所示。其设计技术参数

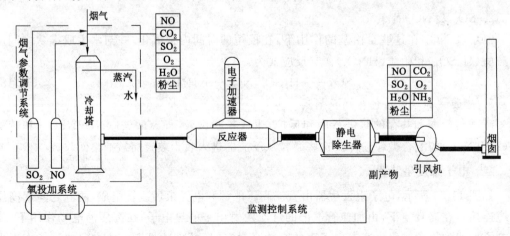

图 11-26　电子束照射脱硫脱氮工业化试验装置工艺流程图

为：烟气处理量 3 000～12 000 m^3/h；粉尘入口浓度 300 mg/m^3～10 g/m^3；粉尘出口浓度＜50 mg/m^3；氨排放浓度≤50×10^{-6}；反应器入口烟气温度 60～100 ℃；烟气相对湿度≤100％；NO 浓度 200×10^{-6}～800×10^{-6}；NO 脱除率≥70％；SO_2 浓度 300×10^{-6}～3 000×10^{-6}；SO_2 脱除率≥90％。该装置经过两个多月的试运行，基本上达到了设计指标。电子束照射脱硫脱氮技术具有很好的技术经济性和良好的市场前景技术。

第六节　低温等离子体技术

等离子体是继固态、液态、气态物质存在的第四态，等离子体指部分或完全电离的气体，且自由电子和离子所带正、负电荷的总和完全抵消，宏观上呈现电中性。

等离子体按粒子的温度可分为热等离子体（Thermal Plasma）和低温等离子体（Cold Plasma）。在热等离子体中，体系的表观温度约为 5×10^3～2×10^4 K，体系中电子温度与其他粒子的温度相等，因而又称为平衡等离子体。在低温等离子体中，电子的运动温度一般高达数万度，而其他粒子和整个体系的温度只有 300～500 K，故又称为非平衡等离子体。

一、低温等离子体技术原理

低温等离子体中的化学反应主要是通过气体放电产生的高能电子激发来完成的。电子在外加电场的作用下，从电场中获得能量，成为高能电子。这些高能电子速度很快，在与污染物接触时，通过非弹性碰撞将其自身携带的能量传递给污染物，转化为污染物分子的内能或动能，这些获得能量的分子被激发或发生电离形成活性基团，如·OH，O_2^-，O_3 等。一方面，这些活性基因与污染物分子通过化学反应，最后生成 CO_2 和 H_2O，另一方面，当污染物分子获得的能量大于其自身结合键能时，污染物分子的分子键断裂，分解成无害的气体或单质原子。

低温等离子体技术凭借其在处理废气上的低能耗、高效性、环保性等特点，逐渐成为人们关注的热点。

二、低温等离子体的产生方式

等离子体的产生途径有多种，常见的有电子束法和气体放电法。

电子束法是指利用电子加速器使电子获得高能量形成高能电子束，电子束与气体分子相互作用能使其解离、激发产生各种活性物质，从而促进化学反应进行的一种方法。

气体放电法种类较多，按电极结构以及供能方式不同，可分为介质阻挡放电、射频放电、微波放电、电晕放电等。其中电晕放电又包括直流电晕放电、脉冲电晕放电和交流电晕放电等方式。

三、低温等离子体的特点及应用现状

与传统的大气污染治理方法和工艺相比，低温等离子技术处理方法具有处理效率较高、操作相对简单、运行环境要求低和使用寿命长等优点，应用前景广阔。目前，在大气污染物治理领域，利用低温等离子体技术在处理含挥发性有机物废气、含 H_2S 工业废气以及含 NO_x 工业废气等方面获得了广泛的研究。但是低温等离子体技术也存在很多的缺点，如选择性较差、容易形成毒性更强的中间产物、会产生大量臭氧等二次污染等问题。基于此，低温等离子体与催化剂相结合构建等离子体催化体系成为目前研究的热点。

虽然目前低温等离子体处理废气的技术还不够成熟，但低温等离子体技术具有的独有优势,在将来的环境工程领域具有广阔的发展前景。

第七节　光催化技术

1972 年,Fujishima 和 Honda 在 TiO_2 电极上发现了光催化裂解水反应这一现象,标志着半导体光催化时代的到来。1976 年,Cary 等报道了在紫外光照射下,具有光催化氧化作用的 TiO_2 可以使难以降解的有机化合物多氯联苯脱氯,这为治理环境污染等问题提供了一条新的途径。光催化技术具有反应条件温和、易于操作、催化剂易得、廉价、不产生二次污染等优点,使其在解决日益严重的能源短缺和环境污染等方面具有非常重要的应用前景,被誉为"当今世界最理想的环境净化技术"。

一、光催化技术原理

光催化反应过程是利用紫外光或可见光照射相应的光催化剂,在催化剂的导带和价带上分别产生光生电子和光生空穴,同时在空气中的 O_2、H_2O 等物质的作用下,发生一系列的反应,最终将目标物催化分解的过程。

目前常用的光催化剂主要有 TiO_2、ZnO、WO_3、Fe_2O_3、SnO_2、CdS 等,其中 TiO_2 是应用最广的光催化氧化剂。

以 TiO_2 作为光催化剂,光催化技术净化挥发性有机物的具体反应过程如下:

$$TiO_2 + h\nu \Longleftrightarrow h^+ + e^- \tag{11-19}$$

$$h^+ + e^- \longrightarrow 热能 \tag{11-20}$$

$$h^+ + OH^- \longrightarrow \cdot OH \tag{11-21}$$

$$h^+ + H_2O \longrightarrow \cdot OH + H^+ \tag{11-22}$$

$$e^- + O_2 \longrightarrow O_2^- \xrightarrow{H^+} HO_2 \cdot \tag{11-23}$$

$$2HO_2 \cdot \longrightarrow O_2 + H_2O_2 \tag{11-24}$$

$$H_2O_2 + O_2^- \longrightarrow \cdot OH + OH^- + O_2 \tag{11-25}$$

$$H_2O_2 \xrightarrow{h\nu} 2 \cdot OH \tag{11-26}$$

$$\cdot OH(或 O_2^-) + 有机物 \longrightarrow \cdots \longrightarrow CO_2 + H_2O + 有机小分子 \tag{11-27}$$

$$2e^- + H^+ \longrightarrow H_2 \tag{11-28}$$

$$4h^+ + 2H_2O \longrightarrow O_2 + 4H^+ \tag{11-29}$$

二、光催化技术应用现状及发展

与光催化技术用于废水处理领域相比,光催化处理气相污染物的研究直到近年来才逐渐受到重视。目前,光催化降解有机废气主要应用于大气中有机污染物的处理和室内 VOCs 的处理。除此之外,光催化技术还应用于无机废气的处理,如 NO_x、SO_2、恶臭气体等,还可用于杀菌。

但由于传统光催化材料(如 TiO_2),禁带宽度较大,仅能吸收太阳光中的紫外光,其可见光下的催化氧化活性不高,且存在其高的光生载流子复合速率导致其光量子效率低等问题。为此,为了实现光催化技术处理气相污染物工业化应用,还需在以下几个方面做大量深入的研发工作:

（1）制备高效率的催化剂，进一步完善催化剂的改性技术，提高催化剂的催化活性和太阳光的利用率；

（2）选择合适的载体，研究催化剂固定技术，制备负载型催化剂，使其易于回收，重复使用；

（3）进一步深入研究光催化反应机理，掌握污染物降解规律和降解动力学，从而确定相应高效的反应器模型，进而设计出高效实用的反应器；

（4）光催化技术与其他技术耦合，利用技术的协同作用来获取最佳处理效果，开拓更广阔的应用前景。

相信随着科学技术的发展和新型材料的发现，光催化氧化技术必会越来越成熟，在环境污染物治理领域会获得更广阔的应用。

➡第十二章

集气罩及管道设计

第一节　净化系统的组成与设计内容

废气在从生产工艺的产生点到达处理装置的过程中,是通过密闭的管道进行输送的。管道中的气体必须以一个经济合理的流速通过。气体输送所需的动力则由风机提供。而废气在产生点的收集须设计适合于粉尘性质和产尘点环境特点的集气罩。因此,净化系统的设计和选型涉及内容很多,正确合理的设计往往可使废气在满足排放标准的前提下,具有较好的运行经济性;而不合理的设计和选型往往导致整个净化系统的运行费用很高,经济性差。

一、局部排气净化系统的组成

空气污染物依附于气流运动而扩散,对于生产过程中散发的各种污染物,只要能控制室内二次气流的运动,就可以控制污染物的扩散和飞扬,达到改善车间内外空气环境质量的目的。局部排气通风方法就是对局部污染源设置集气罩,把产生的污染空气捕集到集气罩内,通过风管输送到净化设备,经净化后排至室外,这是控制空气污染最有效、最常用的一种方法。

局部排气净化系统通常由集气罩、风管、净化设备、通风机和烟囱等五部分组成,如图12-1所示。

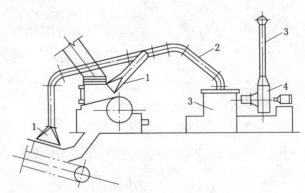

图 12-1　局部排气净化系统示意图

1——集气罩;2——风管;3——净化设备;4——风机;5——烟囱

1. 集气罩

集气罩是用来捕集有害物和污染空气的。其性能对局部排气净化系统的技术经济指标有直接影响。性能良好的局部集气罩如密闭罩只需要较小的风量就可以获得良好的工作效果。由于生产设备和工艺的不同，集气罩的型式是多种多样的。

2. 风管

在净化系统中用来输送气流的管道称为风管，通过风管使系统的设备和部件连成一个整体。

3. 净化设备

气体净化设备是净化系统的核心部分。当排气中污染物含量超过排放标准时，必须先进行净化处理，达到排放标准后才能排入大气。

4. 通风机

通风机是净化系统中气体流动的动力装置。通风机一般都放在净化设备后面，目的是防止风机的磨损和腐蚀。

5. 烟囱

烟囱是净化系统的排气装置。由于净化后的气体中仍然还有一定浓度的污染物，这些污染物在大气中扩散、稀释，并最终沉降到地面。为了保证地面污染物浓度不超过环境空气质量标准，烟囱必须具有一定的高度。

为了保证局部排气系统能够正常运行，根据净化处理对象的不同，在净化系统中往往增设必要的辅助设备。例如：处理高温气体时的冷却装置、余热利用装置，满足钢材热胀冷缩变化的管道补偿器，输送易燃易爆气体时的防爆装置，以及用于调节系统风量和压力平衡的各种阀门，用于测量系统内各种参数的测量仪器、控制仪器和测孔，用于支撑和固定管道、设备的支架，用于降低风机噪声的消音装置等。

二、局部排气净化系统设计的内容

局部排气净化系统设计的基本内容包括污染物的捕集装置、输送管道、净化设备和排放烟囱等四个部分。同时，如果在净化系统中增设了必要的设备和附件，就要对这些设备和附件进行设计。

1. 捕集装置的设计

污染物的捕集装置通常称为集气罩。设计内容主要包括集气罩的结构型式、风量、安装位置以及性能参数确定等内容。

2. 输送管道的设计

输送管道系统的设计主要包括管道布置、管道内气体流速的确定、管径的选择、压力损失计算以及通风机选择等内容。

3. 净化设备的设计

有关净化设备的选择或设计在本书相关章节中已有详细叙述。

4. 烟囱设计

排放烟囱的设计主要内容包括结构尺寸及工艺参数（例如烟囱高度、出口直径、喷出速度等）的设计，具体设计见第十三章相关内容。

第二节　集气罩的捕集机理

研究集气罩罩口气流运动规律,对于合理设计、使用集气罩和有效捕集污染物是十分重要的。罩口气流流动的方式只有两种:一种是吸风口的吸入流动;另一种是吹气口的吹出流动。集气罩对气流的控制均以这两种流动原理为基础。

一、吸风口的气流运动规律

一个敞开的管口就是一个最简单的吸风口,当吸风口吸风时,周围空气从管口吸入,管口附近便形成负压。离吸风口越近,压力越低,流速则随距离的增加而急剧减少,这种特殊的空气吸入流动称为空气汇流。

当吸风口面积很小时,可以视为"点汇流"。吸风口的中心点叫极点,周围空气从四面八方流向吸风口,空气流动不受任何界壁限制,这就叫"自由点汇流"。如果吸风口的空气流动受到界壁限制,则叫"有限点汇流",如设置在墙面、屋顶或地面的吸风口。如果吸风口的吸气流动范围只在壁面外部半个空间内进行,这种点汇流叫"半无限点汇流"。

下面就自由点汇流和半无限点汇流作一个简单分析。

1. 自由点汇流

自由点汇流吸入流动的作用区,是以极点为中心的球体,如图 12-2(a)所示。

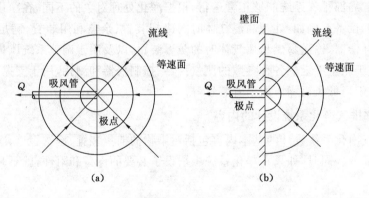

图 12-2　点汇流模型图

(a) 自由点汇流;(b) 半无限点汇流

在作用区内,以极点为中心的所有不同径的球面都为点汇流的等速面。由于通过每个等速面的空气量相等,即等于吸风口的流量,假设点汇流吸风口的流量为 Q,等速面的半径分别为 r_1 和 r_2,相对应的气流速度为 v_1 和 v_2,则有

$$Q = 4\pi r_1^2 v_1 = 4\pi r_2^2 v_2 \tag{12-1}$$

即
$$v_1/v_2 = (r_2/r_1)^2 \tag{12-2}$$

由上式可知,点汇外某一点的流速与该点至吸风口距离的平方成反比。吸风口吸入气流速度衰减很快,因此在设计时,应尽量减少罩口到污染源的距离,以提高吸风效果和捕集效率。

2. 半无限点汇流

若吸风口设置在墙面上,如图 12-2(b)所示,吸风的范围减半,其等速面为半球面,则吸

风口的吸风量为

$$Q = 2\pi r_1{}^2 v_1 = 2\pi r_2{}^2 v_2 \tag{12-3}$$

比较式(12-1)和式(12-3)可以看出,在同样的距离上造成同样的吸气速度,即达到同样的吸风效果;自由点汇流的吸风量比半无限点汇流的吸风量大一倍。即在相同吸风量、相同的距离上,半无限点汇流的吸风口吸风速度比自由点汇流的吸风口吸风速度大一倍。因此,外部集气罩设计时,应尽量减少吸风的范围以增强控制效果。

实际使用的集气罩都是有一定面积的,不能视为点汇,而且气体流动也是有阻力的。吸风区气体流动的等速面不是球面而是椭球面,因此不能把点汇流气体流动规律直接用于集气罩的计算。为此,一些研究者对圆形和矩形吸风口的吸入流动进行了大量的试验,根据试验数据,绘制了吸风区内气流流域的速度分布图。如图12-3、图12-4和图12-5所示,这些图称为吸气流谱,直观地表示了吸风速度和相对距离的关系。

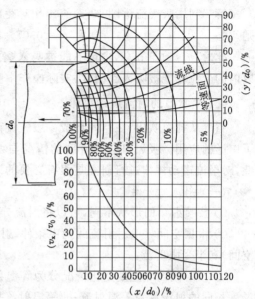

图12-3 四周无障碍的圆形或矩形
(宽长比大于或等于0.2)吸风口

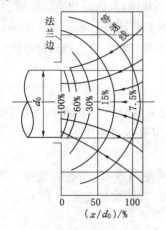

图12-4 四周有边的圆形或矩形
(宽长比大于或等于0.2)吸风口

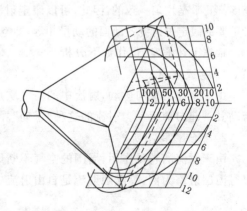

图12-5 宽长比为1∶2的矩形
吸气口的速度分布图

当离开吸风口的距离 x 与吸风口直径 d_0 的比值 $x/d_0 > 1$ 时,可以近似看做点汇流,吸风量可以按式(12-1)计算;当 $x/d_0 < 1$ 时,应根据有关气流衰减公式计算。

由图中可以看出,吸风口气流速度衰减较快,当 $x/d_0 = 1$ 时,该点的气流速度已经降至吸风口流速的7.5%左右。对于结构一定的吸风口,不论吸风口风速大小如何,其等速面形状大致相同;而吸风口结构型式不同,其气流衰减规律则不同。

例12-1 无边圆形吸风口直径 d_0 为150 mm,吸风口平均流速 v_0 为2 m/s。尘源在吸入速度为 0.5 m/s 的作用下才会吸入吸风口。试问吸风口离开尘源距离 x 为 150 mm 时,尘粒能否被吸入?

解 利用吸气流谱图 12-3,查出相对距离 $x=d_0$ 时,轴心流速 $v_x=7\%v_0$。

则
$$v_x=0.07\times2=0.14 \text{ (m/s)}$$

此时,$v_x<0.5$ m/s,尘粒不能被吸入集气罩内。由分析可知,只有距离吸风口 75 mm 以内的尘粒才能被吸入。因此,实际操作中吸风口应尽量靠近产尘点。

二、喷吹口的射流运动规律

空气从孔口吹出,在空间形成一股气流称为吹出气流或射流。射流在通风工程中得到了广泛的应用。吸风口空气流动的情况与射流运动时气流扩散的情况是完全不同的。因此,对射流运动规律进行研究是很有必要的。

(一)射流的分类

① 按喷射口的形状不同,可以将射流分为圆射流、矩形射流和扁射流。

② 根据空间界壁对射流的约束条件,射流可分为自由射流(无限空间)、受限射流(有限空间)和半受限射流。

③ 按射流内部温度变化情况分为等温射流和非等温射流。射流出口温度和周围空气温度相同的射流称为等温射流;非等温射流是沿射程被不断冷却或加热的射流。

④ 按射流产生的动力,可将射流分为机械射流和热射流。

(二)空气射流运动的特性

实际空气射流的特性相当复杂,无法精确地进行描述。为了便于研究,需进行一些假定将问题简化。由于射流流速比较高,可以假定射流流动都属于紊流;紊流运动出口断面上各点的速度都几乎是均匀一致的,因此,可以假定射流在喷口断面上的速度分布也是一致的。此外,最重要的假定是射流各断面的动量相等,即空气射流的动力学特性完全遵循动量守恒定律。

根据上述假定,可作如下分析:

1. 卷吸作用

由于紊流的横向脉动,射流中的空气质点会碰撞靠近射流边界原来静止的空气质点,并带动其一起向前运动。射流的这种"带动"静止空气的作用就是卷吸作用。

2. 射流范围不断扩大

由于射流的卷吸作用,周围的空气不断地被卷进射流范围内,因此射流范围不断扩大。以等温圆射流为例,等温圆射流是自由射流中的常见流型,其结构如图 12-6 所示。

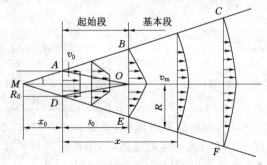

图 12-6　射流结构示意图

假设喷射口速度是完全均匀的,从孔口喷出的射流范围不断扩大,其边界是圆锥面。圆锥的顶点称为极点,圆锥的半顶角称为射流的扩散角,其计算公式见表 12-1。

由图 12-6 可以看出,射流内的轴线速度保持不变并等于喷射速度 v_0 的一段,称为射流核心区(图中 AOD 锥体)。由喷射口至核心被冲散的这一段称为射流起始段。以起始段的端点 O 为顶点,喷射口为底边的锥体中,射流的基本性质(速度、温度、浓度等)均保持原有特性。射流核心消失的断面 BOD 称为过渡断面。过渡断面以后称为射流基本段。

3. 射流核心呈锥形不断缩小

射流与周围静止空气的相互混合是由外向里进行的,在开始一段范围内,射流中心部分还没来得及被影响到,将仍然保持射流的初速度向前运动。这个保持初速度的中心区称为射流核心。从图 12-6 可见,射流核心区是一个不断缩小的圆锥形,圆锥的顶点为临界断面的中心点。射流核心消失以后,从临界断面开始,射流轴心速度则随射程的增加而减小,最后衰减为零。对于扁射流,距喷射口的距离 x 与喷射口高度 $2b_0$ 的比值等于 2.5 以前为核心段,核心段轴线上射流速度保持喷射口的平均速度 v_0。

4. 射流各断面动量相等

根据动量方程式,单位时间通过射流各断面的动量应相等。

5. 射流的静压分布

射流中的静压与周围静止空气的压力相同,射流范围内每点的压力与射流是否存在无关。因为射流中各个方向的静压力相互抵消,外力之和等于零,使射流处于平衡状态,所以射流中各点的静压力是一致的,并且都等于周围静止空气的压力。

6. 射流各断面速度分布的相似性

射流中任一点的速度是一个随机变量,特别是射流主体段;虽然各断面的速度值不同,但是速度分布规律是相似的,较好地服从对数正态分布,轴心速度大于边界层的速度。射流参数的计算,可采用表 12-1 所列公式进行。

表 12-1　　　　　　　　等温圆射流和扁射流基本段参数计算公式

参数名称	符号	圆射流	扁射流
扩散角	α	$\tan \alpha = 3.4\,\alpha$	$\tan \alpha = 2.44\,\alpha$
起始段长度	$s_0\,/\mathrm{m}$	$s_0 = 8.4 R_0$	$s_0 = 9.0 b_0$
轴心速度	$v_{\mathrm{m}}\,/(\mathrm{m/s})$	$\dfrac{v_{\mathrm{m}}}{v_0} = \dfrac{0.996}{\dfrac{ax}{R_0} + 0.294}$	$\dfrac{v_{\mathrm{m}}}{v_0} = \dfrac{1.2}{\sqrt{\dfrac{ax}{R_0} + 0.41}}$
断面流量	$Q_x\,/(\mathrm{m/s})$	$\dfrac{Q_x}{Q_0} = 2.2\left(\dfrac{ax}{R_0} + 0.294\right)$	$\dfrac{Q_x}{Q_0} = 1.2\left(\sqrt{\dfrac{ax}{b_0} + 0.41}\right)$
断面平均速度	$v_x\,/(\mathrm{m/s})$	$\dfrac{v_x}{v_0} = \dfrac{0.191\,5}{\dfrac{ax}{R_0} + 0.294}$	$\dfrac{v_x}{v_0} = \dfrac{0.492}{\sqrt{\dfrac{ax}{b_0} + 0.41}}$
射流半径或半高度	Rb/m	$\dfrac{R}{R_0} = 1 + 3.4\dfrac{ax}{R_0}$	$\dfrac{b}{b_0} = 1 + 2.44\dfrac{ax}{b_0}$

(三)吸入流动和射流的比较

射流由于卷吸作用,沿射流前进方向流量不断增加,射流作用区呈锥形;吸入流动作用区的等速面呈椭球面,通过各等速面的流量相等,且等于吸入口的流量。

射流轴线上的速度基本上与射程成反比,而吸入流动区气流速度与离开吸风口距离的平方成反比。所以,吸风口的能量衰减很快,其作用范围较小。送风口和吸风口气流速度衰减情况如图 12-7 所示。

总之,吸入气流与射流的流动特性是不同的。射流在较远处仍然能保持其能量密度,而吸入气流则在离吸风口不远处其能量密度急剧下

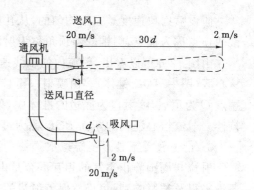

图 12-7　送风口和吸风口气流速度衰减情况

降。也就是说,射流流动的控制能力大,而吸入气流则有利于接受。因此,在实际应用中,可以利用射流作为动力,把污染物输送到吸风口进行捕集;或者利用射流阻挡、控制污染物的扩散。这种利用各自的优点进行配套,把射流和吸入流动结合起来的集气方式称为吹吸气流。

(四) 吹吸气流

吹吸气流是两股气流组合而成的合成气流,其流动状况随喷射口和吸风口的尺寸比以及流量比(Q_2/Q_1,Q_3/Q_1)而变化。

图 12-8 是三种最基本的吹吸气流形状。图中 H 表示吸风口和喷射口的距离;D_1、D_3、F_1、F_3 分别表示喷射口、吸风口的大小尺寸及其法兰边宽度;Q_1、Q_2、Q_3 分别表示喷射口的喷射风量、吸入室内空气量和吸风口的总排风量;v_1、v_2 分别为喷射口和吸风口的气流速度。从图可以看出,喷射口的宽度越大,抵抗以箭头表示的侧风、侧压的能力就越大。所以现在已把 $H/D_1 < 30$ 定为吹吸式集气罩的设计基准值。从图中还可以看出,当喷射风量 Q_1 一定时,图 12-8(a)的喷射口宽度最小,喷射速度比图 12-8(b)、图 12-8(c)的要大,动力消耗也大,而且噪声、振动也大。当排风量 Q_3 一定时,图 12-8(b)的吸风口宽度最小,吸入速度比图 12-8(a)、图 12-8(c)大,动力消耗大,亦不理想。因此,通过三个图的比较,可知图 12-8(c)的流动形式最理想。吹吸气流的断面形状各种各样,可按实际工程需要选用。

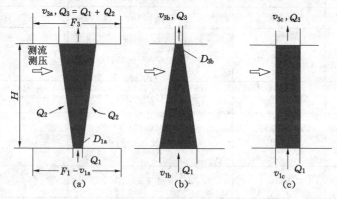

图 12-8　吹吸气流的形状

注:① $H/D_1 < 30$,一般 $2 < H/D_1 < 15$;② v_1、v_2 越小越好,但是 $v_1 > 0.2$ m/s;③ F_3 越小越好;
④ $F_1 = D_1$ 最好;⑤ 采用经济设计式,使 Q_3 或($Q_1 + Q_3$)最小

第三节　集气罩的结构型式及主要性能

一、集气罩的结构型式

集气罩按其作用原理和功能特点来分,可归纳为以下五种结构型式。

(一) 密闭罩

密闭罩的主要特点是将污染源局部或全部围挡起来,使有害物的扩散范围只限制在一个小的密闭空间内,一般只在围挡的罩壁上留有观察窗或不经常开启的操作检查门。罩外空气只能经过缝隙或某些孔才能进入罩内,使罩内保持适当负压。由于其开启的面积小,所以用较小的排风量就可以有效地防止污染物的外逸。与其他类型集气罩相比,密闭罩所需排风量最小,控制效果最好,且不受室内横向气流的干扰。密闭罩的形式很多,归纳起来可分为下列三种。

1. 局部密闭罩

如图 12-9 所示,将设备的扬尘点局部密闭起来,其他工艺设备均露在罩的外面。其特点是罩的容积较小,工艺设备大部分露在罩外,方便操作和设备检修;一般适用于污染气流扩散速度较小、尘源集中及扬尘时间连续而波动较小的情况。诸如某些胶带输送机的落料点。

2. 整体密闭罩

如图 12-10 所示,将产尘设备和污染源全部或大部分密闭起来,只把设备的传动部分、需要经常观察和维护的部分留在罩外。罩本身基本上成为一个独立的整体,容易做到严密。

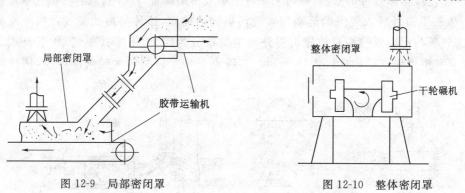

图 12-9　局部密闭罩　　　　　　　图 12-10　整体密闭罩

其特点是容积较大,一般适用于机械振动大、含尘气流扩散速度较大和扬尘面也较大的尘源。例如振动筛、落砂机等。

3. 大容积密闭罩

如图 12-11 所示,将产尘设备或地点全部密闭起来,也称为密闭小室。其特点是罩内容积大,可缓冲较大的含尘气流,减少局部正压,通过罩上设置的观察孔来监视设备的运行,设备检修可在罩内进行。大容积密闭罩适用于尘源面积大而多、阵发性、含尘气流速度大以及设备检修频繁的情况。

密闭罩的选择要根据工艺操作条件,设备的维修以及车间的布置等条件来进行。一般应先考虑采用局部密闭罩,它的排风量小且材料消耗少,因而比较经济。

（二）排气柜

排气柜也叫"箱式集气罩"、"柜式集气罩"等，其特点同密闭罩原理相似。但是由于生产工艺操作的需要，往往有一个经常敞开的操作孔，产生有害物的工艺操作或化学反应均在柜内进行，通过孔口吸入气流来控制污染物外逸。化学实验室通风柜和小零件喷漆箱是排气柜的典型代表。此种类型集气罩控制效果好，排气量比密闭罩大而小于其他形式集气罩。用于热污染源的排气柜，吸风管应设在上部，如图 12-12(a)所示，使吸入气流与热射流的方向一致；用于冷污染源的排气柜，吸气管可设在冷设备的侧面或上部，如图 12-12(b)所示。

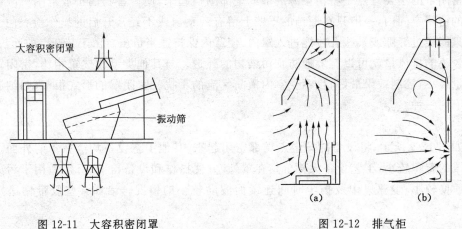

图 12-11　大容积密闭罩

图 12-12　排气柜

（三）外部集气罩

由于工艺或操作条件的限制，有时无法对尘源或污染源进行密闭，只能将集气罩设置在其附近，依靠罩口外吸入气流的运动而实现污染物的捕获，这种类型的集气罩叫外部集气罩。按集气罩与污染源的相对位置可将外部集气罩分为四类：上吸式集气罩、下吸式集气罩、侧吸罩和槽边集气罩，如图 12-13 所示。其特点是为了得到较大的气流速度，往往需要

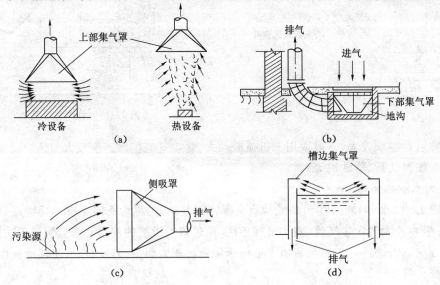

图 12-13　外部集气罩
(a) 上吸式集气罩；(b) 下吸式集气罩；(c) 侧吸罩；(d) 槽边集气罩

很大的排风量。由于外部集气罩吸风方向与污染气流方向往往不一致,控制污染气流的扩散非常困难,而且容易受到室内横向气流干扰,致使捕集效率降低。

(四)接受式集气罩

某些生产过程或设备本身会产生或诱导一定的气流,驱使污染物随着气流一起运动,如由于加热或惯性作用形成的污染气流。在气流运动的方向上设置能收集和排除污染物的集气罩,就称为接受式集气罩。从外形上看,接受式集气罩同外部集气罩非常类似,但外部集气罩是靠罩口吸风的作用,来造成罩口附近所需要的气流风速,以控制污染物的扩散和逸出;而接受式集气罩罩口外气流运动主要是由于生产过程所造成的,污染气流可借助自身的流动能量进入罩口。例如热源上部的扇形罩,是靠上升的热气流来接受污染气体的,如图12-14(a)所示。图12-14(b)为捕集砂轮磨削时抛出的磨屑及粉尘的接受式集气罩。

(五)吹吸式集气罩

由于条件所限,当外部排气罩罩口必须离污染源较远,且生产过程中形成的气流无法利用时,单纯依靠罩口的抽吸作用往往控制不了污染物的扩散,此时适宜采用设有喷射气流装置的吹吸式集气罩。吹吸式集气罩的气流流动是靠射流和吸入气流二者共同形成的。由于射流的速度衰减比较慢与气幕的作用,使室内空气混入量大为减少,所以达到同样的控制效果时,要比单纯使用外部集气罩节约风量。图12-15是吹吸式集气罩用于铸造车间落砂机除尘的简单示意图。

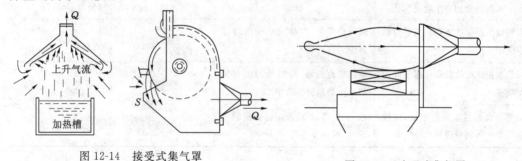

图 12-14 接受式集气罩
(a)热源上部伞形集气罩;(b)砂轮机接受罩

图 12-15 吹吸式集气罩

二、集气罩的主要性能

表示集气罩性能的主要技术经济指标为排风量和压力损失。下面就这两个指标的确定方法作一扼要介绍。

(一)排风量的确定

在工程设计上,计算集气罩排风量的方法有两种,即控制速度法和流量比法。

1. 控制速度法

所谓控制速度就是指在罩口前污染物扩散方向的任意点上均能使污染物随吸入气流入罩内并将其捕集所必需的最小吸风速度。吸风气流的有效作用范围内的最远点称为控制点。控制点距罩口的距离称为控制距离,如图12-16所示。

从污染源散发出的污染物具有一定的扩散速度,该速度随污染物的扩散而逐渐减小,其速度的衰减也因污染物的不同而不同;因此,控制速度的确定要根据实际情况作具体分析。

在工程设计中,当控制速度确定后即可根据不同型式集气罩罩口的气流衰减规律求得

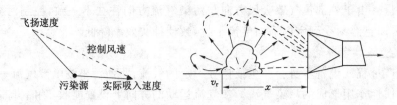

图 12-16　控制速度法

罩口气流速度,在已知罩口面积时,即可求出集气罩的排风量。采用控制速度法计算集气罩的排风量,关键在于确定控制速度和集气罩口的速度分布曲线或气流速度衰减公式。v_x值与集气罩结构、安装位置及室内气流运动情况有关,一般通过现场实测确定。如果缺乏实测数据,设计时可参考表 12-2 确定。集气罩罩口的速度分布曲线或气流速度衰减公式均通过实验求得,而一般实验是在设有污染气流的情况下进行的。当污染源的污染物发生量较大时,若仍采用这些曲线或公式去求排风量,则在边缘控制点上的实际控制风速往往小于设计值,污染物此时有可能逸入室内。为了提高控制效果,工程中往往采取加大 v_x 的近似处理方法。所以说,控制速度法一般适用于污染物发生量较小的冷过程。

表 12-2　　　　　　　　　　　　　　污染源的控制速度与散发速度

污染源的产生状况	举例	控制速度/(m/s)	散发速度/(m/s)
以轻微的速度放散到相当平静的空气中	蒸汽的蒸发、气体或烟气敞口容器中外逸	0.3	0.25～0.5
以轻微的速度放散到尚属平静的空气中	喷漆室内喷漆;断续地倾倒有尘屑的干物料到容器中	0.5	0.5～1.0
以相当大的速度放散出来,或放散到空气运动较强烈的空气中	翻砂、脱模、高速胶带运输机的转运点、混合和装袋	1.0 以上	1.0～2.5

2. 流量比法

为了准确地计算集气罩的排风量,日本学者研究了集气罩罩口上同时有污染气流和吸风气流的气流运动规律,提出了按罩口污染气流与吸风气流的流线合成来求取排风量的流量比法。流量比法综合考虑了排风量 Q_3、周围混入的气体量 Q_2 及污染源发生的气体量 Q_1 三者的关系,因而特别适合于热过程中有污染气体发生的污染源。

按流量比法,为了使污染气体不泄漏到周围工作区,要使:

$$Q_3 = Q_1 + Q_2 \tag{12-4}$$

将式(12-4)变形:

$$Q_3 = Q_1 + Q_2 = Q_1(1 + Q_2/Q_1) = Q_1(1 + K) \tag{12-5}$$

分析可知:K 值越大,污染物越不易逸出罩外,但是集气罩的排风量 Q_3 也随之增大。K 值反映了排气时在气体不泄漏所需最小排风量所对应的 K 值称为极限流量比 K_L:

$$K_L = (Q_2/Q_1)_{min} \tag{12-6}$$

此时,Q_3 的极限流量为:

$$Q_{3L} = Q_1(1 + K_L) \tag{12-7}$$

设法寻找合理的 K_L 是流量比法的关键。流量比 K_L 与集气罩及污染源的几何尺寸、相对位置及集气罩的围挡情况有关。

下面以伞形罩为例来说明流量比法的应用。为了确保污染物不外溢出罩外,设计时要考虑泄漏安全系数 m,热设备上部的伞形罩的排气量 Q_3 按下式计算:

$$Q_3 = Q_1(1 + mK_L) \tag{12-8}$$

① 温差的影响

污染气流与周围空气之间的温差 Δt 对 K_L 也有影响,试验表明,随温差 Δt 的增加,K_L 呈直线增加,在 $\Delta t < 200$ ℃时,其关系为:

$$K_L = K_{L(\Delta t=0)} + \frac{3}{2\,500}\Delta t \tag{12-9}$$

$$K_{L(\Delta t=0)} = \left[1.4\left(\frac{H}{E}\right)^{1.5} + 0.3\right]\left[0.4\left(\frac{W}{E}\right)^{-3.4} + 0.1\right](y+1) \tag{12-10}$$

式中　E——污染源(热设备)的宽度或直径,m;

　　　H——伞形罩至热设备表面的距离,m;

　　　W——伞形罩的宽度或直径,m;

　　　y——污染源的短边与长边之比,$y = E/L$,m。

② 安全系数 m 的影响

安全系数主要取决于横向气流的影响,当横向气流大时,m 值相应地取大一些,具体数值见表 12-3。横向干扰气流对排风量影响很大,设计集气罩时应尽可能减弱其影响。

表 12-3　　　　　　　　安全系数 m 值

横向气流速度/(m/s)	0~0.15	0.15~0.30	0.30~0.45	0.45~0.60
m 值	5	8	10	15

式(12-8)到式(12-10)仅适用于 $H/E \leqslant 0.7$、$1.0 \leqslant W/E \leqslant 1.5$、$0.2 \leqslant E/L \leqslant 2$ 的场合。污染源产生的气流量 Q_1 按工艺条件来计算或估算。对于一般的污染源,可按其不同的情况,从表 12-2 中选取它的散发速度 v_f,并按其散发面积 A_f 来计算它的流量,即:

$$Q_1 = A_f \cdot v_f \tag{12-11}$$

当求出 K_L 和 Q_1 后,即可按公式计算出所需要的排风量 Q_3。

(二) 压力损失的确定

集气罩压力损失 ΔP 一般表示为压力损失系数 ξ 与连接直管中的动压 P_d 之积的形式:

$$\Delta P = \xi P_d = \xi \rho v^2/2 \tag{12-12}$$

由于集气罩罩口处于大气中,所以该处的全压等于零(参看图 12-17)。因此,集气罩的压力损失也可表示成为:

$$\Delta P = 0 - P_F = -(P_d + P_s) = |P_s| - P_d \tag{12-13}$$

式中　P_F——集气罩连接直管中的气体全压,Pa;

　　　P_d——直管中的动压;

　　　P_s——直管中的静压。

由上式可知,测出连接直管中的动压 P_d 和静压 P_s,便可求出集气罩的流量系数 φ 值:

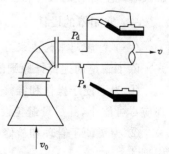

图 12-17　集气罩流量
系数的测定

$$\varphi = \sqrt{\frac{P_d}{P_s}} \tag{12-14}$$

综合式(12-12)、式(12-13)和式(12-14)便可求得流量系数 φ 和压力损失系数 ξ 的关系：

$$\varphi = 1/\sqrt{1+\xi} \tag{12-15}$$

因此,系数 φ 和系数 ξ 只要已知其中一个,便可求出另一个;对结构形状一定的集气罩, φ 和 ξ 值皆为常数。

第四节　集气罩的设计

集气罩主要是用来从工作场所的气体中收集气体或颗粒污染物。在收集污染物的同时,它也收集到了周围环境中相当体积的空气。随着污染源和集气罩之间的距离加大,为抽取相同污染物所需的气体量也要加大。由于绝大多数的污染控制设施的投资和运行费用是与进入处理系统的总气量成正比,故在保证将污染物尽可能抽尽的同时,减少处理气量就显得尤为重要。如果集气罩的选择和设计不合理,不仅直接影响到工作区的卫生状况,而且还会导致设备及能量浪费,造价增加。因此,集气罩设计就是要用尽可能小的排风量对污染物的扩散进行有效的控制,既要保护操作工人的呼吸基本不受污染物的影响,又能使他们靠近操作区域工作,同时还要尽可能减少所抽的气体体积流量。

集气罩设计通常应遵循以下原则:

① 集气罩应尽可能靠近或包围污染源,使排风量及污染物的扩散空间限制在最小范围内,以便防止横向气流干扰。但有时由于工艺操作等的要求也存在一些不允许罩口靠近或包围尘源的情况。

② 集气罩的吸入气流受到尘源污染后,不允许经过工人的呼吸区再进入罩内。设计时应充分考虑操作人员的位置及活动范围。

③ 含尘气流本身具有一定的运动方向时,则集气罩的吸气方向尽可能与其运动方向保持一致,这样可以充分利用污染气流的初始动能。

④ 尽可能减少集气罩的开口面积,以减少排风量。

⑤ 集气罩不应妨碍工人的操作和设备的检修。

集气罩的设计要同时满足上述几点要求,常常有一定的难度。集气罩设计及安装需要解决客观上存在的多种相互制约的因素与矛盾,也需要借助于多方面的知识和经验。

一、密闭罩的设计

(一)对密闭罩的要求

除了满足前述设计原则的前提外,密闭罩设计时还须注意以下几点:

① 为了便于操作和维修,在密闭罩罩壁上可设置一些观察窗和检修孔,但数量和面积都应尽可能小,并尽量避免设在正压部位。

② 为了便于管理和检修,密闭罩尽可能做成装配式的,零部件可做成能拆卸的活动结构型式。

③ 密闭罩内应保持一定的均匀负压,避免污染物从罩上的缝隙处外逸,为此需要合理地组织罩内气流和正确的选择吸风点的位置。排气管的吸风口设置,必须保证密闭罩内各

部分气流都能与排气口连通,从而在一定的排气量下,保证各部位均处于负压。为了避免物料过多地被抽走,吸风口不宜设在物料集中地点和物料处于搅动状态的区域,如流槽的入口处。处理热物料时,吸风口宜设在罩子顶部,同时适当加大罩子容积。某些排风口的位置如图 12-18 所示。

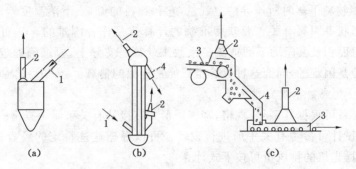

图 12-18　排气口的位置
(a) 料仓;(b) 斗式提升机;(c) 带固定卸料溜槽的胶带运输机
1——进料管;2——排风口;3——胶带运输机;4——卸料管

(二) 密闭罩排风量的确定

尘源被密闭在罩壳内,需保证罩内各点处于负压,以使密闭罩外壁不严密的缝隙等处保持有一定的吸入速度来防止含尘气体外逸。密闭罩的排风量能维持上述情况就可以了。有人认为排风量越大越好,这种观点是不正确的。排风量的选择应该适当,一般来说,适当的排风量应保证密闭罩内的负压不小于 5~10 Pa。密闭罩排风量的详细计算是很复杂的,而且必须有大量的实验数据作依据。工程设计中常用以下几种方法来确定排风量。

1. 按开口或缝隙处空气的吸入速度 v_0 计算

当已知开口或缝隙处的总面积 A_0 和开口或缝隙处空气吸入速度 v_0 时,即可按下式计算:

$$Q = A_0 v_0 \tag{12-16}$$

一般罩内气流流速小于 0.25~0.37 m/s 时,不致使静止的物料散发到空气中去。当该流速大至 2.5~5 m/s 时,物料就有可能被气流带走。因此,罩内气流通过吸风口进入排风管前的风速一般不应大于 2~3 m/s。考虑到减少因排风带走过多的物料并保证控制效果,密闭罩开口及缝隙处的吸入速度不应小于 0.5~1.5 m/s。如果物料是极细的粉尘,吸入速度最好控制在 0.4~0.6 m/s 为宜。

2. 按密闭罩空气量的平衡原理来估算

一般情况下,密闭罩进、排空气量平衡时,存在下列关系:

$$Q = Q_1 + Q_2 + Q_3 + Q_4 \tag{12-17}$$

式中　Q——密闭罩的排风量,m^3/s;

　　　Q_1——被运送物料带入密闭罩的空气量,m^3/s;

　　　Q_2——通过密闭罩不严密处吸入的空气量,m^3/s;

　　　Q_3——由于设备运转鼓入密闭罩的空气量,m^3/s;

　　　Q_4——因物料和机械加工散热而使空气膨胀和水分蒸发而增加的空气量,m^3/s。

上述各项气量中,Q_3 按工艺设备类型及其配置而定,而且只有锤式破碎机等这样一些个别设备才产生 Q_3;Q_4 只在散热大和物料含水率高时,才值得去考虑和计算。因此大多数情况,密闭罩的排风量是由 Q_1 和 Q_2 组成的,即

$$Q = Q_1 + Q_2 \tag{12-18}$$

Q_1 主要是因物料下落时所诱导的空气量,它和物料的流量、下落高度差、溜槽形状及倾斜颗粒大小和形状等因素有关。要获得准确的计算式是比较困难的。Q_2 可按密闭罩的外壳不严密处的总面积及其阻力系数或流量系数来计算。实际上,要准确确定不严密处的面积(包括缝隙等)是困难的,因而这种计算也只能是近似的估算。

3. 按经验公式或数据确定排风量

有些产尘设备可根据其型号、规格、密闭罩形式直接从有关手册中查出所推荐数据来确定排风量;具体设计可参考有关手册进行设计。可以根据这些特定的经验公式进行计算。例如,砂轮机和抛光机的排风量可按下式计算:

$$Q = KD \tag{12-19}$$

式中　K——每毫米轮径的排风量,砂轮取 $K=2$,毡轮取 $K=4$,布轮取 $K=6$;

　　　D——轮径,mm。

二、外部集气罩的设计

(一)外部集气罩的设计要求

在实际过程中,根据不同的工艺设备、操作情况及有害物特点等条件,可以选择和设计各种形式的外部集气罩,例如圆形罩、矩形罩及条缝形罩,上吸、下吸及侧吸,带法兰和不带法兰边等。在设计外部集气罩时应注意下列几方面的要求:

① 为了有效地控制和捕集粉尘或有害气体,在不妨碍操作的情况下,尽可能使外部集气罩的罩口靠近污染源或扬尘点,使整个污染源或所有扬尘点都处于必要的风速范围之内。

② 在相同排风量的条件下,为了提高排风效果,在不妨碍操作的条件下,可以给集气罩边缘加设法兰边框;法兰边的宽度为 150～200 mm,加设后可减少 15％～30％的排风量。

③ 要使罩口面风速在不同情况下保持比较均匀,可考虑以下四种措施:一是罩口至排风接口的扩散角宜小于 $60°$,不允许大于 $90°$。若罩口的平面尺寸较大而又缺少容纳适宜扩张角所需要的垂直高度,则可采用若干个独立的而又互连在一起的小罩子。二是在集气罩罩口内设置挡板。三是在罩口内设置气流分布板。四是在集气罩罩口上设置条缝口,要求条缝口处风速不小于 10 m/s。

(二)排风量的计算

排风量的确定采用控制风速法,"控制风速"还应包含必要的安全因素。一般情况下,通过对现场操作情况和污染物散发情况的观察和实测,确定了集气罩的形式和尺寸后,可根据尘源处所需要的控制风速来计算集气罩的排风量。

下面对几种外部集气罩形式的罩口气流速度衰减公式及其排风量的计算作一介绍。

1. 圆形或矩形侧吸罩

罩口为圆形或矩形(长宽比 $L/W \leqslant 5$)的侧吸罩,沿罩口轴线的气流速度衰减公式为:

$$\frac{v_0}{v_x} = c(10x^2 + A_0)/A_0 \tag{12-20}$$

式中　c——与集气罩的结构形状和设置情况有关的系数。

前面无障碍,周围无法兰边框的侧吸罩,取 1;操作台上的侧吸罩,取 0.75;前面无障碍,有法兰边框的侧吸罩,取 0.75。

特别注意的是,式(12-20)仅适用于控制距离 $x \leqslant 1.5d$(d 为吸风口或矩形罩口的当量直径)的情况。当 $x > 1.5d$ 时,实际的速度衰减值要比计算值大。因此一般把 $x/d \leqslant 1.5$ 作为侧吸罩的设计基准。

将式(12-20)代入 $Q = v_0 A_0$ 中得出:

$$Q = c(10x^2 + A_0) \cdot v_x \tag{12-21}$$

例 12-2 有一圆形的外部集气罩,罩口直径 $d = 25$ mm,要在罩口轴线距离为 0.2 m 处形成 0.5 m/s 的吸气速度,试计算该集气罩的排风量。

解 若该集气罩为四周无法兰的侧吸罩,则 $c = 1$。

利用公式(12-21)得 $\qquad Q = c(10x^2 + A_0) \cdot v_x$

$$= \left[10 \times 0.2^2 + \frac{\pi}{4}(0.25)^2 \right] \times 0.5 = 0.225 \ (\text{m}^3/\text{s})$$

若该集气罩为四周有法兰的侧吸罩,则 $c = 0.75$。

利用公式(12-21)得 $\qquad Q = c(10x^2 + A_0) \cdot v_x$

$$= 0.75 \times \left[10 \times 0.2^2 + \frac{\pi}{4}(0.25)^2 \right] \times 0.5 = 0.169 \ (\text{m}^3/\text{s})$$

由此可见,罩子周边加上法兰后,减少了无效气流的吸入排风量,可节省 25%。

2. 冷过程上部伞形集气罩

此类型集气罩仍然是依靠罩口的吸气作用来控制和排走污染气体。所不同的是,由于设备的限制,成为吸入气流的障碍,气流只能从侧面流入罩内,如图 12-19 所示。气流流速的分布就不同于其他一般外部集气罩。根据不同的试验条件,所得到的计算公式也不相同。

(1)罩口尺寸大于源设备水平投影尺寸

如图 12-19 所示,H 为罩口与污染源面的垂直距离,伞形罩的每边均较污染源大 $0.4H$。其排风量计算式为:

$$Q = 1.4SHv_x \tag{12-22}$$

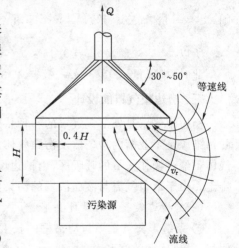

图 12-19 冷过程上部伞形集气罩

式中 S——污染源设备的周长,m;

$\qquad v_x$——敞开断面处的流速,当四面敞开无挡板时取 1.0~1.27 m/s;三面敞开时取 0.9~1.0 m/s;两面敞开时取 0.76~0.9 m/s;一面敞开时取 0.5~0.7 m/s。

在工艺操作条件许可的情况下,应尽可能减少敞开面。

当两面敞开时,排风量计算式为:

$$Q = (B + L)Hv_x \tag{12-23}$$

式中 B——污染源设备的宽度,m;

L——污染源设备的长度，m。

当一面敞开时，排风量计算式为：

$$Q = LHv_x \tag{12-24}$$

或

$$Q = BHv_x \tag{12-25}$$

（2）罩口尺寸等于源设备水平投影尺寸

对于圆形伞形罩：

$$\frac{v_c}{v_x} = 7.2 \left(\frac{H}{\sqrt{A}}\right)^{1.18} \tag{12-26}$$

式中　A——污染源设备水平投影面积，m^2。

对于矩形伞形罩：

$$\frac{v_c}{v_x} = 8.7 (K)^{-0.22} \left(\frac{H}{\sqrt{A}}\right)^{1.18} \tag{12-27}$$

式中　K——罩口短边与长边之比。

根据所要求的控制风速，即可求得罩口的风速，进而求得排风量。

例 12-3　浸漆槽的槽面尺寸为 $0.6 \times 1.2 \ m^2$，为排除溶剂蒸汽，在槽面上 $0.8 \ m$ 处设置伞形集气罩，要求边缘控制点风速为 $0.25 \ m/s$，试求此集气罩的排风量。

解　设罩口尺寸等于槽面尺寸，即 $0.6 \times 1.2 \ m^2$。

则　　$\dfrac{v_c}{v_x} = 8.7 (K)^{-0.22} \left(\dfrac{H}{\sqrt{A}}\right)^{1.18} = 8.7 \times \left(\dfrac{0.6}{1.2}\right)^{-0.22} \times \left(\dfrac{0.8}{\sqrt{0.6 \times 1.2}}\right)^{1.18} = 9.45$

所以　　　　　　$v_c = 9.45 \cdot v_x = 9.45 \times 0.25 = 2.36 \ (m/s)$

此时，排风量　　$Q = v_c \cdot A_0 = 2.36 \times 0.6 \times 1.2 = 1.69 \ (m^3/s)$

三、槽边集气罩的设计

槽边集气罩是外部集气罩的一种特殊形式，专门用于各种工业槽的污染控制，它所控制的污染源是工业槽内均匀散发污染气体的液面。为了不影响工艺操作和工人的健康，污染气体不经过操作人员的呼吸区，由槽边设置的条缝形集气罩罩口吸入，经过向下行走的风管排走。由于罩口气流与液面散发的污染气体运动方向不一致，所需要的排风量是比较大的。

（一）槽边集气罩的设计要求

① 条缝形集气罩罩口应沿槽的长度方向设置；槽的宽度小于等于 $0.7 \ m$ 时，宜设置单侧集气罩口；槽的宽度大于 $0.7 \ m$ 时，宜设置双侧集气罩口。若槽的宽度更大或有害气体散发较为强烈时，则可采用吹吸式集气罩。

② 设计槽边集气罩时应考虑在较长的条缝形罩口上速度分布的均匀性。条缝罩口面积和罩口吸入内腔空间截面之比值越小，越能使罩口速度趋向于均匀。

③ 条缝形槽边集气罩一般用金属板或塑料制作，罩口截面通常有 200 mm×200 mm、250 mm×200 mm、250 mm×250 mm 三种型号。

④ 槽边集气罩罩口截面流速不宜大，以利于罩口风速均匀。

（二）槽边集气罩的常用形式及布置

1. 槽边集气罩的常用形式

槽边集气罩的常用形式有平口式（图 12-20）和条缝式（图 12-21）两种。

图 12-20　平口式双侧槽边集气罩

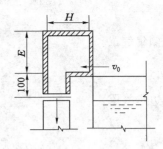

图 12-21　条缝式槽边集气罩

平口式一般在吸风口不设周边法兰,因此吸风范围大,排风量也大。但是若槽靠墙布置,如同设置了法兰,使吸风范围减少三分之一,并相应减少了排风量。条缝式的结构特点是吸风管截面高度 E 较大,当 $E \geqslant 250$ mm 时称为高截面,当 $E < 250$ mm 时称为低截面。增大截面高度,如同在吸风口周围设置法兰,减少了吸风范围。显然,其排风量比平口式小,且罩口气流速度分布容易均匀。条缝口应保持较高的吸风速度,一般采用 $7 \sim 10$ m/s。

条缝式槽边集气罩罩口形式有等高条缝[图 12-22(a)]和楔形条缝[图 12-22(b)]两种。

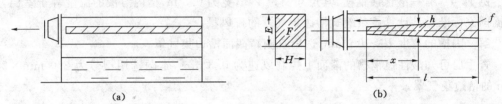

(a)　　　　　　　　　　　　　　(b)

图 12-22　条缝式槽边集气罩

(a) 等高条缝；(b) 楔形条缝

采用等高条缝,条缝口上气流流速分布不易均匀,末端风速小,靠近风机一端风速大。其速度分布与 f/A 的比值有关,当 $f/A \leqslant 0.3$ 时,可以近似认为是均匀的,当 $f/A > 0.3$ 时,为保证条缝口速度分布均匀,可以采用楔形条缝。

2. 槽边集气罩的布置

槽边集气罩的布置可分为单侧和双侧两种,当槽的宽度 $B \leqslant 700$ mm 时宜采用单侧布置,当 $B > 700$ mm 时宜采用双侧布置。另外,条缝式槽边集气罩有时还可以按图 12-23 的形式布置,称为周边式槽边集气罩。

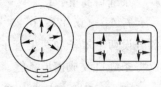

图 12-23　周边式槽边集气罩

(三) 条缝式槽边集气罩排风量的计算

高截面单侧集气罩

$$Q = 2v_x AB \left(\frac{B}{A}\right)^{0.2} \tag{12-28}$$

低截面单侧集气罩

$$Q = 3v_x AB \left(\frac{B}{A}\right)^{0.2} \tag{12-29}$$

高截面双侧集气罩

$$Q = 2v_x AB \left(\frac{B}{2A}\right)^{0.2} \quad (12\text{-}30)$$

低截面双侧集气罩

$$Q = 3v_x AB \left(\frac{B}{2A}\right)^{0.2} \quad (12\text{-}31)$$

高截面周边集气罩

$$Q = 1.57 v_x D^2 \quad (12\text{-}32)$$

低截面周边集气罩

$$Q = 2.36 v_x D^2 \ \text{m}^3/\text{s} \quad (12\text{-}33)$$

式中　A——槽的长度，m；

　　　B——槽的宽度，m；

　　　D——圆槽的直径，m；

　　　v_x——边缘控制点的控制风速，m/s。

以上各计算式适合于槽内温度在 90 ℃以下的条件，如果槽内具有更高的温度，排风量需要相应的提高，或采用上吸式集气罩。

例 12-4　有一酸性镀铜槽，其尺寸长为 1 m，宽为 0.8 m，槽内溶液的温度等于室温，试根据国家标准设计计算该条缝式槽边集气罩的排风量。

解　因槽的宽度 $B > 700$ mm，选用双侧高截面槽边集气罩。

查手册可知酸性镀铜槽的液面上控制风速为 0.3 m/s，本题选用型号为 250 mm×250 mm 的槽边集气罩。

其排风量：$Q = 2v_x AB \left(\dfrac{B}{2A}\right)^{0.2} = 2 \times 0.3 \times 1 \times 0.8 \times \left(\dfrac{0.8}{2 \times 1}\right)^{0.2} = 0.4 \ (\text{m}^3/\text{s})$

所以单侧排风量：　$Q' = \dfrac{1}{2}Q = \dfrac{1}{2} \times 0.4 = 0.2 \ (\text{m}^3/\text{s})$

假设条缝口吸风速度：$v_0 = 8$ m/s，若采用等高条缝，则

条缝面积：　　　　$f = Q'/v_0 = 0.2/8 = 0.025 \ (\text{m}^2)$

条缝口高度：　　　$h_0 = f/A = 0.025/1 = 0.025 \ (\text{m})$

$f/A_0 = 0.025/(0.25 \times 0.25) = 0.4 > 0.3$，为了保证条缝口速度分布均匀，可在每一侧分设两个罩子和两根管子。此时，$f/A_0 = 0.025/(2 \times 0.25 \times 0.25) = 0.2 < 0.3$，也可以将条缝口改成楔形条缝。

四、吹吸式集气罩的设计

吹吸式集气罩简称吹吸罩，其特点是在设置一个接受式集气罩的同时还设置相配合的吹风喷口装置；通过吹出射流和吸入气流的联合作用来提高所需的"控制风速"，从而达到排除污染气体的目的。

由于吹吸式集气罩在技术和经济上有明显的优点，从早期应用于酸洗、电镀等工业槽，到近年更广泛地应用于工业尘源中，并有扩大应用的趋势。由于吹吸气流的运动情况较为复杂，目前国内外学者虽然提出多种计算方法，但每一种方法都有一定的假定条件和应用范围，尚无统一计算方法。从机理上分析，各种方法大致可归纳为两类：一类主要从射流理论出发而提出的控制速度法；另一类则是着眼于吹吸气流联合作用而提出的各种计算方法，如

临界断面法。

下面介绍目前已采用或有较大影响的临界断面法计算方法。

1. 临界断面法的基本思想

如前所述,吹吸气流是由射流和吸入气流两股气流合成的。射流的速度随离喷射口距离的增加而减小,而吸入气流的速度随靠近吸风口而急剧增加。因此,吹吸气流的控制能力必然随离喷射口距离的增加而逐渐减弱,随靠近吸风口又逐渐增强。所以在喷射口和吸风口之间必然存在一个射流和吸入气流控制能力均比较弱,即吹吸气流作用强度最小的断面,称之为临界断面,如图 12-24 所示。吹吸气流的临界断面一般发生在 $x/H = 0.6 \sim 0.8$ 之间。

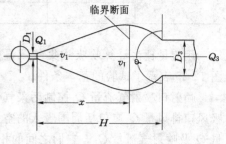

图 12-24　临界断面法示意图

一般近似认为,在临界断面前喷射射流基本是按射流规律扩展的;在临界断面后,由于吸入气流的影响,断面逐渐收缩。也就是说,吸风口的影响主要发生在临界断面之后。从控制污染物外逸的角度出发,临界断面上的气流速度称为临界速度 v_L,一般应取为 $1 \sim 2$ m/s 甚至更大一些,并且要求大于污染物的扩散速度。为了防止运行时喷射口堵塞,设计时喷射口高度应大于 5 mm,而吸风口高度应大于 50 mm。设计槽边吹吸式集气罩时,为防止液面波动,喷射口气流速度 v_1 应限制在 10 m/s 以下。

2. 流量的计算

通过对临界断面法的简单介绍,在进行吹吸式集气罩的设计时,可以利用以下公式计算:

临界断面的位置 $\qquad\qquad x = KH$ $\qquad\qquad\qquad\qquad$ (12-34)

喷射口风量 $\qquad\qquad Q_1 = K_1 H L_1 v_L^2 / v_1$ $\qquad\qquad\qquad$ (12-35)

喷射口宽度 $\qquad\qquad D_1 = K_1 H (v_L / v_1)^2$ $\qquad\qquad\qquad$ (12-36)

吸风口排风量 $\qquad\qquad Q_3 = K_2 H L_3 v_L$ $\qquad\qquad\qquad$ (12-37)

吸风口宽度 $\qquad\qquad D_3 = K_3 H$ $\qquad\qquad\qquad\qquad$ (12-38)

式中　H——喷射口距离吸风口的距离,m;

　　　L_1, D_1——喷射口长度、宽度,m;

　　　L_3, D_3——吸风口长度、宽度,m;

　　　v_L——临界速度,m/s;

　　　v_1——喷射口上气流平均速度,m/s,一般为 $8 \sim 10$ m/s;

　　　K, K_1, K_2, K_3——系数,由表 12-4 查出。表中所列数值是在紊流系数 $\alpha = 0.2$ 时的条件下得出的。

表 12-4　　　　　　　　　　　　　　　临界断面法相关系数

扁平时流	吸式气流夹角	K	K_1	K_2	K_3
两面扩张	π	0.760	1.073	0.686	0.283
	$5\pi/6$	0.735	1.022	0.657	0.272
	$2\pi/3$	0.706	0.955	0.626	0.258
	$\pi/2$	0.672	0.878	0.260	0.107

扁平时流	吸式气流夹角	K	K_1	K_2	K_3
一面扩张	$\pi/2$	0.760	0.537	0.345	0.142
	$2\pi/3$	0.870	0.660	0.400	0.165
	π	0.832	0.614	0.386	0.158

用流量比法计算吹吸式集气罩是建立在试验的基础上。图 12-25 表示了试验的基本条件。

喷射口喷射气流量 Q_1 控制污染气体散发量 Q_0 向外扩散；吸风口排风量 Q_3 应包括周围吸入的空气量 Q_2、污染气体散发量 Q_0 及喷射气流量 Q_1。它们之间的相应关系为：

$$Q_3 = Q_1\left(1+\frac{Q_2}{Q_1}\right) + Q_0 = Q_1(1+K_L) + Q_0 \qquad (12\text{-}39)$$

喷射风量 Q_1 由图 12-25 可知，应按下式计算：

$$Q_1 = D_1 l v_1 \qquad (12\text{-}40)$$

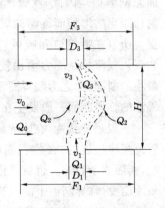

图 12-25 吹吸式集气罩吹吸
流量标注图

式中　D_1——喷射罩口的宽度，m；

　　　l——喷射罩口的长度，m；

　　　v_1——喷射罩口的风速，m/s。

式(12-39)中 K_L 是使 Q_0 恰好不扩散出去的 Q_2 与 Q_1 的"极限流量比"。

五、防风抑尘网及其设计

开敞环境的露天散料堆场、储煤场、作业现场，由于低空贴地面风的流动，风流动分离变向、旋涡，风速集结增大，使风流本身转变为层流、湍流的作用等，是形成粉尘的动力。散料堆场的几何形状不规则性与颗粒状态直接影响风流在其表面的风压及摩擦分布的不均匀性，而低层大气受地理环境和地面建筑物、阻挡物（如防风林、树林等）高湍流造成的风流扰动，则是露天散料堆场的表面与地面起尘的主要原因；装卸作业、机械搅动、物料落差而造成扬尘在风作用下的迁移与扩散，加上气候干燥也会使露天散料堆场表面的风蚀量增加。一般认为，细小颗粒物，当颗粒直径小于 900 μm（20 网目筛下物）时，在风作用下极易产生扬尘。防风抑尘网是在露天散料堆场周围设置的一种可以有效抑制扬尘污染的工程设施。防风抑尘网也称为挡风墙、挡风抑尘板、防风网障、防尘网、防风墙等。国外普遍采用挡风抑尘网技术。

防风抑尘网是利用空气动力学原理，按照实施现场环境风洞实验结果加工成一定几何形状、开孔率和不同孔形组合防风抑尘墙，使流通的空气（强风）从外通过墙体时，在墙体内侧形成上、下干扰的气流以达到外侧强风、内侧弱风、外侧小风、内侧无风的效果，从而防止粉尘的飞扬。防风抑尘墙由独立基础、钢结构支撑、挡风板三部分组成。

露天散料堆场起尘分为两大类：一类是料堆表面的静态起尘；另一类是在堆取物料过程中的动态起尘。前者主要与料堆表面含水率、环境风速等关系密切，后者主要与作业落差，装卸强度等相关联。只有外界风速达到一定强度，该风力使料堆表面颗粒产生的向上迁移的动力足以克服颗粒自身重力和颗粒之间的摩擦力以及其他阻碍颗粒迁移的外力时，颗粒就离开煤堆表面而扬起，此时的风速就称为起动风速。

根据露天料堆粉尘扩散规律的研究,起尘量与风速之间的关系如下式所示:

$$W = a(u - u_0)^n \tag{12-41}$$

式中　W——堆料起尘率;

　　　u——风速;

　　　u_0——起尘风速;

　　　a——与粉尘粒度分布有关的系数;

　　　n——指数($n > 1.2$)。

从上式可以看出,料堆起尘量 W 与风速差$(u - u_0)$的 n 次方成正比。因为,降低料堆场的实际风速是减少起尘量最有效的方法。

从上式还可以看出,料堆起尘量 W 变小,主要的办法是降低"$u - u_0$"的差值。设置防风抑尘网的目的是将 u 变小,湿法抑尘的目的是将 u_0 变大,从而达到减少 W 的目的。因此对露天料场来说,使用防风抑尘网和增湿抑尘是两种主要的减少起尘量的技术措施。防风抑尘网防尘机理如图 12-26 所示。

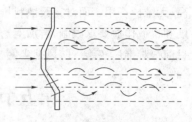

图 12-26　气流通过挡风板示意图

防风抑尘网是由防风抑尘网、钢结构支撑和混凝土基础组成,同时可附加 $1 \sim 2$ m 的挡料挡墙和钢架上的照明灯具。防风抑尘网上有一定数量的开孔,挡风板的材质可分为金属和非金属。在金属挡风板中,又由于基材的不同可以分为碳钢板、镀锌板、镀铝锌板、不锈钢板、铝镁合金板等;非金属的有手工玻璃钢、机械加工玻璃钢、高分子复合材料等。高分子主要是由化学原料加工的,品种众多,当然质量也是千差万别。抑尘网结构如图 12-27 所示。钢结构支撑主要可以分为桁架结构和螺旋球网结构。桁架结构又可分为空间桁架和平面桁架,其连接方式有焊接和螺栓连接。螺旋球网结构的连接方式为螺旋球连接。钢结构支撑是根据所见项目地的气候条件(如 50 年一遇风压、最大风速)进行结构设计的。在钢结构支撑中,桁架形式是首选,因为螺栓球网结构有可能因为风的振动,使连接的螺栓球松动。基础为钢筋混凝土基础,根据上部结构的大小及力矩进行设计。

图 12-27　防风抑尘网

开孔率为防风抑尘板的结构指标,是防风抑尘板透风面积与总面积之比,是设计加工防风抑尘板的一个重要参数。实际上由于材料、加工工艺的不同,不同开孔率的防风抑尘板其防风效果不同,其透风系数差别较大,因此抑尘效果就不一样。一般防风抑尘板的开孔率为35%~38%。

当物料含有一定的硫分和挥发分,而采用钢质挡风板,只有冲孔断口易腐蚀,为防止挡风板冲孔后产生的断口被煤料场工业大气环境下产生的二氧化硫腐蚀,静电粉末喷涂后,涂膜光滑、丰满、耐水、耐磨、抗油、绝缘性均较好,外观美观漂亮,综合抑尘率可达80%以上。因此防风抑尘网的设置使敏感点的环境得到了有效保护,同时整齐美观的防风抑尘网也为矿区建立了一道风景线,并可降低无效的煤耗,提高经济效益。防风抑尘网材料选用具有抗紫外线、阻燃性、抗冲击强度高、防静电等特点的挡风板。除了满足消防和生产的要求外,材料使用寿命高,无维护费用。而对露天散料堆场实施全封锁工程,不仅耗资巨大,而且堆放场地受顶棚跨度和机械作业要求限制,再加上透风、隔热、防尘、采光以及场地狭小,车辆出入不便利等因素,目前很难推广实施。防风抑尘网技术,因为投资小,抑尘效果好,越来越受到用户的欢迎。

第五节 管道系统的设计计算

污染气体通过集气罩经过管道进入废气处理装置,再从处理装置进入风机(也可以先经过风机,后到处理装置)。有五种常用的基本类型的管道:水冷却管、内衬耐火材料管、不锈钢管、碳钢管及塑料管。水冷却管和内衬耐火材料管常用于气温高于800 ℃的情况;当气温在600~800 ℃时,用不锈钢管道比较经济;而碳钢管道则适用于那些温度低于600 ℃且废气又是非腐蚀性气体的情况。若气体是腐蚀性的,则低于600 ℃时也需用不锈钢;塑料管适用于常温下腐蚀性的气体。选择管道的材料并不是唯一的,根据具体情况的不同来选择合适材料的管道是设计中很重要的一个环节。管道有时也可以作为冷却热气体的热交换器使用,如当高温烟气在通过一段金属管道时的温度降要比通过非金属管道时大得多。

一、流动气体的能量方程

由于空气在管道中流动会产生压力损失,因此,有必要对气体在管道中流动的基本原理作一些简单的叙述。

当流体通过管道时,流体与管道内壁的摩擦产生了压力损失。对空气而言,由于空气密度太小,因此位差是可以忽略的。则根据伯努利(Bernoulli)方程,低压下不可压缩流体在管道内高度1和高度2处(图12-28)的机械能平衡可写成如下形式:

$$\frac{p_1}{\rho} + \frac{u_1^2}{2} + \eta W = \frac{p_2}{\rho} + \frac{u_2^2}{2} + h_f \quad (12\text{-}42)$$

式中 p——静压,Pa;

ρ——气体的密度,kg/m³;

u——气体在管道中的平均流速,m/s;

h_f——摩擦压力损失,J/kg;

W——风机对单位质量流体所提供的能量,J/kg;

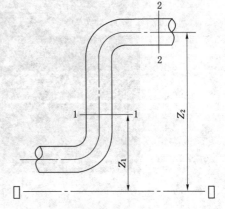

图 12-28 气体在管道内的流动

η——风机效率。

考虑到上式可用于管道中任意两点(不包括风机),则可以将式(12-42)改写成如下的用流体液柱表示的形式:

$$\frac{p_1}{\rho g} + \frac{u_1^2}{2g} = \frac{p_2}{\rho g} + \frac{u_2^2}{2g} + H_f \tag{12-43}$$

式中　H_f——以流体表示的摩擦压力损失,m。

式(12-43)中每一项都有流体的单位(m)。由此可知,空气在管道里流动会有一个速度头。用下式表示:

$$H_v = 2g \tag{12-44}$$

式中　H_v——流体的速度头,空气柱,m。

动压头和速度头可以相互转换。对于标准状态下的空气,式(12-44)可以写成如下的形式:

$$u = 15\ 174\sqrt{VP} \tag{12-45}$$

式中　VP——流体的动压头,mH_2O;

　　　u——空气流速,m/s。

工程中所说的全压和静压常以相对压力表示,当其大于大气压力时称为正压,小于大气压力时称为负压。静压既可以是正的,也可以是负的(相对于大气压力),取决于管道中这一点是风机的进风口还是出风口。在流体流动过程中,管道形状的变化都可以将静压转变为动压,反之亦然。但是只要流体不经过风机,总压力在管道中的流动方向上总是减少的。

在大气污染控制和净化工程中,习惯于将 p 称为静压,将 $\rho v^2/2g$ 称为动压,而静压与动压之和 $p + \rho v^2/2g$ 称为流动气流的全压。

二、管道内气体流动的压力损失

管道内气体流动的压力损失包括沿程压力损失和局部压力损失,沿程压力损失也称摩擦压力损失,是指由于流体的黏性和流体质点之间或流体与管壁之间的摩擦而引起的压力损失;局部压力损失是流体流经管道系统中某些局部管件(如三通、阀门、管道出入口及流量计等)或设备时,由于流速的方向和大小发生改变形成涡流而产生的压力损失。

(一)摩擦压力损失的计算

根据流体力学原理,气体流经断面不变的直管时,单位长度管道的摩擦阻力按下式计算:

$$R_L = \frac{\lambda}{4R_s}\frac{v^2}{2}\rho \tag{12-46}$$

式中　R_L——单位长度摩擦阻力,简称比摩阻,Pa/m;

　　　v——管道内气体的平均流速,m/s;

　　　ρ——气体的密度,kg/m^3;

　　　λ——摩擦阻力系数;

　　　R_s——管道的水力半径,m。

R_s 是指流体流经直管段时,流体的断面积 $A(m^2)$ 与湿润周边 $x(m)$ 之比,即:

$$R_s = A/x \tag{12-47}$$

1. 圆形风管摩擦阻力的计算

对于充满气体的圆形管道，设其直径为 d，则水力半径为 $d/4$，因此，圆形管道的沿程压力损失：

$$\Delta P_1 = l \cdot \frac{\lambda}{4R_s} \cdot \frac{v^2 \rho}{2} = l \cdot \frac{\lambda}{d} \cdot \frac{v^2 \rho}{2} \tag{12-48}$$

摩擦阻力系数 λ 与气体在管道内的流动状态 Re（雷诺准数）和管壁的绝对粗糙度 k 有关。

在局部排气净化系统中，薄钢板风管的气体流动状态大多数属于由层流向紊流粗糙区转化的紊流过渡区。通常，高速风管的流动状态也处于过渡区。只有管径很小、表面粗糙的砖、混凝土风管内的气体流动状态才属于粗糙区。计算水力过渡区摩擦系数的公式很多，克里布洛克公式适用范围较大，在目前得到较为广泛的应用。其计算公式如下：

$$\frac{1}{\sqrt{\lambda}} = 2\lg\left(\frac{k}{3.71d} + \frac{2.51}{Re\sqrt{\lambda}}\right) \tag{12-49}$$

工程设计时为了避免烦琐的计算，常使用按上述公式绘制成的各种形式的计算表或图。这类图表大部分是在某些特定条件下作出的，在应用时必须注意其适用条件。1977 年出版的《全国通用通风管道计算表》（以下简称计算表）是根据我国第一次制定的通风管道统一规格而相应编制的计算表。它适用于标准状态气体，大气压力为 101.3 kPa，温度为 20 ℃，空气密度为 121 kg/m³，运动黏性系数为 15.06×10^{-6} m²/s，取重力加速度 $g = 9.80665$ m/s²。对于钢板制风管，绝对粗糙度 k 取 0.15 mm，对于塑料板制风管，取 $k = 0.01$ mm。

当空气状态或管道粗糙度 k 与上述条件相同或相近时，可根据已知的流量，选择适当的流速，从表中直接查得管道直径 d 和 λ/d 或 R_L 的值。当空气状态和管道的 k 值与表中规定相差较远时，需要按表中的规定进行修正。

2. 矩形风管摩擦阻力的计算

对于矩形管道，可以利用管道直径计算法和"计算表"直接计算两种方法计算摩擦压力损失。

(1) 流速当量直径计算法

矩形管道的流速当量直径可以这样理解：假设矩形管道和圆形管道的压损系数相等，即 $\lambda_{圆} = \lambda_{矩}$；圆形管道和矩形管道的流速也相等，即 $v_{矩} = v_{圆}$，当圆形管道比摩阻和矩形管道比摩阻相等时，则该圆形管道的直径就称为矩形管道的流速当量直径，以 d_v 表示。

根据此定义，从公式（12-46）可以看出，圆形管道和矩形管道的水力半径必须相等。已知矩形管道的水力半径 $R'_s = \dfrac{ab}{2(a+b)}$，圆形管道的水力半径 $R''_s = \dfrac{d_v}{4}$，令 $R'_s = R''_s$，则

$$d_v = \frac{2ab}{(a+b)} \tag{12-50}$$

值得注意的是，采用流速当量直径计算法时，以 d_v 表示管径的矩形管道中的流量与圆形管道的实际流量不相等，不能用矩形管道的实际流量去查表，而只能用矩形管道的实际流速和 d_v 查表求取 R_L 或 λ/d 的值。

(2) 用"计算表"直接计算法

在绘制各种形式"计算表"时已经考虑到矩形管道和圆形管道的差异，并已在相应的表中做了变换。使用时，可根据已知的流量和选取的流速在"计算表"中直接查出需要设计的管道尺寸和 R_L 的值。

（二）局部压力损失的计算

流体流经管道系统中异形管件或设备时，由于流动状态发生骤然变化使阻力增加，所产生的能量损失称为局部压力损失，局部压力损失在管道系统的总压力损失中占有很大比重。

管件（如三通、弯头、阀门等）的局部压力损失的大小一般用动压的倍数来表示，即

$$\Delta P_\mathrm{m} = \zeta \frac{v^2 \rho}{2} \tag{12-51}$$

式中　ζ——局部压损系数，无因次；

　　　v——异形管件处管道断面平均流速，m/s。

局部压损系数通常是用实验的方法来确定。实验时，先测出管件前后的全压差（即测出该管件的局部压力损失），即可求出 ζ 的值。各种管件的局部压损系数在有关的设计手册中可以查到。

在异形管件中，三通的作用是使气流分流或合流。对于合流三通，两股气流在汇合过程中，它们的能量损失不同；此时的局部压力损失应分别计算，即直管和支管的局部压力损失分别计算。合流三通内直管和支管流速相差较大时，会发生射流现象，即流速大的气流要引射流速小的气流。在引射过程中，流速大的气流由于流速降低而失去能量，流速小的气流由于流速增加而获得能量。因此，某些支管的局部压损系数会出现负值，但不会同时出现负值。

例 12-5　有一合流三通如图 12-29 所示。已知 $Q_1 = 4\,200\ \mathrm{m^3/h}$，$D_1 = 500\ \mathrm{mm}(A_1 = 0.19\ \mathrm{m^2})$，$v_1 = 5.96\ \mathrm{m/s}$；$Q_2 = 2\,800\ \mathrm{m^3/h}$，$D_2 = 350\ \mathrm{mm}(A_2 = 0.1\ \mathrm{m^2})$，$v_2 = 7.7\ \mathrm{m/s}$；$Q_3 = 7\,000\ \mathrm{m^3/h}$，$D_3 = 560\ \mathrm{mm}(A_3 = 0.25\ \mathrm{m^2})$，$v_3 = 7.9\ \mathrm{m/s}$。求该三通的局部阻力损失。

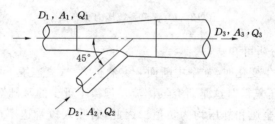

图 12-29　合流三通

解　根据题意：　　　　$A_1/A_3 = 0.19/0.25 = 0.76 \approx 0.8$

　　　　　　　　　　　　$A_2/A_3 = 0.1/0.25 = 0.4$

　　　　　　　　　　　　$Q_2/Q_1 = 2\,800/4\,200 = 0.66$

由以上比值查表，得出 $\zeta_{23} = 0.54$，$\zeta_{13} = -0.12$。

则　　　　　$\Delta P_\mathrm{m23} = \zeta_{23} \frac{v^2 \rho}{2} = 0.54 \times \frac{7.9^2}{2} \times 1.2 = 20.2\ (\mathrm{Pa})$

　　　　　　$\Delta P_\mathrm{m13} = \zeta_{13} \frac{v^2 \rho}{2} = -0.12 \times \frac{7.9^2}{2} \times 1.2 = -4.5\ (\mathrm{Pa})$

应当指出，在引射过程中，会有很大的能量损失，这就加大了流速高的那股气流的压力损失。为了减少局部压力损失，在设计过程中，要注意直管和支管的流速应尽量接近。

三、管道内流动气体的压力分布

气体在管道内流动，由于流速变化和压力损失，流动过程中压力也不断变化。其压力分

布用图形表示出来一目了然。对管道内流动气体的压力分布规律的研究对于正确设计管道系统是很有帮助的。

气体的动压是指该断面气体全压和静压的压差值。管道内任何一处气体的全压 P_T 等于该点的静压 P_s 和动压 P_d 之和,即

$$P_T = P_s + P_d \tag{12-52}$$

管道系统的气体压力分布图可以通过下述方法绘制:在管道系统简图下面画一直线标为 O—O,作为基线,正压值标在基线上方,负压值标在基线下方。只要算出管道中各点的全压值、动压值和静压值,把它们标出后逐点连接起来,就可以得到管道系统压力分布图。图 12-30 示出沿程压力损失和局部压力损失的管道系统压力分布图。图中实线表示气体全压 P_T、虚线表示气体静压 P_s,实线与虚线间的距离即为气体动压 P_d。

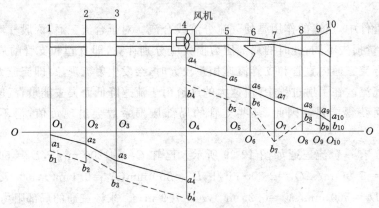

图 12-30　管道系统压力分布图

通过对图 12-30 分析可知:

① 当管道断面发生变化时,如图中断面 2 突然扩大,气流速度下降,动压能转换为静压能,这种现象称为"静压复得",这是研究气体流动规律不可少的基础知识。

② 风机吸入段的全压和静压均为负值。因此,若吸入段管道不严密,管外的空气会渗入管道内,使系统的风量增加,从而增大了能耗;若管内流体为易燃易爆气体,则可能发生爆炸危险。相反,在一般情况下,风机压出段的全压和静压都是正压。因此,当输送含尘气体或有毒气体时,若管道不严密,就会发生粉尘或毒气外逸,这种情况应加以避免。而且,风机压出段应尽量避免出现图中断面 7 静压 P_s 为负的情况。

③ 在断面不变的管道中,压力的损失完全是由沿程压力损失所造成的。对于断面不变的管件如弯头,其压力损失则为沿程压力损失和局部压力损失之和。

④ 风机的压力应等于管道的全部压力损失(包括出口动压损失);管道系统总压力应等于各串联部分压损之和。

在管道系统设计中,可以通过对管道内压力分布图的分析来确定设计是否合理,从而改进设计;对于已经运行的系统,也可根据压力分布图分析存在的问题,以便提出改进措施,使系统正常运行。

四、管道系统的设计计算

在进行通风管道系统的设计之前,必须先确定各排风点的位置和排风量、管道系统和净

化设备的布置、风管材料等。管道系统设计计算的目的是确定管道的尺寸和系统的压力损失，保证系统达到要求的风量分配，并为风机、泵和电动机的选择及绘制施工图纸提供依据。

（一）管道系统的设计计算方法

① 绘制系统轴侧图，对各管段进行编号，标注各管段的长度和风量。以风量和风速不变的风管则为一个管段。编号一般从距风机最远的一端开始，按由远而近的顺序进行。管段的长度以两个管件中心线的距离为准来计算，不扣除管件本身的长度。

② 确定管道内的气流流速，管路内的流速对系统的经济性有较大的影响。若流速选高值，则风管断面小，材料消耗少，投资费用低；但是，系统的压力损失增大，动力消耗增加，还可能加速管路的磨损。反之，若流速选低值，则压损小，动力消耗少，但是一次投资增加。对于除尘系统而言，流速过低会造成粉尘沉积和堵塞管路。因此，必须确定适当的经济流速。

③ 根据系统各管段的风量和选定的风管流速来确定各管段的断面尺寸。

④ 管道尺寸确定后，按实际流速计算各管段的压力损失。确定管道断面时，应尽可能采用统一规格的通风管道，以利于工业化加工制作。

⑤ 对并联管路进行压力平衡。一般的通风系统要求两支管的压力差不超过15％，除尘系统要求两支管的压力差不超过10％，以保证各支管的风量达到设计的要求。

当并联支管的压力差超过上述规定时，可以用下述两种方法进行压力平衡。

a. 调整支管管径

这种方法是通过改变管径，即改变支管的压力损失，达到压力平衡的目的。调整管径来平衡压力，可按下式计算：

$$d_2 = d_1 \left(\Delta P_1 / \Delta P_2 \right)^{0.225} \tag{12-53}$$

式中　d_2——调整后的管径，mm；

d_1——调整前的管径，mm；

ΔP_1——管径调整前的压力损失，Pa；

ΔP_2——压力平衡基准值（为了压力平衡，要求达到的支管压力损失），Pa。

应当指出，采用本方法时不宜改变三通支管的管径，可在三通支管上增设一节渐扩管或渐缩管，从而引起三通支管和直管局部压力损失的变化。

b. 增加支管压力损失

阀门调节是最常用的一种增加局部压力损失的方法，它是通过改变阀门的开度来调节管道压力损失的。这种方法虽然简单易行，不需严格计算，但是改变某一支管的阀门开度，会影响整个系统的压力分布，要经过反复调节，才能使各支管的风量分配达到设计要求。对于除尘系统还要防止阀门附近积尘和引起管道堵塞的发生。

⑥ 计算系统总压力损失（即系统中最不利环路的总压力损失）。

⑦ 根据系统总压力损失和总风量选择风机和电机。

（二）风机和电机选择

1. 风机的选择

风机是为废气（或空气）通过集气罩、管道、污染控制设备以及其他需要的设备（如废气冷却器等）提供所需的能量。风机的两种基本形式为：① 离心式或径向流式；② 螺旋桨式或轴向式。在离心风机中，空气在螺旋孔中心进入，垂直转弯，被离心力加速和压缩后排出。在轴流风机中，空气直接沿旋转轴通过。叶片将空气从前面推进，并从后面排出。离心力通过叶片转换成压力。表 12-5 中列出了一些常见的风机型式及其特点。

表 12-5 　　　　　　　　　　　　　　　常见的风机型式及其特点

风机型式		用处及特点
离心式风机	前弯叶片式	常用于干净气体的净化系统,常见于高压离心风机,不适用于含尘气流,风机效率低
	径向叶片式	常用于排尘系统,结构简单,风机效率低
	后弯叶片式	常用于干净气体的净化系统,常见于中压离心风机,仅限于含尘浓度低的气流,风机效率高
轴流式风机	螺旋桨式 圆盘式	用于清洁空气,不接管道,风压低
	螺旋桨式 窄叶片式	用于低压系统,如槽边排气,风量对阻力变化敏感
	螺旋桨式 圆桶式	形式与窄叶片式相同,设于圆桶短风道内
	导叶片式	功率消耗少,占用空间少,压力高,仅用于输送清洁空气

选择通风机的风量应按下式计算:

$$Q_0 = (1 + K_1)Q \tag{12-54}$$

式中　Q_0——选择风机时用的风量,$\mathrm{m^3/h}$;

　　　Q——管道系统的总风量,$\mathrm{m^3/h}$;

　　　K_1——考虑系统漏风所附加的安全系数。一般管道 K_1 取 0～0.1,除尘管道一般应考虑除尘器的漏风率及袋式除尘器的反吹风量。

选择通风机的风压按下式计算:

$$\Delta P_0 = (1 + K_2)\Delta P \frac{\rho_0}{\rho} = (1 + K_2)\frac{TP_0}{T_0 P} \tag{12-55}$$

式中　ΔP_0——选择风机用的风压,Pa;

　　　ΔP——管道系统的总压力损失,Pa;

　　　K_2——考虑管道计算误差及系统漏风等因素所采用的风压附加安全系数。一般管道系统取 0.1～0.15;除尘管道取 0.15～0.2。

多数风机的生产厂家所提供的说明书中都附有风机性能的特征表,少数厂家还提供一些主要产品的风机特性曲线。风机的特征表中常用风机的全压表示,风机的全压为风机出口气流的全压与进口气流的全压之差,其单位为 Pa。风机的静压为全压减去风机出口处的动压。

选择风机时应注意以下几个问题:

① 根据输送气体的性质,确定风机的类型。例如,输送清洁气体,可选择一般通风换气用的风机;输送腐蚀性气体,要选用防腐风机;输送易燃气体或含尘气体,要选用防爆风机或排尘风机。

② 根据所需要风量、风压或选定的风机类型,确定风机的型号。为了便于接管和安装,还要考虑和合适的风机出口方向和后传动方式。

③ 考虑到管道漏风等因素,合理选用风机风量和风压比计算风量和风压稍大的风机。

④ 在满足风量和风压的条件下,尽可能选用噪声低、工作效率高的风机。

2. 电机的选择

所需电动机功率 Ne(kW)可按下式计算：

$$Ne = \frac{Q_0 \Delta P_0 K}{3\,600 \times 1\,000 \times \eta_1 \times \eta_2} \tag{12-56}$$

式中　Q_0——风机的总风量，m^3/h。

ΔP_0——风机的风压，Pa。

K——电动机的备用系数，对于通风机，电机功率为 $2\sim5$ kW 时取 1.2，大于 5 kW 时取 1.3；对丁引风机取 1.3。

η_1——通风机全压效率，可以由通风机样本中查得，一般为 $0.5\sim0.7$。

η_2——机械传动效率，对于直联传动为 1；联轴器直联传动为 0.98；三角皮带传动（滚动轴承）为 0.95。

电机的选择应注意以下四个问题：

① 电机必须满足生产机械的要求，如速度、启动、过载能力及调速特性等。

② 按技术经济合理原则选择电机的电压、电流种类、电机类型及机构型式（包括冷却方式），以保证运行可靠。

③ 有适当的备用余量，负荷率一般取 $0.8\sim0.9$。

④ 电机的机构型式必须满足使用场所的环境条件，如按温度、湿度、灰尘、雨水、瓦斯及腐蚀和易燃易爆等考虑必要的保护方式。

（三）管道设计计算实例

例 12-6　某有色冶炼车间除尘系统管道布置如图 12-31 所示，系统内的空气平均温度为 20 ℃，钢板管道的粗糙度 k 为 0.15 mm，气体含尘浓度为 10 g/m^3，所选旋风除尘器的压力损失为 150 mm H_2O(1 470 Pa)。集气罩 1 和 8 的局部压损系数（对应于出口的动压）分别为 $\xi_1 = 0.12$，$\xi_8 = 0.19$，集气罩排风量分别为 $Q_1 = 4\,950$ m^3/h，$Q_2 = 3\,120$ m^3/h。系统中空气平均温度为 20 ℃。要求确定该系统的管道断面尺寸和压力损失，并选择风机。

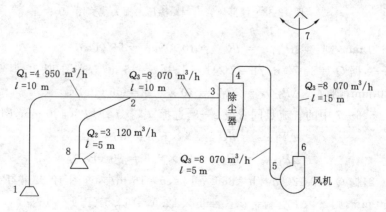

图 12-31　除尘系统管道布置图

解　① 管道编号并注上各管段的流量和长度。

② 选择计算环路。一般从最远的管段开始计算。本题从集气罩 1 开始。

③ 有色冶炼车间的粉尘为重矿粉及灰土，这里取管内流速为 16 m/s。

④ 计算管径和摩擦压力损失。

管段 1—2，据 $Q_1 = 4\,950\ \mathrm{m^3/h} = 1\,375\ \mathrm{L/s}, v = 16\ \mathrm{m/s}$，查图 12-32 得 $R_{L1} = 9.8\ \mathrm{Pa/m}$；

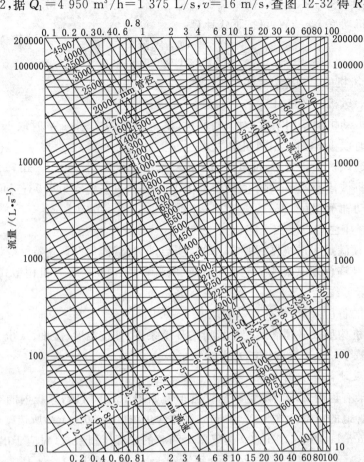

图 12-32　圆形风管沿程摩擦压力损失线算图

$d_{1-2} = 320\ \mathrm{mm}$，则　　$\Delta P_{L1-2} = lR_{L1} = 10 \times 9.8 = 98\ (\mathrm{Pa})$

管段 2—3，据 $Q_3 = 8\,070\ \mathrm{m^3/h} = 2\,241.7\ \mathrm{L/s}, v = 16\ \mathrm{m/s}$，查图 12-32 得 $R_{L2} = 6.6\ \mathrm{Pa/m}$；$d_{2-3} = 420\ \mathrm{mm}$，则　　$\Delta P_{L2-3} = lR_{L2} = 10 \times 6.6 = 66\ (\mathrm{Pa})$

管段 4—5、6—7 中的气流量同管段 2—3，选择 d_{4-5}、d_{6-7} 均为 420 mm，则

$$\Delta P_{L4-5} = lR_{L2} = 5 \times 6.6 = 33\ (\mathrm{Pa})$$

$$\Delta P_{L6-7} = lR_{L2} = 15 \times 6.6 = 99\ (\mathrm{Pa})$$

管段 8—2，据 $Q_2 = 3\,120\ \mathrm{m^3/h} = 866.7\ \mathrm{L/s}, v = 16\ \mathrm{m/s}$，查图 12-32 得 $R_{L3} = 12.5\ \mathrm{Pa/m}$；$d_{8-2} = 260\ \mathrm{mm}$，则　　$\Delta P_{L8-2} = lR_{L3} = 5 \times 12.5 = 62.5\ (\mathrm{Pa})$

⑤ 局部压力损失计算。

管段 1—2

集气罩：$\xi = 0.12$，插板阀全开启：$\xi = 0$。

弯头：$\alpha = 90°$，$R/d = 1.5$，查表得 $\xi = 0.18$；直流三通：$\alpha = 30°$，$F_1 + F_2 \approx F_3$ 查得 $Q_2/Q_3 = 3\,120/8\,070 = 0.387$，$F_2/F_3 = (260/420)^2 = 0.38$，$\xi_2 = 0.18$，$\xi_1 = 0.33$；

则
$$\Delta P_{\text{m}1-2} = \sum \xi \frac{\rho v^2}{2} = (0.12 + 0.18 + 0.33) \times 182 = 115 \ (\text{Pa})$$

管段 2—3 没有局部压损，旋风除尘器压损为 1 470 Pa。

管段 4—5

弯头 2 个：$\alpha = 90°$，$R/d = 1.5$，查表得 $\xi = 0.18$，则

$$\Delta P_{\text{m}4-5} = \sum \xi \frac{\rho v^2}{2} = 2 \times 0.18 \times 161.5 = 58 \ (\text{Pa})$$

管段 6—7

渐扩管：选 $F_1/F_0 = 1.5$，$\alpha = 30°$，查表得 $\xi_0 = 0.13$（对应 F_0 的动压），把 ξ_0 变换成对应 F_1 的动压的 ξ_1，即 $\xi_1 = \xi_0 (F_1/F_0)^2 = 0.13 \times (1.5)^2 = 0.29$。

风帽选 $h/D_0 = 0.5$，查表得 $\xi = 1.30$，则

$$\Delta P_{\text{m}6-7} = \sum \xi \frac{\rho v^2}{2} = (0.29 + 1.30) \times 161.5 = 256.8 \ (\text{Pa})$$

管段 8—2

集气罩：$\xi = 0.19$，插板阀全开启：$\xi = 0$；

弯头：$\alpha = 90°$，$R/d = 1.5$，$\xi = 0.18$；三通：$\xi = 0.18$；

$$\Delta P_{\text{m}8-2} = \sum \xi \frac{\rho v^2}{2} = (0.19 + 0.18 + 0.18) \times 167 = 92 \ (\text{Pa})$$

⑥ 并联管路压力平衡

$$\Delta P_{1-2} = \Delta P_{\text{L}1-2} + \Delta P_{\text{m}1-2} = 98 + 115 = 213 \ (\text{Pa})$$
$$\Delta P_{8-2} = \Delta P_{\text{L}8-2} + \Delta P_{\text{m}8-2} = 62.5 + 92 = 154.5 \ (\text{Pa})$$
$$\frac{\Delta P_{1-2} - \Delta P_{8-2}}{\Delta P_{1-2}} = \frac{213 - 154.5}{213} = 27.5\% > 10\%$$

节点压力不平衡，调整后的管径：$d'_{8-2} = d_{8-2} (\Delta P_{8-2}/\Delta P_{1-2})^{0.225}$

$$= 260 (154.5/213)^{0.225} = 241.8 \ \text{mm}，取 240 \ \text{mm}。$$

⑦ 除尘系统总压力损失

$$\Delta P = \Delta P_{\text{L}} + \Delta P_{\text{m}} = 297.3 + 1\,899.8 = 2\,197.1 \ (\text{Pa})$$

将上述计算结果填入表 12-6 中。

表 12-6 管道计算表

管段编号	流量 Q /(m³/h)	管长 l /m	管径 d /mm	R_{L} /(Pa/m)	摩擦压损 $\Delta P_{\text{L}} = l R_{\text{L}}$ /Pa	局部压损系数 $\sum \zeta$	局部压损 $\Delta P_{\text{m}} = \sum \zeta (v^2 \rho/2)$ /Pa	管段总压损 $\Delta P = \Delta P_{\text{L}} + \Delta P_{\text{m}}$ /Pa	管段压损累计 $\sum \Delta P$ /Pa
1—2	4 950	10	320	10.2	98	0.63	115	213	
2—3	8 070	10	420	6.51	66			66	279
4—5	8 070	5	420	6.51	33	0.36	58	91	370
6—7	8 070	15	420	6.51	99	1.59	256.8	355.8	725.8
除尘器	8 070							1 470	2 195.8
8—2	3 120	5	260	12.2	62.5	0.65	92	154.5	

⑧ 选择通风机和电动机。

a. 选择通风机的计算风量。

$$Q_0 = Q(1 + K_1) = 8070 \times 1.1 = 8\ 877\ (\text{m}^3/\text{h})$$

b. 选择通风机的计算风压。

$$\Delta P_0 = \Delta P(1 + K_2) = 2\ 195.8 \times 1.2 = 2\ 634.96\ (\text{Pa})$$

根据上述风量和风压,在通风机样本上选择 Y5-47-1No6C 风机,当转数 $n = 2\ 850$ r/min,$Q = 9\ 110$ m^3/h,$P = 3\ 145.8$ Pa,配套电机为 Y160L-2,18.5 kW。

复核电动机功率

$$
\begin{aligned}
Ne &= \frac{Q_0 \Delta P_0 K}{3\ 600 \times 1\ 000 \times \eta_1 \times \eta_2} \\
&= \frac{8\ 877 \times 2\ 634.96 \times 1.3}{3\ 600 \times 1\ 000 \times 0.5 \times 0.95} = 17.78\ (\text{kW})
\end{aligned}
$$

配套电机满足需要。

五、高温烟气管道的设计计算

(一) 高温烟气的特性

在冶金、建材、电力、机械制造、耐火材料及陶瓷工业等生产过程中排放的烟气,其特点是温度往往在 130 ℃ 以上,在环境工程领域称为高温烟气。与传统烟气除尘相比,高温烟气除尘的难度和复杂性,不仅是因为烟气温度高而需要采取降温措施或适用耐高温的除尘器,而且还因为烟气温度高会引起烟气和粉尘性质的一系列变化。在除尘工程中,诸如炼钢炉或转炉、水泥厂的回转窑、电站锅炉、工业锅炉等设备在生产过程中排放的大量高温烟气通常具有以下几个特点:

① 温度较高,最高可达 500 ℃ 以上;

② 烟气量大,随着工艺设备向大型化发展,这些设备所产生的烟气量非常大;

③ 成分复杂,烟气中含有尘粒的成分随原料及化学过程而异,除了含有粉尘外,还含有各种不同的有害气体,如燃煤烟气中的 CO_2、CO、SO_x、NO_x 等;

④ 烟气密度与体积的变化范围大。

与常温烟气相比,高温烟气性质的变化主要表现在烟气的密度、体积、黏度和气体分子运动的变化;其次表现为烟气露点、爆炸极限的不同。

(二) 高温烟气管道的布置

高温烟气主要是由各种工业窑炉产生,它的特点是烟气温度高、粉尘含量大。高温烟气管道的布置,除应考虑一般含尘管道布置的某些要求外,还应注意以下几个布置原则:

① 管道的布置应力求平直畅通、管道短、附件少且管道的气密性要好。

② 高温烟气在处理时,其含有的热量应尽量考虑余热利用。

③ 经余热利用后的烟气温度一般仍较高,这时还应对管道进行保温处理,使管壁的温度应高于管内气体露点温度的 10～20 ℃,以防止管内壁的结露;在有人工作的地方保温层外表面温度不得大于 60 ℃,以避免烫伤。

④ 高温烟气管道必须考虑热膨胀补偿问题。

⑤ 水平烟道烟气流向应和水平烟道的坡度相反,接近烟囱的水平烟道的坡度一般不小于 3%。

⑥ 管道尽量采用地上敷设,当必须采用地下敷设时,管道底部应高于地下水位,并应考虑清灰、防水和排水措施。

⑦ 在可能出现凝结水的管段及湿式除尘器后的管段和风机下方,应安装排水装置。

⑧ 管道系统中必须采取防爆措施,如设置重力防爆门或板式防爆门。

（三）高温烟道的设计计算

高温管道一般采用串联系统,不设分支管路,高温烟道的设计计算包括以下主要参数:

1. 烟气流速

工业锅炉高温烟气管道中的流速,可按表 12-7 选用。对于较长的水平管道,为避免烟道积灰,烟气流速不宜低于 7~8 m/s,为防止烟道磨损,烟气流速也不宜大于 12~15 m/s。

表 12-7　　　　　　　　　　　　　　烟气管道流速

管道材料	风速/(m/s)	烟道	
		自然通风/(m/s)	机械通风/(m/s)
砖或混凝土制管	4~8	3~5	6~8
金属管	10~15	8~10	10~15

2. 管道断面积

高温烟气管道断面积可按下式计算。

$$A = \frac{Q}{3\,600v} \tag{12-57}$$

式中　Q——烟气流量,m^3/h;

　　　v——烟气流速,m/s。

对于圆形管道,其直径可由式(12-58)确定。

$$d = 18.8\sqrt{\frac{Q}{v}} \tag{12-58}$$

3. 压力损失

高温烟气管道的压力损失可按下式计算。

$$\Delta P = \Delta P_f + \Delta P_L + \Delta P_m + \Delta P_e - \Delta P_r \tag{12-59}$$

式中　ΔP_f——炉膛或罩子的负压值,Pa;

　　　ΔP_L——管道的沿程压力损失,Pa;

　　　ΔP_m——管道的局部压力损失,Pa;

　　　ΔP_e——管道系统中各种设备(冷却设备、净化设备等)压力损失之和,Pa;

　　　ΔP_r——烟气的自生力,Pa。

① 工业锅炉炉膛负压值一般取 40~80 Pa,各种排气罩的负压值按有关手册选取。

② 沿程阻力损失 ΔP_L 可按式(12-48)计算。

摩擦压损系数 λ 可按下列规定选取:砖砌、混凝土管道:$\lambda=0.050$;轻微氧化的金属管道:$\lambda=0.045$;金属管道:$\lambda=0.025\sim0.030$。烟气密度 ρ_s 可按下式换算:

$$\rho_s = \frac{273}{273 + t_s} \cdot \rho_{ns} \tag{12-60}$$

式中　ρ_{ns}——标准状态下的干烟气密度,m^3/h(对于锅炉烟气,$\rho_{ns}=1.34\ kg/m^3$);

t_s——烟气的平均温度,℃。

③ 局部阻力损失 Δp_m 可按式(12-50)计算。

④ 垂直管道中高温烟气的自生力。

在垂直管道中,高温烟气的密度小于外界空气的密度,在这种密度差的作用下,产生了烟气的自生力。其值可按下式计算:

$$\Delta P_r = \pm H \cdot (\rho_0 - \rho_s) \times 9.81 \tag{12-61}$$

式中 H——烟道初、终断面之间的垂直高度,m;

ρ_s——垂直烟道中烟气的平均密度,kg/m³;

ρ_0——空气在一个标准大气压下,温度为 20 ℃时的密度 $\rho_0 = 1.2$ kg/m³。

在式(12-61)中,"+"表示烟气向上流动;"−"表示烟气向下流动。

4. 引风机的选择

(1) 引风机的风量

引风机的风量可按下式计算:

$$Q_0 = 1.1Q \tag{12-62}$$

式中 Q——进入引风机的气流量,kg/m³;

1.1——气流量备用系数。

(2) 引风机的风压

引风机的风压可按下式计算:

$$\Delta P_k = 1.2 \Delta P \frac{\rho_0}{\rho_s} \tag{12-63}$$

式中 ΔP——烟道系统的压力损失,Pa;

ρ_0——引风机设计时的空气密度,kg/m³;

ρ_s——烟气的平均密度,kg/m³。

例 12-7 某窑炉烟气经过冷却设备后,烟气温度降为 250 ℃,烟气流量为 34 000 m³/h。除尘器的压力损失为 1 470 Pa,引风机进口烟气温度为 210 ℃,烟道为钢板制作。管道系统布置如图 12-33 所示。不考虑粉尘浓度的影响,计算管道直径及管道系统的总压力损失。

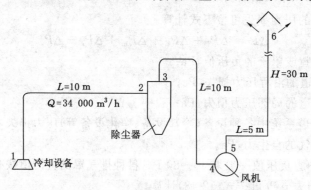

图 12-33　除尘管道系统布置图

解 ① 管道编号并注明各管段的长度和流量。

② 按表 12-7 选取管内流速为 $v = 12$ m/s。

③ 计算管径。

对于圆形管道,管径可按式(12-57)计算,即

$$d = 18.8\sqrt{\frac{Q}{v}} = 18.8\sqrt{\frac{34\,000}{12}} = 1\,000(\text{mm})$$

④ 计算压力损失。

取引风机进口温度作为计算温度,按式(12-60)则烟气密度为:

$$\rho_s = \frac{273}{273 + t_s} \cdot \rho_{ns} = \frac{273}{273 + 210} \times 1.34 = 0.757(\text{kg/m}^3)$$

摩擦压损系数取 $\lambda - 0.045$,局部压损系数可出工业锅炉房设计手册查得:弯头 $\xi_1 = 1.33$,引风机进口 $\xi_2 = 0.70$,烟囱进 $\xi_3 = 1.40$,则

管道压力损失总和

$$= \sum l \frac{\lambda}{d} \cdot \frac{\rho v^2}{2} + \sum \xi \cdot \frac{\rho v^2}{2}$$

$$= (55 \times \frac{0.045}{1.0} + 1.33 \times 2 + 0.70 + 1.40) \times \frac{0.757 \times 12^2}{2}$$

$$= 394(\text{Pa})$$

⑤ 自生通风力。

烟囱的自生通风力可按式(12-61)计算。

$$\Delta P_r = H \cdot (\rho_0 - \rho_s) \times 9.81 = 30 \times (1.20 - 0.757) \times 9.81 = 130(\text{Pa})$$

⑥ 管道系统的总压力损失。

$$\Delta P_{\text{下}} = 394 + 1\,470 - 130 = 1\,734(\text{Pa})$$

六、管道系统设计中的有关问题

(一) 管道布置的一般原则

管道的布置对净化系统布局、设计、施工和使用运转关系重大。

大气污染净化系统管路输送的介质可能是各种各样的,如含尘气体、各种有害气体、各种蒸汽等。输送不同介质的管道布置原则不完全相同,就其共性作为管道布置的一般原则应注意以下几点:

① 管道布置要力求简单紧凑,安装、操作和检修方便,并尽可能短、直、整齐美观,占地和空间小,投资省。尽量避免突扩、突缩、急转弯等造成气流冲击,以减小压损。因此对整个车间的管线要全盘考虑,统一布置。

② 在净化系统划分时,要考虑输送气体的性质。把几个集气罩集中成一个系统进行布置时,若发生下列情况之一者不能合为一个净化系统:a. 温度和湿度不同的含气气体,混合后易引起管道内结露者;b. 混合后引起燃烧或爆炸危险者;c. 因粉尘或气体的性质不同,共用一个净化系统会影响回收或净化效率者;d. 散发有毒气体或易燃易爆气体。

③ 管道敷设分明装和暗设,应尽量明装,不宜明装时才采用暗设。

④ 管道应尽量集中成列,平行敷设,并尽可能沿墙或柱子敷设。管径大的或保温管道应设在内侧,即靠墙敷设。管道与梁、柱、墙、设备及管道之间应有一定的距离,以满足施工、运行、检修和热胀冷缩的要求。

⑤ 管道顺直布置时阻力较小。一般圆形风管强度大、耗用材料少,但占用空间大。矩形风管占用空间小易布置。为充分利用建筑空间,也可制成其他形状。

⑥ 管道应尽量避免遮挡室内采光和妨碍门窗的开启；应避免通过机动机、配电盘、仪表盘上空；应不妨碍设备、管件和人孔的操作和检修；不影响正常的生产操作。

⑦ 在以焊接为主要连接方式的管道中，应设置足够的法兰连接处；在以螺纹连接为主的管道中，应设置足够数量的活接头（特别是阀门附近），以便拆卸、安装和检修。管道的焊接位置一般应布置在施工方便和受力较小地方。焊缝不得位于支架处。焊缝与支架的距离不应小于管径，至少不得少 200 mm。两焊口的距离不应小于 200 mm。穿过墙壁和楼板的一段管道内不得有焊缝。

⑧ 输送必须保温的热流体或冷流体的管件，须采取保温措施，并考虑管子的热胀冷缩。要尽量利用管道 L 形及 Z 形管段对热伸长的自然补偿，不足时则安装各种伸缩器加以补偿。

⑨ 水平管道应有一定坡度，以便放气、放水、疏水和防止积尘。一般坡度为 $0.002\sim0.005$，对含有固体结晶、过黏度大的流体，坡度可酌情增加，最大为 0.01。管道通过人行横道时，与地面的净距离不应小于 2 m；横过公路时，不得小于 4.5 m；横过铁路时，不得小于 6 m。

⑩ 管道与阀门的重量不宜支承在设备上，应设支架、吊架。保温管道的支架应设管托。

⑪ 确定排气口位置时，要考虑排出气体对周围环境的影响。对含尘和含毒的排气即便经净化处理后，仍应尽量在高处排放。通常排出口应高于周围建筑 $2\sim4$ m。为保证排出气体能在大气中充分扩散和稀释，排气口可装设锥形风帽，或者辅以阻止两水进入的措施。

在设计时既要考虑施工的方便，又要保证严密不漏。整个管道系统要求漏损小，以便保证吸风口有足够风量。

另外，为了方便除尘系统能保持正常运行，风管上应设置必要的调节和测量装置（如阀门、压力表、温度计、风量测量孔和采样孔等），或者预备安装测量装置的接口。调节和测量应设在便于操作和观察的位置。

（二）管网布置方式

为了便于管理和运行调节，管网系统不宜过大。同一系统的吸尘点不宜过多。同一系统有多个分支管时，应将这些分支管分组控制。

管网布置的一个重要问题就是要实现个支管间的压力平衡，以保证各吸空点达到设计风量，达到控制污染物扩散的目的。为了使多分支管系统管网中各支管间的压力平衡，常用的管网布置方式有以下三种。

① 干管配管方式。如图 12-34(a) 所示为干管配管方式，也称为集中式净化系统。与其他方式相比，这种管网布置的方式，使系统比较紧凑，占用空间小，投资省，施工简便，应用较为广泛。但由于各支管间压力平衡计算比较烦琐，给设计增加了一定的工作量。

② 个别配管方式。如图 12-34(b) 所示为个别配管方式，也称为分散式净化系统。吸空点多的系统管网，可采用大断面的集合管连接各分支管，集合管内流速不宜超过 $3\sim6$ m/s；其中水平集合管 $\leqslant3$ m/s，垂直集合管 $\leqslant6$ m/s，以利于各支管间的压力平衡。

③ 环状配管式。如图 12-34(c) 所示为环状配管式，也称为对称性管网布置式。显然，对于多支管的复杂管网系统，它具有支管间压力易于平衡的优点。

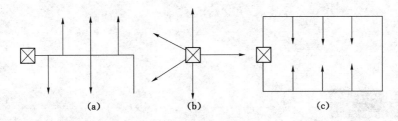

图 12-34　风管的配管方式

（a）干管配管方式；（b）个别配管方式；（c）环状配管方式

本 章 习 题

12.1　假设一侧吸罩罩口尺寸为 400 mm×450 mm，已知该罩排风量为 1.05 m³/s，试按下列情况计算距离罩口 0.3 m 处的吸入速度。

（1）前面无障碍，无法兰边；

（2）前面无障碍，有法兰边；

（3）设在工作台上，无法兰边。

12.2　某镀铬槽槽面尺寸 $A×B$＝550 mm×450 mm，槽内溶液温度为 50 ℃，拟采用低截面条缝式集气罩。试计算该槽靠墙或不靠墙布置时，计算其排风量、条缝口尺寸及压力损失。

12.3　假设有一金属熔化炉，其水平截面尺寸为 550 mm×550 mm，炉内温度为 550 ℃，室温为 20 ℃。若在炉口上部 750 mm 处设一接受式集气罩，室内横向气流速度为 0.5 m/s。试确定该集气罩罩口尺寸及其排风量。

12.4　设某工业槽槽口尺寸为 $A×B$＝2 500 mm×2 000 mm，现利用吹吸罩来控制槽内污染气体扩散，吹气口紊流系数 $α$＝0.2，吹气速度 v_1＝10 m/s，吸入气流夹角 $φ$＝π/2，试利用临界断面法确定临界断面位置、吹气口吹风量、吸气口排风量及吹、吸气口宽度。

→ **第十三章**

大 气 扩 散

从根本上说,虽然空气污染的消除有赖于生产工艺的无害化和前面各章中讨论的各种污染净化技术,但是充分利用大气对污染物的扩散和稀释能力,对于空气污染的控制也能起到有效的作用。污染物从污染源排到大气中的扩散过程,与排放源本身的特性、气象条件、地形特征等因素有关。本章主要对影响大气扩散的主要因子、大气中污染物浓度的估算以及有关的工程应用如厂址选择和烟囱设计等进行讨论。

第一节 影响大气污染物散布的主要因子

影响污染物在大气中扩散的主要因素有风速、大气湍流、大气稳定度、气温的铅直分布与逆温以及降水与雾等。

一、边界层内的风及其对大气扩散的影响

(一)风

空气相对于地面的水平运动称为风,它有方向和大小。排入到大气中的污染物在风的作用下,会被输送到其他地区,风速愈大,单位时间内污染物被输送的距离愈远,混入的空气量愈多,污染物浓度愈低,所以风不但对污染物有整体输送作用,而且有稀释冲淡的作用。同时污染物总是分布在污染源的下风方,于是在考虑风速和风对污染物浓度的影响时,常引入污染系数的概念:

$$污染系数=\frac{风向频率}{平均风速} \tag{13-1}$$

由式(13-1)可知,风频低,风速高,污染系数小,意味着空气污染程度轻。

(二)边界层中风速随高度的变化

下面介绍两个常用的风速随高度变化公式。

1. 对数律

$$u = u_1 \frac{\ln Z - \ln Z_0}{\ln Z_1 - \ln Z_0} \tag{13-2}$$

式中 u——所求高度 Z 处的风速,m/s;

u_1——参考高度 Z_1 处的风速,m/s;

Z_1,Z——已知高度和所求高度,m;

Z_0——地面粗糙度,cm。

表 13-1 给出了一些典型条件下的有代表性的 Z_0 值。

表 13-1 各类下垫面的粗糙度 Z_0 值

下垫面类别	Z_0/cm	下垫面类别	Z_0/cm
平坦地面	0.001	耕地(4～5 cm 高)	2.0
雪面	0.05	短草地	3.0
短草的积雪面(积雪高度 10 cm)	0.1	长草地(11～20 cm)	4.0
半沙漠	0.3	市镇	100
裸露土地	1.0	城市	200

对数律适合于中性层结,平坦开阔地带的近地层。

2. 幂次律

$$u = u_1 \left(\frac{Z}{Z_1}\right)^m \tag{13-3}$$

式中　u_1——已知高度 Z_1 上的风速,常常取 10 m 高度上五年平均风速 $\bar{u}_{10}$,m/s;

　　　u——所求高度 Z 上的风速,m/s;

　　　Z_1,Z——已知高度和所求高度,m;

　　　m——常数,m 最好用实测值,当无实测值时,可按表 13-2 规定选取。

幂次律的计算精度比对数律差,而且高度到了 200 m 以上,就不能用它了(对 $Z > 200$ m 时,假定 $\bar{u} = \bar{u}_{200}$)。但是幂次律在计算烟囱高度式烟流有效源高上的风速时简单易行。所以实际应用较广。

表 13-2 各种稳定度条件下的风廓线幂指数值 m

m 稳定度类别 地区	A	B	C	D	E,F
城市	0.10	0.15	0.20	0.25	0.30
乡村	0.07	0.07	0.10	0.15	0.25

（三）风向随高度的变化

在大气边界,随着高度的不断增加,地面摩擦力的影响逐渐减少,所以风速逐渐增大;同时地转偏向力也随高度的增加而逐渐明显,风向逐渐向右偏转(北半球)。到了边界层顶,风的大小、方向与地转风完全一致,这时摩擦的影响消失。在大气边界层内,风向的这种变化一般遵循爱克曼螺线。在近地面层中风向随高度的变化小到可以忽略不计。

二、大气的热力过程及其对大气扩散的影响

（一）气温的垂直分布

气温随高度的分布,可以用一条曲线表示,如图 13-1 这个曲线称为温度层结曲线,简称温度层结。

大气中的温度层结有四种类型:① 气温随高度的增加是降低的,称为正常分布或递减层结;② 气温梯度接近等于 1 ℃/100 m,称为中性层结; ③ 气温随高度的增加是不变的,称为等温;④ 气温随高度的增加而增加称为气温逆转,简称逆温。

气温随高度变化快慢这一特征可以用温度垂直递减率 $r = -\dfrac{\partial T}{\partial Z}$ 来表示。它系指单位(通常取 100 m)高差气温变化速率的负值。r 通常是分层分布的,即在不同高度范围的 r 有不同的数值。

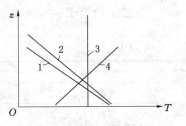

图 13-1　温度层结曲线
1——递减层结;2——中性层结;
3——等温;4——逆温

(二) 干绝热直减率

大气中进行的热力过程,如果所研究的系统与周围空气没有热量交换,则称为大气的绝热过程。由热力第一定律可推出大气绝热过程方程:

$$\frac{\mathrm{d}T}{T} = \frac{R}{c_p} \times \frac{\mathrm{d}p}{p} \quad \text{或} \quad \frac{T}{T_0} = \left(\frac{p}{p_0}\right)^{\frac{R}{c_p}} \tag{13-4}$$

式中　T_0——气块位移前的温度,K;

T——气块位移后的温度,K;

p_0——气块位移前的压力,Pa;

p——气块位移后的压力,Pa;

c_p——空气的定压热容,J/(kg·K);

R——空气的气体常数,J/(kg·K)。

如果有一小空气块做快速的垂直运动,来不及和周围的空气进行充分的热交换,而外界压力的变化却很大,则可以认为该空气块的运动为绝热运动。多数情况的大气过程都可视为绝热过程,它的变化完全是由外界变化引起的。

干空气块绝热上升或下降 100 m 时,温度降低或升高的数值叫干绝热直减率,以 γ_d 表示,并且定义:

$$\gamma_d = -\left(\frac{\mathrm{d}T_i}{\mathrm{d}z}\right)_d \tag{13-5}$$

式中下标 i 表示气块温度,它不同于周围气体的温度;下标 d 表示干空气。

利用式(13-5)和气压与高度关系式可得:

$$\gamma_d \approx \frac{g}{c_p} \tag{13-6}$$

式中　g——重力加速度,$g = 9.81$ m/s²;

c_p——干空气的定压热容,$c_p = 0.996$ J/(g·K)。

把上述值代入式(13-6),则得

$$\gamma \approx 0.98 \text{ K/100 m}$$

式(13-6)表示干空气在做绝热上升(或下降)运动时,每升高(或下降)100 m 温度约降低(或升高)1 K。对于做绝热运动的湿空气块,如果在绝热升降过程中未达饱和状态,即未发生相变,则其温度直减率和干绝热直减率一样,也是每升降 100 m 温度变化 1 K。

(三) 大气稳定度及其判据

污染物在大气中的扩散和大气稳定度有密切的关系。大气稳定度是指大气在垂直方向稳定的程度,即大气是否易于发生对流。大气就整体而言,是经常处于静力平衡状态,但是个别的气块由于各种因素往往会偏离这种状态,产生上升或下降的垂直运动。但这种运动能否继续发展,就要看当时大气的气温直减率 γ。如果大气处于不利这种垂直运动发展的状态,则大气是稳定的;如果大气处于有利于这种垂直运动的发展状态,则大气是不稳定的。

判别大气是否稳定,可用气块法来说明,单位体积的一个空气块,在大气中受到四周大气对它的浮力 ρg 及本身的重力 $-\rho_i g$ 的作用,在二力的共同作用下,空气块的加速度为:

$$a = \frac{\rho - \rho_i}{\rho} g \qquad (13\text{-}7)$$

利用准静力条件 $P_i = P$ 和理想气体状态方程,则有:

$$a = \frac{T_i - T}{T} g \qquad (13\text{-}8)$$

当气块运动过程中满足绝热条件,则气块上升 Δz 高度时,其温度 $T_i = T_{i0} - \gamma_d \Delta z$;而同样高度的周围空气温度 $T = T_0 - \gamma \Delta z$。因为起始温度相当,即 $T_0 = T_{i0}$,则有:

$$a = g \frac{\gamma - \gamma_d}{T} \Delta z \qquad (13\text{-}9)$$

从式(13-9)可见,($\gamma - \gamma_d$)的符号决定了气块加速度 a 与气块位移 Δz 的方向是否一致,也就是说决定了大气是否稳定。

当 $\gamma > \gamma_d$ 时,气块的加速度 a 与气块位移 Δz 的方向一致,开始的气块运动将加速进行,大气是不稳定的。

当 $\gamma < \gamma_d$ 时,气块的加速 a 与气块位移 Δz 的方向不一致,气块开始时的运动将受到抑制,大气是稳定的。

当 $\gamma = \gamma_d$ 时,气块的加速度 $a=0$,气块被外力推到哪里就停到哪里或做等速运动,大气是中性的。

图 13-2 进一步说明了气温直减率与气块运动趋势的关系。每一个例子里,气块都是从图中以圆圈表示的那个高度出发,在该高度上气块温度与其周围环境的温度相同。如果气块密度小于周围环境的密度(即 $\rho_i < \rho$),那么气块向上加速。如果气块的密度大于其周围

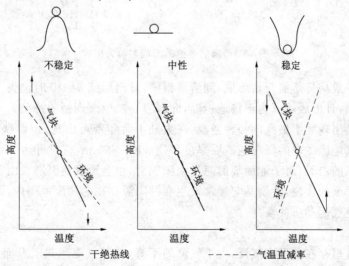

图 13-2 气温直减率和气块的运动趋势

环境的密度（即 $\rho_i > \rho$），那么气块向下加速。如果气块的密度与其周围环境的密度相同（即 $\rho_i = \rho$），那么气块继续保持其原有的速度。对于大气不稳定层的例子，气块继续加速离开其起始位置。中性层的例子表明：气块温度总是与周围环境的温度相同，因而没有什么力作用其上。图中画在温度廓线顶上的图案是一个球的重力模拟，不稳定的情形就像是一个位于山顶上的球；中性情形就像是在平地上的球，而稳定情形则像是处在山谷里的球。

大风、多云的日间或夜晚，大气是中性的；阳光充足的日间近地面 100 m 左右层内是不稳定的；夜间近地层或任何时刻在高空逆温层内大气处于稳定状态。

（四）逆温

根据前面对大气稳定度的分析，当发生等温或逆温时，大气是稳定的，因此逆温层（等温层可视为逆温层的一个特例）的存在，大大抑制了气流的垂直运动，所以也将逆温层称为阻挡层。若逆温层存在于空中某高度，由于上升的污染气流不能穿过此层而只能在近地面扩散，因而可能造成严重污染。空气污染事件多数都发生在有逆温及静风的条件下，因此，在研究污染物的大气扩散时必须给予足够的重视。

1. 辐射逆温

由于地面强烈辐射冷却而形成的逆温称为辐射逆温。晴朗无云或少云的夜间，当风速较小（<3 m/s）时，地面辐射冷却很快，贴近地面的空气由于地热传导的作用，从下面开始变冷，离地面越远的空气，受地面影响越小，降温越少。因此从地面向上就会出现温度随高度的增加而增加的现象，这就形成了辐射逆温。辐射逆温的形成和消失模式如图 13-3 所示。

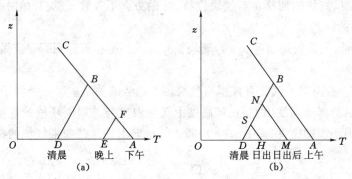

图 13-3 辐射逆温的形成和消失模式

辐射逆温一般从日落前开始形成，到清晨最厚，日出后到 9~10 时消失。辐射逆温在日出前与地面相接，日出后就成为不接地逆温，此时容易产生熏烟型的污染。

辐射逆温是出现频率最高的一种逆温，在大陆上常年都可出现，但以秋、冬季特别是冬季最多。中纬度地区冬季的辐射逆温层厚度可达 200~300 m，有时可达 400 m 左右。冬季晴朗无云和微风的白天，由于地面辐射超过太阳辐射，也会形成逆温层。由于辐射逆温常常发生在小风和无云的夜晚，特别是它经常发生在污染源存在的高度范围内，因此很少可能被降雨或横向的空气运动所冲淡。

2. 下沉逆温

在高气压区里存在着下沉气流，由于气流的下降，使其气温绝热上升而形成逆温层，这样的逆温称为下沉逆温。下沉逆温形成的模式如图 13-4 所示。

下沉逆温的形成与昼夜没有关系。它可以持续很长时间，而且范围很广，厚度也较大，在离地面数百米到数千米的高度都有可能出现。

逆温还有地形性逆温、锋面逆温和湍流逆温。地形性逆温往往伴随辐射逆温同时出现；锋面逆温是冷暖空气相遇，暖空气因其密度小会爬升到冷空气上面去，形成一个倾斜的过渡区而引起的。低层空气因湍流运动混合形成的逆温称为湍流逆温。

（五）大气稳定度和烟流扩散的关系

大气稳定和烟流扩散有密切关系。典型的烟流扩散和稳定度的关系如图 13-5 和表 13-3 所示。

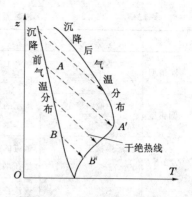

图 13-4　下沉逆温形成过程

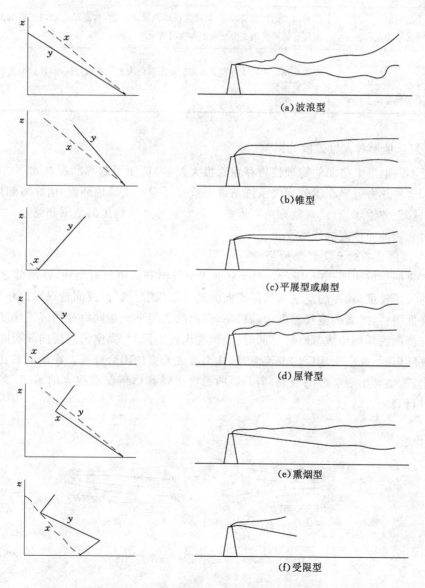

(a)波浪型

(b)锥型

(c)平展型或扇型

(d)屋脊型

(e)熏烟型

(f)受限型

图 13-5　不同温度层结下的烟流形态

表 13-3　　　　　　　　　　烟流扩散和气温层结、大气稳定度的关系

类型	大气稳定度	特点
波浪型	全层不稳定 $\gamma - \gamma_d > 0$	烟流上下飞舞,在烟源附近可能出现高浓度。晴朗白天中午易出现。污染物扩散良好
圆锥型	全层中或弱稳定 $\gamma - \gamma_d \approx 0$	烟流的扩散在水平、垂直方向大致相同,烟流扩展成圆锥形。烟羽呈锥状,发生在中性大气中,污染物扩散比波浪型差。最大浓度出现地点比波浪型远。阴天常见
扇型	全层强稳定 $\gamma - \gamma_d < -1$	烟流的扩散在垂直方向受抑制,像一条带子飘向远方,在水平方向扩展成扇形。发生在烟囱出口处处于逆温层中。晴天自夜间到早上常见
屋脊型	上层不稳定 上层稳定	烟流在逆温层上扩散为屋脊形向上的扩散受抑型。日落前常见,烟羽的下部是稳定的,而上部不是稳定的
熏烟型	上层稳定 下层不稳定	烟流向上的扩散受抑制,只能在近地面附近扩散,这是最不利的扩散情况。早上逆温层开始消失到主要污染源高度时常见
受限型	上层稳定烟囱区不稳定 下层稳定	发生在烟囱出口上方和下方的一定距离内为大气不稳定区域,而这一范围以上或以下为稳定的。

三、复杂地形对大气扩散的影响

　　由于不同地形下垫面的物理性质存在着很大差异,从而引起热状况在水平方向上分布不均匀。这种热力差异在弱的天气系统条件下就有可能产生局地环流,诸如海陆风、城郊风和山谷风等地方性环流,这些地方性环流势必会影响污染物输送的范围和路径,从而直接造成大气污染物地面浓度的剧烈变化。

　　(一)海陆交界对大气扩散的影响

　　海陆风的形成如图 13-6 所示。白天陆面上空气温升高得比海面快,在海陆之间形成指向大陆的气压梯度,较冷的空气从海洋流向大陆而生成"海风"。夜间情况正好相反,由于海水温度降低得慢,海面的空气温度较陆面高,在海陆之间形成指向海洋的气压梯度,于是,陆面的空气流向海洋而生成"陆风"。同时,当地在出现海风时,高空出现反向气流陆风。而当地面出现陆风时,高空出现反向气流海风,从而形成铅直的闭合环流。在湖滨和江河等较大的水面附近,也会出现类似的现象,但是风的强度将随具体情况有很大的不同,必须根据实际情况进行观测。

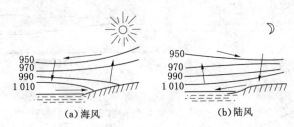

图 13-6　海陆风的形成(气压单位:fpa)

　　由此可见,对于建在海边排放污染物的工厂,必须考虑海陆风对大气扩散的两种作用,

一种是往返作用,所谓往返作用就是指在海陆风转换期间,原来在夜间随陆风吹到海面上的污染物,在白天又随风吹回来。另一种是循环作用,工厂排出的污染物就可能循环累积达到较高的浓度,直接排入上层反向气流的污染物,有一部分也会随环流重新带向地面,提高了上下风向的浓度。

此外海风发展侵入陆地时,因下层海风温度低而上层陆上气流的温度高,在冷暖空气的交界面上,形成一层倾斜的逆温顶盖,阻碍了烟气向上扩散,造成封闭型和漫烟型污染,形成地面高浓度。

（二）城市热岛效应

在城市中心,由于人口集中且有大量人为的热源排出热量及地面覆盖物与郊区显著不同,因而影响了城市的热量平衡,从而影响到城市所具有的温度分布规律,致使城市比周围农村地区温度较高的现象叫城市热岛效应。

据一些统计资料,城市与农村平均温度差一般是 $0.4 \sim 1.5 \, ℃$,有时可达 $6 \sim 8 \, ℃$。这一差值的大小与城市大小、性质、能耗水平、当地气候条件及纬度有关。

由于城市温度经常比农村高(特别是夜间),这样,城市热岛上暖而轻的空气上升,四周郊区的冷空气向市区补充,于是形成了城郊环流。在局地环流的作用下,城市本身排放的烟尘等污染物聚集在城市上空。此外,若城市周围有较多排放污染物的工厂,就会使污染物在夜晚向城市中心输送,特别是晚上城市上空有逆温层阻挡时,形成烟幕,导致市区大气污染更为严重。

（三）山区地形对大气扩散

1. 山谷风

山区地形复杂,由于受热不均及地形的阻挡作用,使得山区的局地环流很复杂。最常见的局地环流是山谷风。白天受热的山坡把热量传递给其上的空气,这部分空气比同高度的谷中空气温度高、密度轻,于是就产生上升气流。同时谷中的冷空气沿坡爬升补充,形成由谷底流向山坡的气流称为谷风(图 13-7)。夜间山坡上的空气沉降较谷底快,空气的密度也较谷底的大。在重力作用下,山坡上的冷空气沿坡下滑形成山风。山谷风转换时往往造成严重空气污染。

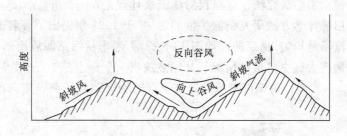

图 13-7　日间坡风与谷风(夜间则相反)

2. 山区地形逆温

在山区的起伏地形中,由于各处地形和斜坡的方位、坡度不同,它们受到的日照时间、强度和热量收支的条件就不一样,因此,气温的水平分布很不均匀。下垫面增热和冷却不一致会影响流场,形成各种尺度的局地环流。山区辐射逆温因地形作用大为增强,夜间冷气沿坡下滑,在谷底积聚,逆温发展的速度比平原快,逆温层更厚,强度更大,并且因地形阻挡,河谷和凹地的风速很小,更有利于逆温的形成。因此,山区全年逆温天数多,逆温较深厚,逆温强度大,持续时间也较长。微风、逆温和地形阻塞是造成山区空气污染严重的主要原因。

3. 山区温度和风场

温度场和风场有密切联系。下垫面热性质的不均匀引起不同尺度的局地环流。由于地形的不同改变了低层气流的路径和速度分布,使山区风场的结构十分复杂。山区风向、风速分布很不规则。山区内的风向和大范围的盛行风向差别很大,山谷内的渠道风与山顶的风向可相差数十度。而且山谷越深、越窄,盛行风的影响就越小。此外,由于局地环流和地形的阻挡作用,山区邻近地点的风向常常不一,甚至出现反向气流。山区风速分布也很不规则,迎风坡、山顶、山两侧和背风坡的风速都有明显差别。山区的静风频率较高,在山的背风面以及地形闭塞的山坳和凹地中常常出现静风区。

山区的湍流一般比平原大得多。除温度层结不稳定可引起热力湍流以外,各种复杂小地形受热不均也会引起小尺度的局部热对流。另外,山区的粗糙地形会产生各种不同尺度的机械湍流。探测表明,山区的扩散速率比平原快得多,但由于山区地形的阻拦作用,不利于输送,往往造成地面的污染物浓度较高。

山区地形条件和气象特征远比平原复杂,其基本特征是时、空变化剧烈,必须考虑风、温和湍流场的三维分布和时间变化。

在山区建厂以及进行山区环境影响评价时必须充分考虑这些因素对大气扩散的影响。

第二节 大气扩散的基本理论简介

大气扩散的基本理论问题,是研究湍流与烟流传播和物质浓度衰减的关系。但是,这一问题还没有完全解决。目前研究解决这一问题的理论有三种:梯度输送理论、统计理论和相似理论。研究成果比较接近实际,并在现在的实际工作中得到广泛应用的是梯度输送理论和统计理论。

利用这些理论进行研究时,又有三种方法:根据扩散方程式的数学分析法,现场实验研究法和实验室的模拟实验研究法。这里仅对湍流统计理论作一简介。

泰勒首先应用统计学方法研究湍流扩散问题,并于1921年提出了著名的泰勒公式。

假定大气湍流场是均匀、稳定的。如图13-8所示,考虑从污染源放出的微粒,在平均风沿着 x 方向吹的湍流大气中扩散的情况。从原点放出一个标志粒子,经过 T 时间,粒子在 x 方向移动了 $x = \bar{u}T$ 距离。由于湍流脉动速度 $v'(t)$ 的作用,粒子在 y 方向的位移是随时间

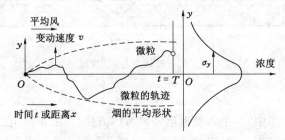

图 13-8 由湍流引起的扩散

而变化的随机变量。如果多次重复同样的试验可以发现,虽然每一个粒子的 y 向距离是或大或小,或正或负的,但是大量粒子的集合却趋向于一个稳定的统计分布。即在 x 轴上粒子的浓度最高,浓度分布以 x 轴为对称轴,并符合正态分布。

萨顿首先应用泰勒公式,提出了大气污染物扩散的实用模式。高斯在大量实测资料分析的基础上,应用湍流统计理论得到了正态分布假设下的扩散模式,即通常所说的高斯模式。

第三节　点源扩散的高斯模式

一、为什么采用高斯模式

多年来高斯模式一直是大气扩散计算的基本方法,而且由于以下原因,使其成为应用最普遍的扩散计算模式:

① 与其他扩散模式(如 k 模式、统计模式和相似模式)相比,高斯模式方程的数学运算相当简捷。

② 高斯模式的物理概念可取,与湍流的随机性相一致。

③ 高斯模式的计算结果和任何其他模式一样,也与试验资料相吻合。

④ 高斯模式就是 k 和 u 为常数时的菲克扩散方程(k 模式)的解。

⑤ 其他的所谓理论公式,在它们的最后处理阶段,包含有很强的经验性。

由于上述原因,高斯模式已被列入大多数政府的相关指导手册中。我国也把高斯模式列入《环境影响评价技术导则》中,因此,高斯模式在大气扩散计算中处于"得天独厚"的状态和地位。

二、高斯模式的坐标系及有关假定

(一)坐标系

坐标系的选择是:参见图 13-9,其原点为污染源排放点(无界点源或地面源)或高架源排放点在地面的投影点,x 轴正向为平均风向即烟流输送方向,y 轴在水平面上垂直于 x 轴,z 坐标为离地高度,z 轴垂直于水平面 Oxy 向上为正向,取右手坐标系。在此条件下,烟流中心线或其在 Oxy 面的投影与 x 轴重合。

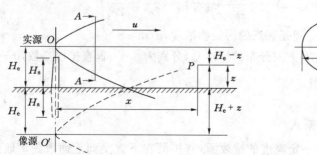
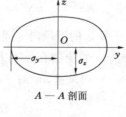

图 13-9　典型高架连续源高斯烟流示意图

（二）高斯模式的有关假定

大量的实验和理论研究表明，对于连续源的平均烟流，其浓度分布是符合正态分布的。因此我们可以作出如下假定：

① 污染物浓度在 y、z 轴上的分布为正态分布；

② 风只在一个方向做稳定的水平流动即 $\bar{u} = c$（常数），在 x 轴方向上，平流输送作用远大于扩散作用；

③ 源强是连续均匀的；

④ 地表面是足够平坦的，在扩散过程污染物质量是守恒的。

三、无界情况下的高斯点源扩散模式

由假定①可以写出污染物浓度分布函数

$$C(x,y,z) = A(x)e^{-ay^2}e^{-bz^2} \tag{13-10}$$

由统计理论可写出方差的方程式

$$\sigma_y^2 = \frac{\int_0^\infty y^2 C\mathrm{d}y}{\int_0^\infty C\mathrm{d}y}, \sigma_z^2 = \frac{\int_0^\infty z^2 C\mathrm{d}z}{\int_0^\infty C\mathrm{d}z} \tag{13-11}$$

由假定④可以写出源强的积分式

$$Q = \int_{-\infty}^\infty \int_{-\infty}^\infty \bar{u}C\mathrm{d}y\mathrm{d}z \tag{13-12}$$

由上述四个方程组成一个方程组，其中可以测量及计算的量为源强 Q，平均风速 $\bar{u}$ 及 σ_y、σ_z。未知量为：C，待定函数 $A(x)$，待定系数 a、b。故此方程组可求解。

将式(13-10)代入式(13-11)中，解得

$$a = \frac{1}{2\sigma_y^2}, b = \frac{1}{2\sigma_z^2} \tag{13-13}$$

将式(13-10)、式(13-13)代入式(13-12)中，解得

$$A(x) = \frac{Q}{2\pi\bar{u}\sigma_y\sigma_z} \tag{13-14}$$

将式(13-13)、式(13-14)代入式(13-10)中，得

$$C(x,y,z) = \frac{Q}{2\pi\bar{u}\sigma_y\sigma_z}\exp\left[-\left(\frac{y^2}{2\sigma_y^2} + \frac{z^2}{2\sigma_z^2}\right)\right] \tag{13-15}$$

式中　C——所求的下风向空间任一点的污染物浓度，$\mathrm{g/m^3}$；

σ_y、σ_z——污染物在 y、z 方向分布的标准差，分别为水平、垂直扩散参数，m；

$\bar{u}$——平均风速，$\mathrm{m/s}$；

Q——源强，$\mathrm{g/s}$。

四、高架连续点源高斯模式

所谓高架源是指距地面一定高度的排放源，其扩散在下方受到地面限制。地面对污染物扩散的影响是很复杂的。根据前述假定④，可以认为地面像一面镜子一样，对污染物起着全反射的作用。按全反射原理，可以用"像源法"来处理这类问题。

根据像源法，空间一点的浓度可以认为是两部分贡献之和。一部分是不存在地面时，P

点所具有的浓度;另一部分是由于地面反射而增加的浓度。这相当于位置在$(0,0,H_e)$的实源和在$(0,0,H_e)$的虚源(像源)在不存在地面时,在 P 点的浓度之和(H_e 为有效源高)。

$$C = C_{实(无界)} + C_{像(无界)} \qquad (13\text{-}16)$$

根据前面讨论的无界情况下的公式,实源的作用把无界条件下的坐标原点从源往下移$(-H_e)$一段距离,即坐标变换为 $z \to (z - H_e)$。所以由式(13-15)得

$$C_实 = \frac{Q}{2\pi u \sigma_y \sigma_z} \exp\left[-\frac{y^2}{2\sigma_y^2} - \frac{(z - H_e)^2}{2\sigma_z^2}\right]$$

虚源的作用:相当于把无界条件下的坐标原点从源往上移了 H_e 一段距离,所以由式(13-15)得

$$C_虚 = \frac{Q}{2\pi u \sigma_y \sigma_z} \exp\left[-\frac{y^2}{2\sigma_y^2} - \frac{(z + H_e)^2}{2\sigma_z^2}\right]$$

则 P 点浓度为

$$C(x,y,z;H_e) = \frac{Q}{2\pi u \sigma_y \sigma_z} \exp\left(-\frac{y^2}{2\sigma_y^2}\right) \left\{ \exp\left[-\frac{(z - H_e)^2}{2\sigma_z^2}\right] + \exp\left[-\frac{(z + H_e)^2}{2\sigma_z^2}\right] \right\}$$

$$(13\text{-}17)$$

此式即为高架连续点源在正态分布假设下的扩散基本公式,又叫烟流模式(plume model)。由此模式可求出下风向任一位置的污染物浓度。下面进一步讨论在几种特殊情况下的计算公式。

1. 高架连续点源地面浓度模式

由式(13-17),令 $z=0$,即可求得地面浓度。

$$C(x,y,0;H_e) = \frac{Q}{\pi u \sigma_y \sigma_z} \exp\left(-\frac{y^2}{2\sigma_y^2}\right) \exp\left(-\frac{H_e^2}{2\sigma_z^2}\right) \qquad (13\text{-}18)$$

2. 高架连续点源地面轴线浓度模式

地面浓度是以 x 轴为对称的,轴线 x 上具有最大值,向两侧(y 方向)逐渐减小,由式(13-18)在 $y=0$ 时得到地面轴线浓度

$$C(x,0,0;H_e) = \frac{Q}{\pi u \sigma_y \sigma_z} \exp\left(-\frac{H_e^2}{2\sigma_z^2}\right) \qquad (13\text{-}19)$$

3. 高架连续点源的地面最大浓度模式

我们知道,正态分布标准差 σ_y, σ_z 是时间的函数,因此可说是距离 x 的函数,而且随 x 的增大而增大,在式(13-19)中 $\dfrac{Q}{\pi u \sigma_y \sigma_z}$ 项随 x 的增大而减小,而 $\exp\left(-\dfrac{H_e}{2\sigma_z^2}\right)$ 项随 x 的增大而增大,两项共同作用的结果,必然在某一个距离上出现地面浓度 C 的最大值。

在最简单的情况下,如设 $\sigma_y / \sigma_z = a$,而 a 为一常数时,把式(13-19)对 σ_z 求导,并令其等于零,即

$$\frac{\mathrm{d}}{\mathrm{d}\sigma_z}\left[\frac{Q}{\pi u a \sigma_z^2} \exp\left(-\frac{H_e^2}{2\sigma_z^2}\right)\right] = 0$$

再经过一些简单的运算,即可求得计算地面最大浓度及其出现距离的公式,即

$$C_{\max} = \frac{2Q}{\pi u H_e^2 \mathrm{e}} \frac{\sigma_z}{\sigma_y} \qquad (13\text{-}20)$$

$$\sigma_z \Big|_{x=x_{\max}} = \frac{H_e}{\sqrt{2}} \tag{13-21}$$

4. 地面连续点源扩散的高斯模式

由高架连续点源扩散模式(13-17),令有效源高 $H_e=0$ 即可得到地面连续点源扩散模式

$$C(x,y,z;0) = \frac{Q}{\pi u \sigma_y \sigma_z} \exp(-\frac{y^2}{2\sigma_y^2}) \exp(-\frac{z^2}{2\sigma_z^2}) \tag{13-22}$$

比较式(13-22)和式(13-15)可发现,地面连续点源造成的浓度恰好是无界连续点源所造成的浓度的两倍。

五、高斯模式使用条件的讨论

所谓高斯模式的使用条件是基于对模式的假定条件及公式中各项物理意义的全面正确理解。

1. 污染源

高斯模式中的 C 为空间某一点的浓度,它是空间位置和有效源高的函数,是某一时段的平均值,其平均时段与风速 $\bar{u}$ 和扩散参数 σ_y、σ_z 的平均时段相同。污染源无论是高架源还是地面源必须是连续排放稳定的点源,源强 $Q(g/s)$ 为定值。

2. 污染物

根据假定④可以推知地面对污染物进行全反射,高斯模式是一种正态分布假设条件下的湍扩散模式。因此该模式适用的污染物必须是气态污染物或粒径较小的微粒。对于 $d_p > 5\ \mu m$ 的粒子在扩散时就有明显的重力沉降速度,并且尘粒一旦到达地面,地面不能对其全反射。因此,颗粒物扩散浓度计算时,在有风条件($\bar{u} \geqslant 1\ m/s$)下可采用考虑了重力沉降作用的"倾斜烟云模式"。

3. 平均风速

初步接触高斯模式时,也许人们会问,当风速 $\bar{u}=0$ 的时候,高斯公式会怎么样?这里涉及静风的问题,布里吉斯(Briggs)等人认为"静风的定义是 $\bar{u}=0.5\ m/s$"。事实上,近地面的风速表可能记录到 $\bar{u}=0$,但边界层的风是很少会完全停止的,多少总是有些微弱的气流飘移的。

高斯模式假定②在 x 方向的平流输送作用大于扩散作用,可以理解为 $\bar{u} \geqslant 1\ m/s$。一般当 $\bar{u} < 1\ m/s$ 时就不用高斯模式而用其他模式处理。

假定②中风速 $\bar{u}$ 是个常量,事实上 $\bar{u}$ 在整个铅直方向上是变量,实际计算时,$\bar{u}$ 的取值应当是烟流抬升相对稳定后整个烟云垂直范围内的平均风速,即高度 $H_e-2\sigma_z$ 到 $H_e+2\sigma_z$ 范围。如果 $2\sigma_z > H_e$,则应当从地面到 $H_e+2\sigma_z$ 范围内风速平均。当然,实际计算中用地面风速或烟囱高度 H_s 上的平均风速 $\bar{u}$ 的数值代替有效源高 H 上的风速 $\bar{u}_{He}$,在烟流抬升高度 ΔH 数值不很大时因其计算值偏安全也是完全可取的。

4. 地形

不规则的地形常常不能应用高斯扩散模式。高斯模式适合的地形必须是平坦,并且尺度范围较小($< 25\ km$)。

关于模式中的有效源高 H_e 和扩散参数 σ_y、σ_z,将在下面两节分别加以讨论。

第四节 烟流抬升高度

一、有效源高

连续点源的排放大部分是以工业烟囱排放为对象的,热烟流自烟囱排出后可以上升至很高的高度,特别是强热源的情况下,抬升高度可达 2～10 倍烟囱高度。烟囱的有效高度也称等效高度或有效源高。H_e 定义为烟囱的几何高度 H_s 与烟流抬升高度 ΔH 之和,即

$$H_e = H_s + \Delta H \tag{13-23}$$

由于最大地面浓度与烟囱高度的平方成反比,烟流抬升有时可使地面浓度减少高达100 倍。大多数工业污染物以高速或高温排出,因而必须计算烟流的抬升。因此正确估算烟囱有效高度对大气环境质量控制和烟囱高度设计都有重要意义。

利用高烟囱排放控制大气污染的一个重要问题是正确地确定烟囱高度(包括几何高度和抬升高度)。

二、影响烟流抬升高度的因素

在有风时烟流抬升过程大致经历四个阶段(图 13-10):① 喷出阶段。这一阶段主要依靠烟流本身的初始动量向上喷射。② 浮升阶段。由于烟流的热力作用,密度比空气小,烟流获得浮力而上升。③ 瓦解阶段。这时烟流与空气混合,失去动量和浮力开始随风飘动。④ 变平阶段。这时烟流完全变平,随风飘动。由此可见,影响抬升的主要因素有烟流本身的热力和动力性质,气象条件和地形条件。

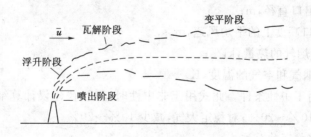

图 13-10 有风时的烟流抬升高度

1. 排放源及排放烟气的性质

源排放烟气的初始动量和浮力是决定烟流上升高度的基本因素。初始动量决定于烟流出口处的流速和烟囱口内径,而浮力与烟气密度和周围空气的密度差有关系。若不计烟气与空气成分不同而造成的密度差异,则主要决定于它们之间的温度差。浮力加速度关系如前所述为 $g(\dfrac{\rho_a - \rho_s}{\rho_s}) = g(\dfrac{T_s - T_a}{T_a})$。浮力项是热烟流抬升的主要贡献项,它所涉及的烟气热释放率是烟流抬升高度计算公式中的一个主要参量。

2. 环境大气的性质

烟流与周围大气的混合速率对抬升高度的影响十分重要,混合越快相当于把烟气的初始动量和热量很快地分散给周围空气,因而,烟流上升速度很快减小,则抬升高度越

小。决定混合的因素主要是平均风速和湍流强度,其中以平均风速的作用更为明显。平均风速越大,湍流越强,则混合越快。因此,平均风速也是抬升高度计算公式中的一个主要参量。

3.下垫面性质

地形对抬升的影响主要表现在,地面粗糙度是影响湍流强弱的因素之一,起伏地形上空湍流活跃,不利于烟流抬升。离地面越高,地面粗糙度的影响减弱,有利于烟流抬升。烟囱本身的几何形态和周围障碍物形状也会引起动力效应。当平均风速接近于烟气出口流速时,会产生下洗现象,通常要求烟气出口速度 v_s 满足 $v_s \geqslant 2\bar{u}$,才能避免下洗作用的影响。

三、实际应用的抬升公式

影响烟流抬升的因素多且复杂,至今还没有通用的烟流抬升理论公式。现在所用的公式大多是经验或半经验的,是在各自有限的观察资料基础上归纳出来的,所以都有一定的适用条件和局限性。

1.霍兰德(Holland,1953 年)式

$$\Delta H = \frac{v_s d}{u}(1.5 + 2.7\,\frac{T_s - T_a}{T_s}d)$$

$$= \frac{1}{u}(1.5v_s d + 9.56 \times 10^{-3}Q_h) \tag{13-24}$$

式中　ΔH——烟流抬升高度,m;

　　　v_s——烟流出口速度(实际状态),m/s;

　　　d——烟囱出口直径,m;

　　　$\bar{u}$——烟囱口高度上的平均风速,m/s;

　　　Q_h——排出烟气的热量,kJ/s;

　　　T_s,T_a——烟气和空气的温度,K。

式(13-24)适用于中性条件。此式用于非中性时,霍兰德建议计算结果作如下修正:对不稳定大气,增加 $10\% \sim 20\%$;对稳定大气,减少 $10\% \sim 20\%$。

2.国家标准中推荐的公式

我国《制定地方大气污染物排放标准的技术方法》(GB/T 13201—91)中对烟流抬升高度的计算公式作了如下规定。

① 当 $Q_h \geqslant 2\,100$ kJ/s,$T_s - T_a \geqslant 35$ K 时:

$$\Delta H = n_0 Q_h^{n_1} H_s^{n_2}\,\bar{u}^{-1} \tag{13-25}$$

$$Q_h = 0.35 \cdot P_a \cdot \frac{\Delta T}{T_s} \cdot Q_v$$

$$\Delta T = T_s - T_a$$

式中　n_0,n_1,n_2——系数按表 13-4 选取;

　　　Q_v——烟气排放量(实际状态),m³/s;

　　　H_s——烟囱几何高度,m;

　　　P_a——大气压力,hPa,取邻近气象站年平均值。

表 13-4　　　　　　　　　　　　　　　　系数 n_0,n_1,n_2 的值

$Q_h/(kJ/s)$	地表状况（平原）	n_0	n_1	n_2
$Q_h>21\ 000$	农村或城市远郊区	1.427	$\frac{1}{3}$	$\frac{2}{3}$
	城区及近郊区	1.303	$\frac{1}{3}$	$\frac{2}{3}$
$2\ 100>Q_h\geqslant21\ 000$ 且 $\Delta T\geqslant35\ K$	农村或城市远郊区	0.332	$\frac{3}{5}$	$\frac{2}{5}$
	城区及近郊区	0.292	$\frac{3}{5}$	$\frac{2}{5}$

② 当 $1\ 700\ kJ/s<Q_h<2\ 100\ kJ/s$ 时，则

$$\Delta H = \Delta H_1 + (\Delta H_2 - \Delta H_1)\cdot\frac{Q_h - 1\ 700}{400} \tag{13-26}$$

式中

$$\Delta H_1 = \frac{2(1.5v_s d + 0.01Q_h)}{\bar{u}} - \frac{0.048(Q_h - 1\ 700)}{\bar{u}}$$

ΔH_2 是按式（13-25）计算的抬升高度。

③ 当 $Q_h\leqslant1\ 700\ kJ/s$ 或者 $\Delta T<35\ K$ 时，则

$$\Delta H = 2(1.5v_s d + 0.01Q_h/\bar{u}) \tag{13-27}$$

④ 当 10 m 高处的平均风速 $\bar{u}_{10}\leqslant1.5\ m/s$ 时，则

$$\Delta H = 5.50Q_h^{1/4}\times(\frac{dT_a}{dz} + 0.009\ 8)^{-\frac{3}{8}} \tag{13-28}$$

式中　$\dfrac{dT_a}{dz}$——烟囱口高度以上环境气温直减率，K/m，取值不得小于 0.01 K/m。

例 13-1　某城市火电厂的烟囱高 100 m，出口内径 5 m。烟气流量 250 m^3/s，烟气温度 100 ℃。烟囱出口处平均风速 4 m/s。试计算烟囱下风向 1.1 km 处阴天时的抬升高度。将当地大气压视为标准大气压 $P_a=1\ 013.25\ hPa$。

解　采用国标 GB/T 3840—91 中公式。

热释放率为：

$$Q_h = 0.35P_a\frac{\Delta T}{T_s}Q_v$$

$$= 0.35\times1\ 013.25\times\frac{(373 - 293)}{373}\times250$$

$$= 19\ 015\ (kJ/s)$$

将 Q_h、H_s 和 $\bar{u}$ 等值代入式（13-25）中，抬升高度值为：

$$\Delta H = n_0 Q_h^{n_1} H_s^{n_2}\ \bar{u}^{-1} = 0.292\times(19\ 015)^{3/5}\times(100)^{2/5}\times4^{-1} = 170\ (m)$$

第五节　扩散参数的选择确定

在空气质量模型中，受到大气稳定度直接影响的参数是标准差 σ_y,σ_z 和混合高度 h。大气稳定度对于污染物的扩散有极大的影响。在高斯模式中扩散参数 σ_y,σ_z 是表示大气湍流扩散能力的核心参数。σ_y,σ_z 实际上代表了烟流在 y 向和 z 向的扩散幅度。因此扩散参数可以看成是大气稳定度和下风向距离的函数。扩散参数的确定一般有两种途径：① 专供研究

用的利用湍流观测获得的现场实测数据;② 利用简单的气象资料,直接查找相应的扩散参数图表。第二类方法简单实用且所花费用少,是常用的一类方法。只有当利用现有的图表查出的扩散参数不能满足工作要求的精度时,才采用现场实测的方法。

可供参考应用的扩散参数图、表资料很多,国内外应用最广泛的一种方法即由帕斯奎尔(Pasquill,1961)提出,吉福德(Gifford)进一步将它作成一系列应用更方便的图表,也称 P-G曲线法。

一、稳定度分类

(一)帕斯奎尔分类法

目前应用比较方便的是帕斯奎尔提出来的方法。根据太阳辐射状况(日照云量)和地面风速,将大气的稀释扩散能力划分成六个稳定度级别。表 13-5 列出了帕斯奎尔六个稳定度级别的标准,它是在五类地面风速,三类日间的辐射和两类夜间云量的基础上划分的。一般来说,稳定度 A、B、C 类代表大气不稳定状态,D 类表示中性状态,E、F 类表示稳定状态。有些使用者以所谓的"G"类来填补该表中的空缺,主张在微风、稳定条件下采用 G 类。

表 13-5 稳定度级别划分表

地面风速(距地面 10 m 处)/(m/s)	日间太阳辐射			阴天的日间或夜间	有云的夜间	
	强	中	弱		薄云遮天或低云 $\geq \frac{5}{10}$	云量 $\leq \frac{4}{10}$
<2	A	A~B	B	D		
2~3	A~B	B	C	D	E	F
3~5	B	B~C	C	D	D	E
5~6	C	C~D	D	D	D	D
>6	C	D	D	D	D	D

这里日间的强太阳辐射对应于中纬度地区盛夏晴天阳光充足的中午,而弱太阳辐射则对应于隆冬时的晴天中午。这里夜间指日落前 1 h 至日出后 1 h。对夜间时段的前后一小时,在任何天气状况下,不论风速高低均归为中性 D 级稳定度。

这种方法,对于开阔乡村地区还能给出比较可靠的稳定度,但对城市地区是不大可靠的。这是由于城市有较大的粗糙度及城市热岛效应所致。特别是在静风的晴夜,在这样的夜间,乡村地区的大气状态是稳定的,但在城市,在高度相当于城市建筑物平均高度数倍之内是稍不稳定或中性的,而在它的上部则有一个稳定层。

(二)稳定度分类方法的改进

帕斯奎尔划分稳定度方法广泛应用后,使用者发现对太阳辐射的强、中、弱概念的表达不够确切,云量的观测不太准确,影响了结果的准确性,许多大气扩散专家对此提出了改进方法。这里仅对特纳尔(Turner)的改进方法作一介绍,在我国的有关标准中采用了特纳尔的大气稳定度分类方法。

首先,由云量与太阳高度角按表 13-6 查出太阳辐射等级数;再根据辐射等级数与地面风速按表 13-7 查出大气稳定度等级。稳定度等级确定后就可由后面介绍的 P-G 曲线及函数式估算扩散参数。

太阳高度角用下式计算

$$h_0 = \arcsin[\sin\varphi\sin\delta + \cos\varphi\cos\delta\cos(15t + \lambda - 300)] \tag{13-29}$$

式中　h_0——太阳高度角,deg;

φ——当地地理纬度,deg;

λ——当地地理经度,deg;

δ——太阳倾角(deg)按当时月份与日期由表13-8查取;

t——观测进行时的北京时间,h。

表 13-6　　　　　　　　　　　太阳辐射等级

云　量	夜　间	太　阳　高　度　角			
总云量/低云量		$h_0\leqslant 15°$	$15°<h_0\leqslant 35°$	$35°<h_0\leqslant 65°$	$h_0>65°$
$\leqslant 4/\leqslant 4$	-2	-1	$+1$	$+2$	$+3$
$5\sim 7/\leqslant 4$	-1	0	$+1$	$+2$	$+3$
$\geqslant 8/\leqslant 4$	-1	0	0	$+1$	$+1$
$\geqslant 7/5\sim 7$	0	0	0	0	$+1$
$\geqslant 8/\geqslant 8$	0	0	0	0	0

表 13-7　　　　　　　　　　　大气稳定度等级

地面风速	太　阳　辐　射　等　级					
$\bar{u}_{10}/(\text{m}\cdot\text{s}^{-1})$ [1]	$+3$	$+2$	$+1$	0	-1	-2
$2\sim 2.9$	A~B	B	C	D	E	F
$3\sim 4.9$	B	B~C	C	D	D	E
$5\sim 5.9$	C	C~D	D	D	D	D
$\geqslant 6$	C	D	D	D	D	D

注:① $\bar{u}_{10}$ 系指离地面 10 m 高处 10 min 平均风速。

表 13-8　　　　　　　　　　　太阳倾角的概略值

月	旬	倾角/(°)	月	旬	倾角/(°)	月	旬	倾角/(°)
1	上	-22	5	上	$+17$	9	上	$+7$
	中	-21		中	$+19$		中	$+3$
	下	-19		下	$+21$		下	-1
2	上	-15	6	上	$+22$	10	上	-5
	中	-12		中	$+23$		中	-8
	下	-9		下	$+23$		下	-12
3	上	-5	7	上	$+22$	11	上	-15
	中	-2		中	$+21$		中	-18
	下	$+2$		下	$+19$		下	-21
4	上	$+6$	8	上	$+17$	12	上	-22
	中	$+10$		中	$+14$		中	-23
	下	$+13$		下	$+11$		下	-23

目前应用比较方便的是帕斯奎尔提出来的根据常规气象资料划分稳定度的方法。由于

这些资料可以方便地从地方气象台、站获得，因此在国内外都得到了广泛应用。他的这种方法是与 P-G 扩散参数曲线相配套的。

二、σ_y 和 σ_z 的确定

1. P-G 曲线图法

图 13-11 和图 13-12 是帕斯奎尔和吉福德根据大量试验资料总结出的在不同稳定度时

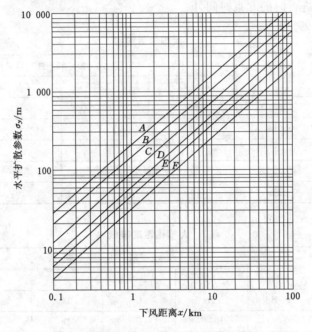

图 13-11　下风距离和水平扩散参数的关系

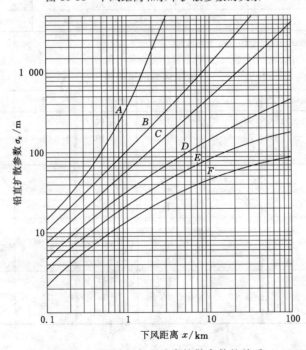

图 13-12　下风距离和垂直扩散参数的关系

σ_y 和 σ_z 随下风距离变化的经验曲线,简称 P-G 曲线图。对应的取样时间为 10 min。P-G 曲线是根据美国"草原计划"(Haugen,1959)(该地区 $Z_0 = 3$ cm)地面源的试验结果和其他扩散试验结果总结出来的,浓度测量距离为 1 km,图中 1 km 以外的曲线是外推的结果。

为了便于利用计算机计算,几位研究人员将扩散参数拟合成 $\sigma = \gamma x^\alpha$ 的形式,据 P-G 曲线图所拟合的近似表达式中的系数和指数如表 13-9 所列。

表 13-9　　　　　　　　P-G 曲线近似式 $\sigma(x) = \gamma x^\alpha$(取样时间 0.5 h)

σ_y , σ_z	稳定度	α	γ	下风距离 x/m
σ_y	A	0.901 074	0.425 809	0~1 000
		0.850 934	0.602 052	>1 000
	B	0.914 370	0.281 846	0~1 000
		0.865 014	0.396 353	>1 000
	C	0.924 279	0.177 154	0~1 000
		0.885 157	0.232 123	>1 000
	D	0.929 418	0.110 726	0~1 000
		0.888 723	0.146 669	>1 000
	E	0.920 818	0.086 400 1	0~1 000
		0.896 864	0.101 947	>1 000
	F	0.929 418	0.055 363 4	0~1 000
		0.888 723	0.073 334 8	>1 000
σ_z	A	1.121 54	0.079 990 4	0~300
		1.513 60	0.008 547 71	300~500
		2.108 81	0.000 211 545	>500
	B	0.964 485	0.127 190	0~500
		1.093 56	0.057 025 1	>500
	C	0.917 595	0.106 803	>0
	C~D	0.838 628	0.126 152	0~2 000
		0.756 410	0.235 667	2 000~10 000
		0.815 575	0.136 659	>10 000
	D	0.862 621 2	0.104 634	0~1 000
		0.632 023	0.400 167	1 000~10 000
		0.555 360	0.810 763	>10 000
	D~E	0.776 864	0.111 771	0~20 00
		0.572 347	0.528 992	2 000~10 000
		0.499 149	1.038 10	>10 000
	E	0.788 370	0.092 752 9	0~1 000
		0.565 188	0.433 384	1 000~10 000
		0.414 743	1.732 41	>10 000
	F	0.784 400	0.062 076 5	0~1 000
		0.525 969	0.370 015	1 000~10 000
		0.322 659	2.406 91	>10 000

P-G 法仅需常规气象资料,划分大气稳定度等级,就可以确定扩散参数 σ_y、σ_z 的数值。

方法简单易行,因此这种方法得到了广泛的应用。

由于扩散参数数值对浓度计算结果的影响很大,在选用时必须注意以下两点:① 即前述的要合理确定大气稳定度等级;② 模式计算时的环境条件与 P-G 曲线的试验条件相符。当与试验条件相附时,计算误差较小,否则,计算误差大。

由于 P-G 曲线及其拟合公式的原始数据来自平坦开阔条件下近地面源的小尺度扩散实验,草原计划试验是在粗糙度 $Z=3$ cm 的地域上进行的。这种方法没有考虑地面粗糙度的影响,因而不适用城市和山区。

2. P-G 曲线的修正使用(P-T 法)

在粗糙下垫面时,按照实测的稳定度等级向不稳定方向提级,然后再查 P-G 曲线或 P-G 曲线幂函数式计算。这种对扩散参数修正后的方法也称为 P-T 法。具体修正方法见表 13-10。

表 13-10 不同地区扩散参数修正法

P-T	A	B	C	D	E	F
平原地区、农村及城市远郊	A	B	C	C~D	D~E	E
丘陵、山区城区及工业集中区	A	B	B	C	D	E

3. 布里吉斯提出的 σ_y 和 σ_z 公式

针对 P-G 法的实验基础为开阔平坦地形条件下地面源的小尺度扩散这一情况,国内外在这方面做了大量工作,给出了不少确定扩散参数的方法。

1973 年布里吉斯将帕斯奎尔、布鲁克海文国立实验室和田纳西流域管理局(该局观测距离为 10 km 以外)等几种扩散曲线拟合在一起,应用关于公式渐近限的理论概念,提出一套广泛应用的公式,列于表 13-11。

表 13-11 布里吉斯提出的 σ_y 和 σ_z 的公式($10^2 < x < 10^4$ m)

帕斯奎尔类别	σ_y/m	σ_z/m
开阔乡间条件		
A	$0.22x(1+0.000\ 1x)^{-1/2}$	$0.20x$
B	$0.16x(1+0.000\ 1x)^{-1/2}$	$0.12x$
C	$0.11x(1+0.000\ 1x)^{-1/2}$	$0.08x(1+0.000\ 2x)^{-1/2}$
D	$0.08x(1+0.000\ 1x)^{-1/2}$	$0.06x(1+0.001\ 5x)^{1/2}$
E	$0.06x(1+0.000\ 1x)^{-1/2}$	$0.03x(1+0.000\ 3x)^{-1}$
F	$0.04x(1+0.000\ 1x)^{-1/2}$	$0.016x(1+0.000\ 3x)^{-1}$
城市条件		
A~B	$0.32x(1+0.000\ 4x)^{-1/2}$	$0.14x(1+0.001x)^{1/2}$
C	$0.22x(1+0.000\ 4x)^{-1/2}$	$0.20x$
D	$0.16x(1+0.000\ 4x)^{-1/2}$	$0.14x(1+0.000\ 3x)^{-1/2}$
E~F	$0.11x(1+0.000\ 4x)^{-1/2}$	$0.08x(1+0.001\ 5x)^{-1/2}$

三、采样时间对扩散参数及浓度的影响

污染源正下风向的浓度随平均化时间的增大而减小(图 13-13),这是因为随取样时间的增加,风的摆动范围增大从而使 σ_y 随取样时间的增加而增大。垂直方向的扩散因受到地面的限制,虽然 σ_z 也随取样时间的增大而增大,但是当时间增加到 $10\sim20$ min 后,σ_z 就不再随取样时间而增大了。

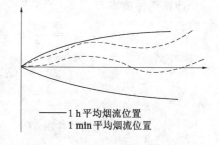

——1 h平均烟流位置
1 min 平均烟流位置

图 13-13 短期与长期平均烟流
位置的比较

估算浓度需要用到与取样时间有关的标准偏差 σ_y、σ_z。因不同出处的资料取样时间常常不同,不同的取样时间给出的 σ_y、σ_z 值不同。为消除不同取样时间带来的对浓度影响而发展了一些修正技术。

这种修正技术一般是对 σ_y 与平均浓度 C 的修正,可用如下关系式表示:

$$C_1 = C_2 \left(\frac{t_2}{t_1}\right)^q \tag{13-30}$$

$$\sigma_{y2} = \sigma_{y1} \left(\frac{t_2}{t_1}\right)^q \tag{13-31}$$

式中 C_1，C_2——对应取样时间 t_1，t_2 时的浓度;

σ_{y1}，σ_{y2}——为对应取样时间 t_1，t_2 的水平横风向扩散参数;

q——时间稀释指数,不同研究者得出的该数据差异较大,取值范围在 $0.17\sim0.5$ 之间。国标规定的 q 值见表 13-12。

表 13-12　　　　　　　　　　　时间稀释指数 q

适用时间范围	q
$1 \leqslant t < 100$	0.3
$0.5 \leqslant t < 1$	0.2

例 13-2 某电厂位于北纬 40°、东经 120°的城市远郊区(丘陵)。锅炉烟囱高度 H_s 为 120 m,烟囱出口内径为 4 m,烟气出口温度为 140 ℃,烟气量为 68 m³/s,烟流排出 SO_2 的源强为 800 kg/h,烟气出口气速为 18 m/s。8 月中旬某日 17 时,环境气温 30 ℃,云量 5/4,地面 10 m 高处风速 2.8 m/s。试求:① 最大着地浓度及其出现距离;② 地面轴线浓度分布情况,计算范围从距烟囱 500 m 起,间隔 500 m,计算到下风向4 000 m 止。

解 (1)确定稳定度

查表 13-8,太阳倾角 $\delta = +14°$,计算太阳高度角 h_0。

$$h_0 = \arcsin[\sin 40°\sin 14° + \cos 40°\cos(15 \times 17 + 120 - 300)] = 20.36°$$

根据 $h_0 = 20.36°$ 及云量,查表 13-6 得太阳辐射等级为 +1;根据太阳辐射等级及地面风速 2.8 m/s,查表 13-7,大气稳定度等级为 C 类。

(2)计算烟囱高度处风速代替源高处风速

查表 13-2 得 C 类稳定的风廓线幂指数值 $m = 0.20$,则由下式计算源高处风速:

$$\bar{u} = \bar{u}_{10} \left(\frac{H_s}{10}\right)^m = 2.8 \left(\frac{120}{10}\right)^{0.20} = 4.6 \text{ (m/s)}$$

（3）计算有效源高

计算热释放率

$$Q_v = \frac{\pi d_s^2}{4} v_s = \frac{3.14 \times 4^2}{4} \times 18 = 226 \ (\text{m}^3/\text{s})$$

$$Q_h = 353.8 Q_v \frac{T_s - T_a}{T_s}$$

$$= 353.8 \times 226 \times \frac{413 - 303}{413}$$

$$= 5\,653.9 \ (\text{kJ}/\text{s})$$

查表 13-4 得 $n_0 = 0.332$，$n_1 = \frac{3}{5}$，$n_2 = \frac{2}{5}$。

$$\Delta H = n_0 Q_h^{n_1} H_s^{n_2} \bar{u}^{-1}$$

$$= 0.332 \times 5\,653.9^{0.6} \times \frac{120^{0.4}}{4.6}$$

$$= 87.4 \ (\text{m})$$

$$H_e = H_s + \Delta H = 120 + 87.4 \approx 207 \ (\text{m})$$

（4）计算地面最大浓度及其出现点

$$\sigma_z \Big|_{x = x_{max}} = \frac{H_e}{\sqrt{2}} = \frac{207}{\sqrt{2}} \approx 146 \ (\text{m})$$

扩散参数修正：查表 13-10，城市远郊丘陵地带，在稳定度 C 类时，应取 B 类。

查图 13-12（或用表 13-9 σ_z 表达式反算），在 B 类时

$$\sigma_z = 146 \ \text{m}, \quad x_{max} = 1\,308 \ \text{m}$$

当 $x_{max} = 1\,308$ m 时，

$$\sigma_y = 0.396\,353 \times (1\,308)^{0.865\,014} = 197 \ (\text{m})$$

$$C_{max} = \frac{2Q}{\pi \bar{u} H_e^2 \cdot \text{e}} \times \frac{\sigma_z}{\sigma_y}$$

$$= \frac{2 \times (\frac{800 \times 10^6}{3\,600})}{3.14 \times 4.6 \times 207^2 \times 2.718\,2} \times \frac{146}{197}$$

$$= 0.195 \ (\text{mg}/\text{m}^3)$$

（5）计算地面轴线浓度分布

先计算不同下风向距离的扩散参数，然后地面轴线浓度用公式（13-19）计算，计算结果见表 13-13。

表 13-13

距离/m	500	1 000	1 500	2 000	2 500	3 000	3 500	4 000
σ_y	82.769 26	155.999 9	221.536 7	284.131 5	344.625 9	403.497 4	461.052 8	517.505
σ_z	50.997 83	108.829 3	169.555 7	232.241 8	296.426 7	361.831 8	428.269 4	495.603 9
浓度 /(μg/m³)	$9.635\,181 \times 10^{-1}$	$1.483\,908 \times 10^2$	$1.943\,013 \times 10^2$	$1.566\,427 \times 10^2$	$1.179\,569 \times 10^2$	$8.942\,586 \times 10^1$	$6.929\,191 \times 10^1$	$5.494\,766 \times 10^1$

第六节　特殊情况下的扩散模式

一、有上部逆温时的扩散模式

前面介绍的扩散模式只适用于整层大气都具有同一稳定度的扩散,即污染物扩散所在的垂直范围都处于同一温度层结之中。实际常常出现这样的情况:即低层为不稳定大气,在离地面几百米到 $1 \sim 2$ km 高空存在一个稳定的逆温层,使污染物的铅直扩散受到抑制。污染物只能在逆温层底和地面之间即混合层内扩散,通常使逆温层底部和上部的浓度相差很大。此时采用"封闭型"扩散模式。

（一）封闭型扩散模式

该模式假定,扩散到逆温层中的污染物可忽略不计,而把逆温层底看成是和地面一样能起全反射作用的镜面。这样,污染物就在地面和逆温层底之间受到这两个镜面的全反射作用而扩散,其浓度分布可用像源法处理。这时,污染源在两个镜面上形成的像不止一个,而是无穷多个像源。污染物的浓度可看成是实源和无穷多对像源作用之总和,于是空间任一点上烟流的浓度即为

$$C(x,y,z;H_e) = \frac{Q}{2\pi u \sigma_y \sigma_z} \exp\left(-\frac{y^2}{2\sigma_y^2}\right) \times$$

$$\sum_{n=-\infty}^{\infty} \left\{ \exp\left[-\frac{(z-H_e+2nD)^2}{2\sigma_z^2}\right] + \exp\left[-\frac{(z+H_e+2nD)^2}{2\sigma_z^2}\right] \right\}$$

(13-32)

式中　D——逆温层底高度,即混合层高度,m;

n——烟流在两界面的反射次数,一般 n 取 3 或 4。

（二）"封闭型"扩散地面轴线浓度公式的简化

式(13-32)用于实际工作时过于烦琐,一般采用一种简化的方法。如图 13-14 所示,可把浓度估算按下风距离 x 的不同分成三种情况来处理。

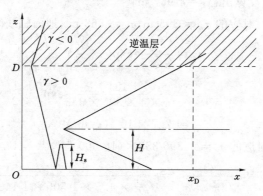

图 13-14　有上部逆温的扩散示意图

① 当 $x \leqslant x_D$ 时,x_D 为烟流垂直方向扩展高度刚好触及逆温层底时的水平距离。因此,当 $x \leqslant x_D$ 时,可以认为烟流的扩散不受逆温层的影响,其地面轴线浓度仍可按高架连续点源扩散模式估算。x_D 可由烟流宽度和扩散参数的关系确定。

$$D - H_e = z_0 = 2.15\sigma_z$$

(13-33)

则
$$\sigma_z = \frac{D - H_e}{2.15} \quad (13\text{-}33a)$$

按上式求出 σ_z 值后,由 P-G 曲线图表查出对应的 x_D 和 σ_y 值,即可应用式(13-19)计算出地面轴线浓度。

② 当 $x \geqslant 2x_D$ 时,当污染烟流经过两界面多次反射达到某一距离后,在 z 方向的浓度渐趋均匀,一般认为 $x \geqslant 2x_D$ 时,z 方向的浓度就成为均匀分布了。但此时浓度在 y 方向仍为正态分布,且仍符合扩散的连续条件,因此有

$$\left.
\begin{aligned}
C(x, y) &= A(x)\exp\left(-\frac{y^2}{2\sigma_y^2}\right) \\
\int_0^D \int_{-\infty}^{\infty} \bar{u} A(x)\exp\left(-\frac{y^2}{2\sigma y^2}\right) \mathrm{d}y\mathrm{d}z &= Q
\end{aligned}
\right\} \quad (13\text{-}34)$$

对上式求解可得

$$C(x, y) = \frac{Q}{\sqrt{2\pi}\ \bar{u} D \sigma_y}\exp\left(\frac{-y^2}{2\sigma_y^2}\right) \quad (13\text{-}35)$$

这就是当 $x \geqslant 2x_D$ 时的浓度估算模式。

③ 在 $x_D < x < 2x_D$ 时,污染物浓度在前两种情况的中间变化,情况较复杂。浓度可取 $x = x_D$ 和 $x = 2x_D$ 两点浓度的内插值。

例 13-3 某电厂烟囱有效高度为 150 m,SO_2 排放量为 151 g/s,夏季晴朗的下午,地面风速为 4 m/s。附近的气象站无线电探空表明:上部锋面逆温将使垂直混合限制在 1 500 m 以内。1 200 m 高度的平均风速为 5 m/s。试估算正下风向 3 km 和 11 km 处的 SO_2 浓度。

解 夏季晴朗的下午,太阳辐射为强辐射,当地面风速为 4 m/s 时,查表 13-5 得大气稳定度为 B 级。由式(13-33a)有

$$\sigma_z = \frac{D - H_e}{2.15} = \frac{1\ 500 - 150}{2.15} = 628\ (\text{m})$$

由 P-G 曲线近似式反算出:$x_D = 4\ 967\ \text{m}$

当 $x = 3\ \text{km} < x_D$ 时,对应的 $\sigma_y = 395\ \text{m}$,$\sigma_z = 363\ \text{m}$,地面轴线浓度为

$$\begin{aligned}
C &= \frac{Q}{\pi \bar{u} \sigma_y \sigma_z}\exp\left(-\frac{H_e^2}{2\sigma_z^2}\right) \\
&= \frac{151}{\pi \times 4 \times 395 \times 363}\exp\left[-\frac{1}{2}\times\left(\frac{150}{363}\right)^2\right] \\
&= 7.7 \times 10^{-6}\ (\text{g/m}^3)
\end{aligned}$$

当 $x = 10\ \text{km} > 2x_D$ 时,对应的 $\sigma_y = 0.396\ 353 \times (10\ 000)^{0.865\ 014} = 1\ 143\ \text{m}$ 的地面轴线浓度:

$$\begin{aligned}
C &= \frac{Q}{\sqrt{2\pi}\ \bar{u} D \sigma_y} = \frac{151}{\sqrt{2\pi}\times 4.5 \times 1\ 500 \times 1\ 143} \\
&= 7.8 \times 10^{-6}\ (\text{g/m}^3)
\end{aligned}$$

二、逆温层破坏熏烟时的扩散模式

熏烟型扩散的浓度公式与封闭型相同。

假定逆温消退到烟囱有效高度即 $h_i = H_e$ 时,可以认为烟流一半向上扩散,一半向下扩散,浓度在垂直方向均匀分布,水平方向仍为正态分布。地面熏烟浓度可以用下式计算:

$$C_F(x,y,0;H_e) = \frac{Q}{2\sqrt{2\pi}\ \bar{u}H_e\sigma_{yF}}\exp(-\frac{y^2}{2\sigma_{yF}^2}) \tag{13-36}$$

地面轴线浓度可用下式计算

$$C_F(x,0,0;H_e) = \frac{Q}{2\sqrt{2\pi}\ \bar{u}H_e\sigma_{yF}} \tag{13-37}$$

式中　h_i——逆温层消失高度,m;

　　σ_{yF}——考虑到熏烟过程对稳定条件下扩散参数影响的水平扩散参数。

当逆温消退到烟流上边缘处(烟流垷),即 $h_i = H_e + 2\sigma_z$ 时,可以认为烟流全部向下混合,使地面烟熏浓度达到极大值。即

$$C_F(x,y,0;H_e) = \frac{Q}{\sqrt{2\pi}\ \bar{u}h_i\sigma_{yF}}\exp(-\frac{y^2}{2\sigma_{yF}^2}) \tag{13-38}$$

地面轴线浓度公式为

$$C_F(x,0,0,H_e) = \frac{Q}{\sqrt{2\pi}\ \bar{u}h_i\sigma_{yF}} \tag{13-39}$$

三、静风烟云扩散模式

所谓静风如前面讨论的是一种风速很小而风向紊乱的大气状况,一般指 $\bar{u} \leqslant 0.5$ m/s。

在静风条件下,污染物的水平扩散已无明显的方向性,而是向上和向四周缓缓地扩散。静风持续一段时间以后,污染物浓度的水平分布呈现与源等距离均匀分布即同心圆等浓度的特征。这时,假定铅直方向浓度仍为高斯正态分布,水平方向是均匀分布的,以得到污染物在静风条件下高架原连续点源地面浓度模式为:

$$C = \frac{2Q}{\sqrt{2}\pi^{3/2}R\bar{u}\sigma_z}\exp(-\frac{H_e^2}{2\sigma_z^2}) \tag{13-40}$$

式中　R——浓度计算点距源的直线距离,$R = \sqrt{x^2 + y^2}$,m;

　　$\bar{u}$——静风条件计算用的平均风速,取 $\bar{u} = 0.5$ m/s。

四、颗粒物的扩散模式

对于 $10 < d_p < 60$ μm 的粒子有明显的重力沉降速度,不能直接应用高斯正态烟云模式,而应采用倾斜烟云模式(图 13-15)。

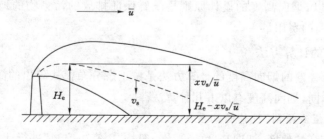

图 13-15　倾斜烟云模式示意图

即在垂直方向要考虑粒子的重力沉降速度 v_s(v_s 按斯托克斯公式计算)的作用。由于颗粒物在扩散时,以沉降速度 v_s 向地面沉降,使烟流向地面倾斜,烟流中心线向地面倾斜。这

相当于有效源高的减小,有效源高减少的量为 $v_s \cdot x \sqrt{u}$,此时的有效源高为($H_e - v_s \cdot x \sqrt{u}$)。只要将气态污染物扩散模式中的有效源高 H_e 用($H_e - v_s \cdot x \sqrt{u}$)来代替,就是考虑了颗粒物沉降作用的扩散模式。

又由于地面对颗粒物不能起全反射作用,对不同粒径的粒子其反射率不同,因此,反射项应乘以反射系数 $a(a<1)$。这样,颗粒物的"倾斜烟云"模式的地面浓度模式为:

$$C(x, y, 0; H_e) = \exp\left(\frac{-y^2}{2\sigma_y^2}\right)\exp\left[\frac{-\left(H_e - \frac{v_s x}{u}\right)^2}{2\sigma_z^2}\right] \tag{13-41}$$

颗粒物的粒径是在某一范围内分布的。在实际计算中,可将粒径由小到大划分为几个粒径区间,根据每个粒径区间的粒子所占的质量百分数,乘以污染源的总源强,得到相应粒子区间的分源强 Q_i,计算出该粒径区间的平均重力沉降速度 v_s。对每个粒子区间分别用式(13-41)计算颗粒物在计算空间点的浓度 C_i。污染源排放的颗粒物的浓度 C 为每个粒子区间在评价点产生的浓度 C_i 的和,即

$$C = \sum_{i=1}^{n} C_i$$

地面反射系数 a 可按表 13-14 取值。

表 13-14 　　　　　　　　　　　　　**地面反射系数 a 的值**

粒径范围/μm	15~30	31~47	48~75	76~100
平均粒径/μm	22	39	61	88
反射系数	0.8	0.5	0.3	0

第七节　烟囱高度的设计

当今工厂的烟囱已从单纯的通风排气装置发展成为控制污染、保护环境的一个设备了,因此,烟囱的主要尺寸及工艺参数(如烟囱高度、出口直径、喷出速度)的设计应满足减少对地面污染的需要。地面浓度与烟囱高度的平方成反比,但烟囱的造价也近似地与烟囱高度的平方成正比,所以,烟囱高度的设计原则是既要保证排放的污染物的地面最大浓度不超标,又要使建造烟囱的费用最少。

一、烟囱高度的计算方法

目前应用最为普遍的烟囱高度的计算方法是按正态分布模式导出的简化公式。由于对地面浓度的要求不同,烟囱高度有以下几种算法。

（一）根据"P 值法控制"设计的烟囱高度

在本底浓度较高的地区,烟囱高度的设计一般按"P 值法控制"进行计算。

1. 计算点源控制系数 P_{ki} 值

按《制定地方大气污染物排放标准的技术方法》（GB/T 13201—91）点源控制系数 P_{ki} 值。

点源排放控制系数 P_{ki} 按下式计算:

$$P_{ki} = B_{ki} \cdot \beta_k \cdot P \cdot C_{ki} \tag{13-42}$$

式中 P_{ki}——第 i 功能区内某种污染物点源排放控制系数,$\text{t}/(\text{h} \cdot \text{m}^2)$;

         B_{ki}——第 i 功能区内某种污染物的点源调整系数,若计算结果 $B_{ki} > 1$,则取 $B_{ki} = 1$;

         P——地理区域性点源排放控制系数;

         C_{ki}——大气环境质量标准规定的日平均浓度限值,mg/m^3;

         β_k——总量控制区内煤种污染物的点源调整系数。

式(13-42)各参数值的具体计算方法可参照 GB/T 13201—91。

2. 计算有效源高及抬升高度

根据求得的点源排放系数 P_{ki} 和拟建工程的排放量 Q_{ki}（t/h），按下式计算有效源高 H_e。

$$H_e^2 = Q_{ki} \times 10^6 / P_{ki} \tag{13-43}$$

式中 Q_{ki}——第 i 功能区点源（$H_s \geqslant 30\ \text{m}$）污染物的排放量,t/h。

抬升高度由前述公式计算即可求得。

3. 求出烟囱高度并进行修正

由 $H_s = H_e - \Delta H$,可求出烟囱高度 H_s。但还须结合后续讨论的烟囱设计注意事项进行烟囱设计高度的相应修正。

（二）按地面最大浓度设计烟囱高度

根据地面最大浓度模式(13-20)和有效源高公式(13-23),即可导出烟囱高度的计算公式

$$H_s = \sqrt{\frac{2Q}{\pi e \bar{u} C_{\max}} \frac{\sigma_z}{\sigma_y}} - \Delta H \tag{13-44}$$

设国家地面浓度标准为 C_0,环境本底浓度为 C_B,则设计的最低烟囱高度为

$$H_s = \sqrt{\frac{2Q}{\pi e \bar{u} (C_0 - C_b)} \frac{\sigma_z}{\sigma_y}} - \Delta H \tag{13-44a}$$

式(13-44)、式(13-44a)都是假设 σ_z / σ_y 为常数。

当 $\sigma_y = \gamma_1 x^{a1}$,$\sigma_z = \gamma_2 x^{a2}$,将它们代入地面轴线浓度公式求导,也可求得相应的地面最大浓度值 $C_{\max}$ 和最大浓度出现点距离 $X_{C\max}$。

相应的烟囱高度计算公式为

$$H_s = \left[\frac{Q \alpha^{\frac{\alpha}{2}}}{\pi \bar{u} \gamma_1 \gamma_2^{1-\alpha}} \cdot \frac{\exp(-\frac{\alpha}{2})}{(C_0 - C_b)} \right]^{\frac{1}{2}} - \Delta H \tag{13-45}$$

其中 $\alpha = 1 + \dfrac{\alpha_1}{\alpha_2}$。

（三）按地面绝对最大浓度设计烟囱高度

前面讨论的地面最大浓度高斯模式(13-20)是在风速不变的情况下导出的。实际上风速是变值,风速 $\bar{u}$ 对地面最大浓度 $C_{\max}$ 有双重影响。从式(13-20)可知,$\bar{u}$ 增大时 $C_{\max}$ 减小;从各种抬升公式看,$\bar{u}$ 增大时抬升高度 ΔH 减小,$C_{\max}$ 反而增大。这两种作用是相反的。

所以在某一风速下定会出现地面最大浓度的极大值,并称为地面绝对最大浓度 C_{absm}。出现绝对最大浓度时的风速称为危险风速,以 $\bar{u}_c$ 表示。

一般抬升公式写成如下式:

$$\Delta H = \frac{B}{\bar{u}} \tag{13-46}$$

式中 B 代表抬升公式中除风速以外的其他因子。

（1）当 $\sigma_z/\sigma_y =$ 常数时，把式（13-46）代入地面最大浓度公式（13-20）得

$$C_m = \frac{2Q}{\pi e \bar{u} \left(H_s + \dfrac{B}{\bar{u}}\right)^2} \cdot \frac{\sigma_z}{\sigma_y} \tag{13-47}$$

令 $\dfrac{2Q\sigma_z}{\pi e \sigma_y} = A$，则式（13-47）变为

$$C_m = \frac{A}{\bar{u}\left(H_s + \dfrac{B}{\bar{u}}\right)^2} \tag{13-47a}$$

只要令 $\dfrac{dC_m}{d\bar{u}} = 0$ 即可求出 $\bar{u}_c$，即

$$\bar{u}_c = \frac{B}{H_s} \tag{13-48}$$

式（13-48）即为 $\sigma_z/\sigma_y =$ 常数时危险风速的计算式。

如以 ΔH_c 表示危险风速时的抬升高度，则

$$\Delta H_c = H_s \tag{13-49}$$

将式（13-48）、式（13-49）代入式（13-47）即可得到绝对最大着地浓度公式为

$$C_{absm} = \frac{Q}{2\pi e H_s B} \cdot \frac{\sigma_z}{\sigma_y}$$
$$= \frac{Q}{2\pi e H_s^2 \bar{u}_c} \cdot \frac{\sigma_z}{\sigma_y} \tag{13-50}$$

此时满足地面绝对最大浓度不超过国家标准的烟囱高度为

$$H_s \geqslant \sqrt{\frac{Q}{2\pi e \bar{u}_c (C_0 - C_B)} \cdot \frac{\sigma_z}{\sigma_y}} \tag{13-51}$$

（2）若 $\sigma_y = \gamma_1 x^{a1}$、$\sigma_z = \gamma_2 x^{a2}$，同样地将 σ_y、σ_z 代入地面最大浓度公式，求极值得到 C_{absm} 后，可求出满足地面绝对最大浓度不超过国家标准的烟囱高度为

$$H_s = \left[\frac{Q(\alpha-1)^{\alpha-1}}{\pi B \gamma_1 \gamma_2^{1-\alpha} \cdot \alpha^{\alpha/2} \cdot (C_0 - C_B)} \exp\left(-\frac{\alpha}{2}\right)\right]^{\frac{1}{\alpha-1}} \tag{13-52}$$

上述用 C_m 和 C_{absm} 计算 H_s 的区别在于风速 $\bar{u}$ 的取值不同。前者公式计算中取平均风速，因此按 C_m 设计的烟囱较矮，相应投资较省，但当风速小于平均风速时地面浓度即超标。后者即按 C_{absm} 设计则烟囱较高，因而投资增大，但不论何种风速地面浓度均不会超标。

对大中型火电厂等有强抬污染源而言，其 $\bar{u}_c$ 可达 $10\sim15$ m/s 以上，若当地 $\bar{u}$ 不大，则用两种方法计算的结果相差很大。例如，当 $\bar{u}_c = 15$ m/s，当地平均风速 $\bar{u} = 5$ m/s 时，则 $H_s = 0.46 H_{sc}$，即按 $\bar{u}$ 计算的烟囱高度 H_s 还不到按 $\bar{u}_c$ 计算结果的一半。只要分析气象上的风速分布频率，可知很多情况下，危险风速出现的频率很小，为了满足这种很少出现的情况而花过多的投资是不合算的。因此如果定出一个可接受的保证率，则可根据这个保证率确定风速，然后根据此风速设计出烟囱高度。这个高度可保证在可接受的保证率下地面浓度都不会超过标准。

二、烟囱高度计算设计中需要考虑的几个问题

1. 烟流扩散模型

前面的烟囱高度计算都是以烟云扩散范围内温度层结相同的锥型扩散为依据的,这是因为大多数污染点源经常出现的地面最大浓度都是在锥型扩散条件下形成的。但对低矮源而言,应考虑按波浪型烟流计算烟囱高度。熏烟型扩散虽可以造成地面高浓度,但出现次数少、持续时间较短;平展型扩散时的地面浓度一般小于锥型扩散时的地面浓度,故一般不采用这两种烟流模型计算烟囱高度。

2. 公式中与气象参数有关的数值的取法

公式中与气象参数有关的数值主要是指 $\bar{u}$、σ_y、σ_z 及大气稳定度的取值问题。一种方法是取多年的平均值;另一种是取当地最不利的气象条件下的参数值;再一种是取具有一定保证率时的气象参数值。比较经济合理的是采用具有一定保证率的参数值。对污染很大,但出现频率很低的气象条件,则通过污染预报用调节生产的办法解决。

σ_z/σ_y 的值与稳定度及下风向距离有关,其值的大小对烟囱高度影响很大。比较稳妥的办法是应该根据稳定度出现的频率,对实测的 σ_y、σ_z 值进行统计分析后再采用。

3. 烟气抬升高度计算公式

烟气抬升高度计算公式对实际烟囱有很大影响,因此,在此再次强调计算时必须慎重选择公式。应选用抬升公式的应用条件与设计条件相近的计算公式。

4. 关于避免烟气下洗(下沉)的考虑

为了避免烟囱排放的烟气下洗或下沉现象,烟囱高度至少应是邻近建筑物高度的 2 倍,烟气喷出速度 v_s 与烟囱口高度的 90% 保证率出现的风速 $\bar{u}$ 之比至少应大于 1.5。按国外资料介绍,当 $v_s/\bar{u}=R$ 的比不同时,烟流表现的情况如表 13-15 所列。要在综合技术经济分析的基础上,提高烟囱出口速度 v_s 值。以增加动力抬升,对火电厂烟源而言,主要贡献在热力抬升,v_s 过大会因卷挟作用增强而降低抬升高度。此外,为避免烟气下洗,还可以从烟囱结构上作改进,可考虑在烟囱出口附近增加一个帽沿状的水平圆盘。圆盘向外伸展的尺寸至少等于烟囱出口的直径。如需进一步提高喷出速度时,可将烟囱出口设计成文丘里喷嘴结构,既能提高速度又可使阻力的增加减至最小程度。

表 13-15 气流下沉的通用经验法则

条件	物理解释
$v_s/u<0.8$	烟被吸入烟囱整个背风面的较低压力区,出现气流下沉
$0.8<v_s/u<1.0$	非常可能出现气流下沉
$v_s/u=1.0$	处于气流下沉的边缘
$1.5<v_s/u<1.8$	气流下沉极轻微,一般不出现
$1.8<v_s/u<2.0$	从理论上说,烟道气的向上动量应能克服由烟囱周围吹过的风速所引起的向下压力梯度,不应出现气流下沉
$v_s/u>2.0$	不出现气流下沉

5. 增加排烟量和热释放率

从抬升公式可知,即使是同样的喷出速度和烟气温度,只要增加排出烟气量,对动力抬

升和浮力抬升均有好处。因此,当附近有几个污染源时,最好采用集合式烟囱。但当要集合的几个烟囱烟气的温差较大时则要仔细考虑后取舍。

烟气温度对抬升有重要意义,据资料介绍,一个中等规模的发电厂,当风速为 5 m/s,烟气温度在 373～473 K 时,烟气温度与周围空气温度每相差 1 K,抬升高度约增加 1.5 m。因此,要尽量减少烟道及烟囱的热损失,或采用干法除尘,以提高烟气出口温度和热释放率。采用排烟脱硫装置时,尽管除去了烟气中的硫氧化物,但温度也随之降低,减小了烟气抬升高度,因此必须注意不致使地面浓度升高而带来相反的效果。

高烟囱排放由于没有最终减少排到大气中污染物的数量,因此在工业密度大的国家或地区,就不能继续采用高烟囱排放的对策,而应以脱除措施为主。然而在工业密度不大的国家或地区,在污染物输送所及的范围内,污染物总的说还不算太多,因此对环境影响还不太大;这样的国家或地区往往又是经济力量较弱的,故在国民经济发展的一定阶段上,作为控制大气污染的措施,高烟囱还是可行的。

另一方面,即使有了脱除措施,在满足环境要求的条件下,采用高烟囱尽量利用大气的稀释扩散能力,这样可以使脱除设施有一个适当的脱除效率,以取得整个社会的最大经济效果。因此,烟囱排放在大气污染控制中是可以起到重要作用的。

第八节　厂址选择

厂址选择是一个涉及政治、经济、技术发展水平、地区情况等多方面的综合性课题。本节不是对厂址选择的综述,而是仅从充分利用大气对污染物的扩散稀释能力、防止大气污染的角度,对厂址选择中的几个问题作一简介。

一、厂址选择中所需要的气候资料

气候资料是指长年统计形式的气象资料。

(一)风向、风速的资料

为了直观起见,通常把风向、风速的资料按每小时值整理出日、月(季)、年的风向、风速分布的频率,制成表格或如图 13-16 所示的风向风速玫瑰图等。山区地形复杂,风向、风速随地点和高度变化很大,则应作出不同观测点和不同高度的风玫瑰图。

在大气污染分析工作中,常常把静风(风速<1 m/s)和微风(风速在 1～2 m/s 之间)的情况单独分析。不但要统计静风出现的频率,而且还要进一步分析静风的持续时间,并绘出静风持续时间的频率图。长时间的静风会使污染物大量积累,引起严重污染。

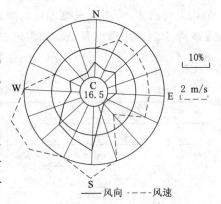

图 13-16　风向、风速玫瑰图

(二)大气稳定度的资料

一般气象台站设有近地层大气温度层结构的详细资料,可根据帕斯奎尔方法或帕斯奎尔—特纳尔方法,利用以往的风向、风速、总云量/低云量的原始记录,对当地的大气稳定度进行分类,然后统计出月(季)、年各种稳定度的出现频率,作出相应的图表。还应特别注意系统逆温的资料,如发生时间、持续时间、发生的高度、平均厚度及逆温强度等。

对地形复杂的地区,或对大气可能有严重污染的工厂,必要时组织对温度层结的专项观测。

（三）混合层高度的确定

混合层高度是影响污染物垂直扩散的重要参数。由于温度层结的昼夜变化,混合层高度也随时间改变。受太阳辐射的影响,下午混合层厚度最大。

确定混合层高度的简单方法是,在温度层结曲线图上,从下午最大地面温度点作干绝热线,与早晨温度层结曲线相交,交点的高度即为代表全天的混合层高度,如图 13-17 所示。混合层高度可以看成是气块做绝热上升运动的上限高度,具体地指出污染物在垂直方向的扩散范围。

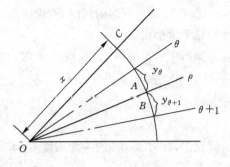

图 13-17　确定最大混合层高度示意图

大范围内的平均污染浓度,可以认为与混合层高度和混合层的平均风速的乘积成反比。因此通常定义 $D\bar{u}$ 为通风系数。它表示单位时间内通过与平均风向垂直的单位宽度混合层的空气量。通风系数越大污染浓度越小。

二、长期平均浓度的计算

在环境评价、厂址选择和规划设计中,常常需要了解某一地区污染物随时空变化的长期规律,因此更关心的是长期平均浓度的分布。

前面讨论过的基于高斯烟流模式的扩散公式都是假定风向、风速和大气稳定度不变的条件下得到的。高斯烟流模式计算结果是取样 30 min 平均浓度。通过取样时间矫正,可以推算 24 h 以内风向和风速不变情况下的平均浓度。计算某点的长期（年、季或月）平均浓度时,由于在该时段内,风向、风速、稳定度和混合层高度都发生了多次变化,就不能不加修改地利用前面的公式计算,必须掌握风向和风速变化的统计规律才有可能进行预测。对于日平均浓度,只能估计各时段风向和风速确定的典型日的值,对于长期平均浓度,则需要用到该时期风向、风速和稳定度联合频率表。下面讨论长期平均浓度的计算方法。

（一）利用叠加方法计算的长期平均浓度

预测空间点(x,y,z)长期平均浓度$\overline{C}(x,y,z)$用下式计算：

$$\overline{C}(x,y,z) = \sum_{i}\sum_{j}\sum_{k}C(D_i,V_j,A_k)f(D_i,V_j,A_k) \tag{13-53}$$

式中　　$C(D_i,v_j,A_k)$ —— 风向为 D_i,风速为 v_j,稳定度为 A_k 时气象条件下 1 h 的浓度;

$\quad\quad\quad f(D_i,v_j,A_k)$ —— 这一气象条件出现的频率。

计算时,i,j,k 取多少视具体情况而定,如风向分为 16 个方位,则 $i=1\sim16$;风速分为 4 个级别,则 $j=1\sim4$;稳定度分为 6 个等级,则 $k=1\sim6$。

（二）按风向方位计算的长期平均浓度

气象部门提供的风向资料是按 16 个方位给出的,每一个方位相当于一个 $22.5°$ 的扇形。因此可以按每一个扇形来计算长期平均浓度。

计算公式推导时作了如下假定：

① 在同一个扇形内,各个角度的风向具有相同的频率,即在同一个扇形内,同一距离上 x,污染物在 y 向的浓度是相同的;

② 当吹某一扇形的风时,假设全部污染物都集中落在这个扇形内。

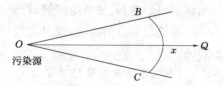

图 13-18　按扇形计算长期浓度示意图

如图 13-18 所示,当风向为 θ 时,由假设②知弧 $\overset{\frown}{BC}$ 上的总浓度为

$$C = \int_{-\infty}^{\infty} (x, y, 0; H_e) \mathrm{d}y \tag{13-54}$$

由假设①,此时弧 $\overset{\frown}{BC}$ 的平均浓度 $\overline{C}$ 为

$$\overline{C} = \frac{1}{\dfrac{2\pi x}{16}} \int_{-\infty}^{\infty} (x, y, 0; H_e) \mathrm{d}y$$

$$= \frac{1}{\dfrac{2\pi x}{16}} \int_{-\infty}^{\infty} \frac{Q}{\pi \,\overline{u}\sigma_y\sigma_z} \exp\left[-\left(\frac{y^2}{2\sigma_y^2} + \frac{H_e^2}{2\sigma_z^2}\right)\right] \mathrm{d}y$$

$$= \left(\frac{2}{\pi}\right)^{\frac{1}{2}} \frac{Q}{\dfrac{2\pi x}{16}\,\overline{u}\sigma_z} \exp\left(-\frac{H_e^2}{2\sigma_z^2}\right) \tag{13-55}$$

在此扇形以外,浓度为零。

如果某个方位的风向频率在考虑时段内为 $f(\%)$,则在整个时段内该风向的平均浓度为

$$\overline{C} = \left(\frac{2}{\pi}\right)^{\frac{1}{2}} \frac{0.01 f_\theta Q}{\dfrac{2\pi x}{16}\,\overline{u}\sigma_z} \exp\left(-\frac{H_e^2}{2\sigma_z^2}\right) \tag{13-56}$$

由于人为假定同一扇形中同一弧线上的地面浓度相等,而不同方位的扇形内风向频率又不相等,这就导致扇形边界上浓度的不连续,显然这是不合理的。消除这种不连续的一个简单办法,是以相邻两扇形中心线的浓度为基准作线性内插,这样可以得到较为合理的浓度分布。这相当于对假设①作了修正。

这样,某处的地面浓度是相邻两扇形按比例贡献之和,线性比例项可用 $\dfrac{A-y}{A}$ 表示。y 表示该点与扇形点中心线的横向距离;A 表示该点所在扇形的宽度。此时浓度公式用下式计算。

$$\overline{C} = \left(\frac{2}{\pi}\right)^{\frac{1}{2}} \frac{0.01 f_\theta Q}{\dfrac{2\pi x}{16}\,\overline{u}_\theta \sigma_{z\theta}} \exp\left(-\frac{H_\theta^2}{2\sigma_{z\theta}^2}\right) \cdot \frac{A-y_\theta}{A} +$$

$$\left(\frac{2}{\pi}\right)^{\frac{1}{2}} \frac{0.01 f_{\theta+1} Q}{\dfrac{2\pi x}{16}\,\overline{u}_{\theta+1} \sigma_{z\theta+1}} \exp\left(-\frac{H_{\theta+1}^2}{2\sigma_{z\theta+1}^2}\right) \cdot \frac{A-y_{\theta+1}}{A} \tag{13-57}$$

应当注意的是,上式计算是平均浓度,因此公式中的 $\overline{u}$ 及 σ_z 也应该是相应风向下的长期平均值;更准确些,可分别求出该风向不同稳定度、不同风速时的浓度,再按频率加权平均,则可得出该风向的长期平均浓度。

利用上面两个方法之一，即可算出一个污染源周围的污染物浓度分布情况，进而可以作出长期平均污染浓度的等值线图。由此可以评价这个污染源对周围大气环境的污染贡献，进一步决定在该地是否建这样的工厂。

上述长期平均浓度模式来源于正态烟流扩散模式，所以也只适用于比较平坦开阔的地区。

三、厂址选择

从保护环境角度出发，理想的建厂位置是污染本底值小、扩散稀释能力强、所排出的污染物被输送到城市或居民区的几率量小的地方。

（一）本底浓度

本底浓度已超标的地区不宜建厂，有时本底浓度虽未超标，但加上拟建厂的贡献后将超标，而且短期内又无法改进的，也不宜建厂。

（二）扩散稀释能力

扩散稀释能力主要决定于该地区的气象条件和地形条件。现分别说明如下：

1. 对风的考虑

因为污染危害的程度是和受污染的时间和污染浓度有关，所以居住区、作物生长区等希望能设在受污染时间短、污染浓度又低的位置。故确定工厂和居民区的相对位置时，要考虑风向、风速两个因素，用前述污染系数这个概念来表示。

某风向污染系数小，即该方位的下风向的污染物长期平均浓度就低，因此污染源可布置在污染系数最小的方位。表 13-16 是一个风向、风速的实测例子。由表可知，若仅考虑风向，工厂应设在居民居住区的东面（最小风频方向）。从污染系数考虑工厂应设在西北方向。

表 13-16　　　　　　　　　　风向频率及污染系数计算实例

	N	NE	E	SE	S	SW	W	NW	总计
风向频率/%	14	8	7	12	14	17	15	13	100
平均风速/(m/s)	3	3	3	4	5	6	6	6	
污染系数	4.7	2.7	2.3	3.0	2.8	2.5	2.5	2.1	
相对污染系数/%	21	12	10	13	12	12	11	9	100

厂址选择中应考虑的另一项风指标是静风出现频率及其持续时间。全年静风频率很高（如超过 40%）或静风持续时间很长的地区，可能引起严重污染，则不宜建厂。山区地面多静风，而在某高度以上仍保持一定风速，故只要有效源高足以超出地形高度的影响，达到恒定风速层内，就不致形成静风型污染，故仍可考虑建厂。

2. 对温度层结的考虑

一般污染物的扩散是在距地面几百米范围内进行的，所以离地面几百米范围内的大气稳定度对污染物的扩散稀释过程有重要影响，选厂时必须加以注意。主要应收集逆温层的强度、厚度、出现频率和持续时间等资料。要特别注意逆温同时又出现小风和静风的情况。

逆温层对污染物扩散是不利的。对强的高架源而言，空中逆温是造成污染的主要原因，此时常引起封闭型扩散而导致高浓度。空中逆温对低矮源排放的污染物扩散的影响不大。贴地逆温（接地逆温）对高架源的影响有两种情况。一是高架源的排放口经常处在逆温层中,此时在污染源附近的地面浓度值偏低、在较远处的地面浓度值偏高。在接地逆温消失过程中,有时还产生熏烟型污染。二是高架源的烟囱口高于贴地逆温层顶,此时地面浓度值低。但贴地逆温对地面源的影响很大,常在烟源附近造成高浓度污染。故在近地层逆温频率高、持续时间长的地区,是不宜建厂的。

3. 对地形的考虑

① 山谷较深,走向与盛行风向交角为 $45°\sim135°$ 时,谷风风速经常很小,不利于扩散稀释。若烟囱有效高度又不能超过经常出现静风及小风的高度时,山谷内则不宜建厂。

② 排烟高度不可能超过下坡风厚度及背风坡湍流区高度时,在这种背风坡地区不宜建厂。

③ 在谷地建厂时应考虑四周山坡上的居民区及农田的高度,若排烟有效高度不能超过其高度时,也不宜建厂。

④ 四周地形很高的深谷地区,冷空气无出口,静风频率高且持续时间长,逆温层经久不散,故不宜建厂。

⑤ 在海陆风较稳定的大型水域与山地交界的地区不宜建厂。必须建厂时,应该使厂区与生活区的连线与海岸平行,以减少海陆风造成的污染。

地形对空气污染的影响是非常复杂的。这里给出的几条只是最基本的考虑,对具体情况必须作具体的分析。在地形复杂的地方选厂,一般应进行专门的气象观测和现场扩散实验,或者实行风洞模拟实验,以便使对当地的扩散稀释条件作出准确的评价,确定必要的对策或防护距离。

本 章 习 题

13.1 某市郊区地面 10 m 高度处的风速为 2 m/s,估算 50、100、200、300 和 400 m 高度在稳定度为 B、D、F 时的风速。

13.2 试证明高架连续点源在出现地面最大浓度的距离上,烟流中心线上的浓度与地面轴线浓度之比值等于 1.38。

13.3 已知某市远郊区电厂的烟囱高度为 120 m,烟囱出口内径 5 m,排烟速度为 13.5 cm/s,大气温度 15 ℃,若当时的气象条件为中性层结,试用霍兰德公式,我国国标规定公式及康凯维公式分别计算烟气抬升高度。

13.4 如果 $\sigma_y = \gamma_1 x^{a1}$;$\sigma_z = \gamma_2 x^{a2}$,按正态分布的假设推导 C_{max} 和 x_{max} 的计算方法。

13.5 某工厂位于郊区工业区,烟囱几何高度为 80 m,出口直径 5.5 m,出口烟气温度 94 ℃,烟气量 140 432 m³/h;二氧化硫排放量为 380 kg/h;当地平均气温为 15 ℃;气压为 999.75 hPa(750 mmHg),地面平均风速 2.5 m/s;大气稳定度为中性。试计算:

(1) 抬升高度;

(2) 烟流有效高度及下风向 2 000 m 处的地面轴线浓度。

13.6 某电厂烟囱高度为 180 m,出口直径 5 m,出口烟气温度 140 ℃,烟气量 1.2×10^6 m³/h;二氧化硫排放量为 2 200 kg/h;当地平均气温为 15 ℃;气压为 845.12 hPa(634 mmHg);地面平均风速为 2.3 m/s;大气稳定度为 B 类。

(1) 计算其抬升高度和烟流有效高度;

（2）当混合层高度为 1 000 m 时，试计算 x_D、x_D 及 $2x_D$ 处的轴线浓度。

13.7 某地纬度 25°、东经 102.5°，按表 13-17 所给条件确定当时大气稳定度

表 13-17

日期		时间	地面风速	总云量	低云量
（1）	8 月 7 日	12 时	1.7 m/s	0	0
（2）	8 月 7 日	14 时	4.3 m/s	0	0
（3）	8 月 7 日	18 时	2.7 m/s	0	0
（4）	8 月 7 日	24 时	1.3 m/s	0	0
（5）	3 月 28 日	2 时	2.3 m/s	8	4
（6）	3 月 28 日	8 时	1.5 m/s	6	3
（7）	3 月 28 日	14 时	3.3 m/s	3	2
（8）	3 月 28 日	20 时	2.5 m/s	2	1

13.8 有一污染源 SO_2 的排放量为 80 g/s，烟气体积流量为 265 m³/s，烟气温度为 145 ℃，大气环境温度为 20 ℃，这一地区的 SO_2 背景浓度为 0.05 mg/m³，设 $\sigma_z/\sigma_y = 0.5$，以大气中性层结为条件，按大气环境质量标准的二级标准为设计标准，试设计烟囱高度和出口内径。

参 考 文 献

[1] 白敏药,王少雷,陈志刚,等.烟道荷电凝并电场对电捕集微细粉尘效率的影响[J].中国环境科学,2010,30(6):738-741.

[2] 白培烁.介质阻挡放电处理烟气污染物的仿真与实验研究[D].北京:华北电力大学,2011.

[3] 北京市环境保护科学研究所.大气污染防治手册[M].上海:上海科学技术出版社,1987.

[4] 编委会.最新火电厂烟气脱硫脱硝技术标准应用手册[M].北京:中国环境科学技术出版社,2007.

[5] 曹明让.柴油机有害排放物及其影响因素[J].车用发动机,1999(3):51-54.

[6] 陈光富.氧化镁脱硫技术的工程应用研究[D].上海:上海交通大学,2007.

[7] 陈思乐,许桂敏,穆海宝,等.低温等离子体处理柴油机尾气的研究进展[J].高压电器,2016(4):22-29.

[8] 打赢蓝天保卫战三年行动计划[EB/OL].[2018-8-3].http://www.gov.cn/zhengce/content/2018-07/03/content_5303158.htm.

[9] 党小庆.大气污染控制工程技术与实践[M].北京:化学工业出版社,2009.

[10] 电力行业环境保护标准化技术委员会.湿式电除尘技术规范:DL/T 1589-2016[S/OL].(2016-02-05)[2018-09-21].http://jz.docin.com/p-1850917170.html.

[11] 杜小朋.柴油机排气颗粒物在线筒式电晕放电装置下荷电凝并的试验研究[D].镇江:江苏大学,2016.

[12] 段振亚.锅炉烟气湿法脱硫理论与工业技术研究[D].天津:天津大学,2005.

[13] 方辉.汽车尾气处理高压脉冲电源的研究[D].哈尔滨:哈尔滨工业大学,2007.

[14] 高鲁平.高炉煤气布袋除尘的滤料与滤速选择[J].炼铁,2008,27(2):50-53.

[15] 高松,路传国.国外柴油机排放法规与排放控制技术发展现状[J].山东理工大学学报(自然科学版),2001,15(3):38-42.

[16] 葛良赋.等离子体协同催化剂去除柴油机尾气中碳烟的研究[D].淮南:安徽理工大学,2015.

[17] 耿永生.汽车尾气污染及其控制技术[J].环境科学导刊,2010,29(6):62-69.

[18] 关红普.高炉煤气除尘布袋常用滤料的性能与使用[J].产业用纺织品,2011,29(2):27-29.

[19] 郭静,阮宜纶.大气污染控制工程[M].北京:化学工业出版社,2008.

[20] 郭伟,崔宁,田铂,等.火力发电厂袋式除尘器滤料材质选型探讨[J].科技与创新,2016(14):104-105.

[21] 郭正,杨丽芳.大气污染控制工程[M].北京:科学出版社,2013.

[22] 郝吉明,马广大.大气污染控制工程[M].第3版.北京:高等教育出版社,2010.

[23] 郝吉明,马广大.大气污染控制工程[M].北京:高等教育出版社,1989.

[24] 郝吉明.大气污染控制工程[M].北京:高等教育出版社,2002.

[25] 郝吉明.大气污染控制工程例题与习题集[M].北京:高等教育出版社,2003.

[26] 贺泓,李俊华,等.环境催化原理及应用[M].北京:科学出版社,2008.

[27] 胡将军,李丽.燃煤电厂烟气脱硝催化剂[M].北京:中国电力出版社,2014.

[28] 胡志光.电除尘器运行及维修[M].北京:中国电力出版社,2004.

[29] 黄锦成,沈捷.车用内燃机排放与污染控制[M].北京:科学出版社,2011:200-211.

[30] 季学李,羌宁.空气污染控制工程[M].北京:化学工业出版社,2005.

[31] 季学李.大气污染治理工程[M].上海:同济大学出版社,1992.

[32] 冀晨光.铝熔炼保温炉烟尘治理工艺中布袋除尘器滤料的分析选择[J].有色金属加工,2009,38(4):53-55.

[33] 蒋文举,宁平.大气污染控制工程[M].成都:四川大学出版社,2001.

[34] 蒋文举.大气污染控制工程[M].北京:高等教育出版社,2006.

[35] 瞿芳,姚明忠,赵彦保.汽车尾气排放高效治理技术[J].环境工程,2016(s1):480-483.

[36] 孔华.石灰石湿法烟气脱硫技术的试验和理论研究[D].杭州:浙江大学,2001.

[37] 黎在时.电除尘器的选型安装与运行管理[M].北京:中国电力出版社,2005.

[38] 李广超,傅梅绮.大气污染控制技术[M].北京:化学工业出版社,2011.

[39] 李连山.大气污染治理技术[M].湖北:武汉理工大学出版社,2009.

[40] 梁凤珍.工业通风除尘技术[M].北京:中国建筑工业出版社,1981.

[41] 廖晓斌,郭玉芳,叶代启.不同金属氧化物对等离子体降解甲苯的作用研究[J].环境科学学报,2010,30(9):1824-1832.

[42] 林肇信.大气污染治理工程例题与习题[M].北京:高等教育出版社,1994.

[43] 刘恩栋,周中平.三元催化剂机理与实际应用的研究[J].环境保护,2000,2:16-17.

[44] 刘后启,林宏.电收尘器(理论·设计·使用)[M].北京:中国建筑工业出版社,1987.

[45] 刘建平.燃煤烟气细颗粒物团聚技术研究进展[J].山东化工,2014,43(8):36-39.

[46] 刘立忠.大气污染控制工程[M].北京:中国建材工业出版社,2015.

[47] 刘胜强,曾毅夫,周益辉,等.细颗粒物$PM_{2.5}$的控制与脱除技术[J].中国环保产业,2014(6):16-20.

[48] 刘天齐.三废处理工程技术手册(废气卷)[M].北京:化学工业出版社,1999.

[49] 马广大.大气污染控制技术手册[M].北京:化学工业出版社,2010.

[50] 马肖卫,李国建.生物法净化H_2S气体的研究[J].环境工程,1994,12(2):18-21.

[51] 毛本将.电子束辐射照烟气脱硫脱硝工业化实验装置[J].环境保护,2000(8):13-14.

[52] 潘琼.大气污染控制工程案例教程[M].北京:化学工业出版社,2014.

[53] 蒲恩奇.大气污染治理工程[M].北京:高等教育出版社,1999.

[54] 羌宁,季学李,徐斌,等.大气污染控制工程[M].第2版.北京:化学工业出版社,2015.

[55] 羌宁.气态污染物的生物净化技术及应用[J].北京:环境科学,1996,17(3),87-90.

[56] 渠玉英,渠丽娜.交通污染对大气环境影响的探讨[J].中国环保产业,2013（11）：42-43.

[57] 全国环保产品标准化技术委员会环境保护机械分技术委员会,武汉凯迪电力环保有限公司.燃煤烟气湿法脱硫设备[M].北京:中国电力出版社,2011.

[58] 全国环保产品标准化技术委员会环境保护机械分技术委员会,浙江菲达环保科技股份有限公司.电除尘器[M].北京:中国电力出版社,2011.

[59] 沈伯雄.大气污染控制工程[M].北京:化学工业出版社,2007.

[60] 沈恒根,苏仕军,钟秦.大气污染控制原理与技术[M].北京:清华大学出版社,2009.

[61] 宋文彪.空气污染治理工程[M].北京:冶金工业出版社,1991.

[62] 孙文寿.添加剂强化石灰石/石灰湿式烟气脱硫研究[D].杭州:浙江大学,2001.

[63] 孙一坚.工业通风[M].北京:中国建筑工业出版社,1985.

[64] 陶有胜.微生物法在空气污染控制中的应用[J].北京:环境科学动态,1995(3):9-12.

[65] 田彩霞.三元稀土催化剂在汽车尾气净化中的应用[J].中国化工贸易,2014,6(17):266.

[66] 童志权.工业废气污染控制与利用[M].北京:化学工业出版社,1989.

[67] 王纯,张殿印.废气处理工程技术手册[M].北京:化学工业出版社,2012.

[68] 王慧.海水烟气脱硫及其动力学研究[D].青岛:中国海洋大学,2008.

[69] 王丽萍,陈建平.大气污染控制工程[D].徐州:中国矿业大学,2012.

[70] 王丽萍.大气污染控制工程[M].北京:煤炭工业出版社,2002.

[71] 王攀.NPAC技术降低柴油机 NO_x 和 PM 排气的机理分析及试验研究[D].镇江:江苏大学,2009.

[72] 王耀廷.湿式电除尘器在电厂超低排放中的应用与技术评价[D].北京:华北电力大学,2017.

[73] 王英华.浅析汽车尾气的危害和治理方法[J].劳动保障世界,2014(8):149-150.

[74] 魏巍.中国人为源挥发性有机化合物的排放现状及未来趋势[D].北京:清华大学,2009.

[75] 吴凡.电袋复合除尘器原理及系统设计[D].武汉:武汉理工大学,2007.

[76] 吴忠标,赵伟荣.室内空气污染及净化技术[M].北京:化学工业出版社,2004:552-553.

[77] 吴忠标.实用环境工程手册 大气污染控制工程卷[M].北京:化学工业出版社,2001.

[78] 徐爱杰,齐永锋,吴江,等.化学团聚促进燃煤细颗粒物脱除的研究进展[J].现代化工,2016(9):36-38.

[79] 徐梦杰,王惜慧.汽车尾气对环境污染及改进措施[J].资源节约与环保,2016(6):113-114.

[80] 阎维平.电站燃煤锅炉石灰石湿法烟气脱硫装置运行与控制[M].北京:中国电力出版社,2011.

[81] 晏乃强,吴祖成,施耀,等.催化剂强化脉冲放电治理有机废气[J].环境科学 2000,20(2):136-140.

[82] 杨林军,颜金培,沈湘林.蒸汽相变促进燃烧源 PM$_{2.5}$ 凝并长大的研究现状及展望[J].现代化工,2005,25(11):22-24.

[83] 杨林军.燃烧源细颗粒物污染控制技术[M].北京:化学工业出版社,2011.

[84] 杨占红,吕连宏,曹宝,等.国际能源消费特征比较分析及中国发展建议[J].地球科学进展,2016,31(1):94-102.

[85] 殷焕荣,李茹雅,闫三保,等.水泥窑布袋除尘几种常用滤料的性能研究[J].四川建材,2011,37(4):23-25.

[86] 张殿印,张学义.除尘技术手册[M].北京:冶金工业出版社,2002.

[87] 张卫风,廖春玲.我国超细颗粒物 PM$_{2.5}$ 团聚技术研究进展[J].华东交通大学学报,2015,32(4):124-130.

[88] 赵兵涛.大气污染控制工程[M].北京:化学工业出版社,2017.

[89] 赵磊,周洪光.超低排放燃煤火电机组湿式电除尘器细颗粒物脱除分析[J].中国电机工程学报,2016,36(2):468-473.

[90] 郑永全.电袋复合除尘技术及应用研究[D].沈阳:东北大学,2011.

[91] 中国环境保护产业协会电除尘委员会.我国电除尘行业 2010 年发展综述[J].中国环保产业,2011,5:28-34.

[92] 中华人民共和国国家统计局.2017 年中国统计年鉴[EB/OL].[2018-09-21].http://www.stats.gov.cn/tjsj/ndsj/2017/indexch.htm.

[93] 钟秦.燃煤烟气脱硫脱硝技术及工程实例[M].北京:化学工业出版社,2002.

[94] 周兴求.环保设备设计手册:大气污染控制设备[M].北京:化学工业出版社,2004.

[95] 周逸潇,许庆峰,杨丽,等.汽车尾气污染的净化处理技术[J].天津化工,2009,23(6):54-56.

[96] 周至祥,段建中,薛建明.火电厂湿法烟气脱硫技术手册[M].北京:中国电力出版社,2006.

[97] 朱崇基,周有平,何文华.汽车环境保护学[M].杭州:浙江大学出版社,2001:84-90.

[98] 朱联锡.空气污染治理原理[M].成都:成都科技大学出版社,1990.

[99] 朱元右,姜银方,等.离子体技术在大气污染治理中的应用[J].环境卫生工程,2003,11(4):183-186.

[100] 朱振忠,田群,陈宏德.汽车尾气三效催化剂[J].中国环保产业,2002,(7):34-36.

[101] LEBECHEC M,KINADJIAN N,OLLIS D,et al. Comparison of kinetics of acetone, heptane and toluene photocatalytic mineralization over TiO$_2$ microfibers and Quartzel mats[J]. Applied Catalysis B:Environmental,2015,179:78-87.

[102] CAO J,CHOW J C,LEE F S C,et al. Evolution of PM$_{2.5}$ measurements and standards in the US and future perspectives for China[J]. Aerosol and Air Quality Research,2013,13(4):1197-1211.

[103] JAWOREK A,SZUDYGA M,KRUPA A,et al. Technical issues of PM removal from ship diesel engines [C]. Transport Research Arena Conference:Transport Solutions from Research to Deployment,2014.

[104] PLAIA A,DI SALVO F,RUGGIERI M,et al. A multisite-multipollutant air quality

index[J]. Atmospheric environment,2013,70:387-391.

[105] SARUHAN B ,RODRIGUEZ G C M,HAIDRY A A,et al. Integrated Performance Monitoring of Three-Way Catalytic Converters by Self-Regenerative and Adaptive High-Temperature Catalyst and Sensors[J]. Advanced Engineering Materials,2016, 18(5):728-738.

[106] FAN X,ZHU TL,WANG MY,LI X M. Removal of low-concentration BTX in air using a combined plasma catalysis system[J]. Chemosphere 2009,75(10):1301-1306.

[107] TANG J W,DURRANT J R,KLUG D R. Mechanism of photocatalytic water splitting in TiO₂ Reaction of water with photoholes,importance of charge carrier dynamics,and evidence forfour-hole chemistry[J]. Journal of the American Chemical Society,2008,130(42):13885-13891.

[108] CAREY J H,LAWRENCE J,TOSINE H M. Photodechlorination of PCBs in the presence of titanium dioxide in aqueous suspensions[J]. Bulletin of Environmental Contamination and Toxicology,1976,16(6):697-7013.

[109] MAHALLAWY N E,SHOEIB M,ALI Y. Application of CuCoMnOx coat by sol gel technique on aluminum and copper substrates for solar absorber application[J]. Journal of Coatings Technology and Research,2014,11(6):979-991.

[110] ZHENG J,LIU P,HUANG F. Photocatalytic degradation of volatile organic compounds in an annular reactor under realistic indoor conditions[J]. Environmental Engineering Science,2015,32(4):331-339.

[111] KATO H,ASAKURA K,KUDO A. Highly efficient water splitting into H₂ and O₂ Over lanthanum-doped NaTaO₃ photocatalysts with high crystallinity and surface nanostructure[J]. Journal of the American Chemical Society, 2003, 125 (10): 3082-3089.

[112] KHRISTOVA MARIANA S, PETROVIC SRDJAN P, TERLECKI-BARICEVIC ANA,et al. Catalytic reduction of NO by CO over Pd-doped Perovskitetype catalysts [J]. Central European Journal of Chemistry,2009,7(4):857-863.

[113] HIDY G M,PENNELL W T. Multipollutant air quality management[J]. Journal of the Air & Waste Management Association,2010,60(6):645-674.

[114] FUJISHIMA A,HONDA K. Electrochemical Photolysis of Water at a Semiconductor Electrode[J]. Nature,1972,238(5358):37-38.

[115] NEVERS N. Air Pollution Control Engineering(Second Edition)[M]. The McGraw-Hill Companies,Inc. ,2000.

[116] KITTELSON D B. Engines and nanoparticles:a review [J]. Aerosol Science,1998, 29(5-6):575-588.

[117] GASSER R P H. 金属的化学吸附和催化作用导论[M]. 赵壁英等,译,北京:北京大学出版社,1991.